James E. Brady
Fred Senese Niccolò Taddei
Helen Kreuzer Adrianne Massey

Dal carbonio al biotech

Chimica organica, biochimica e biotecnologie

Per sapere quali risorse digitali integrano il tuo libro, e come fare ad averle, connettiti a Internet e vai su:

http://my.zanichelli.it/risorsedigitali

Segui le istruzioni e tieni il tuo libro a portata di mano: avrai bisogno del codice ISBN*, che trovi nell'ultima pagina della copertina, in basso a sinistra.

- L'accesso alle risorse digitali protette è personale: se ne fai uso, non potrai poi condividerlo o cederlo.
- L'accesso a eventuali risorse digitali online protette è limitato nel tempo: alla pagina http://my.zanichelli.it/risorsedigitali trovi informazioni sulla durata della licenza.

* Se questo libro fa parte di una confezione, l'ISBN si trova nella quarta di copertina dell'ultimo libro nella confezione.

Capitolo 1 tradotto e adattato dal testo Brady, Senese *Chemistry: Matter and Its Changes*, 4th Edition
Copyright © 2004 John Wiley & Sons, Inc.

Capitoli 5-6 traduzione: Aldo Pagano
Titolo originale: Kreuzer, Massey *Molecular Biology and Biotechnology*, 3rd Edition
Copyright © 2007 by American Society for Microbiology. All rights reserved. Translated and published by arrangement with ASM Press, a division of American Society for Microbiology, Washington, DC, USA.

Realizzazione editoriale:
- Coordinamento redazionale: Elena Bacchilega, Sara Urbani
- Redazione: Claudio Dutto, Simona Vannini
- Segreteria di redazione: Deborah Lorenzini, Greta Ceratti
- Ricerca iconografica: Claudio Dutto, Sara Urbani, Claudia Patella
- Rilettura critica: Ludovico De Padova, Maria Cristina Pignocchino, Luciano Cozzi, Giovanni Maga, Elisa Frisaldi
- Stesura nuovi esercizi: Pietro Rizzoni
- Stesura schede di bioetica: Norma Trezzi
- Stesura *Summing Up*: Roger Loughney (capitoli 1-3)
- Revisione *Summing Up*: Jackie Leeder (capitoli 4-6)
- Progetto grafico e impaginazione: Roberta Marchetti, Studio Emme Grafica +, Bologna
- Disegni: Roberta Marchetti, Roberto Marchetti, Francesca Ponti
- Indice analitico: Tiziano Cornegliani

Le fonti iconografiche si trovano sul sito online.zanichelli.it/bradydalcarbonioalbiotech

Interactive eBook:
Interactive eBook è una piattaforma di e-learning ideata e prodotta da Chialab per Zanichelli editore.
- Progetto generale e struttura dei dati: ChiaLab, Bologna
- Progetto interfaccia grafica e usabilità: ChiaLab, Bologna
- Implementazione: ChiaLab, Bologna e Channelweb
- Interactive eBook è gestita con BEdita CMS ©

Copertina:
- Progetto grafico: Miguel Sal & C., Bologna
- Realizzazione: Roberto Marchetti
- Immagine di copertina: **Enzima di restrizione batterico**. somersault1824/Shutterstock

Prima edizione: aprile 2014

Ristampa:
5 4 3 2015 2016 2017 2018

Zanichelli garantisce che le risorse digitali di questo volume sotto il suo controllo saranno accessibili, a partire dall'acquisto dell'esemplare nuovo, per tutta la durata della normale utilizzazione didattica dell'opera. Passato questo periodo, alcune o tutte le risorse potrebbero non essere più accessibili o disponibili: per maggiori informazioni, leggi my.zanichelli.it/fuoricatalogo

---

File per sintesi vocale
L'editore mette a disposizione degli studenti non vedenti, ipovedenti, disabili motori o con disturbi specifici di apprendimento i file pdf in cui sono memorizzate le pagine di questo libro.
Il formato del file permette l'ingrandimento dei caratteri del testo e la lettura mediante software screen reader.
Le informazioni su come ottenere i file sono sul sito http://www.zanichelli.it/scuola/bisogni-educativi-speciali

---

Suggerimenti e segnalazione degli errori
Realizzare un libro è un'operazione complessa, che richiede numerosi controlli: sul testo, sulle immagini e sulle relazioni che si stabiliscono tra essi. L'esperienza suggerisce che è praticamente impossibile pubblicare un libro privo di errori. Saremo quindi grati ai lettori che vorranno segnalarceli. Per segnalazioni o suggerimenti relativi a questo libro scrivere al seguente indirizzo:

lineaquattro@zanichelli.it

Le correzioni di eventuali errori presenti nel testo sono pubblicate nel sito www.zanichelli.it/aggiornamenti

---

Zanichelli editore S.p.A. opera con sistema qualità
certificato CertiCarGraf n. 477
secondo la norma UNI EN ISO 9001:2008

Questo libro è stampato su carta che rispetta le foreste.
www.zanichelli.it/la-casa-editrice/carta-e-ambiente/

Stampa: Grafiche Zanini
Via Emilia, 41/E - Anzola Emilia (Bologna)
per conto di Zanichelli editore S.p.A.
Via Irnerio 34, 40126 Bologna

James E. Brady
Fred Senese Niccolò Taddei
Helen Kreuzer Adrianne Massey

Dal carbonio al biotech

Chimica organica, biochimica e biotecnologie

SCIENZE ZANICHELLI

Indice

Capitolo 1
La chimica organica

Capitolo 2
Le biomolecole: carboidrati e lipidi

Capitolo **3**

Le biomolecole: proteine e acidi nucleici

Capitolo **4**

Il metabolismo

Indice

Capitolo 5
Che cosa sono le biotecnologie

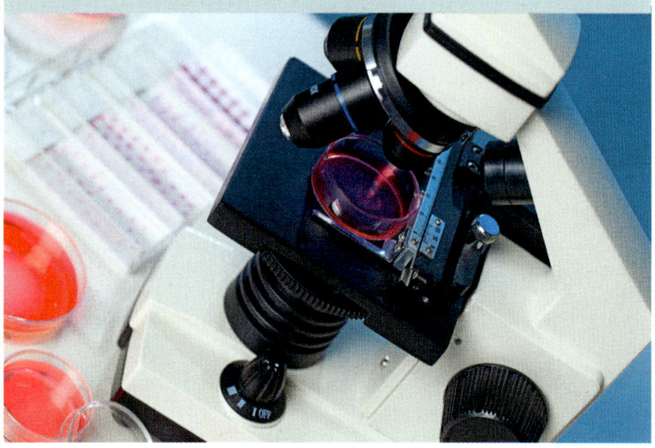

Capitolo 6
Le applicazioni delle biotecnologie

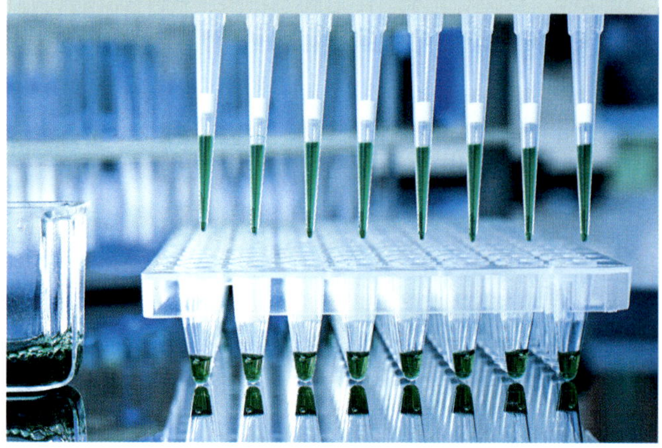

RISORSE MULTIMEDIALI online.scuola.zanichelli.it/bradydalcarbonioalbiotech

Capitolo **1**

La chimica organica

Videolezione
- L'ibridazione dell'atomo di carbonio
- La nomenclatura degli idrocarburi alifatici
- Aromaticità
- Chiralità e stereoisomeria

Video con scheda di laboratorio
- Il nylon in provetta

Approfondimento
- Giulio Natta, chimico da Nobel

Audio
- Test your English
- Summing-up
- Sintesi di capitolo

Esercizi interattivi su ZTE

Capitolo **2**

Le biomolecole: carboidrati e lipidi

Video con scheda di laboratorio
- Che cosa c'è nel piatto?

Approfondimento
- Amminozuccheri, fosfozuccheri e deossizuccheri

Audio
- Test your English
- Summing-up
- Sintesi di capitolo

Esercizi interattivi su ZTE

Capitolo **3**

Le biomolecole: proteine e acidi nucleici

Audio
- Test your English
- Summing-up
- Sintesi di capitolo

Esercizi interattivi su ZTE

Capitolo **4**

Il metabolismo

Animazione
- La pompa sodio-potassio
- La catena respiratoria

Video
- La fermentazione a livello industriale
- Dalla fotosintesi al fotovoltaico

Audio
- Test your English
- Summing-up
- Sintesi di capitolo

Esercizi interattivi su ZTE

Capitolo **5**

Che cosa sono le biotecnologie

Video
- Coltura batterica su piastra di Petri
- Le cellule staminali
- Come si fa il DNA fingerprinting
- Identificare proteine con Western Blotting

Audio
- Test your English
- Summing-up
- Sintesi di capitolo

Esercizi interattivi su ZTE

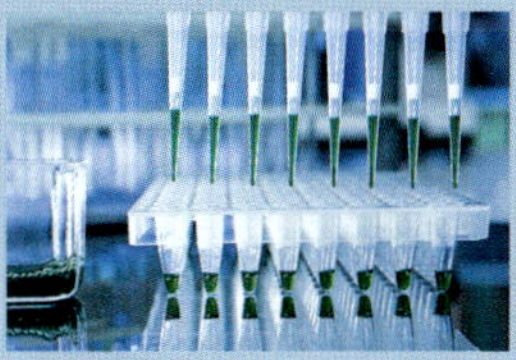

Capitolo **6**

Le applicazioni delle biotecnologie

Video
- Analisi genetica per l'anemia falciforme
- Trasformazione batterica con il gene dell'insulina

Approfondimento
- Temi di bioetica: i test genetici

Audio
- Test your English
- Summing-up
- Sintesi di capitolo

Esercizi interattivi su ZTE

Capitolo **1**

La chimica organica

1.1 LA CHIMICA ORGANICA STUDIA I COMPOSTI DEL CARBONIO

GLOSSARY

Organic chemistry: the study of the composition, reactions and properties of carbon-chain or carbon-ring compounds.

La chimica organica è lo studio della preparazione, delle proprietà, del riconoscimento e delle reazioni dei composti del carbonio, a eccezione di quelli classificati come inorganici.

Fra questi ultimi troviamo gli ossidi del carbonio, bicarbonati e carbonati degli ioni metallici, cianuri metallici e pochi altri composti.

Tutte le plastiche, le fibre naturali e sintetiche, i coloranti e i farmaci, i pesticidi e i diserbanti, gli ingredienti dei profumi, gli aromatizzanti e tutti i derivati del petrolio sono composti organici. I cibi di cui ci nutriamo sono composti organici che appartengono alle famiglie dei carboidrati, dei grassi, delle proteine e delle vitamine.

Ciò che rende possibile l'esistenza di così tanti composti organici non è solo la tetravalenza del carbonio, ma anche la capacità unica dei suoi atomi di formare fra loro robusti legami covalenti singoli, doppi o tripli e lunghe catene lineari o ramificate.

I composti organici più semplici sono gli **idrocarburi**, costituiti da catene di atomi di carbonio, uniti ad atomi di idrogeno. Le catene carboniose presenti in queste molecole possono contenere anche migliaia di atomi di carbonio uniti saldamente. La catena idrogenata più lunga formata dagli altri elementi dello stesso gruppo del carbonio è costituita da otto atomi per il silicio, cinque per il germanio, due per lo stagno e uno per il piombo. Anche gli atomi di zolfo possono formare lunghe catene ma, allo stesso tempo, non sono in grado di legare saldamente atomi di elementi diversi.

nota
Anche gli atomi di **zolfo** possono formare lunghe catene ma, allo stesso tempo, non sono in grado di legare saldamente atomi di elementi diversi.

La capacità di unirsi con legami covalenti molto forti ad altri non metalli è un'altra caratteristica peculiare del carbonio. Per questa ragione esistono, oltre agli idrocarburi, milioni di molecole organiche le cui molecole contengono catene idrocarburiche in cui uno o più atomi di idrogeno sono «sostituiti» da atomi di altri elementi. Il comportamento chimico e le proprietà fisiche di una molecola organica dipendono sia dalle caratteristiche della catena carboniosa, sia dai tipi di atomi che si uniscono ad essa. Come vedremo, è importante anche la geometria dei legami e la disposizione spaziale degli atomi.

▶ LE CARATTERISTICHE DELLE CATENE CARBONIOSE

Le catene carboniose sono lo «scheletro» delle molecole organiche. Esse possono differire non solo per il numero di atomi di carbonio che contengono, ma anche per altre importanti caratteristiche.

Innanzitutto nelle catene possono essere presenti legami carbonio-carbonio singoli, doppi o tripli. A ciascun tipo di legame corrisponde un diverso tipo di ibridazione e una diversa geometria dei legami (TABELLA ■ 1.1).

TABELLA 1.1 ■ Diversi tipi di ibridazione del carbonio, con indicate le caratteristiche essenziali di ognuno di essi.

	sp^3	sp^2	sp
Ibridazioni del carbonio	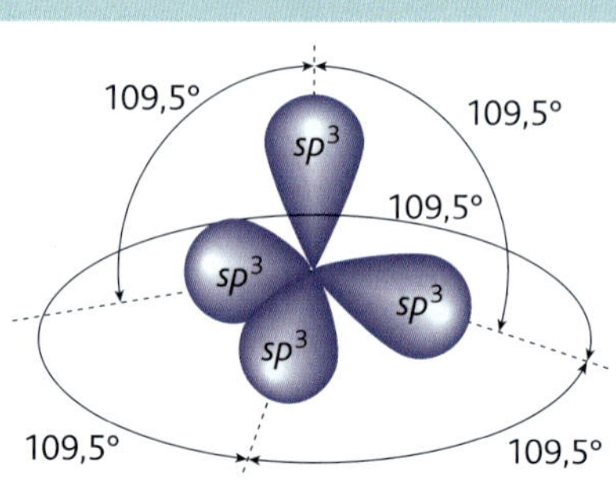	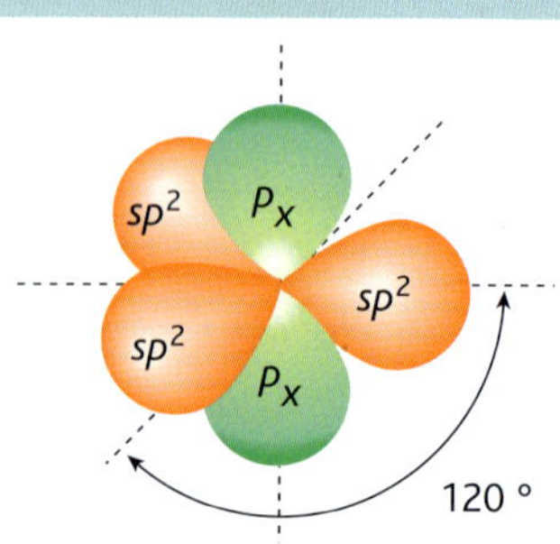	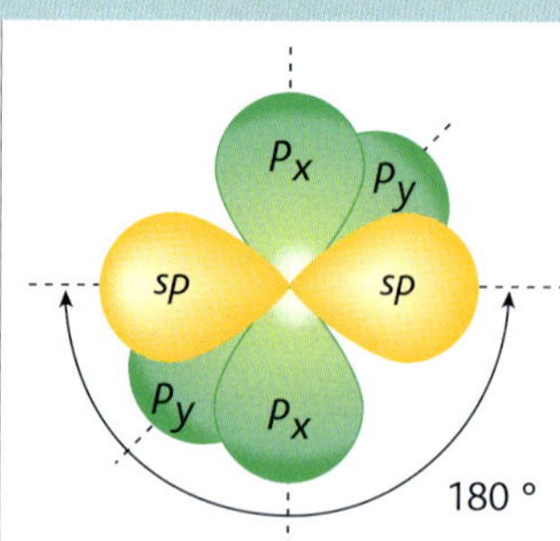
Presente in	alcani	alcheni	alchini
Legame	tutti σ	$1\sigma + 1\pi$	$1\sigma + 2\pi$

In secondo luogo le catene possono essere **aperte** o **cicliche**. Il polietilene è un esempio di catena aperta lineare:

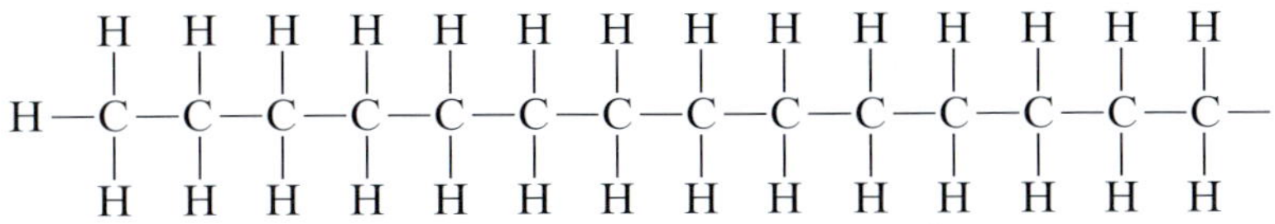

polietilene (piccola parte di una molecola)

Consideriamo lineare una qualunque catena in cui ciascun atomo di carbonio è legato soltanto a due altri atomi di carbonio, indipendentemente dalla struttura reale della molecola. Se per esempio il polietilene avesse una struttura a spirale, potremmo comunque affermare che lo scheletro carbonioso è una catena lineare.

Videolezione
L'ibridazione dell'atomo di carbonio

Le catene aperte possono essere anche ramificate. L'isoottano, per esempio, possiede una catena principale formata da cinque atomi di carbonio (in nero) a cui si aggiungono tre ramificazioni CH_3 (in rosso):

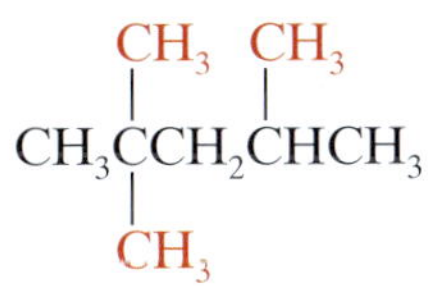

isoottano

Si incontrano spesso anche strutture carboniose cicliche (ad anello). Una molecola ciclica contiene una catena carboniosa ripiegata su se stessa in modo da formare un anello di atomi di carbonio. Tra queste vi è il cicloesano, che presenta un anello formato da sei atomi di carbonio:

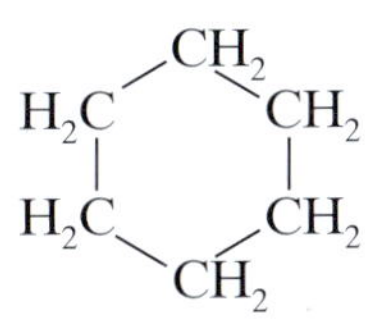

cicloesano

Alcune molecole, poi, contengono **anelli eterociclici**, in cui oltre al carbonio sono presenti atomi di altri elementi come ossigeno o azoto. In numerosi casi inoltre le catene cicliche possono essere unite ad altre catene lineari, ramificate, cicliche.

Un particolare tipo di catena ciclica si ritrova nel **benzene** e nei suoi derivati. Il benzene è una molecola ciclica di formula C_6H_6 che contiene 6 elettroni delocalizzati che si muovono sull'intera molecola. Ciò conferisce alla struttura una particolare stabilità. I composti organici che contengono al loro interno un anello benzenico sono chiamati **composti aromatici;** tutti i restanti composti organici, caratterizzati da catene lineari, ramificate o chiuse, vengono chiamati **composti alifatici**. Gli idrocarburi alifatici più semplici sono gli **alcani**, molecole lineari o cicliche nelle quali sono presenti solo legami semplici C—C (FIGURA ■ 1.1).

FIGURA 1.1 ■ Esempi di applicazioni degli idrocarburi.
(A) Le paraffine, alcani derivati dal petrolio, permettono ai surfisti di non scivolare sulla tavola.
(B) L'acetilene, un alchino, è utilizzato nei processi di saldatura e taglio dei materiali.

▶ LE FAMIGLIE DI COMPOSTI ORGANICI SONO DEFINITE DAI GRUPPI FUNZIONALI

Indipendentemente dalle caratteristiche della catena carboniosa, i composti organici vengono classificati in famiglie in base alla presenza di gruppi funzionali. Uno degli obiettivi di questo capitolo è mostrare come questi gruppi ci consentano di organizzare e comprendere le proprietà dei composti organici.

Un **gruppo funzionale** è una piccola unità strutturale presente nella molecola, che partecipa alla maggior parte delle reazioni della molecola stessa (TABELLA ■ 1.2).

Per esempio, tutti gli alcoli contengono il gruppo alcolico e il più semplice di essi, l'alcol metilico, ha un solo atomo di carbonio; le molecole di alcol etilico, invece, ne hanno due. Tutti i membri della famiglia degli acidi carbossilici possiedono il gruppo carbossile; l'acido carbossilico con due atomi di carbonio è un acido debole molto

GLOSSARY

Functional group:
an atom, or group of atoms, that is part of a larger molecule and that has a characteristic chemical reactivity.

TABELLA 1.2 ■ Alcune importanti famiglie di composti organici con l'esempio di un composto rappresentativo denominato secondo le regole IUPAC e con la nomenclatura tradizionale.

Famiglia	Caratteristica strutturale		Esempio	
Idrocarburi	Alifatici:	Alcani solo legami singoli	CH_3CH_3	etano
		Alcheni almeno un legame doppio	$CH_2{=}CH_2$	etene (etilene)
		Alchini almeno un legame triplo	$CH{\equiv}CH$	etino (acetilene)
	Aromatici:	Contengono almeno un anello benzenico		benzene
Alcoli	Contengono almeno un gruppo ossidrile (—OH)		CH_3OH	metanolo
Eteri	Contengono un gruppo etere (—O—)		CH_3OCH_3	dimetiletere
Aldeidi	Contengono almeno un gruppo carbonilico $—\overset{\overset{O}{\|}}{C}—$		$CH_3\overset{\overset{O}{\|}}{C}H$	etanale (aceteldeide)
Chetoni			$CH_3\overset{\overset{O}{\|}}{C}CH_3$	propanone (acetone)
Acidi carbossilici	Contengono almeno un gruppo carbossilico (—COOH)		$CH_3\overset{\overset{O}{\|}}{C}—OH$	acido etanoico (acido acetico)
Esteri	Contengono almeno un gruppo estere $—\overset{\overset{O}{\|}}{C}—O—$		$CH_3\overset{\overset{O}{\|}}{C}OCH_3$	etanoato di metile (acetato di metile)
Ammine	Contengono almeno un gruppo amminico ($—NH_2$)		CH_3NH_2	metilammina
Ammidi	Contengono almeno un gruppo ammidico $—\overset{\overset{O}{\|}}{C}—N—$		$CH_3\overset{\overset{O}{\|}}{C}NH_2$	etanammide (acetammide)
Tioli	Contengono almeno un gruppo sulfidrilico (—SH)		CH_3SH	metantiolo (metilmercaptano)

comune, l'acido acetico, di cui riparleremo ampiamente nel capitolo 4, quando affronteremo il tema del metabolismo degli zuccheri.

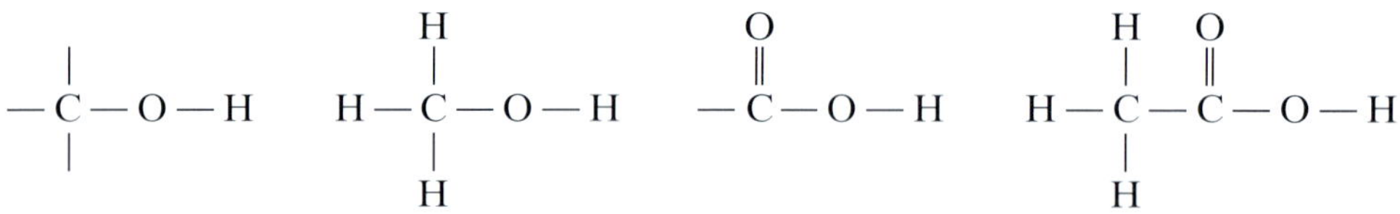

gruppo alcolico — alcol metilico — gruppo carbossile — acido acetico

Come puoi notare nella tabella, sono considerati gruppi funzionali anche i tipi di legame (singolo, doppio, triplo, delocalizzato) presenti negli idrocarburi, perché ne influenzano la reattività.

Dato che i membri di una stessa famiglia differiscono tra loro per le catene carboniose collegate al gruppo funzionale, ci si può riferire in generale a un membro qualsiasi della medesima famiglia utilizzando il simbolo R, che nelle formule di struttura rappresenta una sequenza di atomi di carbonio simile a quella degli alcani, ovvero quella parte della molecola che non prende parte alla reazione con uno specifico reagente.

nota
Il simbolo **R** deriva dal termine tedesco *radikal*.

Un'ammina, per esempio, può essere rappresentata in modo generale dalla formula R-NH_2, dove R può essere CH_3, CH_3CH_2, $CH_3CH_2CH_2$ e così via. Lo studio della chimica organica non riguarda così i singoli composti, ma le proprietà comuni dei gruppi funzionali, il modo in cui questi si trasformano l'uno nell'altro e influenzano le proprietà fisiche delle diverse sostanze. Il simbolo R semplifica questo studio.

▶ L'ISOMERIA GIUSTIFICA L'ESISTENZA DI MOLTISSIMI COMPOSTI ORGANICI

Il numero di composti organici noti supera abbondantemente i due milioni e aumenta costantemente grazie alla ricerca chimica e farmacologica. Questo fatto dipende in buona parte dall'esistenza di un fenomeno molto importante, l'**isomeria** (FIGURA ■ 1.2).

Gli isomeri sono composti che, pur avendo la stessa formula molecolare, presentano strutture diverse.

GLOSSARY
Isomers:
compounds that have the same molecular formula but different structures.

Gli isomeri, quindi, hanno la stessa massa molecolare, ma presentano proprietà fisiche e/o chimiche diverse. In alcuni casi le differenze sono minime; in altre invece sono marcate. Butano e isobutano, alcol etilico ed etere dimetilico sono solo due esempi di isomeri strutturali, in cui gli atomi sono concatenati in modo diverso. In generale esistono due diverse tipologie di isomeria: si parla di **isomeria di struttura** (o *costituzionale*) quando due molecole hanno la stessa formula molecolare, ma si riconoscono perché hanno una diversa formula di struttura; si parla di **stereoisomeria** quando due molecole hanno la stessa formula di struttura, ma una diversa disposizione spaziale degli atomi uniti alla catena. Affronteremo i diversi casi di isomeria di struttura e stereoisomeria nei prossimi paragrafi, mano a mano che si presenteranno i casi relativi.

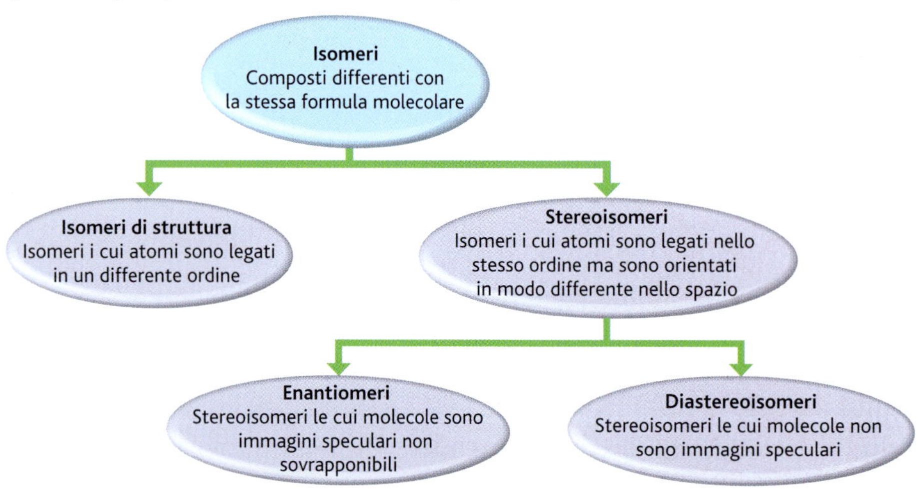

FIGURA 1.2 ■ Schema riassuntivo dei principali tipi di isomeria; i diastereoisomeri sono un'altra categoria di stereoisomeri, composti non speculari e non sovrapponibili.

▶ LE FORMULE DI STRUTTURA DELLE MOLECOLE ORGANICHE

L'esistenza di lunghe catene carboniose e di tanti possibili isomeri impone una semplificazione nella scrittura delle formule di struttura. Quasi sempre utilizzeremo le formule di struttura condensate, che occupano meno spazio senza peraltro trascurare alcuna informazione strutturale. Nelle strutture condensate, i legami C-H sono generalmente «sottintesi». Quando un atomo di carbonio lega tre atomi di idrogeno, si può scrivere CH_3; se ne lega due, si scrive CH_2. La struttura condensata dell'etanolo è dunque CH_3CH_2OH, mentre quella dell'etere dimetilico è CH_3OCH_3. Nel caso di catene ramificate, vengono indicati con trattini solo i legame con i gruppi laterali. Queste formule di struttura tuttavia non forniscono alcuna indicazione sulla conformazione della molecola, cioè non dicono nulla sulla reale disposizione nello spazio dei legami. Discorso analogo può essere fatto per una rappresentazione più semplificata ancora, in cui si rappresenta soltanto lo scheletro carbonioso della molecola senza indicare gli atomi di idrogeno e carbonio.

Propano
Isobutano
Cicloesano

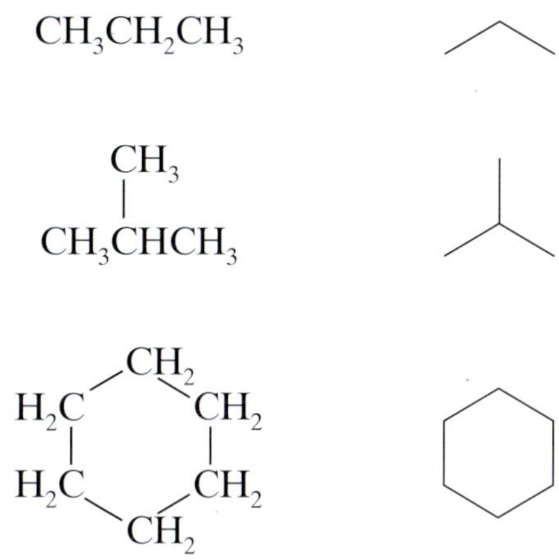

Questa rappresentazione è valida sia per le molecole lineari sia per quelle cicliche ma, nonostante appaia molto concisa, ha in sé diverse informazioni implicite. Quando si usano poligoni come l'esagono per rappresentare gli anelli, si deve tener conto delle seguenti convenzioni:

1. a ogni vertice è presente un atomo di carbonio, a meno che non siano esplicitamente indicati altri tipi di atomi (N, O o altri atomi polivalenti);
2. ciascun lato del poligono rappresenta un legame covalente singolo fra i due atomi posti ai rispettivi vertici;
3. si sottintende che tutti gli altri legami, in numero appropriato secondo la covalenza dell'atomo posto a ciascun vertice, siano formati con atomi di idrogeno;
4. i doppi legami sono sempre descritti in modo esplicito.
   I seguenti composti ciclici illustrano l'applicazione di questi principi:

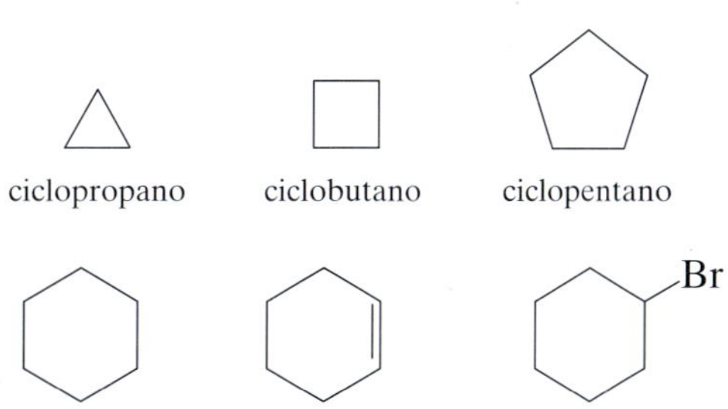

ciclopropano ciclobutano ciclopentano

ciclocsano cicloesene bromocicloesano

I poligoni vengono utilizzati per rappresentare i cicloalcani. Nella realtà, però, le molecole dei cicloalcani non sono planari, ma assumono disposizioni ripiegate, risultato di un compromesso tra l'angolo di 109° dell'atomo di carbonio ibridato sp^3 e l'angolo

richiesto per la chiusura ad anello. Gli anelli a sei termini, molto frequenti nei composti naturali, sono i più stabili. La loro struttura è riportata nella FIGURA ■ 1.3.

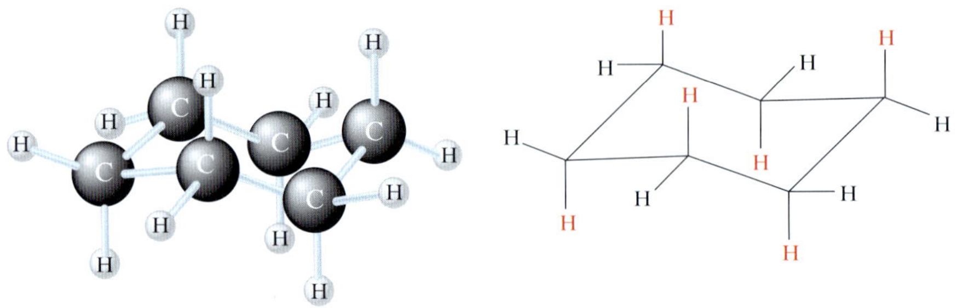

FIGURA 1.3 ■ Struttura del cicloesano. La conformazione *a sedia* presenta sei atomi di idrogeno in posizione equatoriale, cioè sullo stesso piano mediano dell'anello, e sei atomi di idrogeno (in rosso) in posizione assiale, tre sopra e tre sotto il piano mediano dell'anello.

Nel caso dei composti eterociclici, invece, gli atomi diversi dal carbonio vengono indicati esplicitamente.

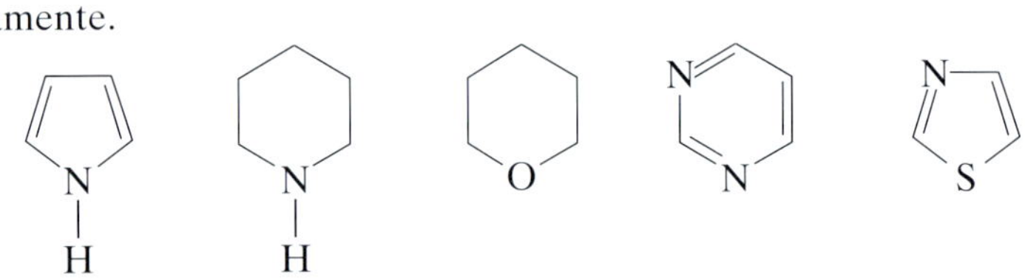

pirrolo | piperidina | tetraidropirano | pirimidina | tiazolo

Formule simili possono essere adottate anche per i composti lineari.

Check point

Nelle formule riportate sottolinea quello che ritieni sia il gruppo R o la catena carboniosa; cerchia, se esiste, il gruppo funzionale.

a) $(CH_3)_2C(CH_2CH_3)_2$

b) $CH_3CH_2CONH_2$

c) $(CH_3)_2CHCH_2Br$

d) 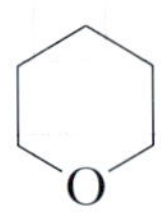

e) 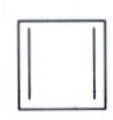

▶ PRINCIPI GENERALI CHE CORRELANO LA STRUTTURA ALLE PROPRIETÀ FISICHE

Uno degli scopi della chimica organica è consentire la previsione delle proprietà di una sostanza in base alla sua struttura molecolare. I gruppi funzionali e le dimensioni della molecola, per esempio, ci suggeriscono informazioni sul suo punto di ebollizione o sulla sua solubilità.

La piperidina e il tetraidropirano sono entrambi completamente solubili in acqua, mentre il cicloesano è insolubile. La molecola del cicloesano, infatti, possiede soltanto legami semplici C—C e C—H non polari ed è incapace di formare legami a idrogeno con il solvente acqua. Al contrario, le molecole di piperidina e tetraidropirano formano legami a idrogeno con l'acqua (indicati con puntini):

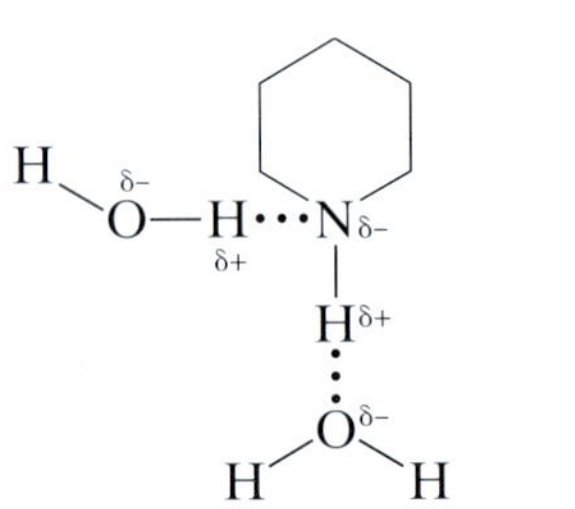

legami a idrogeno fra una molecola di piperidina e due molecole d'acqua

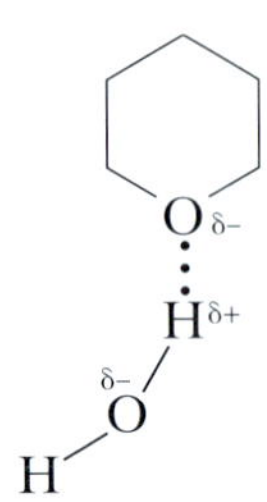

legame a idrogeno fra una molecola di tetraidropirano e una molecola d'acqua

Quindi, a parità di dimensioni, i composti organici che contengono atomi N o O sono più solubili in acqua degli alcani.

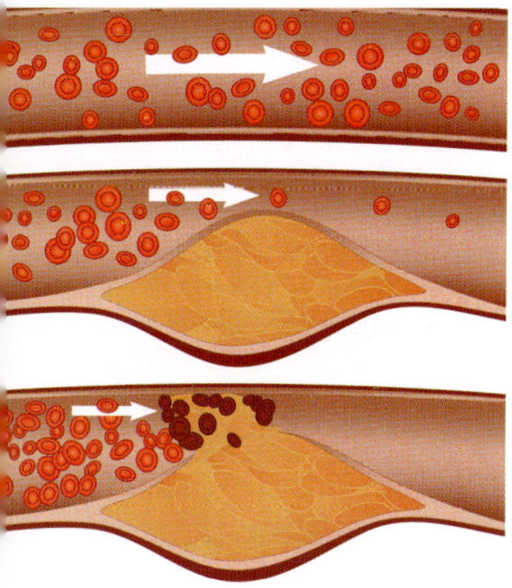

FIGURA 1.4 ■ L'insolubilità del colesterolo in acqua spiega la sua deposizione all'interno delle pareti dei vasi sanguigni, causa di malattie cardiovascolari.

Anche in presenza di eteroatomi, la solubilità in acqua di un composto organico diminuisce all'aumentare delle dimensioni della porzione idrocarburica della sua molecola.

Il colesterolo, di cui riparleremo più avanti in questo capitolo, per esempio, possiede un gruppo —OH idrofilo ma il comportamento complessivo della molecola è dominato dalla presenza di una cospicua porzione idrocarburica: il colesterolo è praticamente insolubile in acqua (FIGURA ■ 1.4).

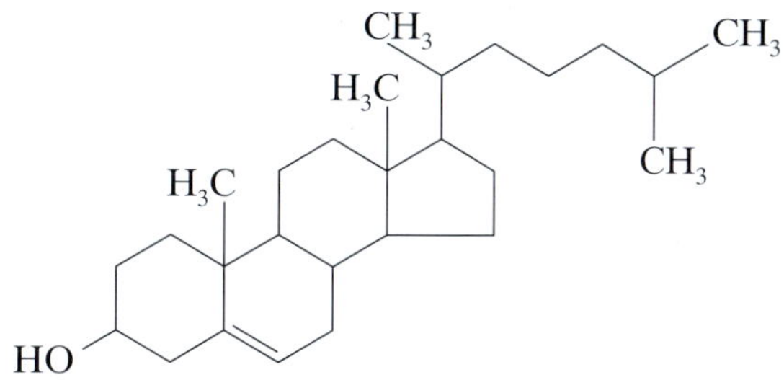

colesterolo

La stessa sostanza, però, è solubile in solventi organici apolari come il benzene e il cloroformio (secondo quanto previsto dalla regola «simile scioglie simile»).

1.2 LA NOMENCLATURA DEI COMPOSTI ORGANICI SEGUE LE REGOLE IUPAC

nota
IUPAC è l'acronimo di *International Union of Pure and Applied Chemistry* (Unione Internazionale di Chimica Pura e Applicata).

I chimici hanno elaborato delle regole per ricavare in modo sistematico i nomi delle strutture e viceversa. Alla base della nomenclatura IUPAC dei composti organici ci sono i gruppi funzionali: tutti i membri della stessa famiglia hanno il nome che termina con il medesimo suffisso, così è più semplice classificarli e individuarne le caratteristiche fondamentali. Per esempio, tutti gli alcani hanno un nome che termina con il suffisso *-ano*, mentre il nome degli alcoli finisce con il suffisso *-olo*. Nell'ambito di ogni famiglia, poi, la parte del nome che precede il suffisso tipico del gruppo funzionale viene utilizzata per indicare la composizione e le caratteristiche della catena idrocarburi.

▶ LA NOMENCLATURA DEI COMPOSTI ORGANICI FA RIFERIMENTO AGLI ALCANI

Videolezione
La nomenclatura degli idrocarburi alifatici

Come abbiamo visto nel paragrafo precedente, gli idrocarburi costituiti da catene carboniose in cui sono presenti solo legami semplici sono gli **alcani**. La famiglia degli alcani, di cui studieremo nei prossimi paragrafi le proprietà chimiche e fisiche, costituisce il riferimento fondamentale per assegnare il nome razionale a ogni composto organico.

Una volta che si è imparato a denominare correttamente un alcano diventa automatico nominare tutti gli altri tipi di composto.

Il nome degli alcani deve essere assegnato come segue.

1. Il suffisso per tutti gli alcani lineari, ciclici e ramificati è *-ano*.
2. Bisogna individuare la *catena di origine*, che è la più lunga catena continua di atomi di carbonio nella molecola. Per esempio, l'alcano ramificato:

$$\begin{array}{c} \quad CH_3 \\ \quad | \\ CH_3CH_2CHCH_2CH_2CH_3 \end{array}$$

viene considerato come se fosse costituito da una catena di sei atomi di carbonio in cui un atomo di idrogeno del terzo carbonio da sinistra è stato sostituito da un gruppo CH_3:

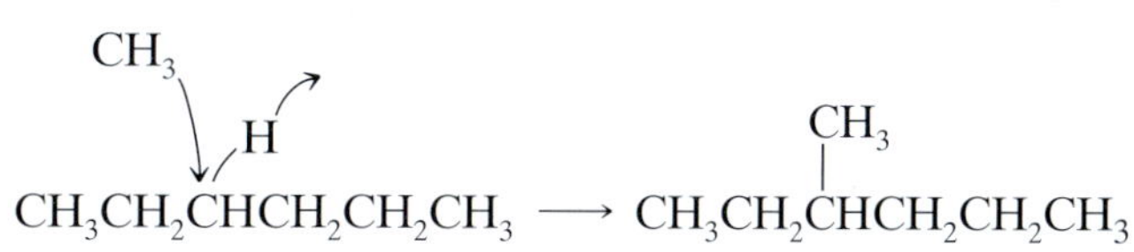

3. Il suffisso *-ano* deve essere preceduto da una radice che indica il numero di atomi di carbonio nella catena di origine. Le seguenti radici rappresentano le catene fino a dieci atomi di carbonio:

met-	1 C	es-	6 C
et-	2 C	ept-	7 C
prop-	3 C	ott-	8 C
but-	4 C	non-	9 C
pent-	5 C	dec-	10 C

La catena di origine del nostro esempio contiene sei atomi di carbonio e prende così il nome di *esano*. L'alcano è quindi un derivato dell'esano.

4. Nel caso di molecole ramificate gli atomi di carbonio della catena di origine vanno numerati a partire dall'estremità più vicina alla ramificazione. Nel nostro esempio, la numerazione corretta va da sinistra a destra perché la ramificazione risulta più vicina all'estremità di sinistra:

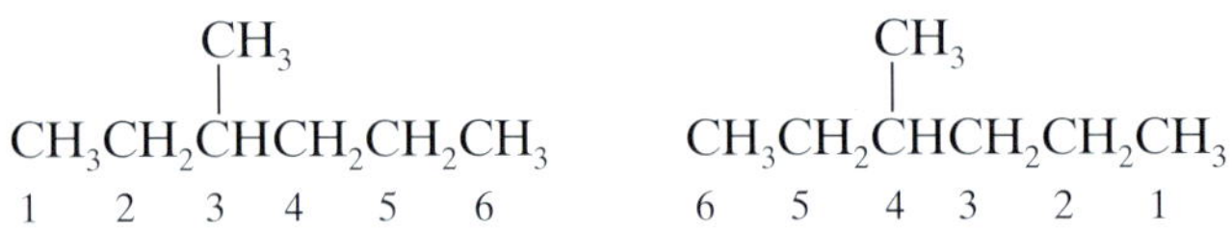

(numerazione corretta) (numerazione errata)

5. A ciascuna ramificazione deve essere assegnato il nome. Una ramificazione costituita solo da atomi di carbonio e idrogeno uniti con legami singoli prende il nome di **gruppo alchilico**, caratterizzato dal suffisso *-ile* (FIGURA ■ 1.5).

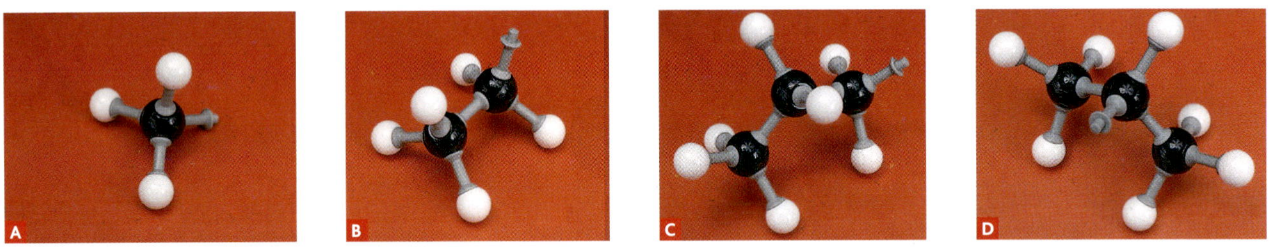

FIGURA 1.5 ■ Gruppi alchilici. (A) Metile. (B) Etile. (C) Propile. (D) Isopropile.

È utile immaginare un gruppo alchilico come se fosse derivato da un alcano per sottrazione di un atomo di idrogeno. Per esempio dal metano deriva il metile e dall'etano il gruppo alchilico etile:

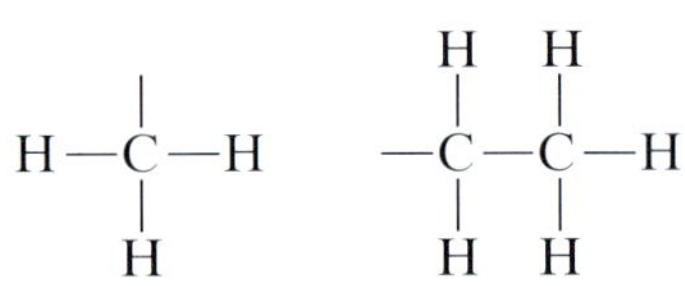

metile etile

Dal propano si possono ottenere due gruppi alchilici perché l'atomo di carbonio centrale è diverso dai due atomi alle estremità:

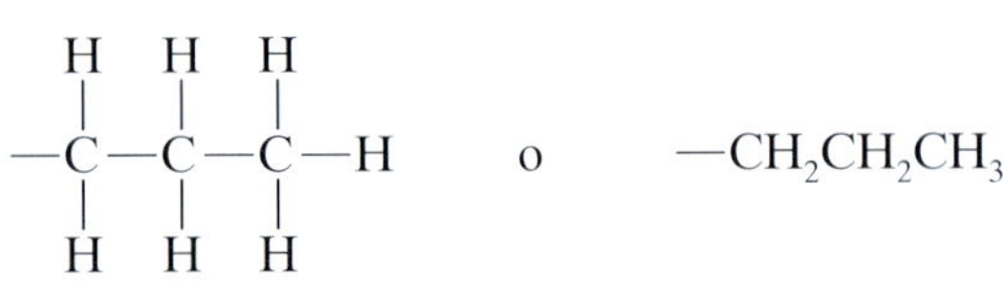

propile

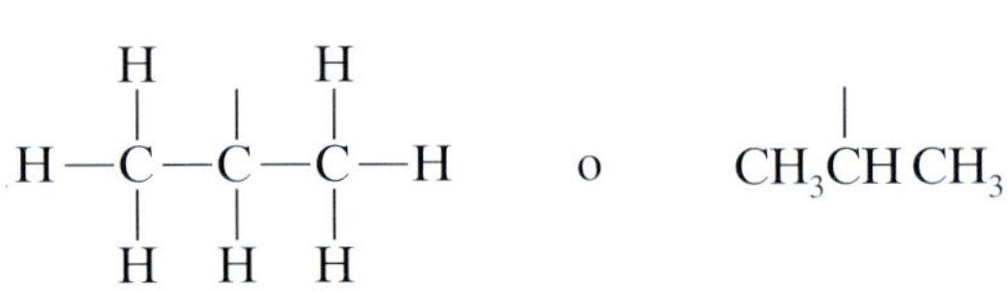

isopropile

Dal butano, invece, si possono ottenere quattro gruppi diversi alchilici a seconda della dispersione degli atomi di carbonio nella catena:

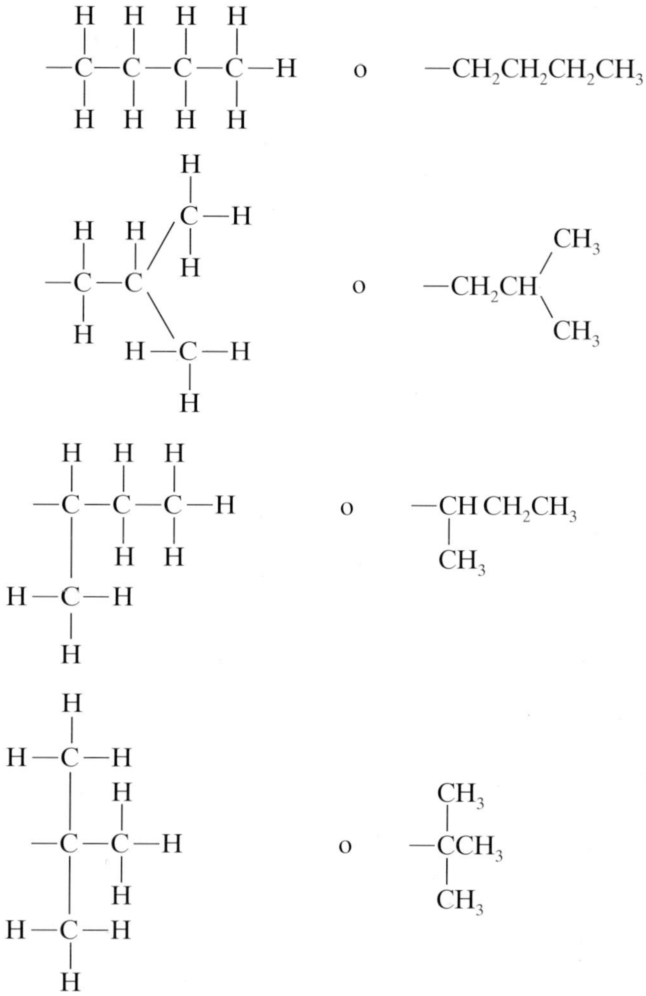

butile

isobutile

sec–butile

ter–butile

6. Il nome di ciascun gruppo alchilico è usato come prefisso del nome dell'alcano di origine ed è preceduto da un numero, seguito da un trattino, che indica la sua posizione nella catena. Il nome corretto del nostro esempio è quindi 3-metilesano:

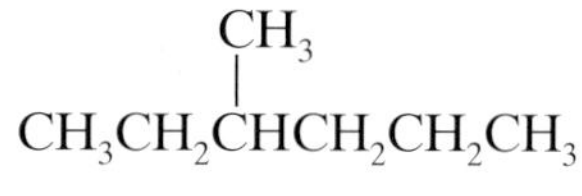

3-metilesano

7. Quando alla catena di origine sono legati due o più gruppi, ciascuno di essi deve essere denominato e posizionato con un numero. I nomi dei sostituenti alchilici sono elencati in ordine alfabetico, usando sempre dei trattini per separare i numeri dalle parole:

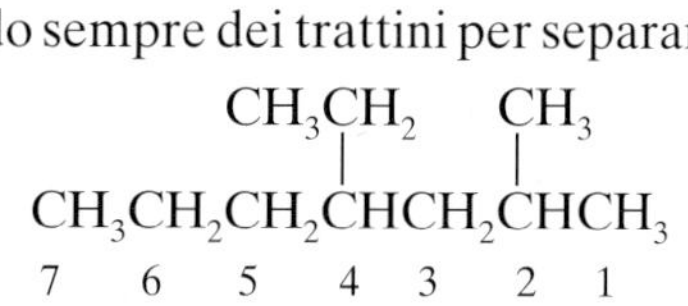

4-etil-2-metileptano

8. Se due o più sostituenti sono identici, si usano i prefissi *di-* (per 2), *tri-* (per 3), *tetra-* (per 4) e così via. La posizione di ciascun gruppo deve essere sempre specificata nel nome finale, usando delle *virgole* per separare fra loro i numeri. Per esempio:

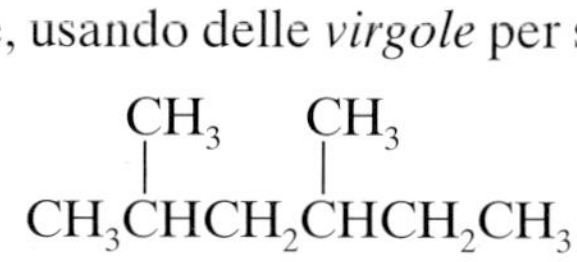

nome corretto: 2,4-dimetilesano

nomi errati: 2,4-metilesano
3,5-dimetilesano
2-metil-4-metilesano
2-4-dimetilesano

9. Quando allo stesso atomo di carbonio sono legati gruppi identici, il numero che indica la posizione deve essere ripetuto.
Per esempio:

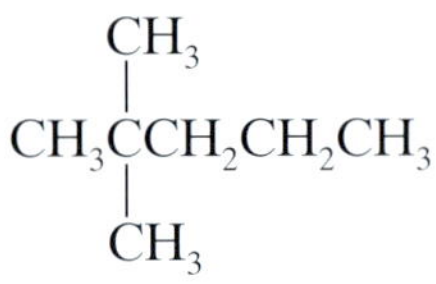

nome corretto: 2,2-dimetilpentano
nomi errati: 2-dimetilpentano
2,2-metilpentano
4,4-dimetilpentano

Pur non avendo descritto tutte le regole di nomenclatura IUPAC, quelle esposte ci consentono comunque di proseguire agevolmente nello studio della chimica organica.

> **nota**
> I nomi non sistematici o **nomi comuni** sono ancora in uso per diversi composti. Per esempio, il nome comune del 2-metilpropano è *isobutano*.

ESEMPIO

i calcoli del chimico

Come usare le regole IUPAC per assegnare il nome a un alcano.

▶ Qual è il nome IUPAC del seguente composto?

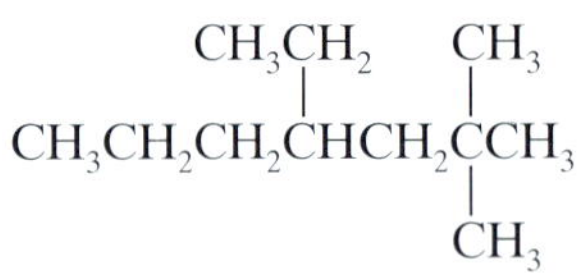

Analisi

- Conosciamo la formula di struttura del composto.
- Sappiamo che è un alcano perché vi sono solo legami singoli.
- Individuiamo la catena più lunga di atomi di carbonio (7 C) e le posizioni delle ramificazioni (2 e 4).
- Dato mancante: il nome razionale del composto assegnato.

Soluzione Il nome dell'alcano di origine è *eptano*. È necessario numerare la catena a partire da destra perché questa è l'estremità più vicina a una ramificazione.
Sul carbonio 2 si trovano due gruppi metile e sul carbonio 4 un gruppo etile. In ordine alfabetico, *etile* precede *metile* anche se quest'ultimo è preceduto dal prefisso *di-*; quindi possiamo scrivere:

4-etil-2,2-dimetileptano

il trattino separa un numero da una parola

la virgola separa due numeri

qui non sono necessari trattini, virgole o spazi

È un risultato accettabile? L'errore più comune è quello di considerare una catena di origine più breve di quella reale o quello di numerare in modo errato la catena. Può risultare utile contare gli atomi di carbonio indicati dal nome finale del composto e confrontare questo numero con il numero di atomi di carbonio effettivamente presenti nella struttura. Nel nostro caso sono 2 + (1 + 1) + 7 = 11.

etile contiene 2 atomi di carbonio

dimetile significa 2 unità da 1 atomo di carbonio

eptano significa 7 atomi di carbonio

4-etil-2,2-dimetileptano

PROVA TU Scrivi i nomi IUPAC dei seguenti composti. Nel cercare la catena di origine, assicurati di considerare la più lunga catena continua di atomi di carbonio, *anche se la catena si piega e cambia direzione.*

a) 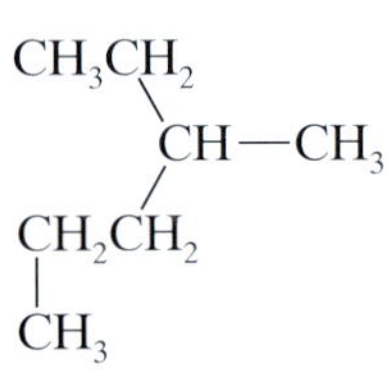

b) 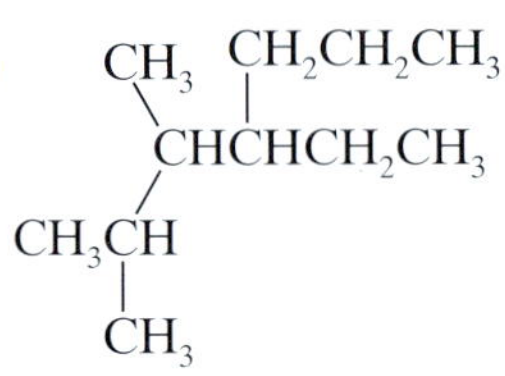

c) 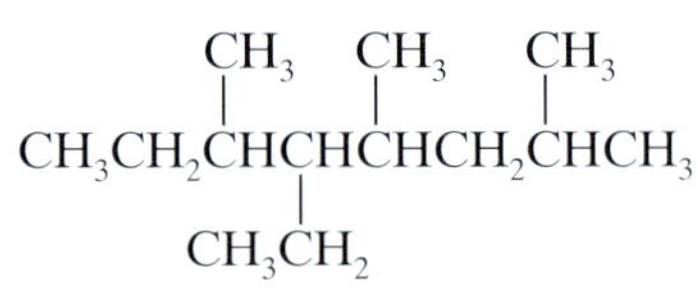

1.3 GLI IDROCARBURI SONO COSTITUITI ESCLUSIVAMENTE DA ATOMI DI CARBONIO E IDROGENO

I composti organici più semplici sono gli **idrocarburi** le cui molecole sono formate esclusivamente da carbonio e idrogeno. Come abbiamo visto in precedenza, oltre agli alcani, gli idrocarburi comprendono anche gli alcheni, gli alchini e gli idrocarburi aromatici (TABELLA ■ 1.3). Si tratta in tutti i casi di composti insolubili in acqua che bruciano in presenza di adeguate quantità di ossigeno per dare diossido di carbonio e acqua. Gli alcani sono **composti saturi**, in cui sono presenti solo legami singoli; alcheni e alchini sono invece **composti insaturi**, le cui molecole contengono, rispettivamente, legami doppi e tripli. Anche gli idrocarburi aromatici sono composti insaturi perché gli atomi di carbonio dei loro anelli, se rappresentati con semplici strutture di Lewis, formano doppi legami:

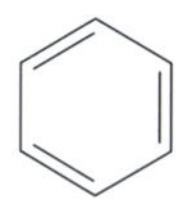

benzene
(struttura di Lewis)

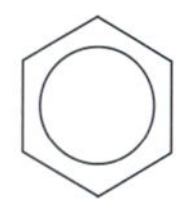

benzene
(struttura alternativa)

I *combustibili fossili*, carbone, petrolio e gas naturale, sono la fonte principale, se non esclusiva, degli idrocarburi.

TABELLA 1.3 ■ Classificazione degli idrocarburi per catena e per legame.

Idrocarburi	Saturi	Insaturi con legami: doppi	Insaturi con legami: tripli
alifatici a catena lineare aperta	alcani C—C—C—C	alcheni C=C—C—C	alchini C≡C—C—C
alifatici a catena ramificata	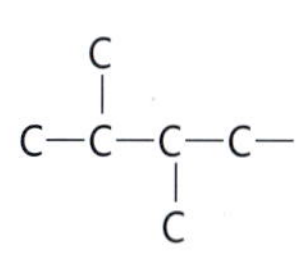	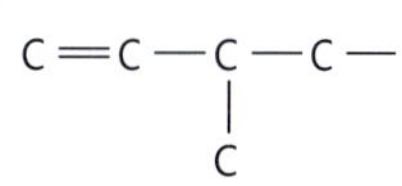	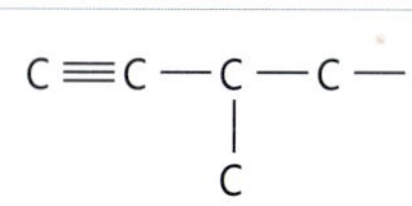
aliciclici	cicloalcani 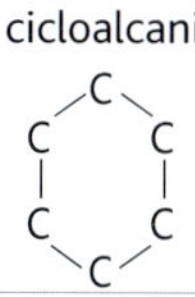	cicloalcheni 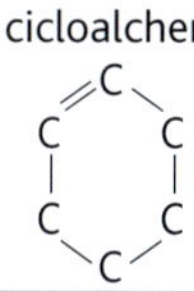	cicloalchini 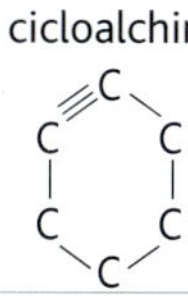
aromatici		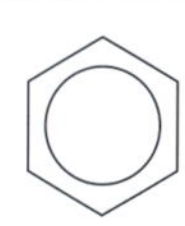 benzene	

▶ GLI ALCANI CONTENGONO SOLO LEGAMI SINGOLI

Tutti gli alcani a catena aperta (che non presentano anelli) hanno formula generale C_nH_{2n+2}, dove *n* indica il numero di atomi di carbonio. Solo i primi 4 alcani hanno come radice del nome un prefisso che non richiama il numero di atomi di carbonio che contengono. Dall'alcano a 5C in poi la radice del nome è il termine greco che richiama il numero di atomi di carbonio della catena più lunga (TABELLA ■ 1.4).

Nel caso di idrocarburi a catena ramificata si utilizzano le regole descritte nel precedente paragrafo:

prefisso(composizione e posizione dei gruppi alchilici)-**radice**(numero di atomi di carbonio della catena principale) - **suffisso**(ano)

TABELLA 1.4 ■ Alcani a catena lineare.

Nome IUPAC	Formula molecolare	Formula di struttura condensata	Punto di ebollizione (°C)	Punto di fusione (°C)	Densità (g mL^{-1}, 20 °C)
Metano	CH_4	CH_4	−161,5	−182,5	
Etano	C_2H_6	CH_3CH_3	−88,6	−183,3	
Propano	C_3H_8	$CH_3CH_2CH_3$	−42,1	−189,7	
Butano	C_4H_{10}	$CH_3(CH_2)_2CH_3$	−0,5	−138,4	
Pentano	C_5H_{12}	$CH_3(CH_2)_3CH_3$	36,1	−129,7	0,626
Esano	C_6H_{14}	$CH_3(CH_2)_4CH_3$	68,7	−95,3	0,659
Eptano	C_7H_{16}	$CH_3(CH_2)_5CH_3$	98,4	−90,6	0,684
Ottano	C_8H_{18}	$CH_3(CH_2)_6CH_3$	125,7	−56,8	0,703
Nonano	C_9H_{20}	$CH_3(CH_2)_7CH_3$	150,8	−53,5	0,718
Decano	$C_{10}H_{22}$	$CH_3(CH_2)_8CH_3$	174,1	−29,7	0,730

In questi alcani (come in tutti i composti organici) si distinguono atomi di carbonio primari, secondari, terziari e quaternari in base al numero di legami con altri atomi di carbonio. È dunque definito **primario** un atomo di carbonio legato a un altro atomo di carbonio e tre atomi di idrogeno, **secondario** un carbonio legato a due atomi di carbonio e due idrogeni e così via.

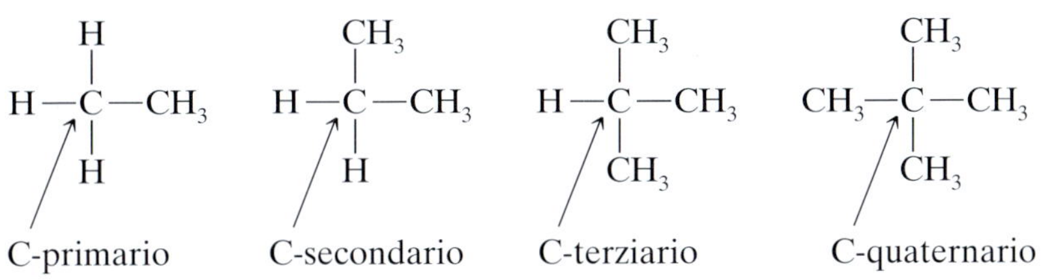

Nel caso di alcani con struttura ad anello il nome è preceduto dal prefisso *ciclo*.

Negli alcani (come in tutte le catene idrocarburiche sature) il carbonio ha ibridazione sp^3 e per questo forma **4 legami sigma** (σ) con geometria tetraedrica. Per rappresentare nelle formule di struttura questa particolare disposizione dei legami si può far ricorso alle formule a cunei e trattini, nelle quali il cuneo pieno rappresenta il legame con un atomo che sporge verso l'osservatore e il tratteggio indica un legame rivolto dalla parte opposta del foglio.

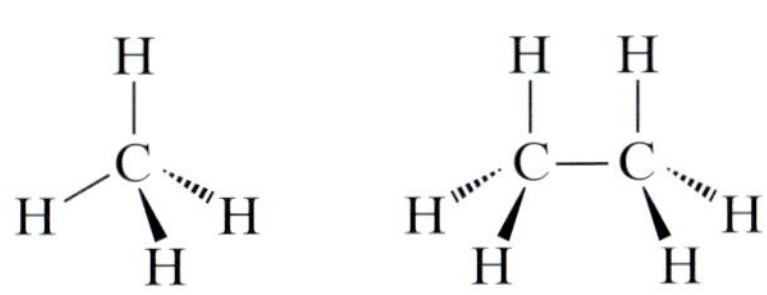

La geometria dei legami condiziona la conformazione dei cicloalcani che, come abbiamo visto nel paragrafo 1, non possono essere planari. Il ciclopropano e il ciclo butano, per esempio, sono instabili perché le rispettive geometrie molecolari forzano i legami del carbonio a disporsi secondo una geometria differente rispetto a quella tipica dell'ibridazione sp^3. Anche in altri cicloalcani c'è una forte tensione angolare che condiziona la forma che assumono.

Per comprendere le proprietà chimico-fisiche degli alcani è importante considerare altri aspetti dei legami presenti: il legame C—C ha lunghezza 1,74 Å ed energia di legame pari a 88 Kcal/mol; i legami C—H possono essere considerati apolari come i legami C—C e hanno energia di legame pari a 98 kcal/mol. Per queste caratteristiche dei legami le molecole degli alcani sono molto stabili, poco reattive e del tutto apolari. Esse inoltre possono formare tra loro deboli legami intermolecolari (forze di London). Il loro punto di ebollizione aumenta progressivamente con l'aumentare della massa molecolare, a dimostrazione del fatto che le forze di London diventano sempre più intense. Gli alcani sono meno densi dell'acqua e molto stabili a temperatura ambiente; non reagiscono con gli acidi (come H_2SO_4 concentrato), con le basi forti (come NaOH), né con i metalli più reattivi. Come tutti gli idrocarburi, bruciano all'aria e danno diossido di carbonio e acqua.

GLOSSARY

Conformation: the three – dimensional shape of a molecule at any given instant, assuming that the rotation around single bonds is frozen.

▶ LA CONFORMAZIONE DEGLI ALCANI LINEARI

La **conformazione** di una molecola è la distribuzione spaziale degli atomi nella molecola.

A partire dall'etano, ogni alcano lineare può assumere momentaneamente diverse conformazioni perché il legame C—C non è rigido e permette la libera rotazione nello spazio delle due porzioni della molecola. La molecola di etano, per esempio, può passare liberamente da una conformazione *eclissata* a una conformazione *sfalsata* (TABELLA ■ 1.5).

TABELLA 1.5 ■ Conformazioni limite dell'etano.

Conformero	Struttura a legame cuneo/tratteggiato	Struttura a cavalletto	Proiezione di Newman
Eclissato	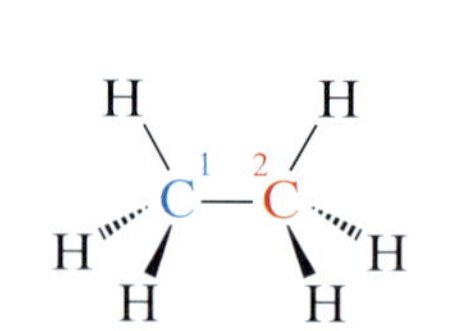	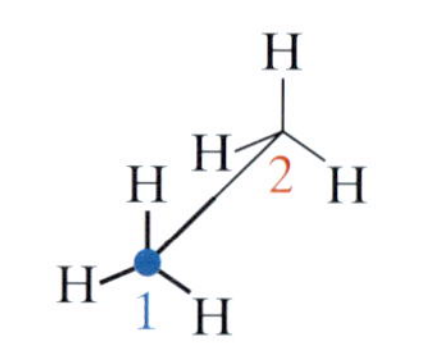	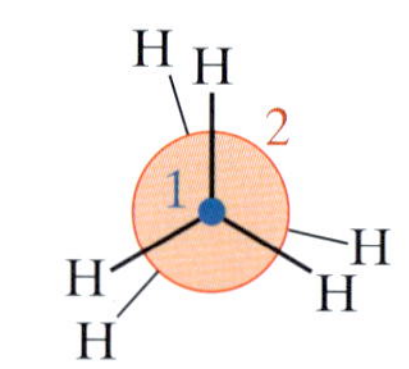
Sfalsato	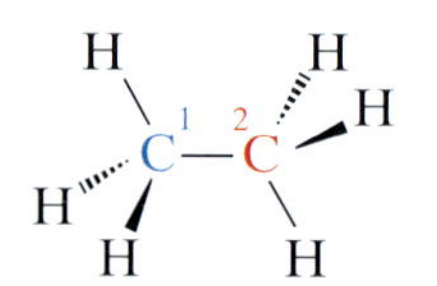	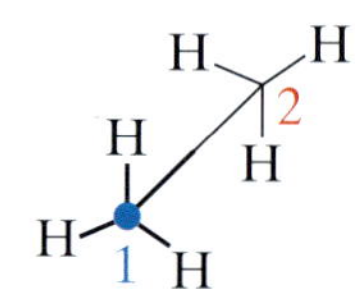	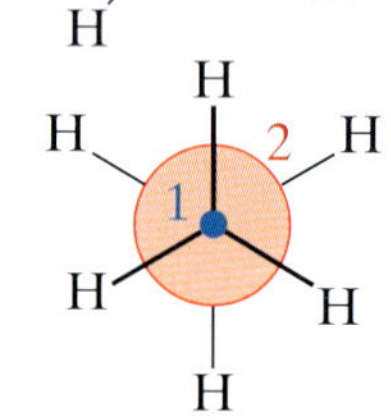

Nel caso di alcani lineari che contengono più atomi di carbonio, invece, la situazione diventa più complessa: a causa della libera rotazione degli atomi intorno a ciascun atomo di carbonio, lo scheletro di un alcano lineare risulta flessibile e la molecola può torcersi e aggrovigliarsi in diversi modi, assumendo un gran numero di conformazioni. In tutti i casi le diverse conformazioni che un alcano può assumere hanno maggiore o minore stabilità in relazione all'ingombro e alle possibili interazioni e tra i gruppi che ruotano intorno al legame. L'etano eclissato, per esempio, ha maggiore energia e minore stabilità della forma sfalsata.

Per quanto riguarda le molecole chiuse ad anello, come quella del cicloesano, esse possono assumere diverse conformazioni spaziali: le due più importanti sono quelle **a sedia** e **a barca** (FIGURA ■ 1.6).

FIGURA 1.6 ■ Le conformazioni a sedia e a barca del cicloesano.

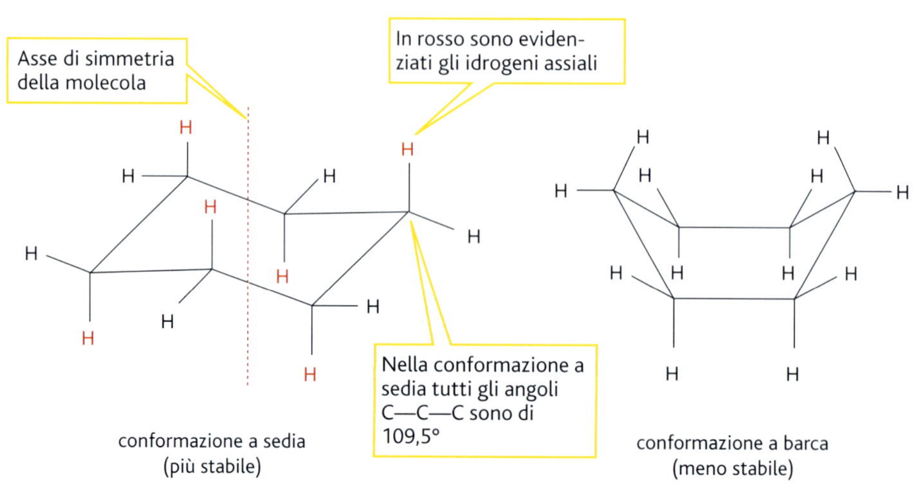

Nella conformazione a sedia si individuano due diverse disposizioni degli atomi di idrogeno: una *assiale*, ossia parallela all'asse della molecola, l'altra *equatoriale*, cioè a raggiera intorno al perimetro della molecola. Questa conformazione è anche la più stabile, perché i dodici atomi di idrogeno risultano meno ravvicinati nello spazio; ciò minimizza le forze repulsive tra le loro nuvole elettroniche perché sono situati alternativamente sopra e sotto il piano della molecola. Un tipico esempio di molecola biologica con conformazione a sedia è il glucosio, di cui riparleremo nel prossimo capitolo, che orienta i propri atomi in questo modo e così facendo risulta particolarmente stabile dal punto di vista chimico.

▶ LE REAZIONI CHIMICHE DEGLI ALCANI AVVENGONO PER SCISSIONE OMOLITICA

In presenza di luce o a temperature elevate, il cloro e il bromo reagiscono con gli alcani formando *alogenuri alchilici* in cui uno o più atomi di idrogeno sono sostituiti dall'alogeno. Dalla clorurazione del metano, per esempio, possiamo ottenere:

CH_3Cl	CH_2Cl_2	$CHCl_3$	CCl_4
cloruro di metile	cloruro di metilene	cloroformio	tetracloruro di carbonio

Il meccanismo di reazione prevede una fase iniziale che consiste nella scissione *omolitica* del legame Cl—Cl per effetto del calore o di un fotone (luce) di energia appropriata, con formazione di due radicali liberi (due atomi di cloro), ognuno dei quali presenta un elettrone spaiato:

nota
Scissione omolitica: un elettrone su ciascun frammento
A:B → A· + B·

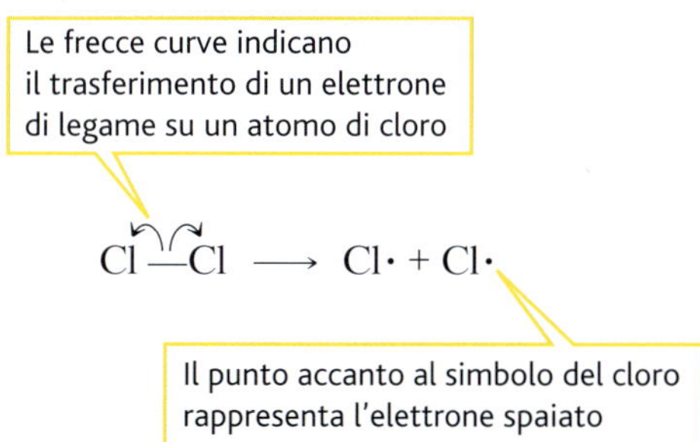

I radicali del cloro sono molto reattivi e danno inizio a una serie di reazioni a catena (*stadio di propagazione*) che porta alla formazione del prodotto e di altri radicali liberi secondo un meccanismo di **sostituzione radicalica**. La reazione ha termine quando i radicali reagiscono fra loro producendo solo specie stabili.

▶ GLI ALCHENI E GLI ALCHINI PRESENTANO LEGAMI DOPPI E TRIPLI

Gli **alcheni** sono idrocarburi che contengono un doppio legame carbonio-carbonio; gli alcheni a catena aperta hanno formula generale C_nH_{2n} (FIGURA ■ 1.7). Gli **alchini** presentano invece un triplo legame: quelli a catena aperta hanno formula generale C_nH_{2n-2}.

Negli alcheni gli atomi di carbonio coinvolti nel doppio legame presentano ibridazione sp^2 e sono uniti da un legame sigma e da un legame pigreco (π). In quel punto la molecola assume quindi geometria planare. Negli alchini invece gli atomi di carbonio del triplo legame presentano ibridazione *sp* e sono uniti da un legame sigma e due legami pigreco. Il legame triplo ha geometria lineare.

Il legame doppio C=C e il legame triplo C≡C hanno una caratteristica in comune: sono rigidi e impediscono la rotazione conformazionale che abbiamo descritto parlando degli alcani. In entrambi i casi, inoltre, i legami pigreco sono più deboli dei legami sigma. Per questo alcune reazioni chimiche delle due classi di composti sono simili.

Alcheni e alchini, come tutti gli idrocarburi, sono insolubili in acqua e facilmente infiammabili. Gli alcheni più comuni sono l'etene e il propene (meglio noto come *pro-*

FIGURA 1.7 ■ I doppi legami sono il gruppo funzionale caratteristico dell'isoprene, monomero presente nel caucciù, il materiale utilizzato per produrre la gomma naturale.

pilene), da cui si producono, rispettivamente, il polietilene e il polipropilene. L'etino (*acetilene*), un importante alchino, è il combustibile della fiamma ossiacetilenica.

$CH_2{=}CH_2$	$CH_3CH{=}CH_2$	$CH{\equiv}CH$
etene (etilene)	propene (propilene)	etino (acetilene)

Le regole IUPAC per assegnare il nome agli alcheni derivano da quelle utilizzate per gli alcani, con due importanti differenze. Primo, la catena di origine deve comprendere il doppio legame anche se non è la catena più lunga; secondo, deve essere numerata a partire dall'estremità più vicina al doppio legame. Il nome della catena di origine è preceduto dal numero che indica la posizione del primo carbonio implicato nel doppio legame, seguito da un trattino.

I gruppi alchilici che formano le ramificazioni sono considerati esattamente come negli alcani. Per esempio:

$CH_3CH_2CH{=}CH_2$	$CH_3CH{=}CHCH_3$	$CH_3CH_2CH(CH_3)CH_2CH{=}C(CH_3)CH_3$
1-butene (non 1,2-butene o 3-butene)	2-butene	2,5-dimetil-2-eptene (non 3,6-dimetil-5-eptene)

Oltre alla nomenclatura ufficiale, però, la IUPAC ha accettato anche l'uso dei nomi tradizionali di alcuni composti, nonostante l'assenza di schemi uniformi nella loro assegnazione. Il composto $CH_2{=}CH_2$, per esempio, è chiamato sia etene (nome ufficiale) sia etilene (nome tradizionale) e il composto $CH_2{=}CHCH_3$ è chiamato sia propene sia propilene. In entrambi questi casi non è necessario inserire il numero di posizione del doppio legame perché è sottointeso che si trovi sul primo carbonio della catena.

Gli alcheni che presentano due doppi legami sono chiamati *dieni*, quelli che ne presentano tre, *trieni*, e così via. La posizione di ciascun doppio legame deve essere specificata con un numero:

$CH_2{=}CHCH{=}CH_2$	$CH_2{=}CHCH_2CH{=}CH_2$	$CH_2{=}CHCH{=}CHCH{=}CH_2$
1,3-butadiene	1,4-pentadiene	1,3,5-esatriene

Di particolare interesse sono i **dieni coniugati** (FIGURA ■ 1.8), che alternano un legame doppio e uno singolo. Queste molecole presentano un'elevata stabilità dovuta alla delocalizzazione degli elettroni coinvolti nel legame π.

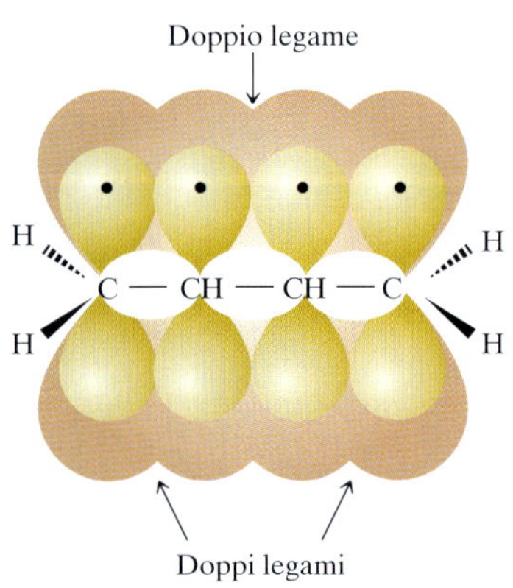

FIGURA 1.8 ■ Rappresentazione degli orbitali dell'1,3-butadiene; il legame C2-C3 presenta un carattere di doppio legame parziale.

I dieni e i polieni si possono chiudere ad anello; in questo caso il nome è preceduto dal prefisso *ciclo* (per esempio, cicloesene).

cicloesene

Criteri simili si adottano per la nomenclatura degli alchini che però assumono la desinenza *ino*.

Check point

Valuta se i nomi proposti per ognuno dei seguenti alcheni sono corretti (sì) oppure non lo sono (no).

a) $ClCH{=}CHCH_3$ 1-cloropropene ☐ sì ☐ no

b) $CH_3CH{=}CHCH(CH_3)_2$ 4-metil-2-pentene ☐ sì ☐ no

c) $CH_2{=}C(CH_2CH_3)_2$ 2,2-dietil-1-butene ☐ sì ☐ no

▶ L'ISOMERIA GEOMETRICA NEGLI ALCHENI

Come abbiamo visto, negli alcheni è impedita la rotazione intorno al doppio legame. Per questo molti alcheni mostrano **isomeria geometrica**: il cis-2-butene e il trans-2-butene sono isomeri geometrici l'uno rispetto all'altro. Essi presentano la stessa formula molecolare, C_4H_8, lo stesso scheletro e la stessa disposizione degli atomi e dei legami, $CH_3CH{=}CHCH_3$. Le due molecole differiscono però per la *direzione* in cui si dispongono i gruppi CH_3.

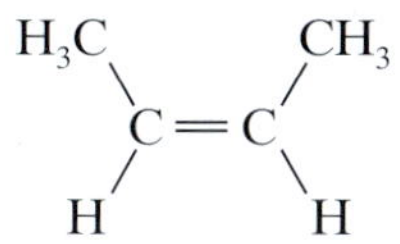

cis-2-butene
(p.e. 3,72 °C)

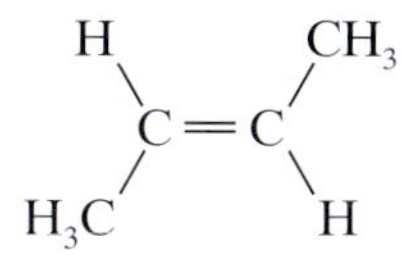

trans-2-butene
(p.e. 0,88 °C)

Cis significa «dalla stessa parte», *trans* «da parti opposte». Questa differente orientazione conferisce ai due isomeri geometrici del 2-butene proprietà fisiche diverse, come si osserva dai loro punti di ebollizione (p.e.). Poiché entrambi possiedono un doppio legame, il *cis*-2-butene e il *trans*-2-butene mostrano invece proprietà chimiche simili ma non identiche; reagiscono infatti con gli stessi reattivi ma a velocità diverse. Anche le strutture ad anello impediscono la rotazione intorno ai legami: esistono quindi isomeri geometrici anche per i composti ciclici, indipendentemente dalla presenza di doppi legami. Come appare nella FIGURA ■ 1.9, l'anello che dovrebbe trovarsi su un piano ideale perpendicolare alla pagina è visto in prospettiva e proiettato sul foglio: la linea scura inferiore indica la parte della molecola che sporge verso il lettore, mentre le linee più sottili nella parte superiore del foglio indicano la parte della molecola posta più lontano da chi legge.

L'isomeria geometrica interviene in numerosi processi biologici. Nella visione, per esempio, l'energia della radiazione luminosa visibile è in grado di isomerizzare da *cis* a *trans* la molecola di retinale presente nei bastoncelli, le cellule nervose specializzate della retina dell'occhio. Il cambiamento di geometria del retinale induce altre modificazioni chimiche nelle cellule retiniche, che generano un impulso nervoso trasmesso al cervello attraverso il nervo ottico (FIGURA ■ 1.10).

I bastoncelli, le cellule della retina specializzate nella percezione delle tonalità di chiaroscuro, contengono la cosiddetta «porpora visiva», costituita dai due isomeri del retinale che si trasformano l'uno nell'altro quando sono colpiti da un fotone luminoso.

GLOSSARY

***cis* and *trans* isomers:** stereoisomers that differ in their stereochemistry about a double bond or ring.

nota

Non ci sono cicloalcheni *trans* che contengono meno di 8C perché verrebbero a crearsi tensioni angolari troppo forti.

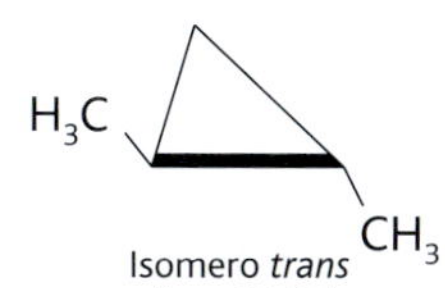

Isomero *trans*
(p.e. 28 °C)

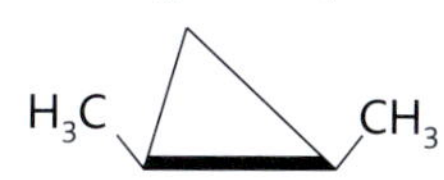

Isomero *cis*
(p.e. 37 °C)

FIGURA 1.9 ■ I due isomeri geometrici dell'1,2-dimetilciclopropano.

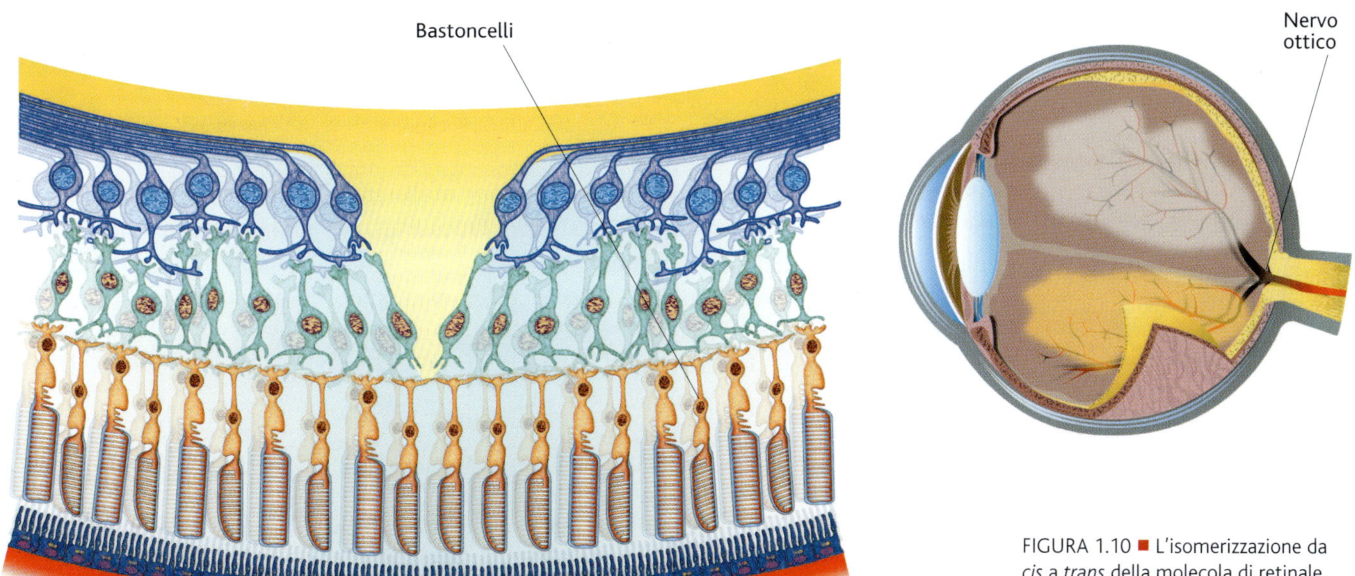

FIGURA 1.10 ■ L'isomerizzazione da *cis* a *trans* della molecola di retinale, a opera dei fotoni luminosi, è uno dei processi che regola la vista.

Un isomero *cis* può infatti trasformarsi nell'isomero *trans* quando viene fornita energia, sotto forma di luce o calore, in grado di rompere solo il legame π e permettere la rotazione attorno al legame σ.

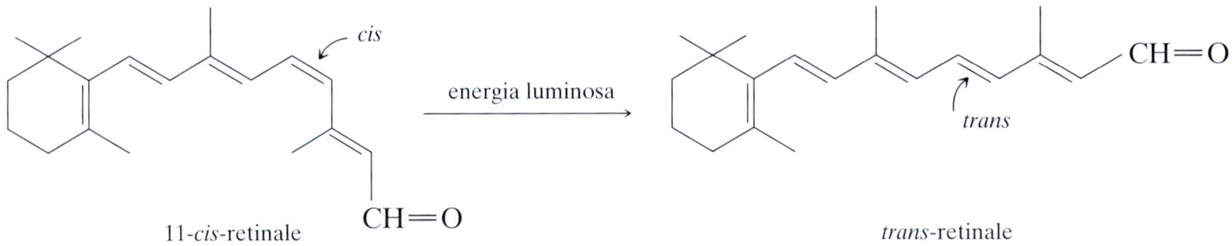

11-*cis*-retinale — *trans*-retinale

Check point

Scegli, tra quelle proposte, le due sostanze che presentano isomeri *cis-trans*.

a) $CCl_2{=}CH{-}CH_2{-}CH_3$ ☐

b) $CH_3{-}CH_2{-}CH{=}CH{-}CH_2{-}CH_3$ ☐

c) $CHCl{=}CHCl$ ☐

nota
Scissione eterolitica: entrambi gli elettroni su un frammento con conseguente formazione di uno ione positivo e uno negativo $A{:}B \rightarrow A + B{:}\ (A^+ + B^-)$

▶ REAZIONI DI ADDIZIONE DEGLI ALCHENI

Gli alcheni, grazie alla densità elettronica del legame π, danno **reazioni di addizione elettrofila**, in cui le diverse parti di uno stesso reagente si legano agli atomi di carbonio del doppio legame. Il meccanismo della reazione vede nella scissione *eterolitica* del legame π, da parte di una specie carente di elettroni, il primo di due passaggi. L'etene, per esempio, reagisce facilmente con il cloruro di idrogeno:

$$CH_2{=}CH_2 + H{-}Cl \rightarrow Cl{-}CH_2{-}CH_3$$

La molecola di cloruro di idrogeno *si addiziona al doppio legame*; una parte di HCl si lega al primo atomo di carbonio mentre l'altra si lega al secondo. Più precisamente, la coppia di elettroni del legame π si sposta e lega lo ione H^+ proveniente da HCl che, di conseguenza, libera Cl^-. Un atomo di carbonio lega dunque l'idrogeno mentre l'altro rimane con una carica positiva (+):

nota
Le frecce curve indicano la nuova disposizione delle coppie di elettroni.

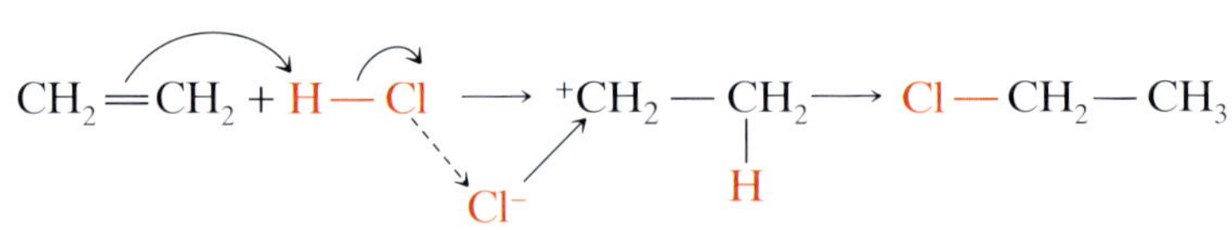

etilcarbocatione — cloroetano

nota
Un carbocatione possiede soltanto sei elettroni nel livello di valenza ed è una specie molto instabile.

Il risultato del trasferimento di H^+ è un catione molto instabile, chiamato *carbocatione*, in cui esiste una carica positiva sul carbonio. Questa attrae rapidamente lo ione Cl^- per dare il prodotto finale, il cloroetano.

Un altro esempio è dato dal 2-butene che, come l'etene, addiziona HCl:

$$\underset{\text{2-butene}}{CH_3CH{=}CHCH_3} + HCl \longrightarrow \underset{\text{2-clorobutano}}{CH_3\underset{\displaystyle Cl}{\underset{|}{C}}HCH_2CH_3}$$

I doppi legami degli alcheni addizionano anche bromuro di idrogeno, ioduro di idrogeno e acido solforico («solfato di idrogeno»).

In presenza di un catalizzatore acido, come l'acido solforico, si può addizionare anche una molecola d'acqua. Il catalizzatore partecipa alla prima parte della reazione donando un protone a un'estremità del doppio legame per creare il carbocatione. Questa specie instabile attrae di preferenza la specie presente più ricca di elettroni, in particolare la molecola d'acqua:

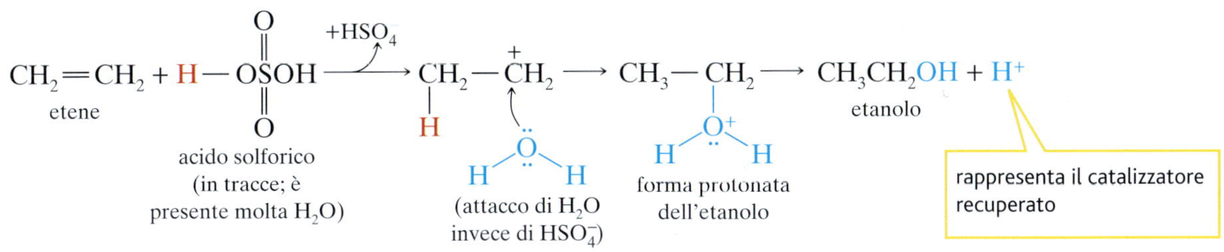

Al termine della reazione, le due porzioni della molecola d'acqua, H e OH, si sono legate separatamente ai due atomi di carbonio del doppio legame. Il 2-butene (*cis* o *trans*) dà una reazione simile.

Anche il cloro, il bromo e l'idrogeno si possono addizionare al doppio legame di un alchene. Cloro e bromo reagiscono rapidamente anche a temperatura ambiente. L'etene, per esempio, reagisce col bromo per formare 1,2-dibromoetano:

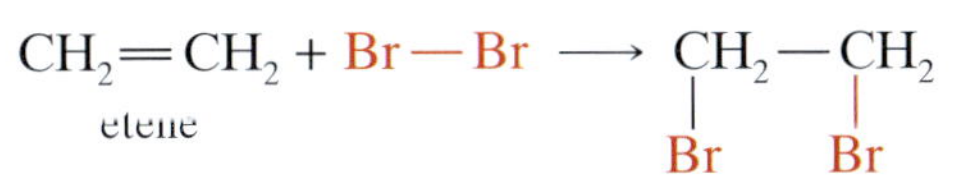

La reazione di idrogenazione avviene in particolari condizioni. In presenza di un catalizzatore, per esempio platino finemente suddiviso, e a temperatura e pressione elevate, dal 2-butene (*cis* o *trans*) si ottiene il butano:

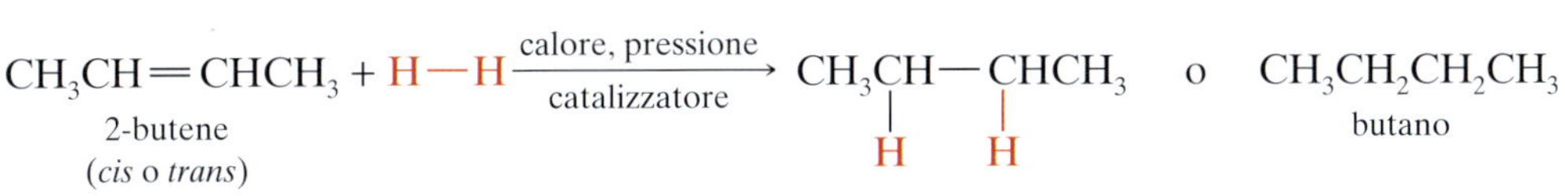

Il doppio legame, con i suoi elettroni π, è sensibile anche all'azione degli ossidanti forti, come l'ozono, che attacca il doppio legame e spezza la molecola in frammenti più piccoli. Anche gli alchini possono dare reazioni di addizione e possono essere quindi idrogenati prima ad alcheni e poi ad alcani.

In opportune condizioni e in presenza di un *iniziatore*, le molecole degli alcheni possono dare **reazioni di addizione radicalica** con la formazione di polimeri, come vedremo nel paragrafo 1.9.

nota
L'**ozono** attacca i doppi legami della clorofilla e impedisce lo svolgimento della fotosintesi, danneggiando così le piante verdi.

▶ GLI IDROCARBURI AROMATICI CONTENGONO ANELLI BENZENICI

Videolezione Aromaticità

In passato venivano chiamati composti aromatici i composti organici come la vanillina, derivati dal mondo vegetale dotati di odori caratteristici. Oggi sono considerate aromatiche le molecole cicliche e planari in cui sono presenti doppi legami in numero tale che ci siano complessivamente 4n + 2 elettroni p delocalizzati (e coinvolti in legami pigreco). Il **benzene** è il composto aromatico più comune: ha formula C_6H_6 e contiene 6 atomi di carbonio con ibridazione *sp*^{2}. Sopra e sotto il piano su cui giacciono gli atomi di carbonio uniti da legami sigma si muovono 4 + 2 elettroni pigreco delocalizzati sull'intera molecola (in questo caso n = 1).

L'anello del benzene può essere rappresentato con un esagono che contiene un'alternanza di legami singoli e doppi o, in alternativa, un cerchio. Per esempio:

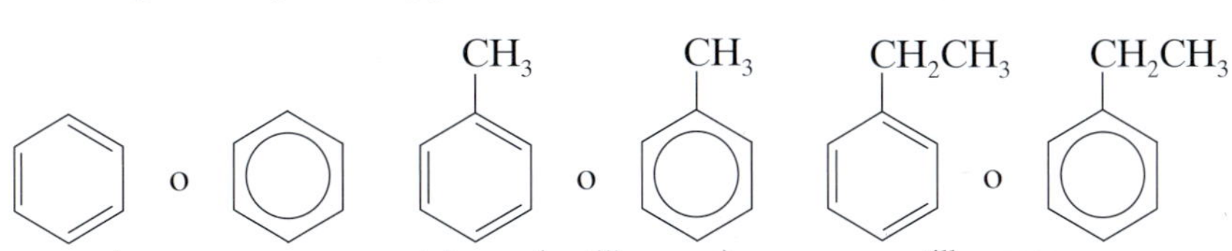

benzene toluene (metilbenzene) etilbenzene

Il «cerchio» è particolarmente adatto per rappresentare i legami delocalizzati dell'anello benzenico che conferiscono all'anello stesso un'elevata stabilità. Grazie a tale stabilità il benzene non va incontro a reazioni di addizione: si tratta di reazioni che porterebbero a una perdita della delocalizzazione della densità elettronica. L'anello benzenico, al contrario, subisce frequentemente **reazioni di sostituzione elettrofila** in cui uno degli atomi di idrogeno viene sostituito da un altro atomo o gruppo.

Per esempio, in presenza di cloruro di ferro(III), il benzene reagisce con il cloro per dare clorobenzene e non un composto con due atomi di cloro in posizione 1 e 2.

Per sottolineare questo fatto utilizziamo una delle strutture di risonanza del benzene:

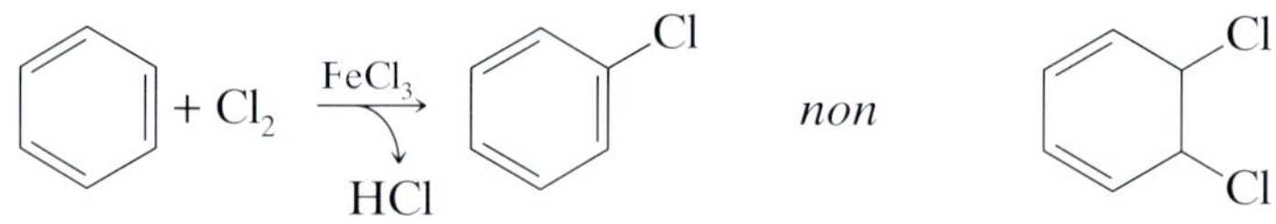

clorobenzene

(questo composto si formerebbe se il cloro venisse addizionato al doppio legame)

La **sostituzione**, a differenza dell'addizione, lascia intatta la nube elettronica delocalizzata dell'anello benzenico.

nota
Gli **acidi solfonici** hanno una forza simile a quella dell'acido solforico.

In presenza di un opportuno catalizzatore, il benzene reagisce per sostituzione con cloro, bromo, acido nitrico e acido solforico.

$$C_6H_6 + Br_2 \xrightarrow{\text{catalizzatore } FeBr_3} C_6H_5{-}Br + HBr$$

bromobenzene

$$C_6H_6 + HNO_3 \xrightarrow{\text{catalizzatore } H_2SO_4} C_6H_5{-}NO_2 + H_2O$$

nitrobenzene

$$C_6H_6 + H_2SO_4 \longrightarrow C_6H_5{-}SO_3H + H_2O$$

acido benzensolfonico

GLOSSARY

ortho:
a naming prefix used for 1, 2-disubstituted benzenes.

meta:
a naming prefix used for 1, 3-disubstituted benzenes.

para:
a naming prefix used for 1, 4-disubstituted benzenes.

Nei composti aromatici bisostituiti i sostituendi possono attaccarsi in posizioni diverse dell'anello benzenico. In ciascun caso quindi sono possibili tre isomeri, chiamati rispettivamente **orto**, **meta** e **para**: si definiscono *orto* i composti in cui sono sostituiti due C adiacenti (in posizione 1 e 2), *meta* se sono sostituiti i C 1 e 3, e *para* se sono sostituiti i C 1 e 4.

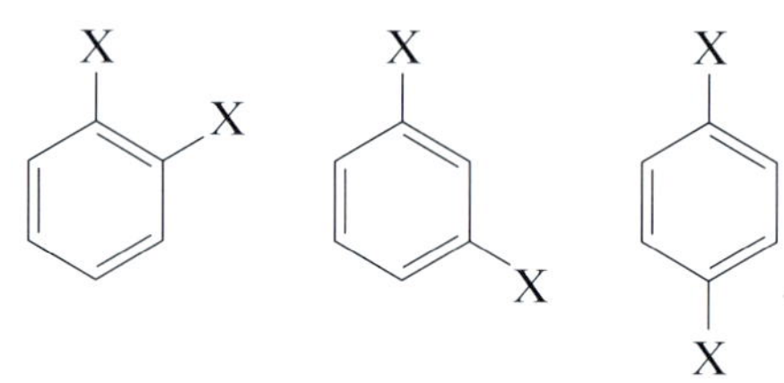

orto- meta- para-

Le reazioni di sostituzione elettrofila aromatica rappresentano una tappa chiave in molte delle sintesi organiche più importanti perché permettono di introdurre sostituenti diversi sull'anello aromatico.

Il meccanismo di reazione prevede l'attacco iniziale di un elettrofilo (E^+) sull'anello del benzene, con formazione di un carbocatione intermedio instabile che non possiede più la struttura aromatica. La perdita del protone permette di recuperare l'aromaticità dell'anello.

Spesso è necessario l'uso di un catalizzatore, un acido di Lewis che potenzia l'elettrofilo:

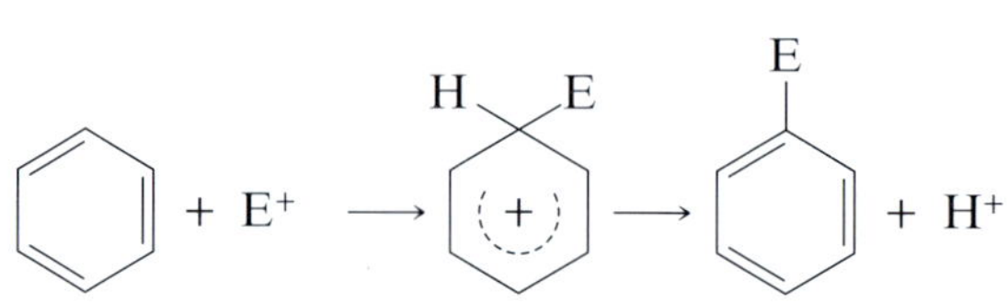

la carica positiva dell'elettrofilo è diffusa su tutto l'anello

Ci si può domandare per quale motivo l'addizione elettrofila intervenga solo nei composti organici che presentano legami multipli. Sappiamo che in questo tipo di legame sono coinvolti orbitali molecolari π in cui gli elettroni condivisi sono più lontani dai nuclei.

Essendo così attratti con minore forza dai nuclei, gli elettroni sono più mobili e il legame più debole. In questo modo, la nuvola carica negativamente si concentra da un lato e viene più facilmente attaccata dalle sostanze elettrofile, carenti a loro volta di elettroni.

▶ I COMPOSTI POLICICLICI AROMATICI

Derivati del benzene sono i **composti policiclici aromatici** (o IPA o composti cicloaromatici), idrocarburi costituiti da due o più anelli aromatici fusi fra loro in un'unica struttura, generalmente planare. Non contengono eteroatomi, ma possono presentare catene laterali sature o insature come sostituenti. Il naftalene è il più semplice esempio di IPA.

benzene

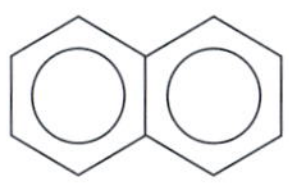
naftalene

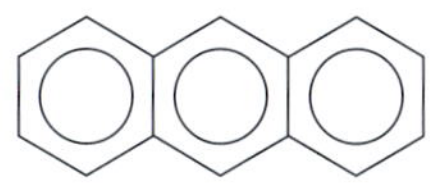
antracene

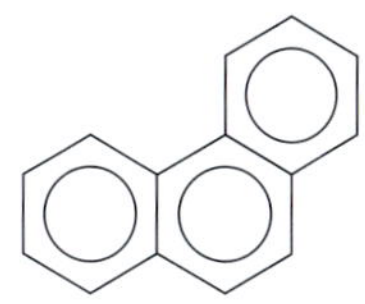
fenantrene

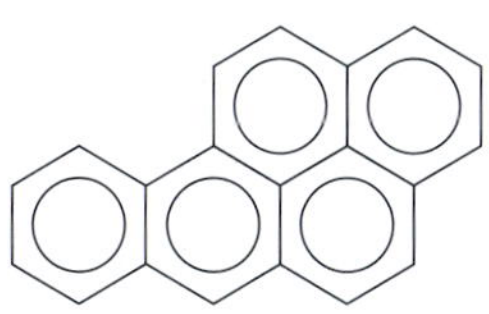
benzopirene

toluene

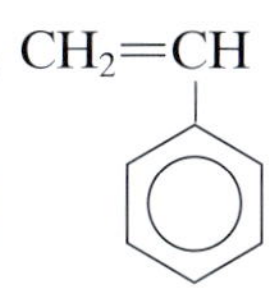

stirene

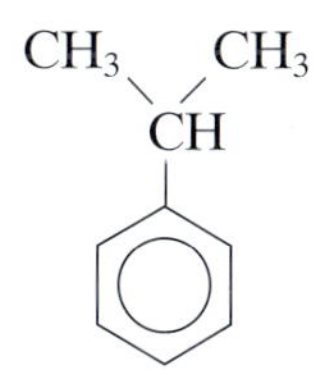

cumene

È una molecola planare formata da due anelli di benzene condensati e viene impiegata nell'industria chimica per la sintesi di coloranti, oltre che come insetticida a livello domestico. È maggiormente noto con il nome commerciale di «naftalina». Un altro composto ciclo aromatico è l'antracene, formato da tre anelli aromatici condensati, che e contribuisce a formare il catrame con cui sono asfaltate le strade.

Il più importante degli IPA biologici è il **colesterolo**, un ciclopentanoperidrofenantrene, ovvero una molecola formata da un ciclopentano e da una molecola di fenantrene idrogenato, che riveste importanti ruoli strutturali e di precursore per altri composti. Riparleremo ancora del colesterolo nel prossimo capitolo, quando affronteremo il tema dei lipidi insaponificabili.

1.4 GLI ALCOLI E GLI ETERI SONO DERIVATI ORGANICI DELL'ACQUA

Gli **alcoli** sono composti con formula generale R—OH, dove R rappresenta un gruppo alchilico.

Da un punto di vista strutturale, gli alcoli possono essere considerati simili all'acqua, con la differenza che, al posto di un atomo di idrogeno, troviamo un atomo di carbonio legato a sua volta ad altri tre atomi o gruppi per mezzo di legami singoli (FIGURA ■ 1.11). Negli alcoli il carbonio del gruppo R unito all'ossidrile ha ibridazione sp^3 come l'ossigeno del gruppo —OH. I fenoli contengono lo stesso gruppo funzionale, il gruppo ossidrile —OH, legato direttamente a un anello aromatico.

Acqua Metanolo Fenolo

FIGURA 1.11 ■ Rappresentazione ball & stick delle molecole di acqua, metanolo e fenolo.

Negli alcoli, come nei fenoli, i legami C—O—H sono molto polarizzati, con la carica negativa spostata sul gruppo funzionale. Per questo le molecole degli alcoli sono associate fra loro tramite legami a idrogeno, i loro punti di ebollizione sono molto elevati rispetto agli idrocarburi con massa simile. Per lo stesso motivo, gli alcoli con un basso numero di atomi di carbonio sono solubili in acqua, mentre, quando la catena idrocarburica si allunga, l'alcol diventa simile a un idrocarburo e la sua solubilità diminuisce (TABELLA ■ 1.6).

TABELLA 1.6 ■ Le diverse solubilità degli alcoli.

Alcol	Solubilità
Metanolo	Completa
Etanolo	Completa
n-Propanolo	Completa
t-Butanolo	Completa
iso-Butanolo	10%
n-Butanolo	9,2%
n-Pentanolo	2,7%
Cicloesanolo	3,6%
n-Esanolo	0,6%
Fenolo	9,3%
Esan-1,6-diolo	Completa

nota

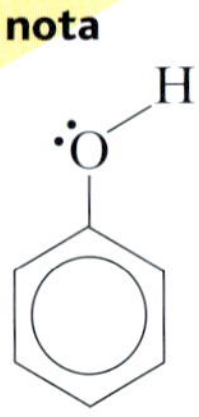

fenolo

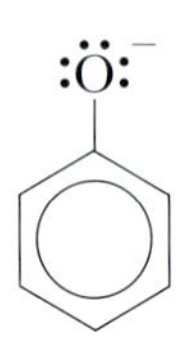

ione fenato

Gli alcoli sono acidi molto deboli con una K_a che va da 10^{-16} a 10^{-18}, e quindi in acqua non mostrano alcun comportamento acido. Al contrario, i fenoli sono acidi più forti dell'acqua perché gli ioni fenato, che si formano per perdita di un protone, sono stabilizzati dalla risonanza. In questo modo, la carica negativa dell'atomo di ossigeno è diffusa su tutto lo ione (TABELLA ■ 1.7).

TABELLA 1.7 ■ Diverse sostanze e loro K_a e pK_a.

Alcol	Struttura	K_a	pK_a
Metanolo	CH_3OH	$3{,}2 - 10^{-16}$	15,5
Etanolo	CH_3CH_2OH	$1{,}3 - 10^{-16}$	15,5
2-cloroetanolo	$ClCH_2CH_2OH$	$5{,}0 - 10^{-15}$	14,3
t-butanolo	$(CH_3)_3COH$	$1{,}0 - 10^{-18}$	18,0
Cicloesanolo	$C_6H_{11}OH$	$1{,}0 - 10^{-18}$	18,0
Fenolo	C_6H_5OH	$1{,}0 - 10^{-10}$	10,0
Paragone con altri acidi			
Acqua	H_2O	$1{,}8 - 10^{-16}$	15,7
Acido Acetico	CH_3COOH	$1{,}6 - 10^{-5}$	4,8
Acido Cloridrico	HCl	$1{,}6 - 10^{2}$	−2,2

Come l'acqua, gli alcoli possono comportarsi da basi estremamente deboli legando un protone. Questa reazione costituisce il primo passaggio del processo di disidratazione che vedremo più avanti.

$$R{-}O{-}H + H^+ \rightleftharpoons R{-}\underset{\underset{\displaystyle H}{|}}{O^+}{-}H$$

Le regole IUPAC indicano che per assegnare il nome a un alcol si aggiunge il suffisso *-olo* al nome dell'alcano di origine. La catena di origine di un alcol è *la catena carboniosa più lunga che contiene il gruppo —OH*. La numerazione della catena inizia dall'estremità più vicina al gruppo —OH, indipendentemente dalla posizione di eventuali gruppi alchilici.

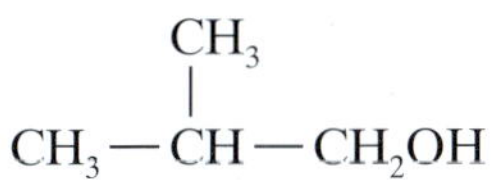

2-metil-1-propanolo

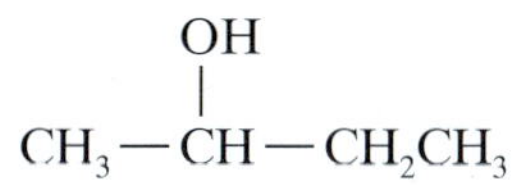

2-butanolo

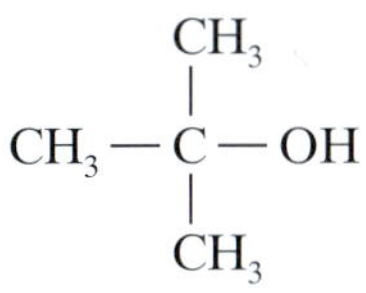

2-metil-2-propanolo
tert-butanolo

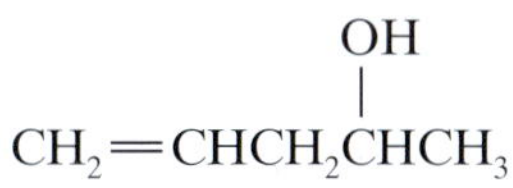

4-penten-2-olo
pent-4-en-2-olo

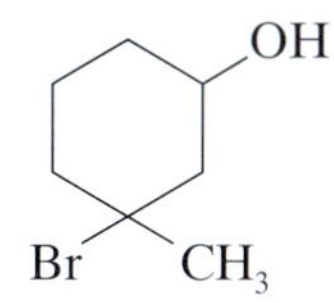

3-bromo-3-metilcicloesanolo

L'alcol è definito *primario*, *secondario* o *terziario*, in relazione ai legami del carbonio unito al gruppo —OH: è primario un alcol in cui il carbonio legato al gruppo ossidrilico è legato a un gruppo alchilico R e a due idrogeni; è secondario se il carbonio in questione è legato a due gruppi R ed è terziario se è legato a 3 diversi gruppi R.

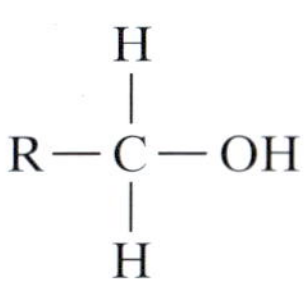

alcol primario

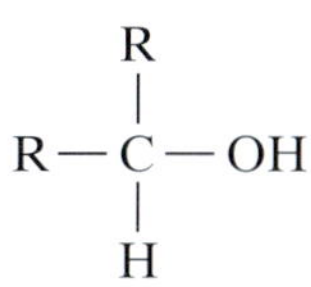

alcol secondario

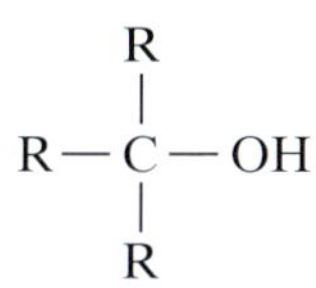

alcol terziario

I composti in cui sono presenti due gruppi alcolici adiacenti vengono chiamati **glicoli**:

$HOCH_2CH_2OH$

glicole etilenico

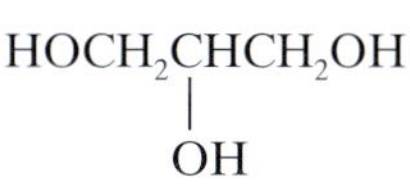

glicerolo (glicerina)

Abbiamo già incontrato il glicole etilenico, impiegato come antigelo e nella produzione di fibre sintetiche. Il glicerolo viene usato come emolliente, grazie alla sua capacità di legare tramite ponti a idrogeno le molecole di acqua, e nella produzione della nitroglicerina, un esplosivo molto potente ma anche un efficace farmaco vasodilatatore per le crisi di *angina pectoris*.

▶ L'IMPORTANZA DELLA FUNZIONE ALCOLICA

La funzione alcolica è presente in quasi tutti i principali alimenti (FIGURA ■ 1.12), per esempio nei carboidrati, nelle proteine e in alcuni lipidi. I quattro alcoli più semplici sono:

CH_3OH

metanolo
(alcol metilico)
p.e. 65 °C

CH_3CH_2OH

etanolo
(alcol etilico)
p.e. 78,5 °C

$CH_3CH_2CH_2OH$

1-propanolo
(alcol propilico)
p.e. 97 °C

2-propanolo
(alcol isopropilico)
p.e. 82 °C

FIGURA 1.12 ■ L'etanolo, o alcol etilico, è alla base delle bevande alcoliche. La gradazione delle bevande alcoliche è determinata dalla quantità di etanolo per litro.

FIGURA 1.13 ■ (A) Dalle cariossidi del mais viene ricavato un combustibile alternativo alla benzina o al diesel. (B) Il legno degli alberi è costituito da fibre di cellulosa ed emicellulosa legate insieme dalla lignina.

nota
In presenza di gruppi sostituenti a maggiore priorità, non si utilizza la desinenza *-olo*, ma il prefisso *idrossi-*.

Gli alcoli a basso peso molecolare vengono prodotti da microrganismi, batteri e lieviti, come risultato del loro metabolismo. Il metanolo, il più semplice e uno degli alcoli più importanti dal punto di vista industriale, viene prodotto dal gas di sintesi (miscela di CO e H_2) per idrogenazione dell'ossido di carbonio in presenza di un catalizzatore. Attualmente si sta valutando la possibilità di un suo utilizzo come combustibile non inquinante aggiunto alle benzine. L'etanolo è l'alcol contenuto nelle bevande «alcoliche»; ottenuto per fermentazione di prodotti agricoli ricchi di zuccheri, come il mais (FIGURA ■ 1.13A) o la canna da zucchero, viene usato in alcuni Paesi, per esempio in Brasile, come combustibile al posto della comune benzina o può essere aggiunto alla benzina stessa per produrre il «gasohol», un combustibile alternativo.

La funzione fenolica è presente in molti composti naturali: nella lignina (FIGURA ■ 1.13B), nei tannini, nei flavonoidi e in prodotti di sintesi come il paracetamolo, una sostanza antipiretica e analgesica. Il fenolo stesso viene adoperato come disinfettante e antisettico e per la preparazione di materiali plastici.

GLOSSARY

Oxidation:
a reaction that causes a decrease in electron ownership by carbon, either by bond formation between carbon and a more electronegative atom (usually oxygen, nitrogen or a halogen) or by bond breaking between carbon and a less electronegative atom (usually halogen).

▶ REAZIONI DEGLI ALCOLI

Quando l'atomo di carbonio che porta il gruppo alcolico (il *carbonio alcolico*) lega almeno un atomo di idrogeno, quest'ultimo può essere rimosso da un agente ossidante. Il tipo di prodotto ottenuto dall'ossidazione di un alcol dipende dal numero di atomi H legati al carbonio alcolico.

L'**ossidazione** di un alcol del tipo RCH_2OH, con due atomi di idrogeno al carbonio alcolico, detto *alcol primario*, produce un'aldeide che viene successivamente ossidata ad acido carbossilico:

$$RCH_2OH \xrightarrow{\text{ossidazione}} \underset{\text{aldeide}}{R\overset{\overset{\displaystyle O}{\|}}{C}H} \xrightarrow[\text{ossidazione}]{\text{ulteriore}} \underset{\text{acido carbossilico}}{R\overset{\overset{\displaystyle O}{\|}}{C}OH}$$

nota
Il **gruppo aldeidico**, —CHO, è uno dei gruppi funzionali più facilmente ossidabili; al contrario, il **gruppo carbossile**, —CO_2H, è uno dei più resistenti all'ossidazione.

Le aldeidi si ossidano molto più facilmente degli alcoli, così, se non sono allontanate dalla miscela di reazione appena si formano, danno origine all'acido carbossilico corrispondente.

L'ossidazione di un *alcol secondario* del tipo R_2CHOH, con un solo atomo di idrogeno al carbonio alcolico, produce un chetone. L'ossidazione del 2-propanolo, per esempio, usando lo ione dicromato come agente ossidante, porta alla formazione del propanone:

$$\underset{\text{2-propanolo}}{3CH_3\overset{\overset{\displaystyle OH}{|}}{C}HCH_3} + Cr_2O_7^{2-} + 8H^+ \longrightarrow \underset{\text{propanone (acetone)}}{3CH_3\overset{\overset{\displaystyle O}{\|}}{C}CH_3} + 2Cr^{3+} + 7H_2O$$

I chetoni non sono facilmente ossidabili, quindi non è necessario allontanarli appena si formano.

Gli alcoli del tipo R_3COH, detti *alcoli terziari*, non hanno alcun atomo H al carbonio alcolico e non possono essere ossidati.

Check point

Associa a ognuno dei seguenti alcoli il prodotto della relativa ossidazione, scegliendolo tra quelli proposti.

a) Etanolo ....

b) 3-pentanolo ....

c) 2-butanolo ....

Etano, 3-pentanale, etanale, 3-pentanone, 2-butene, 2-butanale, 2-butanone

In presenza di un acido forte, per esempio acido solforico concentrato a caldo, un alcol può perdere una molecola d'acqua con formazione di un doppio legame carbonio-carbonio. Questa reazione, detta di *disidratazione*, è un esempio di **reazione di eliminazione**. Per esempio:

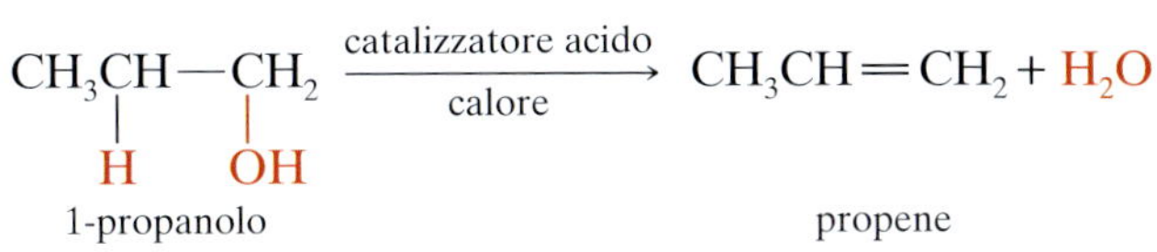

L'eliminazione della molecola d'acqua avviene grazie al fatto che l'atomo O del gruppo —OH è in grado di accettare un protone. In presenza di acidi forti, gli alcoli ricordano l'acqua per il loro comportamento come basi di Brönsted. L'etanolo, per esempio, reagisce con l'acido solforico concentrato a caldo nel seguente modo (H_2SO_4 è scritto come H—OSO_3H):

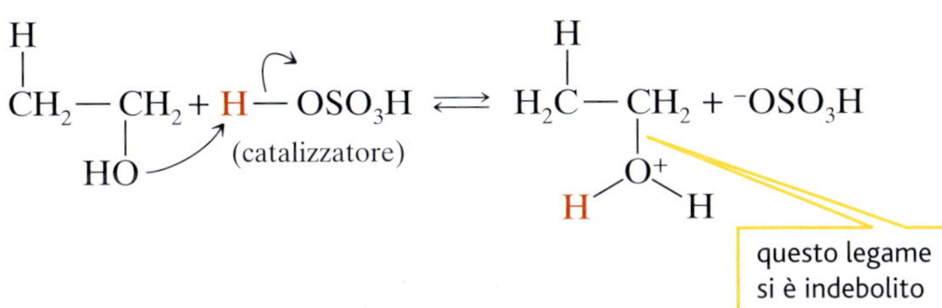

ricorda
Questa reazione è simile a quella fra H_2SO_4 e H_2O per dare gli ioni H_3O^+ e HSO_4^-.

La prima delle due frecce curve mostra come l'atomo O del gruppo —OH adoperi una coppia di elettroni non condivisa per strappare un atomo H dal catalizzatore. La seconda freccia illustra che *entrambi* gli elettroni del legame H—O nell'acido solforico rimangono sullo ione idrogenosolfato. H si trasferisce quindi sotto forma di H^+.

Il catione organico non è altro che il derivato etilico dello ione idronio, $CH_3CH_2OH_2^+$. *Tutti i legami formati dall'ossigeno in questo catione sono deboli*, proprio come i legami dell'ossigeno in H_3O^+.

La molecola d'acqua si libera portando con sé la coppia di elettroni che la tiene legata al gruppo CH_2. La specie organica che rimane è un carbocatione:

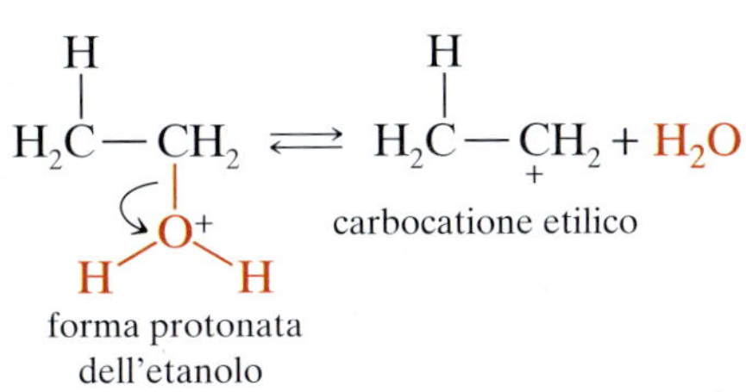

I carbocationi, come abbiamo già detto, sono instabili. Il carbocatione etilico, $CH_3CH_2^+$, cede un protone per stabilizzarsi, donandolo a un accettore presente nel mezzo. La coppia di elettroni che lega il protone uscente rimane sulla molecola formando un nuovo doppio legame nel prodotto. Tutti gli atomi di carbonio ora possiedono l'ottetto. Lo ione HSO_4^- (scritto come $HOSO_3^-$) è l'accettore del protone:

nota
Ricorda che le frecce curve indicano il riposizionamento degli elettroni.

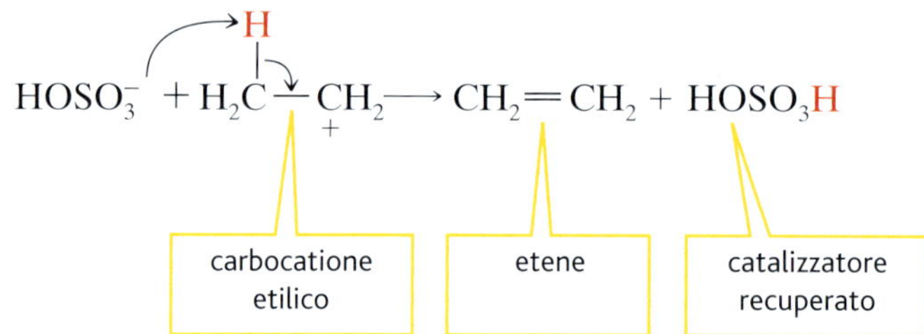

È importante sottolineare due aspetti che riguardano il catalizzatore: primo, esso agisce trasformando una specie con legami forti, l'alcol, in una con legami indeboliti in posizione strategica, l'alcol protonato; secondo, il catalizzatore viene recuperato al termine della reazione.

In presenza di un acido alogenidrico concentrato a caldo, il gruppo —OH di un alcol può essere sostituito dall'atomo di alogeno. Per esempio:

$$\underset{\text{etanolo}}{CH_3CH_2OH} + HI\ (\text{conc.}) \xrightarrow{\text{calore}} \underset{\substack{\text{iodoetano}\\(\text{ioduro di etile})}}{CH_3CH_2I} + H_2O$$

$$\underset{\text{1-propanolo}}{CH_3CH_2CH_2OH} + HBr\ (\text{conc.}) \xrightarrow{\text{calore}} \underset{\substack{\text{1-bromopropano}\\(\text{bromuro di propile})}}{CH_3CH_2CH_2Br} + H_2O$$

Si tratta di una **reazione di sostituzione nucleofila**, in cui un nucleofilo, lo ione X^- in grado di fornire un doppietto elettronico per formare un legame covalente, attacca il substrato e prende il posto di un atomo o di un gruppo di atomi, chiamato *gruppo uscente*. La velocità e il meccanismo di reazione dipendono dall'alcol di partenza. In tutti i casi, il primo passaggio è il trasferimento di H^+ al gruppo —OH dell'alcol per dare la forma protonata del gruppo —OH:

$$R—OH + H^+ \rightarrow R—OH_2^+$$

forma protonata del gruppo OH

FIGURA 1.14 ■ Il cloruro di vinile $CH_2{=}CHCl$, monomero del PVC, è il materiale con cui sono realizzati alcuni dischi musicali, chiamati appunto vinili.

Ancora una volta, il catalizzatore acido agisce indebolendo un legame importante. Nel caso di un alcol terziario, l'acqua si comporta come un buon gruppo uscente e si forma un carbocatione che a sua volta subisce l'attacco nucleofilo dello ione alogenuro X^-. Nel caso di un alcol primario sarà lo ione alogenuro, X^-, in concentrazione elevata, a interagire con $R—OH_2^+$ per spostare H_2O e dare $R—X$. Le condizioni di reazione saranno invece determinanti per un alcol secondario che potrà procedere secondo l'uno o l'altro meccanismo.

Sempre attraverso una reazione di sostituzione nucleofila possiamo ottenere un alcol da un alogenuro alchilico per idrolisi. I composti alogenati che si ricavano con queste reazioni sono importanti perché rappresentano i reagenti più versatili per le sintesi chimiche. Infatti, a partire dagli alogenuri alchilici è possibile, tramite reazioni di eliminazione, ottenere idrocarburi insaturi particolarmente significativi.

Infine, parecchi composti alogenati vengono utilizzati come insetticidi, smacchiatori, nelle miscele frigorifere e come materie prime per la produzione del *Teflon*® e del PVC (cloruro di polivinile; FIGURA ■ 1.14).

▶ ANCHE GLI ETERI SONO DERIVATI ORGANICI DELL'ACQUA

Anche gli **eteri** si possono considerare derivati dell'acqua in cui entrambi gli atomi di idrogeno vengono sostituiti da due atomi di carbonio. La formula generale è R—O—R′ in cui R e R′ possono essere due gruppi alchilici, uguali o diversi. Per esempio:

R—O—R′	CH_3OCH_3	$CH_3CH_2OCH_2CH_3$	$CH_3OCH_2CH_3$
etere (struttura generale)	dimetiletere p.e. –23 °C	dietiletere p.e. 34,5 °C	etilmetiletere p.e. 11 °C

Il dietiletere è «l'etere» che veniva comunemente utilizzato come anestetico in chirurgia.

La differenza fra i punti di ebollizione di alcoli ed eteri illustra l'importanza del legame a idrogeno. Le molecole di etere non possono formare fra loro legami a idrogeno, quindi gli eteri più semplici hanno punti di ebollizione molto bassi, sensibilmente inferiori a quelli degli alcoli di massa simile. Per esempio, il punto di ebollizione dell'1-butanolo, $CH_3CH_2CH_2CH_2OH$ (p.e. 117 °C), è di 83 °C più elevato rispetto a quello del suo isomero strutturale dietiletere (p.e. 34,5 °C).

In generale gli eteri, come gli alcani, sono poco reattivi. Bruciano facilmente e si frammentano quando sono portati all'ebollizione in presenza di acidi concentrati. La loro scarsa reattività e la capacità di sciogliere la maggior parte dei composti organici li rendono idonei come solventi per moltissime reazioni organiche e per estrarre composti organici dalle loro fonti naturali.

nota
Il pentano (p.e. 36,1 °C), come il dietiletere, non possiede gruppi OH. Le due sostanze hanno massa molecolare simile e quasi lo stesso punto di ebollizione.

1.5 LA CHIRALITÀ È UN FATTORE IMPORTANTE NELLO STUDIO DELLE MOLECOLE ORGANICHE

Parlando degli alcheni, abbiamo introdotto un particolare tipo di stereoisomeria: l'isomeria geometrica. Oltre all'isomeria geometrica, esiste un secondo tipo di stereoisomeria che ha un significato molto più sottile. In questo caso le molecole, esattamente identiche, si distinguono per una sola caratteristica, allo stesso modo in cui la mano sinistra differisce dalla destra.

Videolezione Chiralità e stereoisomeria

Questo tipo di isomeria viene detto **isomeria ottica** ed è una proprietà che ritroviamo in moltissime molecole organiche e biomolecole; ecco perché è necessario approfondire la sua conoscenza prima di procedere nello studio delle proprietà di altri gruppi funzionali.

Continuiamo a usare come esempio il caso delle mani.

Se si tiene la mano sinistra davanti a uno specchio, la sua immagine riflessa è identica alla mano destra (FIGURA ■ 1.15). Le mani destra e sinistra sono immagini *speculari* l'una dell'altra. Questa relazione non si limita alle mani, ma esiste per molti altri tipi di oggetti. Solo in alcuni casi, però, le immagini speculari sono *sovrapponibili* agli oggetti di partenza.

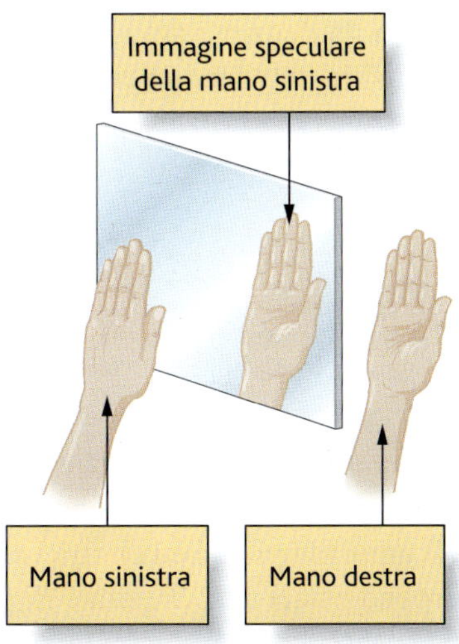

FIGURA 1.15 ■ Le mani sono l'immagine speculare l'una dell'altra. L'immagine riflessa della mano sinistra è identica alla mano destra.

La **sovrapponibilità** è la capacità di due oggetti di corrispondere esattamente l'uno all'altro, senza differenze in alcun punto. Le due mani non hanno questa proprietà e si dicono perciò non sovrapponibili. In effetti, questa è la ragione per cui la mano destra non entra nel guanto sinistro e viceversa; la mano destra non coincide esattamente con la sinistra. Si può affermare che due oggetti sono identici quando risultano perfettamente sovrapponibili. Le nostre mani e un paio di guanti, non essendo sovrapponibili, non sono identici. Nel caso di altri oggetti, per esempio delle puntine da disegno, le immagini speculari sono anche sovrapponibili e quindi sono identiche.

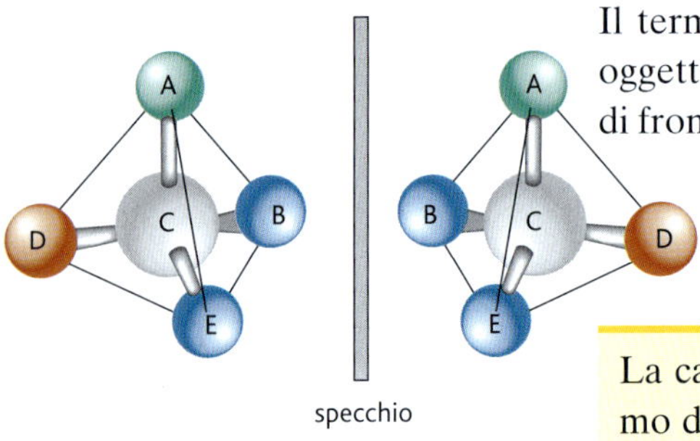

FIGURA 1.16 ■ Esempio di molecole chirali.

Il termine tecnico utilizzato per indicare la «non sovrapponibilità» è **chiralità**: se un oggetto è l'immagine speculare dell'altro ma non può essere sovrapposto a esso, siamo di fronte a un caso di chiralità.

Tornando alle molecole, anche in questo caso possiamo valutare la sovrapponibilità per stabilire se due strutture sono identiche (e quindi non sono due strutture ma una sola) o se invece sono diverse (chirali; FIGURA ■ 1.16).

La causa più comune di chiralità nelle molecole organiche è la presenza di un atomo di carbonio ibridato sp^3 e legato a quattro gruppi differenti: un atomo di carbonio così legato viene definito **centro stereogenico** o *stereocentro*.

Per capire se un atomo di carbonio è un centro stereogenico dobbiamo osservare i legami: se un atomo di carbonio presenta legami multipli, oppure è legato ad almeno due atomi o gruppi atomici uguali, non è uno stereocentro. Il clorometano, per esempio, non contiene un centro stereogenico, che invece è presente nel 2-butanolo:

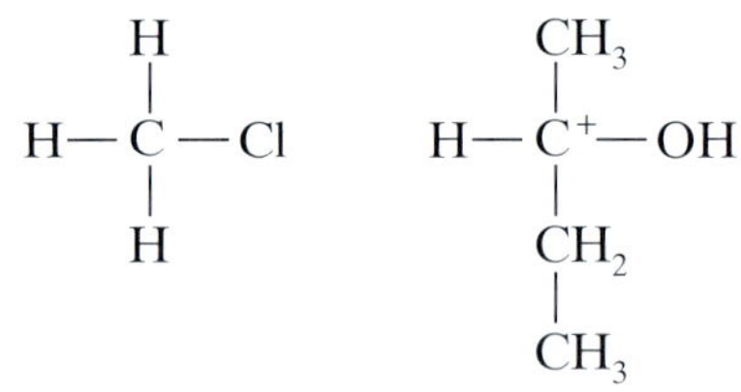

GLOSSARY

Enantiomers: stereoisomers of a chiral substance that have a mirror-image relationship.

I due isomeri non sovrapponibili del butanolo sono chiamati **enantiomeri**.

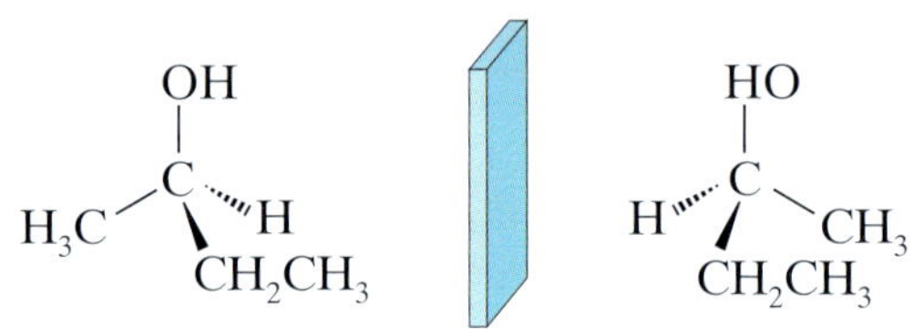

immagine speculare

Gli enantiomeri differiscono fra loro di pochissimo e la differenza è così piccola che molte loro proprietà sono identiche. Hanno uguali punti di ebollizione e di fusione e mostrano lo stesso comportamento in quasi tutte le reazioni a cui partecipano. La differenza fra molecole chirali si manifesta solo quando queste interagiscono con altre strutture chirali.

Tali situazioni sono molto frequenti in campo biologico, ma un esempio è rappresentato dall'enzima acido lattico deidrogenasi (di cui riparleremo nel capitolo 4), che ossida solo uno dei due enantiomeri dell'acido lattico ad acido piruvico.

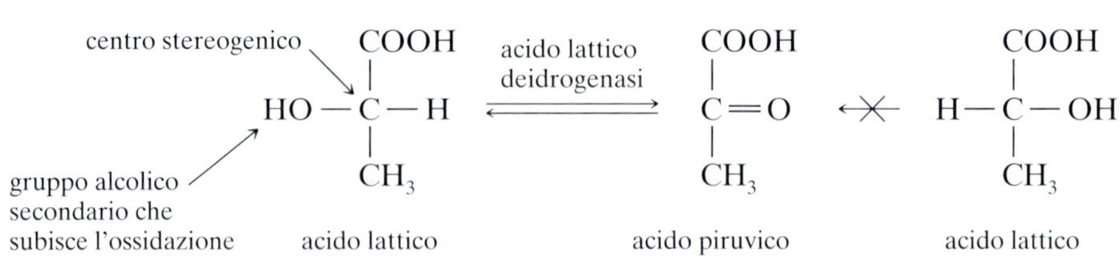

Gli enantiomeri hanno anche un effetto particolare sulla luce polarizzata, ed è questo il motivo per cui sono detti anche **isomeri ottici**. Nella luce ordinaria tutte le oscillazioni dei campi magnetici ed elettrici associati ai fotoni avvengono casualmente in tutti i piani perpendicolari alla direzione di propagazione dell'onda luminosa. La luce polarizzata, invece, oscilla in un solo piano perché le oscillazioni in tutti gli altri piani sono eliminate dal filtro polarizzatore. Quando un raggio di luce piano-polarizzata viene fatto passare attraverso un campione di sostanza non chirale, il piano di vibrazione rimane inalterato.

Le sostanze chirali hanno un comportamento diverso. Il piano della luce polarizzata che attraversa un campione di un isomero chirale viene ruotato (FIGURA ■ 1.17). A causa

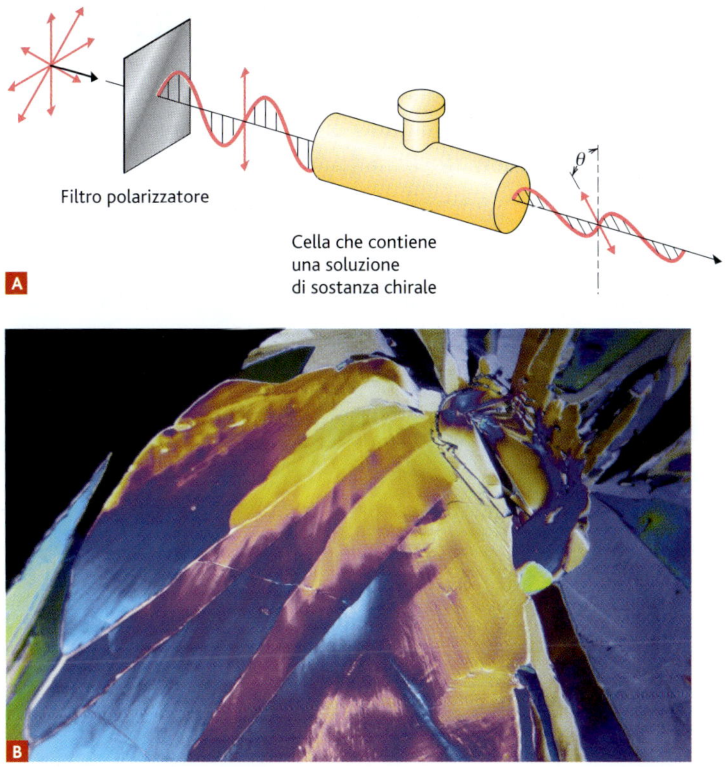

FIGURA 1.17 ■
(A) Un polarizzatore.
(B) Cristalli di acido tartarico visualizzati con un microscopio polarizzatore, provvisto di filtri appositi detti *nicol*, che trasformano la luce normale in polarizzata.

di questi effetti sulla luce polarizzata, le sostanze chirali sono dette **otticamente attive**. La rotazione può essere positiva (verso destra) oppure negativa (verso sinistra): nel primo caso la sostanza è **destrogira** (+), nel secondo **levogira** (–). Bisogna infine sottolineare che gli enantiomeri ruotano il piano della luce polarizzata di uno stesso angolo, ma in senso opposto, a parità di condizioni.

I due enantiomeri sono anche indicati, soprattutto in biochimica, con le lettere D e L. Queste lettere rappresentano la configurazione della molecola, cioè l'organizzazione spaziale degli atomi, e non devono essere confuse con i segni (+) e (–) che indicano, invece, il senso di rotazione del piano della luce polarizzata. Per esempio, la D-gliceraldeide è una sostanza destrogira mentre la D-alanina è levogira.

In biologia, la configurazione di una molecola gioca un ruolo determinante: come vedremo più avanti, gli amminoacidi con cui le nostre cellule costruiscono le proteine sono L-amminoacidi, mentre il glucosio utilizzato come fonte di energia è D-glucosio.

per saperne di più

1 La configurazione R-S

La sistemazione degli atomi intorno a un centro stereogenico è la sua configurazione assoluta. Per descrivere e rappresentare la configurazione assoluta di una molecola si utilizzano convenzioni precise.

Per prima cosa si stabilisce l'ordine di priorità tra i 4 gruppi legati al centro chiare utilizzando la *convenzione di Cahn-Ingold-Prelog* (CIP) Per far questo si utilizzano le seguenti regole:

- si considera il numero atomico degli atomi uniti al carbonio chirale: maggiore è il numero atomico, maggiore è la priorità;
- nel caso due atomi abbiano lo stesso numero atomico si considera con il medesimo criterio gli atomi a cui sono legati;
- i legami doppi vanno considerati alla stregua dei legami singoli.

Nel caso del 2-butanolo, per esempio, al carbonio chirale sono legati un atomo di O, due atomi di C (dei gruppi CH_3 e CH_2CH_3, un atomo H. L'ossigeno ha priorità 1, il carbonio del gruppo CH_2CH_3 ha priorità 2, il carbonio del gruppo CH_3 ha priorità 3, l'idrogeno ha priorità 4.

In seguito, si orienta la molecola con il gruppo 4 idealmente più lontano dall'osservatore.

Infine, si osserva il verso (orario o antiorario) in cui si deve procedere per ottenere la sequenza 1,2,3. Se il senso di rotazione è orario la molecola ha **configurazione R**, se è antiorario ha **configurazione S**.

1.6 ALDEIDI E CHETONI CONTENGONO IL GRUPPO CARBONILE

Il gruppo carbonile, costituito da un atomo di carbonio e uno di ossigeno uniti da un doppio legame, è presente in molti tipi di molecole, perciò esso non definisce in maniera univoca una famiglia di composti. In aldeidi e chetoni è l'unico gruppo funzionale; negli altri composti per valutare il comportamento chimico della molecola occorre considerare l'intorno chimico del gruppo C=O, in particolare ciò che è legato all'atomo di carbonio.

Il gruppo carbonile ha geometria planare perché il carbonio ha ibridazione sp^2. Il legame C=O inoltre è fortemente polare. Per questo i composti carbonilici sono maggiormente solubili in acqua rispetto agli idrocarburi. Inoltre l'ossigeno del gruppo carbonile è nucleofilo e reagisce con acidi di Lewis, mentre il carbonio, elettrofilo, reagisce con nucleofili.

Nelle **aldeidi**, il carbonile lega un atomo H e un gruppo idrocarburico (o un secondo atomo H); nei **chetoni**, C=O lega due gruppi idrocarburici.

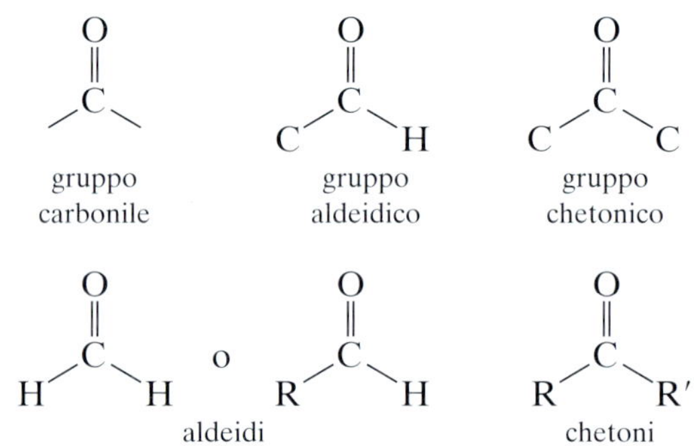

Il *gruppo aldeidico* viene spesso condensato nella forma —CHO; il *gruppo chetonico* è invece indicato come —CO. Il carbonile è molto diffuso in natura. Nella maggior parte degli zuccheri, come il glucosio, è presente il gruppo aldeidico; un altro zucchero comune, il fruttosio, contiene il gruppo chetonico.

nota
CH_3OH (massa molecolare 32) p.e. 65 °C.
CH_2O (massa molecolare 30) p.e. −21 °C.

Le molecole delle aldeidi, e così quelle dei chetoni, non formano fra loro legami a idrogeno e bollono perciò a temperature più basse rispetto agli alcoli corrispondenti, ma la presenza del carbonile, fortemente polare, fa aumentare la temperatura di ebollizione rispetto agli idrocarburi di uguale massa.

Il suffisso IUPAC per le aldeidi è *-ale*. La catena di origine è la catena più lunga *che comprende il gruppo aldeidico*. Così, l'aldeide formata da tre atomi di carbonio prende il nome di *propanale*, perché «propano» è il nome dell'alcano a tre carboni a cui viene aggiunto il suffisso *-ale* (dopo aver eliminato la lettera finale *-o*). La numerazione della catena comincia *sempre* dall'atomo di carbonio del gruppo aldeidico, a cui si assegna la posizione 1. Grazie a questa regola non dobbiamo indicare la posizione del gruppo aldeidico nel nome del composto, come si osserva per esempio nel caso del 2-metilpropanale:

metanale, p.e. − 21 °C; etanale, p.e. 21 °C; propanale, p.e. 49 °C; 2-metilpropanale (non 2-metil-1-propanale), p.e. 64 °C

Il suffisso IUPAC per i chetoni è *-one*. La catena di origine deve comprendere il carbonile ed è numerata a partire dall'estremità a esso più vicina. La posizione del gruppo deve essere indicata nel nome del chetone tutte le volte in cui potrebbe presentarsi ambiguità:

nota
Non è necessario scrivere 2-propanone perché, se il gruppo carbonilico fosse in qualsiasi altra posizione nella catena a tre atomi di carbonio, il composto sarebbe un'aldeide, il propanale.

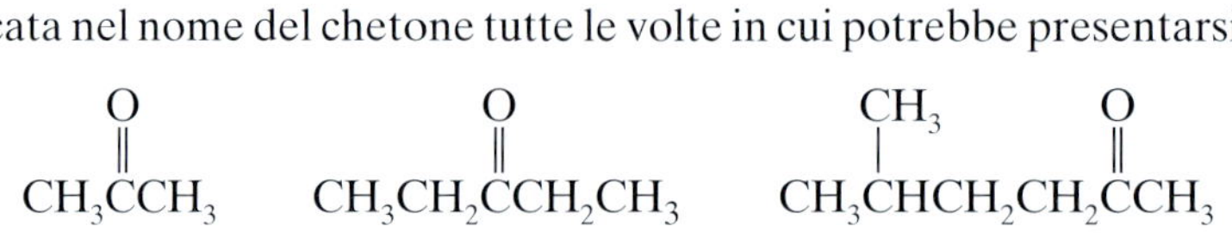

propanone (acetone), p.e. 56,5 °C; 3-pentanone, p.e. 101,5 °C; 5-metil-2-esanone (non 2-metil-5-esanone), p.e. 145 °C

▶ REAZIONI DELLE ALDEIDI E DEI CHETONI

Il doppio legame del gruppo carbonile di aldeidi e chetoni può addizionare atomi di idrogeno. La reazione viene detta **idrogenazione** o **riduzione**:

$$\underset{\text{etanale}}{CH_3\overset{\overset{\displaystyle O}{\|}}{C}H} + H{-}H \xrightarrow[\text{catalizzatore}]{\text{calore, pressione}} CH_3\overset{\overset{\displaystyle O{-}H}{|}}{\underset{\underset{\displaystyle H}{|}}{C}}H \quad \text{o} \quad \underset{\text{etanolo}}{CH_3CH_2OH}$$

$$\underset{\text{propanone (acetone)}}{CH_3\overset{\overset{\displaystyle O}{\|}}{C}CH_3} + H{-}H \xrightarrow[\text{catalizzatore}]{\text{calore, pressione}} CH_3\overset{\overset{\displaystyle O{-}H}{|}}{\underset{\underset{\displaystyle H}{|}}{C}}CH_3 \quad \text{o} \quad \underset{\text{2-propanolo}}{CH_3\overset{\overset{\displaystyle OH}{|}}{C}HCH_3}$$

Gli atomi H si posizionano alle estremità opposte del doppio legame del gruppo carbonile, che quindi si trasforma in un legame singolo con un gruppo —OH.

Le aldeidi e i chetoni si comportano in modo molto diverso fra loro nei confronti degli agenti ossidanti (reazioni di **ossidazione**). Come abbiamo osservato in precedenza, le aldeidi, al contrario dei chetoni, si ossidano molto facilmente e alcuni test di laboratorio si basano su questo diverso comportamento per distinguere fra loro i due tipi di composti. Per esempio, nel saggio di Tollens (FIGURA ■ 1.18) lo ione argento viene ridotto dalle aldeidi ad argento metallico che si deposita sotto forma di specchio lungo le pareti del recipiente:

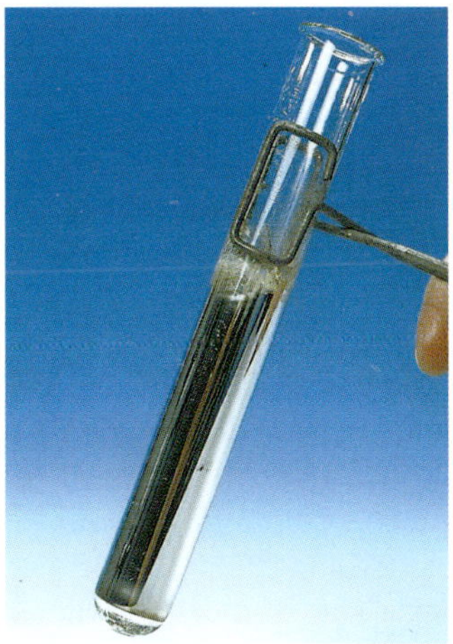

FIGURA 1.18 ■ Il saggio di Tollens è una tecnica di chimica analitica utile per riconoscere la presenza di gruppi aldeidici grazie alla loro proprietà di ridurre lo ione argento ad argento metallico, che si deposita sul vetro creando uno specchio.

nota
Il **propanone** (acetone) è comunemente impiegato come solvente per lo smalto da unghie.

$$CH_3\overset{\overset{\displaystyle O}{\|}}{C}H + 2[Ag(NH_3)_2]^+ + 3OH^- \longrightarrow CH_3\overset{\overset{\displaystyle O}{\|}}{C}O^- + 2Ag + 4NH_3 + 2H_2O$$

L'acetaldeide viene ossidata ad acido acetico mentre l'acetone non reagisce affatto.

Il doppio legame del gruppo carbonile di aldeidi e chetoni può addizionare anche una molecola di alcol e portare alla formazione di un *emiacetale* o *emichetale*:

$$CH_3CHO + CH_3OH \overset{H^+}{\rightleftharpoons} CH_3{-}\overset{\overset{\displaystyle H}{|}}{\underset{\underset{\displaystyle OCH_3}{|}}{C}}{-}OH$$

Si tratta di una reazione di **addizione nucleofila**: il nucleofilo Nu⁻ (l'atomo di ossigeno dell'alcol) attacca l'atomo di carbonio del carbonile che, a causa della forte polarizzazione del legame con l'ossigeno, possiede una parziale carica positiva. Gli elettroni del legame π di conseguenza si spostano sull'atomo di ossigeno, che accoglie la carica negativa (ricorda la sua elettronegatività):

$$Nu^- \curvearrowright \overset{\delta+}{C}{=}\overset{\delta-}{O} \rightarrow Nu{-}C{-}O^-$$

La reazione termina con la somma di un protone all'ossigeno negativo. Questa reazione è importante nella formazione delle strutture cicliche dei monosaccaridi.

In presenza di un eccesso di alcol, la reazione può procedere e portare alla formazione di un acetale o di un chetale con eliminazione di una molecola di acqua:

$$CH_3{-}\overset{\overset{\displaystyle H}{|}}{\underset{\underset{\displaystyle OCH_3}{|}}{C}}{-}OH + CH_3O{-}H \rightleftharpoons CH_3{-}\overset{\overset{\displaystyle H}{|}}{\underset{\underset{\displaystyle OCH_3}{|}}{C}}{-}OCH_3 + H_2O$$

nota
È quello che avviene in natura quando si formano gli zuccheri complessi, come amido e cellulosa, a partire da molecole di glucosio (legame *glicosidico*).

Check point

Stabilisci se le seguenti affermazioni sono vere o false.

a) Un nucleofilo è una specie chimica carente di elettroni. V F

b) Un nucleofilo si lega bene all'ossigeno di un gruppo carbonile. V F

c) Il primo intermedio di un'addizione nucleofila, se il nucleofilo ha una carica negativa, è uno ione negativo. V F

d) Un elettrofilo può essere lo ione H^+. V F

per saperne di più

2 Il profumo della chimica

Le aldeidi e i chetoni sono molto diffusi in natura e buona parte di queste molecole ha odori e sapori intensi, spesso gradevoli. Per questo motivo vengono adoperati nell'industria alimentare e cosmetica. La benzaldeide, per esempio, dove il gruppo aldeidico è direttamente legato all'anello benzenico, è responsabile dell'odore delle mandorle; inserendo un gruppo CH_2 tra l'anello benzenico e il gruppo aldeidico si ottiene la giacintina, dal profumo di giacinto, mentre l'inserimento di un doppio legame CH=CH porta alla molecola di aldeide cinnamica che ritroviamo nella cannella.

La vanillina, il componente essenziale dell'aroma di vaniglia, è ampiamente usata in profumeria e in pasticceria al punto che le riserve naturali sono insufficienti e perciò viene sintetizzata su larga scala (FIGURA ■ A).

Anche lo ionone, un chetone che si ottiene da una varietà di violetta, è prodotto sinteticamente perché l'essenza di violetta è una materia prima troppo costosa. Alcune aldeidi sono invece state create in laboratorio per ottenere nuove fragranze. Le aldeidi intensificano le note floreali, dando luogo a una vera e propria amplificazione olfattiva.

Chanel n° 5, creato nel 1921, è il primo profumo in cui sono state usate le aldeidi alifatiche di sintesi per potenziare le note di bergamotto, lime e arancio.

FIGURA A ■ *Vanilla* è un'orchidea i cui frutti contengono l'aroma chiamato vaniglia, una sostanza con funzione aldeidica prodotta recentemente in laboratorio e ampiamente utilizzata in profumeria e in pasticceria.

1.7 GLI ACIDI CARBOSSILICI CONTENGONO IL GRUPPO CARBOSSILE

Gli acidi organici più importanti sono gli **acidi carbossilici**, molecole in cui il carbonio del gruppo carbonile lega un gruppo OH a formare un **gruppo carbossile**:

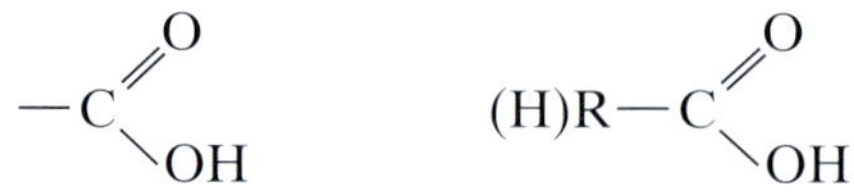

(H)RCOOH

gruppo carbossile — acidi carbossilici: formula generale, formula abbreviata

Il suffisso IUPAC per gli acidi carbossilici è *-oico*; il nome deve però essere preceduto dalla parola *acido*. La catena di origine deve comprendere il gruppo carbossile, al cui atomo di carbonio è assegnata la posizione 1.

Vediamo alcuni esempi:

HCO_2H	CH_3CO_2H	$CH_3CH(CH_3)CH_2CO_2H$
acido metanoico	acido etanoico	acido 3-metilbutanoico
p.c. 101 C	p.e. 118 C	p.e. 176 C

Esistono anche acidi carbossilici aromatici come l'acido benzoico.

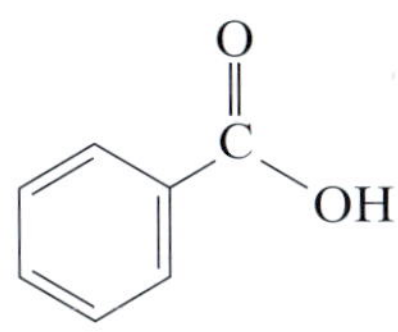

FIGURA 1.19 ■ L'acido metanoico è stato isolato per la prima volta nel liquido irritante prodotto da alcune specie di formiche e per questo viene chiamato «formico».

Alcuni acidi alifatici conservano anche il nome tradizionale: l'acido metanoico viene comunemente chiamato **acido formico** (FIGURA ■ 1.19), l'acido etanoico è detto **acido acetico**, mentre l'acido butanoico è l'**acido butirrico**. Gli acidi alifatici in cui il gruppo R contiene più di 4 atomi vengono chiamati solitamente acidi grassi e possono essere saturi o in saturi (TABELLA ■ 1.8).

TABELLA 1.7 ■ Notazioni abbreviate e rappresentazione semplificata di alcuni acidi grassi.

Nome comune	Notazioni abbreviate	Rappresentazione semplificata
acido butirrico	$C_{4:0}$ C_4	H_3C  COOH
acido miristico	$C_{14:0}$ C_{14}	H_3C  COOH
acido stearico	$C_{18:0}$ C_{18}	H_3C  COOH
acido oleico	$C_{18:1}$ $C_{18}^{\Delta 9}$	H_3C 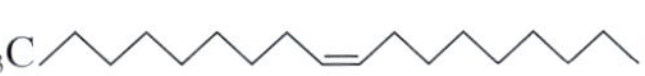 COOH
acido linoleico	$C_{18:2}$ $C_{18}^{\Delta 9,12}$	H_3C 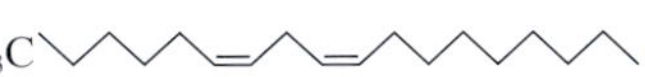 COOH
acido linolenico	$C_{18:3}$ $C_{18}^{\Delta 9,12,15}$	H_3C  COOH

In campo biologico sono importanti anche gli acidi bicarbossilici, come l'acido succinico che partecipa al ciclo di Krebs, caratterizzati dalla presenza di 2 gruppi –COOH. Inoltre sono comuni negli esseri viventi composti in cui il gruppo carbossilico è associato ad altri gruppi funzionali: gli amminoacidi, di cui parleremo diffusamente nel capitolo 3, gli idrossiacidi come l'acido lattico (acido 2-idrossipropanoico), i chetoacidi che l'acido piruvico (acido 2-chetopropanoico) che interviene nel metabolismo del glucosio.

Poiché gli acidi carbossilici hanno un atomo di ossigeno solitario e un gruppo OH, fra le loro molecole si formano legami a idrogeno piuttosto intensi. Gli acidi carbossilici, quindi, tendono ad associarsi in dimeri nei quali i gruppi funzionali hanno struttura planare. I dimeri perciò possono spesso sovrapporsi ordinatamente. Per questo le sostanze così formate hanno un punto di ebollizione maggiore rispetto agli alcoli di massa molecolare simile:

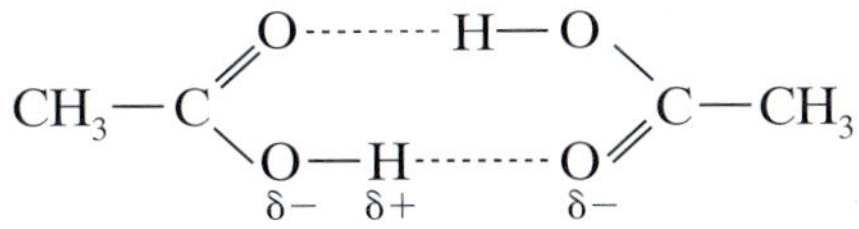

A temperatura ambiente gli acidi grassi con minor massa molecolare sono liquidi, mentre quelli a massa molecolare maggiore in genere sono solidi.

▶ IL GRUPPO CARBOSSILE POSSIEDE PROPRIETÀ ACIDE E SUBISCE SOSTITUZIONE NUCLEOFILA

Gli acidi grassi a catena corta sono solubili in acqua, mentre quelli a catena lunga sono insolubili. Il gruppo carbossile è debolmente acido e gli acidi carbossilici sono perciò in grado di neutralizzare basi come gli ioni ossidrile, bicarbonato e carbonato. L'equazione per la reazione fra un acido carbossilico e una base forte come NaOH è:

$$RCO_2H + NaOH \xrightarrow{H_2O} RCO_2Na + H_2O$$

nota
RCO_2Na è un sale formato da Na^+ e RCO_2^-, lo **ione carbossilato**.

La polarità del legame O—H è aumentata dalla presenza del carbonile in cui l'ossigeno attrae densità elettronica dal carbonio, rendendo l'acido acetico, per esempio, un miglior donatore di protoni rispetto all'etanolo:

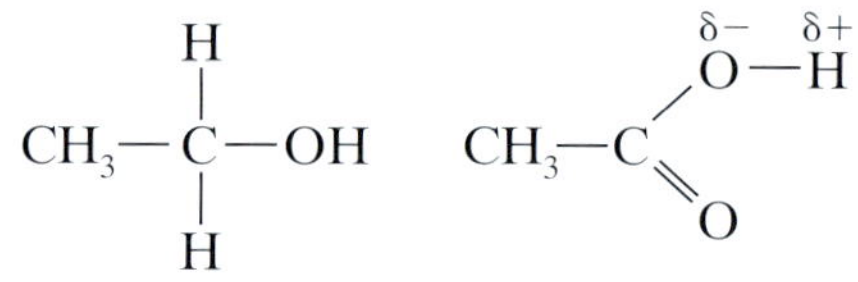

All'acidità degli acidi carbossilici contribuisce però in modo determinante la possibilità di delocalizzare per risonanza la carica negativa dello **ione carbossilato**, che risulta così una specie molto stabile:

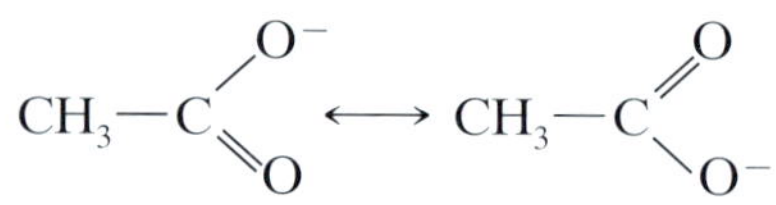

nota
L'**anidride acetica**, prodotta in milioni di tonnellate l'anno, viene utilizzata per la preparazione dell'acetato di cellulosa e dell'aspirina.

Gli acidi carbossilici vengono impiegati per sintetizzare importanti classi di derivati: gli *esteri*, le *ammidi*, gli *alogenuri acilici* e le *anidridi*. Gli alogenuri acilici e le anidridi hanno importanza in quanto intermedi di moltissime sintesi organiche, ma sono gli esteri e le ammidi a rivestire un ruolo significativo in campo biologico. Le reazioni che coinvolgono questi composti procedono attraverso un meccanismo di **sostituzione nucleofila acilica** che prevede due stadi: (1) l'attacco di un nucleofilo sull'atomo di carbonio carbonilico; (2) l'eliminazione del gruppo uscente.

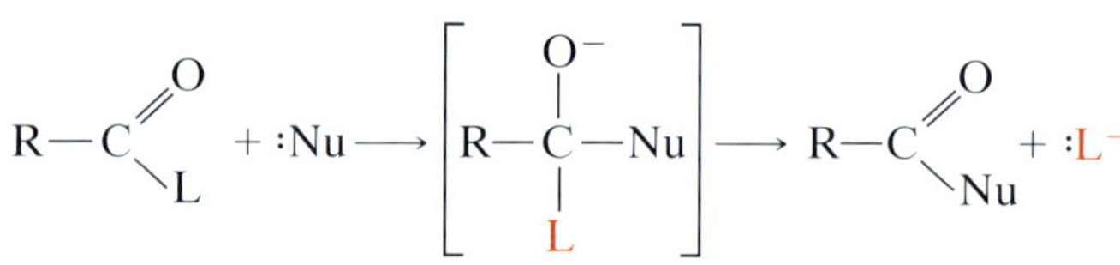

nota
Gli **acidi coniugati** H_2 e **RH** sono acidi debolissimi.

Il primo passaggio è simile a quello che abbiamo già incontrato nella reazione di addizione nucleofila al carbonio carbonilico. Nel secondo passaggio è determinante la basicità del gruppo uscente; minore è la basicità, maggiore è la facilità con cui un atomo o un gruppo di atomi si stacca. Questo spiega perché le aldeidi e i chetoni diano reazione di addizione e non di sostituzione: lo ione H^- e lo ione R^- sono tra le basi più forti conosciute e quindi non hanno alcuna tendenza a comportarsi come gruppo uscente.

▶ GLI ESTERI SI OTTENGONO PER CONDENSAZIONE TRA UN ACIDO CARBOSSILICO E UN ALCOL

Gli esteri sono molecole polari che derivano dagli acidi per sostituzione del gruppo OH con un gruppo OR′.

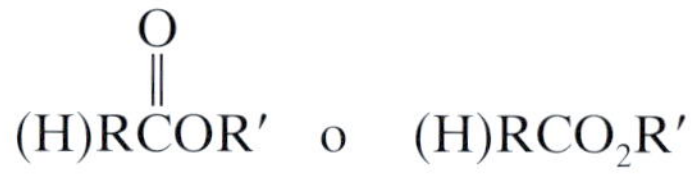

estere

etanoato di ottile, un estere

Gli esteri a basso peso molecolare sono sostanze dall'odore gradevole e sono responsabili del sapore e del profumo di molti frutti e fiori.

per saperne di più

3 Modalità di azione di sapone e detergenti

La regola «simile scioglie simile» aiuta a spiegare l'azione dei saponi e dei detergenti. Le sostanze grasse rappresentano il «collante» che trattiene lo sporco sui tessuti o sulla pelle. Il lavaggio con la sola acqua calda non è in grado di rimuovere la sporcizia, ma l'aggiunta di una piccola quantità di detergente cambia la situazione.

Tutti i detergenti, ionici e molecolari, hanno una caratteristica comune: le loro strutture sono formate da una lunga «coda» idrocarburica apolare, insolubile in acqua (**idrofoba**), alla cui estremità è presente una «testa» ionica, molto polare, che può essere idratata (**idrofila**). Un tipico sapone è rappresentato dal seguente anione (con un catione di carica opposta, in genere Na^+):

$$CH_3CH_2CH_2CH_2CH_2CH_2CH_2CH_2CH_2CH_2CH_2CH_2CH_2CH_2CH_2CH_2CH_2\overset{\overset{\displaystyle O}{\|}}{C}O^-$$

coda idrocarburica — testa anionica

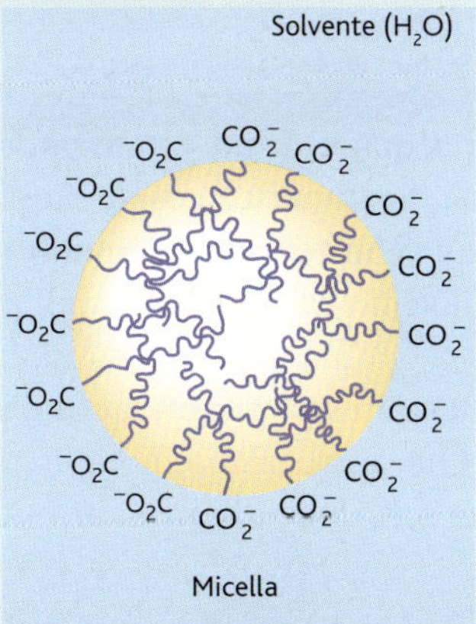

FIGURA A ■ Micelle di sapone. La formazione di micelle di sapone è dovuta alla scarsa affinità per l'acqua delle code idrofobe delle molecole e all'elevata solubilità delle loro teste idrofile.

Gli anioni del sapone si organizzano in particelle di dimensioni colloidali, note come **micelle** (FIGURA ■ A). In tal modo, le code idrocarburiche idrofobe vengono a contatto fra loro, mentre la superficie della micella espone all'acqua le estremità idrofile.

Quando le micelle di sapone interagiscono con una macchia di grasso, gli anioni trovano una struttura affine alle loro code idrofobe, che penetrano nello strato di grasso riuscendo a scioglierlo; allo stesso tempo, le teste polari rimangono a contatto con l'acqua (FIGURA ■ B, in alto a sinistra). Se aggiungiamo lo sfregamento meccanico manuale o il movimento della lavatrice, la macchia di grasso si frammenta in moltissime goccioline microscopiche, ciascuna delle quali presenta in superficie numerose teste polari simili a tante capocchie di spillo (FIGURA ■ B, in basso a sinistra). Poiché queste goccioline hanno tutte la stessa carica, si respingono e non possono fondersi fra loro. In pratica, la macchia di grasso si scioglie nell'acqua e viene asportata.

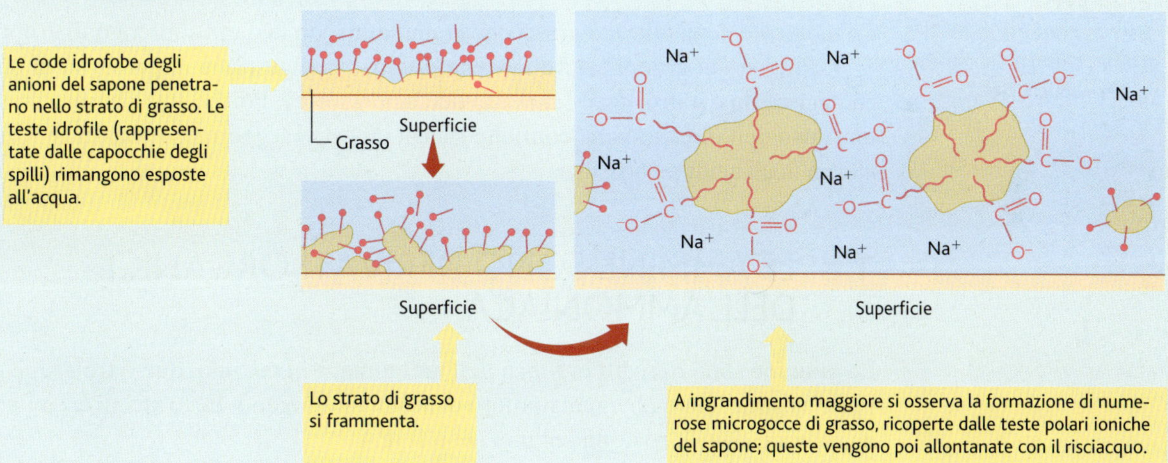

FIGURA B ■ Il sapone rimuove le macchie di grasso.

Secondo la IUPAC, la prima parte del nome di un estere deriva dall'acido carbossilico di origine, sostituendo il suffisso *-oico* con *-oato*; si aggiunge poi il nome del gruppo alchilico legato all'atomo di ossigeno. Per esempio:

HCO_2CH_3	$CH_3CO_2CH_2CH_3$	$CH_3\underset{}{\overset{\overset{\displaystyle CH_3}{|}}{C}}HCH_2CO_2\overset{\overset{\displaystyle CH_3}{|}}{C}HCH_3$
metanoato di metile	etanoato di etile	3-metilbutanoato di isopropile
p.e. 31,5 °C	p.e. 77 °C	p.e. 142 °C

Uno dei metodi di preparazione degli esteri consiste nel riscaldare una miscela dell'acido carbossilico e dell'alcol di origine in presenza di un catalizzatore acido. Senza entrare nei particolari della reazione, si stabilisce un equilibrio che risulta spostato verso destra quando si usa una quantità di alcol in eccesso:

$$\underset{\text{acido carbossilico}}{\mathrm{R\overset{O}{\overset{\|}{C}}OH}} + \underset{\text{alcol}}{\mathrm{HOR'}} \underset{\text{calore}}{\overset{\mathrm{H^+}\text{ catalizzatore}}{\rightleftharpoons}} \underset{\text{estere}}{\mathrm{R\overset{O}{\overset{\|}{C}}OR'}} + H_2O$$

Per esempio:

$$\underset{\substack{\text{acido butanoico}\\ \text{(p.e. 166 °C)}}}{\mathrm{CH_3CH_2CH_2\overset{O}{\overset{\|}{C}}OH}} + \underset{\substack{\text{etanolo}\\ \text{(p.e. 78,5 °C)}}}{\mathrm{HOCH_2CH_3}} \underset{\text{calore}}{\overset{\mathrm{H^+}\text{ catalizzatore}}{\rightleftharpoons}} \underset{\substack{\text{butanoato di etile}\\ \text{(p.e. 120 °C)}\\ \text{(aroma di ananas)}}}{\mathrm{CH_3CH_2CH_2\overset{O}{\overset{\|}{C}}OCH_2CH_3}} + H_2O$$

nota
La dicitura «aromi» riportata tra gli ingredienti dei prodotti alimentari industriali si riferisce alla presenza di esteri che ne esaltano i sapori.

Riscaldando un estere in presenza di un forte eccesso di acqua e di un catalizzatore acido, esso si idrolizza formando l'acido e l'alcol di origine. Si stabilisce così lo stesso equilibrio illustrato in precedenza, ma, in questo caso, l'acqua è in eccesso e l'equilibrio risulta spostato a sinistra, favorendo così la formazione dell'acido carbossilico e dell'alcol, secondo quanto previsto dal principio di Le Châtelier.

Gli esteri vengono idrolizzati anche in presenza di una base in soluzione acquosa; in tal caso, l'acido carbossilico si libera in forma ionizzata. Questa reazione, nota come **saponificazione**, è illustrata, per esempio, dall'azione di una soluzione diluita di idrossido di sodio su un estere, l'acetato di etile:

$$\underset{\substack{\text{etanoato di etile}\\ \text{(acetato di etile)}}}{\mathrm{CH_3\overset{O}{\overset{\|}{C}}OCH_2CH_3}(aq)} + \mathrm{NaOH}(aq) \xrightarrow{\text{calore}} \underset{\substack{\text{ione etanoato}\\ \text{(ione acetato)}}}{\mathrm{CH_3\overset{O}{\overset{\|}{C}}O^-}(aq)} + \mathrm{Na^+}(aq) + \underset{\text{etanolo}}{\mathrm{HOCH_2CH_3}(aq)}$$

FISSA I CONCETTI
Quali esteri conferiscono il tipico aroma ai frutti (banane, lamponi, pere, albicocche)?

Le molecole degli oli e dei grassi che assumiamo con la dieta contengono gruppi estere.

L'idrolisi dei gruppi estere avviene durante la digestione in presenza di un enzima che agisce da catalizzatore (al posto dell'acido forte). Poiché tale processo si svolge in un tratto dell'intestino che contiene succhi digestivi leggermente basici, si formano gli anioni degli acidi carbossilici.

1.8 LE AMMINE SONO DERIVATI ORGANICI DELL'AMMONIACA

Le **ammine** sono derivati organici dell'ammoniaca in cui uno, due o tre gruppi idrocarburici sostituiscono un ugual numero di atomi di idrogeno. Ecco alcuni esempi di ammine indicate con i loro nomi comuni (non IUPAC):

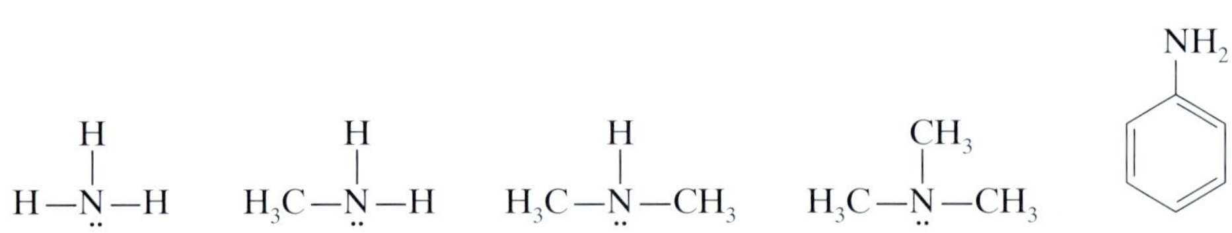

ammoniaca p.e. −33,4 °C; metilammina p.e. −8 °C; dimetilammina p.e. 8 °C; trimetilammina p.e. 3 °C; anilina p.e. 184 °C

nota
CH_3CH_2OH p.e. 78,5 °C;
$CH_3CH_2NH_2$ p.e. 17 °C;
$CH_3CH_2CH_3$ p.e. −42 °C.

Le ammine vengono classificate in primarie, secondarie e terziarie in base al numero dei sostituenti legati all'azoto. Come accade nell'ammoniaca, l'azoto delle ammine ha ibridazione sp^3, con i tre legami e il doppietto elettronico libero disposti secondo una geometria piramidale. L'azoto ha una elettronegatività elevata, ma inferiore rispetto all'ossigeno, perciò i i legami N—H e N—C sono polarizzati in misura minore rispetto ai legami C—O o O—H. Per questa ragione le ammine in generale hanno punti di ebollizione inferiori rispetto agli alcoli di massa simile perché il legame N—H ha una minor polarità rispetto al legame O—H. Grazie alla possibilità di formare legami a idrogeno con le molecole di acqua, le ammine di basso peso molecolare sono idrosolubili.

Molte ammine usate dall'uomo sono sintetizzate da organismi vegetali che formano molecole complesse chiamate *alcaloidi* come la morfina (FIGURA ■ 1.20A), la chinina (usata contro la malaria), la nicotina (componente essenziale delle sigarette; FIGURA ■ 1.20B). Grazie al doppietto elettronico libero, le ammine sono basi di Brönsted e, al pari dell'ammoniaca, sciogliendosi in acqua generano una piccola quantità di ioni ossidrile. Per esempio:

$$\underset{\text{etilmetilammina}}{CH_3CH_2{-}\overset{\overset{\large H}{|}}{\ddot{N}}{-}CH_3(aq)} + H_2O \rightleftarrows \underset{\text{ione etilmetilammonio}}{CH_3CH_2{-}\overset{\overset{\large H}{|}}{\underset{\underset{\large H}{|}}{N^+}}{-}CH_3(aq)} + OH^-(aq)$$

Di conseguenza, le soluzioni acquose delle ammine hanno valori di pH superiori a 7.

Quando un'ammina si trova in presenza di un donatore di protoni più forte dell'acqua, come lo ione idronio di una soluzione di acido cloridrico, reagisce quasi completamente con l'acido. L'ammina accetta uno ione H^+ e si protona quasi al 100%.

Per esempio:

$$\underset{\text{etilmetilammina}}{CH_3CH_2{-}\overset{\overset{\large H}{|}}{\ddot{N}}{-}CH_3(aq)} + HCl(aq) \longrightarrow \underset{\text{ione etilmetilammonio (un'ammina protonata)}}{CH_3CH_2{-}\overset{\overset{\large H}{|}}{\underset{\underset{\large H}{|}}{N^+}}{-}CH_3(aq)} + Cl^-(aq)$$

Questa reazione si svolge anche nel caso di ammine insolubili. Queste ultime, trasformandosi in ioni che possono essere idratati, diventano molto più solubili in acqua.

Un'ammina protonata non è altro che uno ione ammonio sostituito e mostra quindi un debole comportamento acido. Le ammine protonate possono neutralizzare basi forti e produrre una molecola di ammina neutra.

La reazione più importante del gruppo amminico (che studieremo fra poco) è quella con gli acidi carbossilici.

▶ LE AMMIDI DERIVANO DALLA CONDENSAZIONE TRA ACIDI CARBOSSILICI E AMMONIACA

Gli acidi carbossilici possono anche essere trasformati in ammidi, molecole che contengono il gruppo funzionale presente nelle proteine. Nelle ammidi, il gruppo —OH del carbossile viene sostituito da azoto trivalente che può legare atomi H o gruppi idrocarburici in combinazioni differenti:

$$\underset{\text{ammidi semplici}}{(H)R\overset{\overset{\large O}{\|}}{C}NH_2 \quad \text{o} \quad (H)RCONH_2} \qquad \underset{\text{etanammide (acetammide)}}{CH_3\overset{\overset{\large O}{\|}}{C}NH_2}$$

Nelle *ammidi semplici* o primarie l'atomo di azoto non lega gruppi idrocarburici ma soltanto due atomi di idrogeno. Altre ammidi presentano invece uno o due gruppi idrocarburici al posto degli atomi di idrogeno.

Secondo la IUPAC, il nome di un'ammide è costituito da una prima parte che deriva dall'acido carbossilico di origine seguita dal suffisso *-ammide*. Per esempio:

$$\underset{\text{propanammide}}{CH_3CH_2CONH_2} \qquad \underset{\text{pentanammide}}{CH_3CH_2CH_2CH_2CONH_2} \qquad \underset{\text{4-metilpentanammide}}{CH_3\overset{\overset{\large CH_3}{|}}{C}HCH_2CH_2CONH_2}$$

FIGURA 1.20 ■ (A) L'oppio è un succo denso che si ricava dai papaveri e contiene numerosi alcaloidi. (B) La nicotina è l'alcaloide contenuto nelle foglie di tabacco.

Le ammidi sono composti polari, formano facilmente legami idrogeno e hanno perciò punti di ebollizione elevati.

Le ammidi semplici, nonostante la presenza del gruppo NH_2, non sono basi di Brönsted come le ammine e l'ammoniaca, a causa della presenza del carbonile.

L'atomo di ossigeno determina una forte elettronegatività dell'intero gruppo carbonile che attrae densità elettronica dall'atomo di azoto del gruppo amminico rendendolo incapace di legare protoni. Quindi, da un punto di vista acido-base, le ammidi sono composti neutri.

Una delle procedure utilizzate per preparare le ammidi semplici è molto simile a quella vista per gli esteri e consiste nel riscaldare una soluzione dell'acido carbossilico in presenza di un eccesso di ammoniaca.

In generale:

$$\underset{\text{acido carbossilico}}{\mathrm{R\overset{\overset{O}{\|}}{C}OH}} + \underset{\text{ammoniaca}}{\mathrm{H{-}NH_2}} \xrightarrow{\text{calore}} \underset{\text{ammide semplice}}{\mathrm{R\overset{\overset{O}{\|}}{C}NH_2}} + \mathrm{H_2O}$$

Esempio:

$$\underset{\text{acido etanoico}}{\mathrm{CH_3\overset{\overset{O}{\|}}{C}OH}} + \underset{\text{ammoniaca}}{\mathrm{H{-}NH_2}} \xrightarrow{\text{calore}} \underset{\text{etanammide}}{\mathrm{CH_3\overset{\overset{O}{\|}}{C}NH_2}} + \mathrm{H_2O}$$

Le ammidi, al pari degli esteri, possono essere idrolizzate. Quando un'ammide semplice viene riscaldata in acqua, essa si idrolizza per produrre l'acido carbossilico di origine e ammoniaca. La reazione è favorita da acidi e basi forti e non è altro che il processo inverso della preparazione di un'ammide.

FISSA I CONCETTI
Scrivi la formula di struttura dell'urea e dell'acido carbonico.

Tra le ammidi, l'urea, diammide dell'acido carbonico, riveste un ruolo di particolare importanza: è il prodotto finale del metabolismo delle proteine, viene adoperata come fertilizzante perché reagisce con l'umidità del suolo liberando ammoniaca, è il prodotto di partenza per la sintesi di farmaci sedativi e antiepilettici, di materie plastiche e di resine poliuretaniche.

Check point

Completa le seguenti reazioni con i prodotti mancanti.

a) acido butanoico + etanolo → ....

b) saponificazione del propanoato di metile → ....

c) acido propanoico + ammoniaca → ....

1.9 I POLIMERI SONO COSTITUITI DALLA RIPETIZIONE DI MOLTE UNITÀ MOLECOLARI

FIGURA 1.21 ■ Impieghi comuni dei polimeri sintetici. La leggerezza dei moderni tessuti sintetici consente di trasportare con poca fatica tende robuste nei luoghi più impervi.

Quasi tutte le sostanze che abbiamo studiato finora hanno masse relativamente piccole e sono in genere costituite da ioni o molecole con meno di 100 atomi. Le molecole molto grandi, chiamate **macromolecole**, sono diffuse più di quanto si immagini. Polisaccaridi, proteine e acidi nucleici sono esempi di macromolecole di rilevanza biologica; nylon® e poliestere rappresentano invece esempi di macromolecole prodotte dall'uomo (FIGURA ■ 1.21).

Un **polimero** è una sostanza le cui molecole presentano una unità strutturale caratteristica che si ripete.

Il polipropilene, polimero di uso comune utilizzato, fra l'altro, per produrre contenitori per alimenti, tappeti e manti erbosi sintetici, è costituito da una lunga catena carboniosa, lo **scheletro** del polimero, a cui sono legati gruppi CH_3 a intervalli regolari. Analizzando questa struttura si comprende quale sia l'unità strutturale ripetuta migliaia di volte:

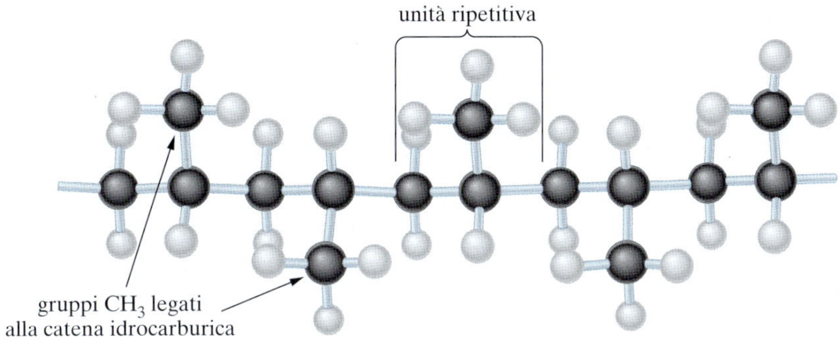

parte di un polimero di polipropilene

nota
Il disegno mostra solo uno dei modi con cui i gruppi CH_3 possono orientarsi rispetto alla catena e l'uno rispetto all'altro. Esistono anche altre orientazioni che influiscono sulle proprietà fisiche del polimero. Lo scienziato italiano Giulio Natta vinse il premio Nobel per la chimica nel 1963 grazie alle sue ricerche sulla sintesi del polipropilene isotattico, nel quale tutti i gruppi CH_3 presentano la stessa disposizione spaziale.

La struttura di un polimero può essere rappresentata dalla semplice unità ripetitiva, racchiusa in parentesi, con un indice *n* riferito ad alcune migliaia di unità:

$$CH_2{=}\underset{}{CH}(CH_3) \qquad -CH_2CH(CH_3)- \qquad \left(CH_2CH(CH_3)\right)_n$$

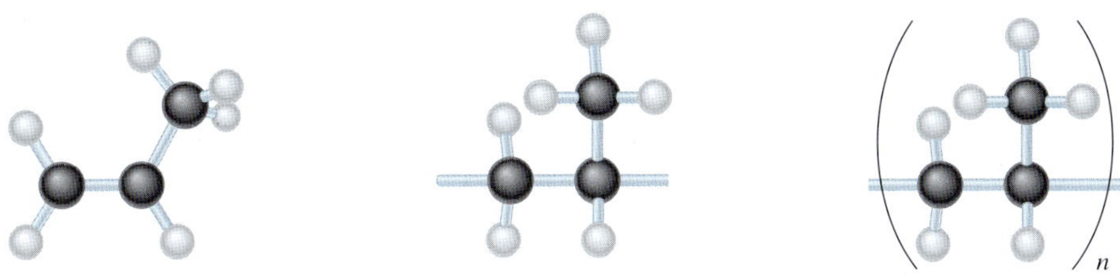

propilene — unità ripetitiva del polipropilene — polipropilene

Il valore di *n* non è lo stesso per tutte le molecole di un determinato polimero. Un polimero, quindi, non è costituito da molecole delle stesse *dimensioni*, ma solo da molecole dello stesso *tipo*: ha cioè la stessa unità ripetitiva che deriva da una molecola più semplice, detta **monomero**. Il propilene è quindi il monomero del polipropilene. La **polimerizzazione** è il processo mediante il quale i monomeri sono assemblati nel polimero. La maggior parte dei polimeri di uso comune si forma a partire da monomeri organici.

FIGURA 1.22 ■ Per decreto ministeriale, dal gennaio 2011 in Italia sono stati aboliti i sacchetti di plastica di polietilene, sostituiti da quelli prodotti con plastiche biodegradabili.

▶ ALCUNI POLIMERI SI FORMANO PER ADDIZIONE DI UNITÀ MONOMERICHE

Vi sono due modi con cui i monomeri possono formare i polimeri. Uno di questi prevede la semplice addizione di un monomero all'altro, attraverso un processo che prosegue fino a quando non si genera una catena molto lunga di unità monomeriche. I polimeri ottenuti in questo modo vengono detti **polimeri di addizione** e il polipropilene ne è un esempio.

Un esempio ancora più semplice è il *polietilene*, costituito da unità monomeriche di etilene o etene ($CH_2{=}CH_2$). Nelle condizioni ottimali e in presenza di una sostanza chiamata *iniziatore*, una coppia di elettroni del doppio legame carbonio-carbonio dell'etilene viene spaiata (FIGURA ■ 1.22).

L'iniziatore si lega a un atomo di carbonio lasciando un elettrone spaiato sull'altro carbonio; si forma così una sostanza molto reattiva, chiamata *radicale libero*, in grado di attaccare il doppio legame di un'altra molecola di etilene.

nota
Un radicale libero è una specie chimica che presenta un elettrone spaiato; per questo è una specie chimica molto reattiva.

In questo attacco, viene spaiata una delle due coppie del doppio legame della seconda molecola di etilene e uno dei due elettroni viene condiviso con l'elettrone spaiato del radicale libero, formando un legame che unisce le due molecole; l'altro elettrone spaiato si posiziona all'estremità della catena:

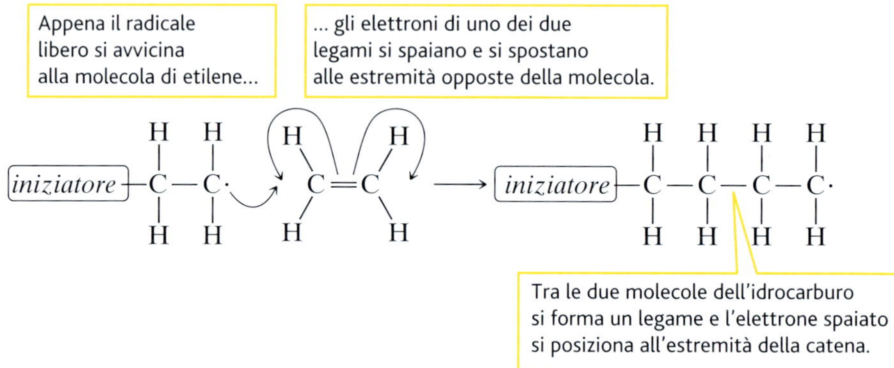

Questo processo si ripete innumerevoli volte determinando l'allungamento della catena (FIGURA ■ 1.23):

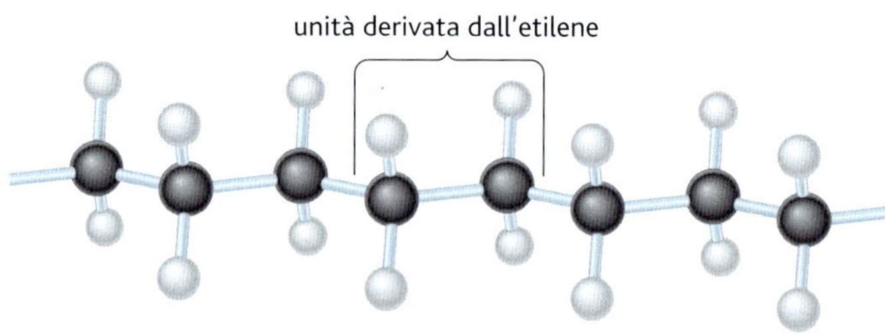

FIGURA 1.23 ■ Porzione della molecola di polietilene; sebbene si formi da un monomero di formula C_2H_4, l'unità ripetitiva è in realtà CH_2.

Il processo di formazione del polimero ha un'importante influenza sulla sua struttura finale. Per esempio, il metodo più economico per produrre il polietilene porta alla sua **ramificazione**, cioè alla crescita di nuove catene che prendono origine dalla catena principale a mano a mano che questa si allunga (FIGURA ■ 1.24).

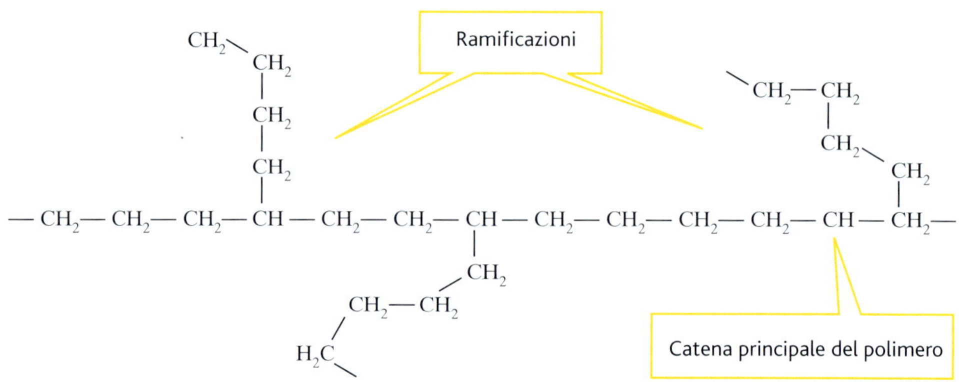

FIGURA 1.24 ■ Ramificazioni della catena nel polietilene. Nuove catene di polietilene si originano dallo scheletro del polimero.

Altri sistemi, più costosi, portano alla produzione di catene non ramificate e, come vedremo in seguito, ciò ha importanti conseguenze sulle proprietà del polimero.

Un altro comune polimero di addizione è il **polistirene**, che si forma dalla polimerizzazione dello stirene:

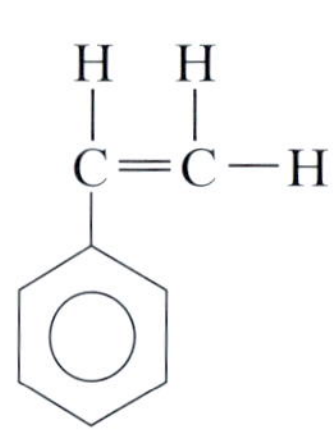

stirene (C_6H_5—CH=CH_2)

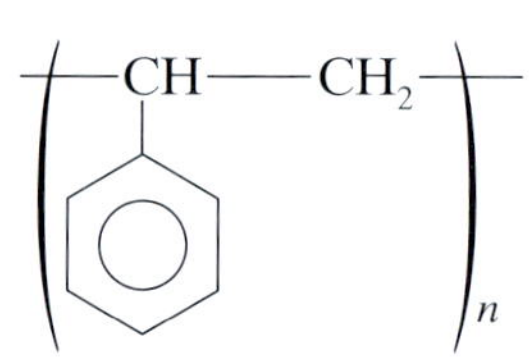

polistirene

Il monomero è simile al propilene, con un anello benzenico al posto di un gruppo metile (CH_3—). Nel polimero troviamo perciò C_6H_5— legato ogni due atomi della catena idrocarburica. Il polistirene ha numerosi impieghi: viene utilizzato per produrre bicchieri di plastica trasparenti, modanature per automobili, custodie per computer e utensili da cucina. È possibile soffiare un gas come il diossido di carbonio nel polistirene fuso quando questo viene modellato.

Non appena il liquido solidifica, vi rimangono intrappolate piccole sacche di gas e si produce così una plastica schiumosa, il polistirolo espanso, utilizzato come isolante in edilizia (FIGURA ■ 1.25).

La TABELLA ■ 1.9, riporta alcuni esempi di sostanze utilizzate come monomeri per la produzione di polimeri di addizione.

FIGURA 1.25 ■ Polistirolo espanso. Formato a partire dal polistirene, il polistirolo espanso è utilizzato in edilizia come materiale isolante.

▶ I POLIMERI SI POSSONO FORMARE TRAMITE REAZIONI DI CONDENSAZIONE

I polimeri si possono anche formare mediante un processo noto come **condensazione**, in cui i monomeri si legano fra loro con eliminazione di una piccola molecola. Il processo può essere rappresentato in forma semplificata nel seguente modo:

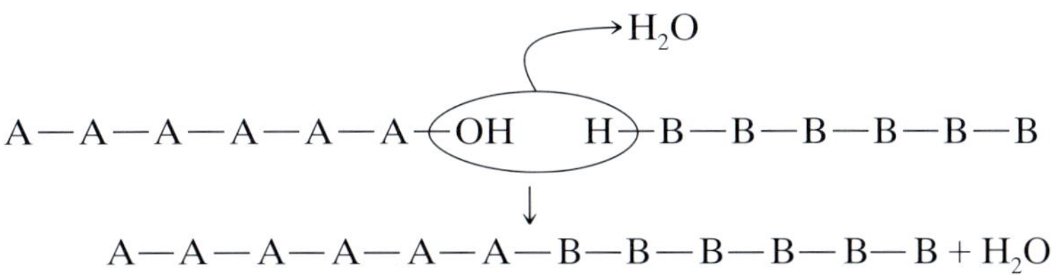

In questo esempio, il gruppo OH di una molecola si combina con un atomo H di un'altra per formare una molecola d'acqua; nello stesso tempo, le due molecole A e B si uniscono con un legame covalente. Se questo processo si verifica a entrambe le estremità delle molecole A e B, si originano lunghe catene di un **polimero di condensazione**.

nota
Anche le biomolecole polimeriche tipiche degli esseri viventi, come i polisaccaridi, le proteine e gli acidi nucleici, sono polimeri di condensazione.

TABELLA 1.9 ■ Polimeri di addizione formati da composti derivati dall'etilene, $CH_2{=}CH_2$.

Polimero	Monomero	Impieghi
Polietilene	$CH_2{=}CH_2$	Sacchetti per la spesa, bottiglie, giocattoli, giubbotti antiproiettile.
Polipropilene	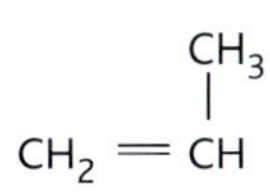	Utensili da cucina resistenti ai lavaggi in lavastoviglie, tappeti per interni ed esterni, corde.
Polistirene	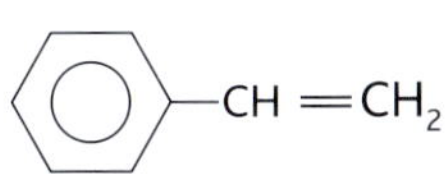	Tazze di plastica, componenti di automobili e computer, materiali isolanti.
Polivinilcloruro (PVC)	$CH_2{=}CHCl$	Isolanti, carte di credito, tubature per idraulica.
Politetrafluoroetilene (*Teflon*®)	$F_2C{=}CF_2$	Superfici antiaderenti di pentole e padelle, valvole.
Polivinilacetato (PVA)	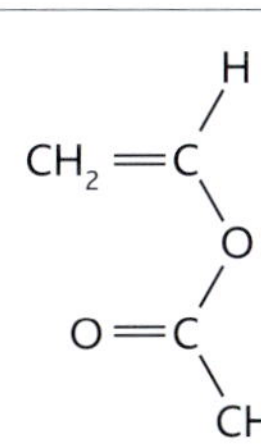	Vernici, rivestimenti, colle, oggetti modellati.
Polimetilmetacrilato (*Lucite*®)	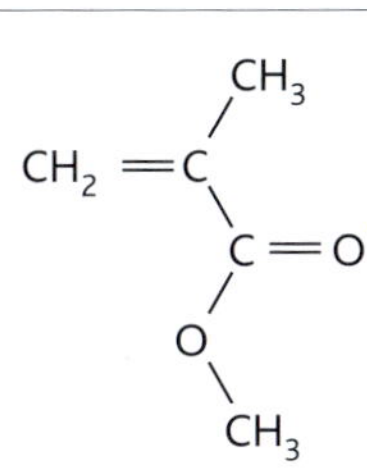	Vetri infrangibili, rivestimenti, vernici acriliche, oggetti modellati.

Video con scheda di laboratorio
Il nylon® in provetta

nota
Si tratta dello stesso legame presente nelle **proteine**.

I due polimeri di condensazione più comuni sono il nylon® e i poliesteri. Il nylon® si forma per combinazione di due monomeri diversi ed è quindi un **copolimero**. Il **nylon® 6,6**, costituito da due monomeri entrambi con sei atomi di carbonio (l'acido adipico e l'esametilendiammina), è stato il primo a essere prodotto a livello industriale. L'acido adipico è un acido organico che contiene due gruppi carbossile (è un acido bicarbossilico), mentre l'altro composto è un'ammina (in realtà, una diammina poiché presenta due gruppi ammino). Le due molecole si uniscono fra loro per mezzo di un *legame ammidico*, con eliminazione di una molecola d'acqua.

Il processo di condensazione può proseguire fino alla formazione del nylon® 6,6:

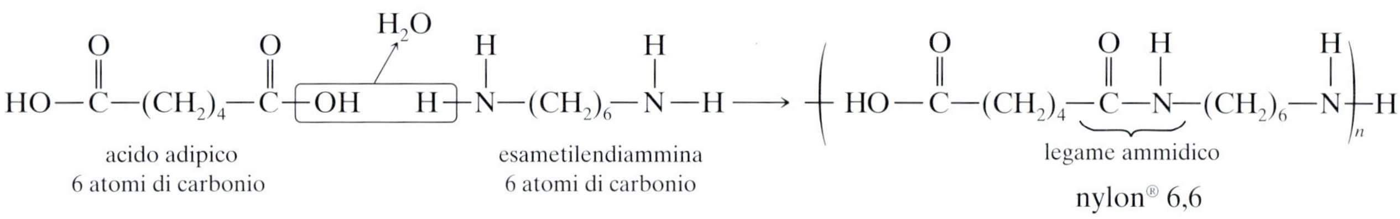

Il nylon® venne realizzato nel 1940 e trovò immediato impiego nella produzione di calze femminili al posto della seta. Tale polimero forma robuste fibre elastiche e viene anche utilizzato per la manifattura di lenze, di altre fibre per abiti e di molti altri prodotti.

La formula seguente mostra un esempio di poliestere:

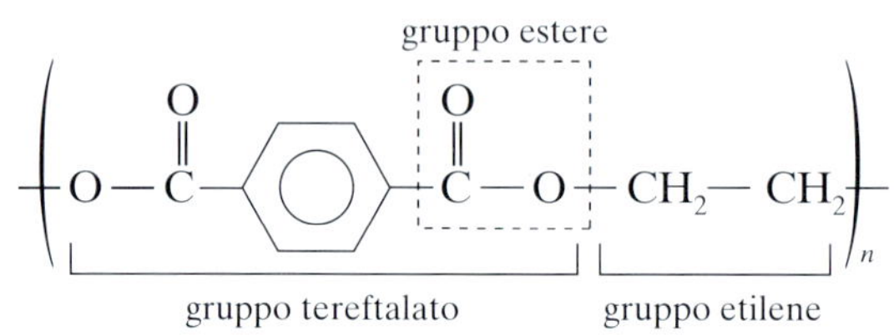

polietilene tereftalato (noto anche come PET)

Il poliestere è un copolimero generato da una condensazione che inizia con la reazione:

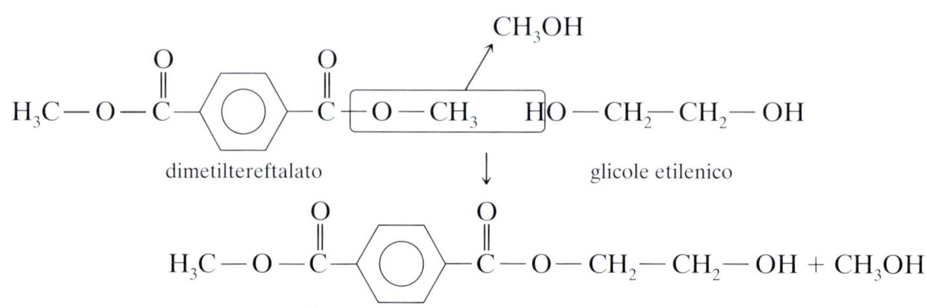

FIGURA 1.26 ■ La straordinaria leggerezza e impermeabilità del Dacron® rendono questo materiale particolarmente adatto per la produzione di vele.

In questo caso, la molecola eliminata con la formazione del legame è l'alcol metilico, CH_3OH. Il processo di polimerizzazione porta infine alla produzione del polimero PET, chiamato a volte *Dacron*® (FIGURA ■ 1.26).

Partendo da materiali diversi si possono ottenere molti tipi di poliestere, ciascuno con proprietà caratteristiche. Queste fibre sono utilizzate per produrre stoffe e bottiglie di plastica, il supporto dei nastri per registrazione, vetri e lenti infrangibili.

▶ LE RETICOLAZIONI DANNO MAGGIORE RESISTENZA ALLE FIBRE DEI POLIMERI

Quando il lattice della gomma naturale venne scoperto non risultò particolarmente utile. Non sarebbe infatti stato possibile utilizzarlo per produrre pneumatici per auto, perché alle alte temperature la gomma si ammorbidisce e diventa appiccicosa; al contrario, se viene raffreddata, si indurisce e diventa fragile. Nel 1839, Charles Goodyear scoprì che, aggiungendo dello zolfo al lattice e riscaldando la miscela, le proprietà della gomma cambiavano in modo drastico; il nuovo prodotto venne chiamato **gomma vulcanizzata**. Reagendo con il lattice, gli atomi di zolfo formano dei legami a ponte, detti **reticolazioni** (*cross-link*), fra i filamenti del polimero (in questo caso il poliisoprene). Una volta che i filamenti di poliisoprene sono legati assieme, non sono più in grado di scivolare l'uno rispetto all'altro e la gomma non fonde; allo stesso tempo, l'aumento di resistenza fa sì che il polimero non diventi fragile e si rompa alle basse temperature. Inoltre, le reticolazioni conferiscono al polimero una sorta di «memoria», consentendogli di riprendere l'aspetto iniziale dopo essere stato deformato (FIGURA ■ 1.27). Le proprietà della gomma vulcanizzata dipendono dalla quantità di zolfo aggiunto inizialmente: il polimero è elastico quando si usa poco zolfo, mentre con più zolfo, grazie a un maggior numero di reticolazioni, è più duro e meno elastico.

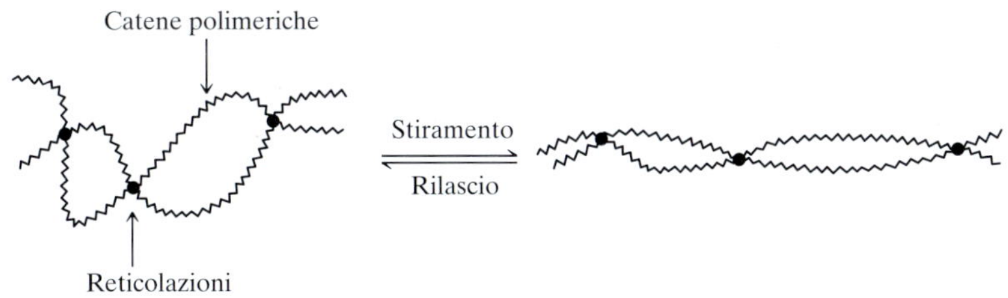

FIGURA 1.27 ■ Reticolazioni nelle catene polimeriche di poliisoprene. Quando stiriamo la gomma, non facciamo altro che allungare questo polimero, il quale, al momento del rilascio, riprende la forma originaria.

I legami a ponte conferiscono una maggior resistenza a diversi polimeri di uso comune, tra cui la fòrmica® (usata per i piani di lavoro delle cucine), le resine epossidiche (nelle colle) e i policarbonati (che hanno la struttura dei poliesteri), resi più resistenti per la produzione di lenti infrangibili per occhiali. Anche i materiali usati per costruire le lenti a contatto morbide sono polimeri con legami a ponte in grado di assorbire grandi quantità di acqua.

Approfondimento
Giulio Natta, chimico da Nobel

▶ LA CRISTALLINITÀ DI UN POLIMERO INFLUENZA LE SUE PROPRIETÀ FISICHE

In molti casi, le proprietà fisiche di un polimero dipendono dal modo in cui i singoli filamenti si associano nel solido. Abbiamo visto, per esempio, che il sistema di sintesi più economico del polietilene porta a un prodotto ramificato. Le ramificazioni impediscono alle molecole di allinearsi in modo ordinato e queste si aggrovigliano generando un solido sostanzialmente amorfo (FIGURA ■ 1.28A). Tale prodotto viene chiamato *polietilene a bassa densità* (*LDPE*); le molecole del polimero hanno una massa molecolare relativamente bassa e il solido presenta una scarsa resistenza strutturale. Si tratta del tipo di polietilene impiegato per produrre le buste di plastica.

nota
Queste molecole contengono fra 200 000 e 400 000 gruppi —CH_2— legati fra loro!

Grazie a sistemi diversi, il polietilene può essere prodotto senza ramificazioni e con masse molecolari che vanno da 200 000 u a 500 000 u. In questo caso si parla di polietilene *lineare* o *polietilene ad alta densità* (*HDPE*); i filamenti si allineano fra loro con un elevato grado d'ordine, e quindi di *cristallinità* (FIGURA ■ 1.28B). Ciò consente alle molecole di formare facilmente fibre; inoltre, date le grandi dimensioni delle molecole stesse e la loro stretta associazione, le forze di London sono molto intense e la fibra che ne risulta è particolarmente robusta.

A Due catene ramificate di un polimero si aggrovigliano in modo disordinato

B Le catene di un polimero lineare si affiancano le une alle altre producendo una struttura fortemente addensata che presenta un elevato grado di cristallinità

FIGURA 1.28 ■ Polietilene amorfo e cristallino.
(A) Quando nel polietilene a bassa densità si formano le ramificazioni, i filamenti del polimero non possono più allinearsi fra loro e si ottiene un prodotto amorfo.
(B) Il polietilene ad alta densità lineare presenta un grado elevato di cristallinità che lo rende adatto alla formazione di fibre molto resistenti.

In condizioni appropriate, è possibile produrre molecole di polietilene lineare particolarmente lunghe, con massa molecolare da 3×10^6 u e 6×10^6 u (*polietilene a peso molecolare ultra-elevato, UHMWPE*). Le fibre prodotte con questo polimero sono così

FIGURA 1.29 ■ Gli scafi delle barche da competizione sono spesso costruiti in *Kevlar*®, un tipo particolare di nylon. Grazie alla elevatissima resistenza del Kevlar®, le pareti possono essere molto sottili, per cui gli scafi risultano più leggeri e veloci.

resistenti da essere impiegate nella produzione di giubbotti antiproiettile e di tessuti resistenti al taglio.

Anche negli altri polimeri fibrosi, le lunghe molecole si associano fra loro mediante interazioni intense fra i singoli filamenti del polimero. Il nylon, per esempio, possiede gruppi carbonile, CO, e gruppi NH, entrambi polari, che formano legami a idrogeno e consentono ai filamenti di unirsi saldamente gli uni agli altri (FIGURA ■ 1.29).

▶ CATENE DI POLIMERI INORGANICI CONTENGONO ATOMI DIVERSI DAL CARBONIO

I polimeri appena visti sono classificati come polimeri organici perché le loro catene principali (lo scheletro del polimero) sono costituite soprattutto da atomi di carbonio. Questi polimeri tendono, fondamentalmente, a diventare fragili quando vengono raffreddati e a deteriorarsi in seguito a riscaldamento. Sono anche infiammabili, si rigonfiano nei solventi organici e non sono, in genere, biocompatibili (raramente sono utilizzati per produrre protesi in campo medico). Tutti questi problemi spesso non esistono con i polimeri inorganici, le cui catene sono costituite da atomi diversi dal carbonio.

I **siliconi** sono fra i polimeri inorganici di sintesi più utilizzati. Essi contengono uno scheletro in cui si alternano atomi di ossigeno e di silicio, a cui sono legati gruppi organici, in genere $—CH_3$. La struttura di un tipico silicone «lineare» è la seguente:

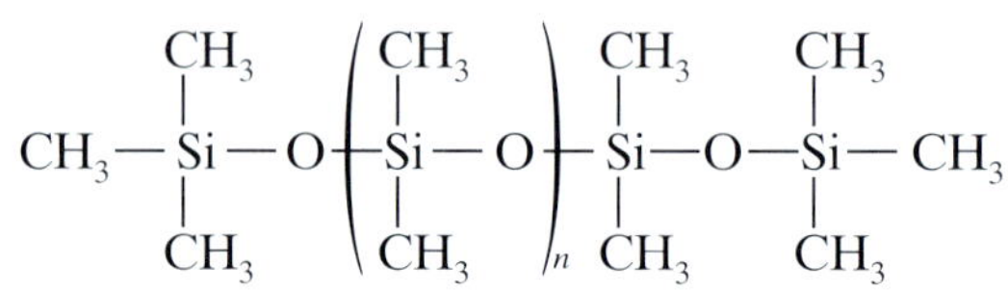

catena di un polimero di silicone

per saperne di più

4 Bioplastiche e polimeri biodegradabili

Quasi tutti i polimeri presenti nelle stoffe e nelle plastiche di uso comune sono derivati da sostanze ottenute dal petrolio. Ciò pone due problemi: in primo luogo, la quantità di petrolio disponibile sulla Terra è limitata e la produzione di plastiche comporta quindi il consumo di una preziosa risorsa non rinnovabile; inoltre, i polimeri sintetici e le plastiche non sono biodegradabili e la loro eliminazione crea gravi problemi di inquinamento. Oggi, però, la situazione sta cambiando.

La DuPont, una delle principali industrie chimiche a livello mondiale, produce il poliestere chiamato *Sorona*®, utilizzato per realizzare stoffe per abiti e tappezzeria, mediante un processo di condensazione fra il propandiolo e l'acido tereftalico.

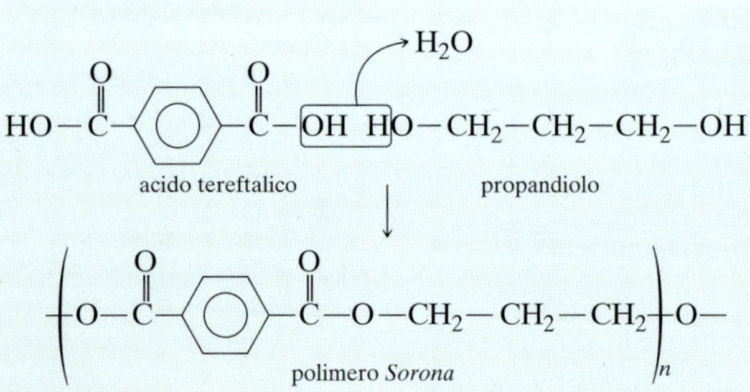

L'acido tereftalico è un derivato del petrolio, ma la DuPont ha sviluppato un sistema di produzione del propandiolo basato sulla fermentazione del mais da parte di un microrganismo geneticamente modificato.

Il *NatureWorks*® della Cargill Dows è, invece, un prodotto interamente biologico creato dalla polimerizzazione dell'acido lattico, a sua volta derivato dalla fermentazione del mais. La reazione di sintesi è la seguente:

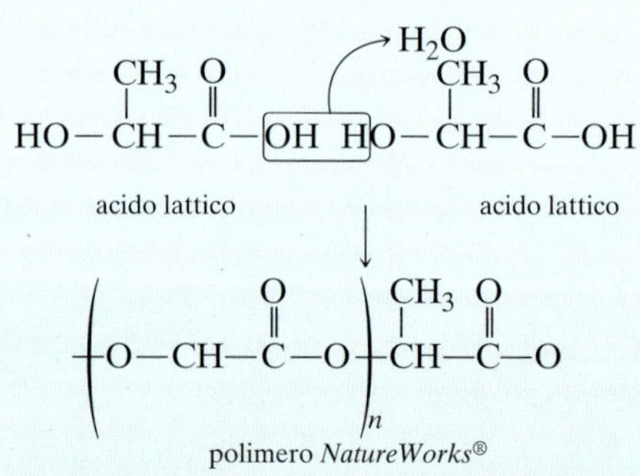

Il polimero *NatureWorks*®, combinato con fibre di cotone, lana o seta, viene utilizzato nella produzione di tessuti per abiti; è anche impiegato per fabbricare bicchieri trasparenti per bibite, con il vantaggio di essere biodegradabile.

Gli oli di silicone sono idrorepellenti; per questo motivo, sono utilizzati nei prodotti lucidanti per mobilio e automobili, e nel trattamento impermeabilizzante di tessuti e pelli (FIGURA ■ 1.30). Il grasso di silicone è invece usato come lubrificante per orologi e cuscinetti a sfera. Le resine siliconiche trovano impiego nella produzione di vernici che resistono all'abrasione e al riscaldamento.

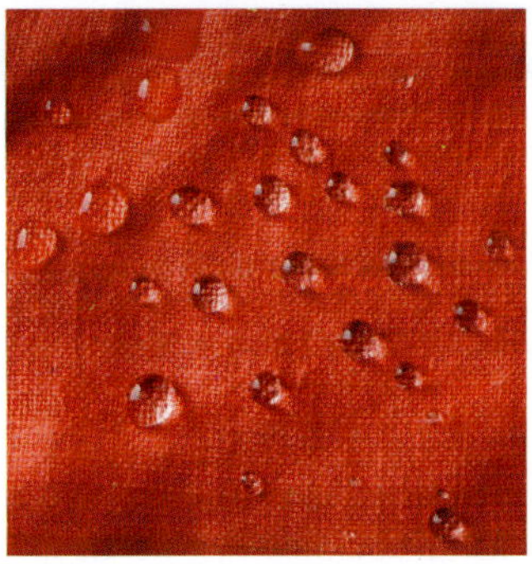

FIGURA 1.30 ■ Polimeri di silicone. L'acqua forma delle gocce su un tessuto reso impermeabile dal trattamento con un polimero di silicone.

La gomma di silicone possiede eccellenti proprietà isolanti ed è usata per rivestire cavi e motori elettrici. Questi materiali gommosi mantengono la loro flessibilità in un ampio intervallo di temperatura e possono essere utilizzati al posto della gomma naturale negli impieghi a temperature estreme. I siliconi sono anche sfruttati in campo medico: il simeticone, per esempio, è un comune antimeteorico che viene spesso prescritto in associazione ai farmaci usati per combattere l'iperacidità gastrica.

Test your English

LISTEN

Polymer can turn swimming pool into jelly

Take one kilogram of polyisocyanide polymer. Sprinkle liberally across an Olympic swimming pool. Warm gently. Within minutes, your jelly is ready. Serves 25 million.

Alan Rowan, a materials chemist at Radboud University Nijmegen in the Netherlands, is describing the properties of a remarkable polymer developed in his lab. He has not actually run the swimming-pool experiment, but he sounds as if he would love to give it a try. When it comes to forming gels, he says excitedly, his polymer is "probably the best in the world — an order of magnitude better than anything else".

But it offers much more than record-breaking dessert portions: it is the first synthetic polymer that can match the rigidity found in many biological polymers, says Margaret Gardel, a biophysicist at the University of Chicago, Illinois. "Nearly all biopolymers, like DNA or collagen, have some inherent rigidity," she explains; synthetic polymers, by contrast, tend to be extremely floppy.

Rowan's polymer strands have a helical backbone with thousands of short peptides jutting out from the sides, each carrying long tails made of repeating carbon and oxygen chains. Oxygen and hydrogen atoms in neighbouring peptides bond to each other to give the backbone rigidity, and the carbon and oxygen tails readily grab water molecules, making the polymer extremely soluble.

Once the polymer is dissolved, warming it causes the tails to squeeze water molecules away and form links with neighbouring polymer strands. Above a certain temperature, the solution transforms into a gel in seconds as the strands self-assemble into bundles roughly 10 nanometres wide. As with the biopolymers in a living cell, or the fibres in a rope, the bundling stiffens the whole structure. "The nanoscale mechanism is the same as at the macroscale," says Rowan.

Researchers already knew that bundling was important in strengthening biopolymers. But Rowan's team has measured the stiffness of individual strands and of the bundles, and has shown the relationship between the two. "Now that we understand the principles, we can start making gels at even lower concentrations," predicts Rowan.

The polymer's ability to form a gel on heating is relatively unusual: the opposite is true for most gels. A gelatin solution, for example, must be cooled to form jelly. Rowan imagines that a cold solution of his polymer poured on to a wound to protect the tissue would quickly form a gel barrier when it warmed to body temperature; applying an ice pack could liquefy it when it was no longer needed. The researchers are now running tests on this concept, "using a leg of pork that we put in the oven at 40 °C", says Rowan.

Adapted from Mark Peplow, «Polymer can turn swimming pool to jelly», January 23, 2013, *Nature* (www.nature.com).

SUMMING UP

SINTESI DI CAPITOLO IN MP3

▸ Organic compounds

Organic chemistry is the study of the covalent compounds of carbon except for its oxides, carbonates, bicarbonates, and a few others.

Functional groups attached to hydrocarbon chains are the basis for the classification of carbon compounds. Members of a family have the same kinds of chemical properties. Their physical properties are a function of the relative proportions of functional and nonfunctional groups. Opportunities for hydrogen bonding strongly influence the boiling points and water solubilities of compounds with OH or NH groups.

▸ Saturated and unsaturated hydrocarbons?

The alkanes – saturated compounds found chiefly in petroleum – are the least polar and the least reactive of the organic families. Their carbon skeletons can exist as *straight chains*, *branched chains*, or *rings*. When they are *open chains*, there is free rotation about single bonds. Rings can include heteroatoms, but *heterocyclic compounds* are not hydrocarbons.

The lack of free rotation at a carbon-carbon double bond makes *geometric isomerism* possible. The pair of electrons of a π bond makes alkenes act as Brönsted bases, enabling alkenes to undergo *addition reactions* with hydrogen chloride and water (in the presence of an acid catalyst). Alkenes also add hydrogen (in the presence of a metal catalyst).

▸ Aromatic hydrocarbons, electrophile species and nucleophile species

Aromatic hydrocarbons, like benzene, do not give the addition reactions shown by alkenes. Instead, they undergo *substitution reactions* that leave the energy lowering, pi-electron network intact.

Electrophiles are chemical species that are electron-deficient, such as H^+, cations, Lewis acids and oxidants.

Nucleophiles are electron rich species, such as anions, Lewis bases and reducing agents.

▸ What are alcohols?

The *alcohols*, ROH, are alkyl derivatives of water. Alcohols undergo an *elimination reaction* that splits out H_2O and changes them to alkenes. Concentrated hydroalogen acids react with alcohols by a *substitution reaction*, which replaces the OH group by a halogen. Oxidizing agents convert alcohols for the type RCH_2OH first into aldehydes and then into carboxylic acids. Oxidizing agents convert alcohols of the type R_2CHOH into ketones. Alcohols form esters with carboxylic acids.

▸ The enantiomers

Two molecules are *enantiomers* when they are non-superimposable mirror images of each other. This property is associated to the presence of one or more chiral carbon atoms, i.e. a carbon atom that has four different groups attached to it. Enantiomers have identical chemical and physical properties; however, they differ when they interact with chiral substances such as enzymes, or polarized light.

▸ Carbonyl compounds

Aldehydes, RCHO, are easily oxidized to carboxylic acids. *Ketones*, RCOR′, strongly resist oxidation. Aldehydes and ketones add hydrogen to make alcohols.
The *carboxylic acids*, RCO_2H are weak acids but neutralize strong bases. Their anions are Brö sted bases. Carboxylic acids, can also be changed to esters by heating them with alcohols.
Esters, RCO_2R', react with water to give back their parent acids and alcohols. When aqueous base is used for hydrolysis, the process is called *saponification* and the products are the salts of the parent carboxylic acids as well as alcohols.

▸ Amines and amides

The simple *amines*, RNH_2, as well as the more substituted relatives, RNHR′ RNHR′R″, are organic derivatives of ammonia and thus are weak bases that can neutralize strong acids. The conjugate acids of amines are good proton donors and can neutralize strong bases.

The simple *amides*, $RCONH_2$, can be made from acids and ammonia, and they can be hydrolyzed back to their parent acids and trivalent nitrogen compounds. The amides are not basic.

▸ The polymers

Polymers, which are *macromolecules*, are made up of a very large number of atoms in which a small characteristic feature repeats over and over many times. *Polypropilene*, an *addition polymer* that consists of a hydrocarbon *backbone* with a methyl group, CH_3, attached to every other carbon, is formed by *polymerization* of the *monomer* propylene. Polyethylene and polystyrene, which are also addition polymers, are formed from ethylene and styrene, respectively.

Condensation polymers are formed by elimination of a small molecule such as H_2O or CH_3OH from two monomer units accompanied by the formation of a covalent bond between the monomers. *Nylons* and *polyesters* are *copolymers* because they are formed from two different monomers.

1.1 La chimica organica studia i composti del carbonio

1 ■ Quali dei seguenti composti sono *inorganici*? CH_3OH; CO; CCl_4; $NaHCO_3$; K_2CO_3.

2 ■ In generale, perché esistono così tanti composti organici?

3 ■ Qual è la struttura condensata di R se la formula R— CH_3 rappresenta l'etano?

4 ■ Quale delle seguenti strutture è possibile, considerando i legami formati dai vari atomi?

A $CH_2CH_2CH_3$

B $CH_3{=}CHCH_2CH_3$

C $CH_3CH{=}CHCH_2CH_3$

5 ■ Scrivi le strutture condensate delle molecole riportate di seguito:

a) 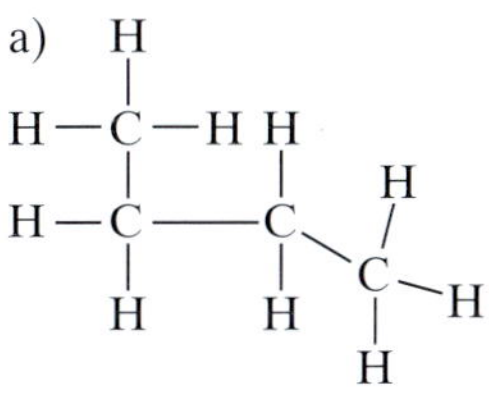

b) 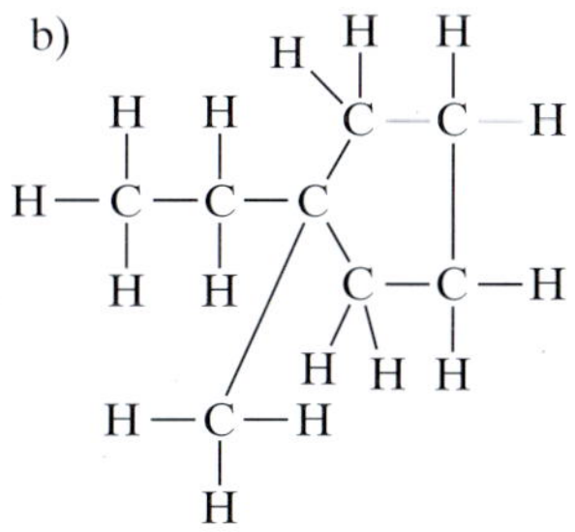

c) 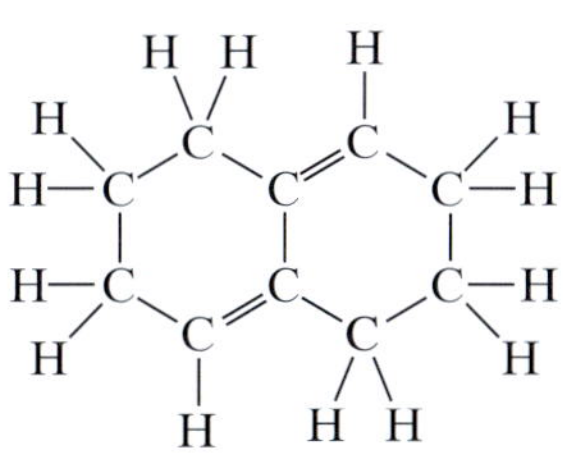

6 ■ Indica qual è la formula dell'alcano con dieci atomi di carbonio.

7 ■ Scrivi una formula di struttura che metta in evidenza tutti i legami per ciascuna delle seguenti molecole: $(CH_3)_2CHCH(CH_3)_2$; $CH_3COOCH_2CH_3$; HCO_2H.

8 ■ Scrivi una formula di struttura che metta in evidenza tutti i legami per ciascuna delle seguenti molecole:

a) 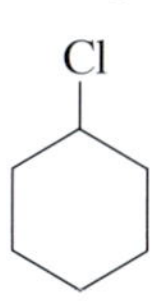

b) 

c) 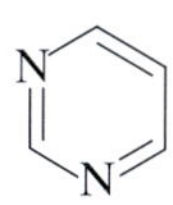

9 ■ Nella conformazione a sedia del cicloesano possiamo individuare sei idrogeni equatoriali e sei idrogeni assiali. Un gruppo alchilico voluminoso, come $(CH_3)_3Cl$, a quale atomo di idrogeno si potrebbe sostituire?

10 ■ Scrivi le strutture complete di ciascuno dei seguenti composti: C_2H_6; CH_2O_2; CH_2O; HCN; C_3H_3N; CH_4O.

11 ■ In $CH_3CH_2NH_2$, il gruppo NH_2 è il *gruppo funzionale*. Perché viene chiamato così?

12 ■ In generale, perché i gruppi funzionali conferiscono una maggior reattività ai composti? Perché gli alcani non presentano tutte le reazioni, per esempio, delle ammine?

13 ■ A quali famiglie di composti organici appartengono le seguenti sostanze?

a) $CH_3CH{=}CH_2$

b) $CH_3CH_2CH_2COH$

c) CH_3CH_2OH

d) $CH_3CH_2CH_2NH_2$

e) $CH_3CH_2COCH_3$

f) $HOCH_2CH_2CH_3$

14 ■ A quali famiglie di composti organici appartengono le seguenti sostanze?

a) $CH_3C{\equiv}CH$

b) 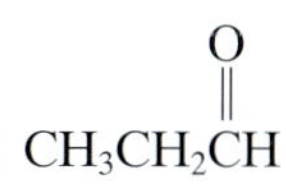

c) 

d) $CH_3{-}O{-}CH_2CH_3$

e) $CH_3CH_2NH_2$

f) 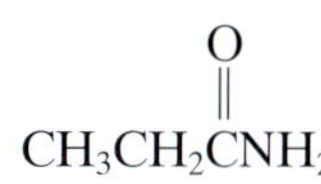

15 ■ Indica i composti saturi dell'esercizio 13.

16 ■ Quali fra i composti dell'esercizio 14 sono saturi?

17 ■ Assegna il nome ai seguenti gruppi funzionali.

a) $CH_3CH{=}CH_2$

b) 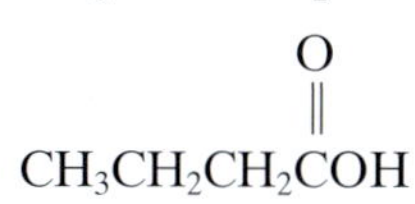

18 ■ Assegna il nome ai gruppi funzionali presenti nei seguenti composti:

a) 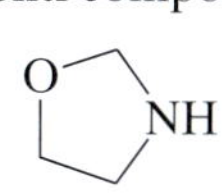

b) 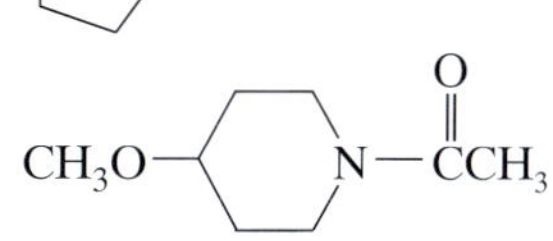

c) 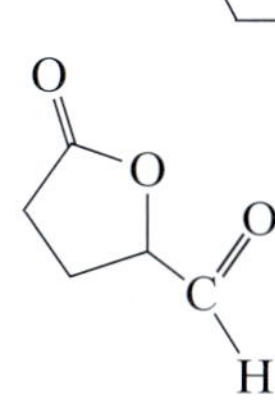

d) 

19 ■ Spiega perché $CH_3CH_2CH_2OH$ è più solubile in acqua di $CH_3CH_2CH_2CH_3$.

20 ■ Quale dei due composti dell'esercizio precedente ha il punto di ebollizione più alto? Perché?

21 ■ Perché l'alcol etilico è solubile in acqua mentre l'1-esanolo presenta una solubilità di soli 0,59 g/100 g in H_2O a 20 °C?

22 ■ Esamina la struttura dei seguenti composti:

a) 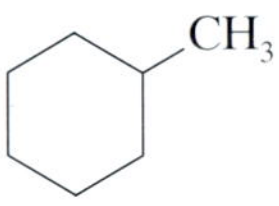

b) 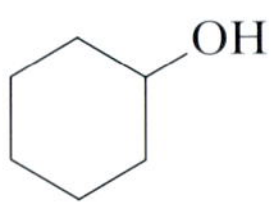

c) 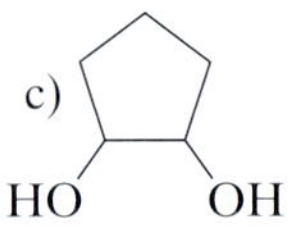

- Quale dei tre ha il punto di ebollizione più alto?
- Quale ha invece il punto di ebollizione più basso?
- Motiva le risposte.

23 ■ Quale dei seguenti composti è più solubile in acqua? Fornisci una spiegazione.

a) 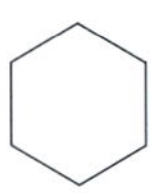 b) 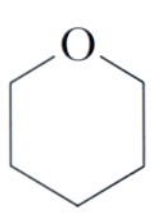

24 ■ Quale dei seguenti composti ha il punto di ebollizione più alto? Perché?

a) 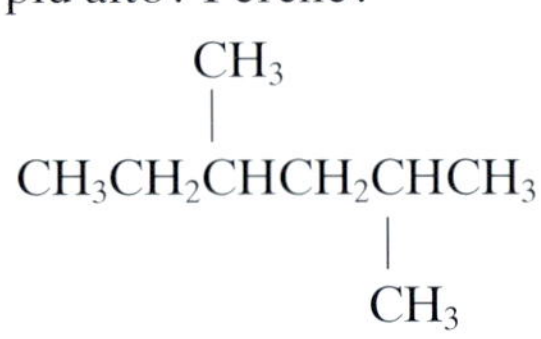

b) $CH_3CH_2CH_2CH_2CH_3$

1.2 La nomenclatura dei composti organici segue le regole IUPAC

25 ■ Scrivi le formule chimiche di: metano, etano, propano, butano. Illustra un impiego pratico di ognuno di questi idrocarburi.

26 ■ Scrivi la struttura condensata dei seguenti idrocarburi saturi:

a) 2,2-dimetilottano;
b) 1,3-dimetilciclopentano;
c) 1,1-dietilcicloesano;
d) 3,3-dimetilpentano;
e) 4-etil-3,3dimetilesano.

27 ■ Scrivi la formula di struttura dei composti elencati. Spiega per quale motivo il nome non è corretto e scrivi il nome IUPAC corretto per ogni caso:

a) 1-metilbutano;
b) 2-etilpropano;
c) 3,4-dicloropentano;
d) 3-butino;

28 ■ Assegna i nomi IUPAC ai seguenti idrocarburi:

a) $CH_3CH_2CH_2CH_2CH_3$

b) 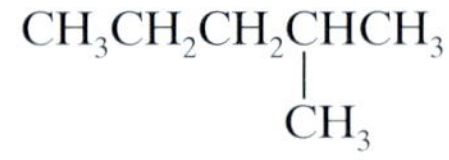

c) 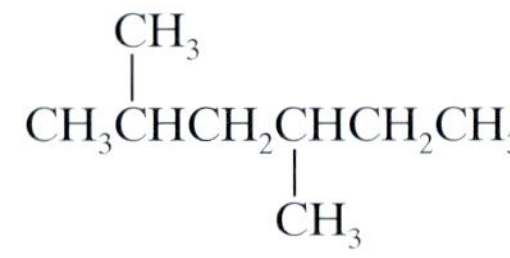

1.3 Gli idrocarburi sono costituiti esclusivamente da atomi di carbonio e idrogeno

29 ■ Quali sono i prodotti della combustione completa di un idrocarburo in presenza di quantità adeguate di ossigeno?

30 ■ Scrivi le equazioni bilanciate delle reazioni di combustione dell'isoottano in presenza di un eccesso di ossigeno, di lieve carenza di ossigeno, di forte carenza di ossigeno.

31 ■ Quali sono le reazioni chimiche più comuni degli alcani?

32 ■ Quale prodotto si può ottenere per monoclorurazione dell'etano? Perché è possibile riscontrare tracce di butano al termine della reazione?

33 ■ Considera le seguenti molecole che rappresentano dei polieni coniugati. In quale caso il legame tra il carbonio in posizione 2 e il carbonio in posizione 3 risulterà più corto? Spiega il perchè.

a) $CH_2{=}CH{-}CH{=}CH_2$
b) $CH_2{=}CH{-}C{\equiv}CH$
c) $CH{\equiv}C{-}C{\equiv}CH$

34 ■ Scrivi la struttura condensata dei seguenti idrocarburi insaturi:

a) 3-esene;
b) ciclobutene;
c) 1,4-esadiene;
d) 6-etil-5-isopropil-7-metil-1-ottene;
e) *cis*-2-pentene.

35 ■ Assegna i nomi IUPAC ai seguenti composti:

a) 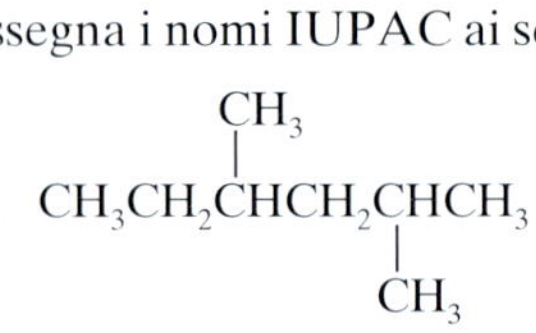

b) $CH_3CH_2CH{=}CHCH_2CH_3$

c) 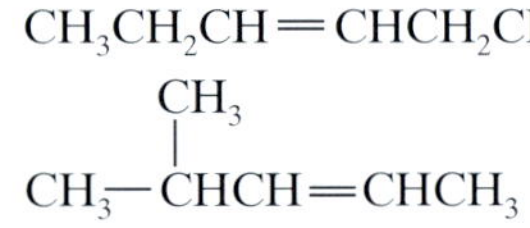

36 ■ In che modo è possibile ottenere un alchene a partire da un alcol?

37 ■ Scrivi, se possibile, le strutture degli isomeri *cis* e *trans* dei seguenti composti:

a) $CH_2{=}CHBr$

b) $CH_3CH{=}CHCH_2CH_3$

c) 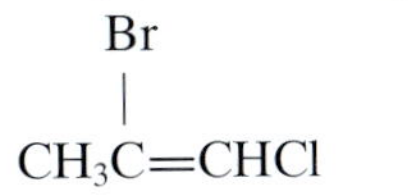

38 Scrivi, se possibile, le strutture degli isomeri *cis* e *trans* dei seguenti composti:

a) 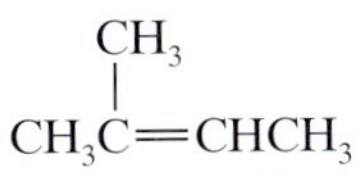

b) 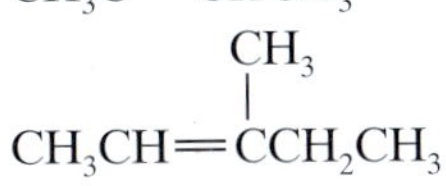

c) 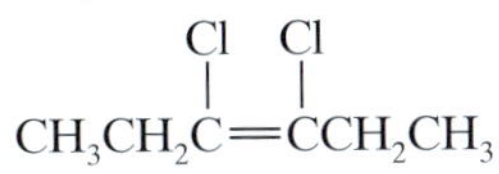

39 Gli acidi di Brönsted reagiscono con gli alcheni ma non con gli alcani. Spiega il perché.

40 Il propene reagisce con l'acido solforico concentrato secondo la seguente reazione:

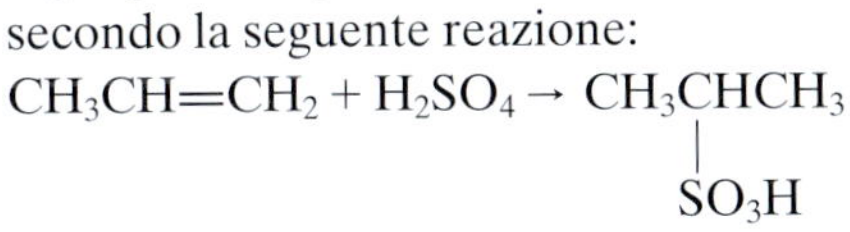

La reazione si svolge in due stadi. Scrivi l'equazione del primo stadio.

41 Il 2-metilpropene reagisce con il cloruro di idrogeno secondo la seguente reazione:

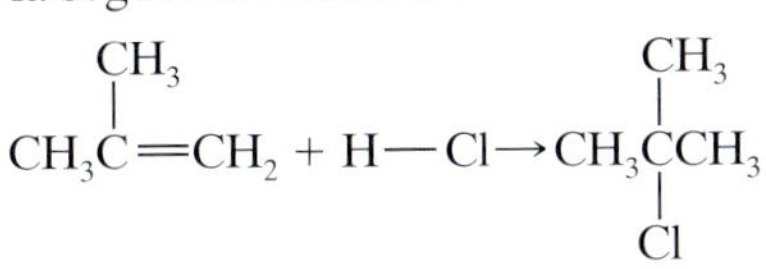

La reazione si svolge in due stadi. Scrivi l'equazione di ciascuno stadio.

42 Il 2-butene esiste sotto forma di due isomeri. Quando i due isomeri vengono idrogenati si ottiene lo stesso prodotto. Spiega il perché.

43 Perché nel benzene è favorita la reazione di sostituzione rispetto a una reazione di addizione a uno dei tre doppi legami presenti?

44 Scrivi la struttura dei prodotti che si formano quando l'etilene reagisce per addizione con ciascuna delle seguenti sostanze (assumi che siano presenti i catalizzatori necessari): H_2; Cl_2; Br_2; HCl(*g*); HBr(*g*); H_2O (in ambiente acido).

45 Ripeti l'esercizio 44 usando come reagente il 2-butene ($CH_3CH{=}CHCH_3$).

46 Ripeti l'esercizio 44 usando come reagente il cicloesene (C_6H_{10}).

47 In termini generali, perché il benzene non dà le stesse reazioni di addizione del cicloesene?

48 Che cosa si forma quando si riscaldano insieme Br_2 e benzene in presenza di un catalizzatore acido?

49 Scrivi la struttura condensata dei seguenti composti organici contenenti ossigeno:
a) 2-pentanolo;
b) 3-metilbutanolo;
c) 4-metil-2-ottanolo;
d) 2,3-butandiolo;
e) fenolo.

50 «3-butanolo» non è un nome appropriato, ma è possibile scrivere una struttura che lo rappresenti. Qual è la struttura e quale dovrebbe essere il nome IUPAC corretto per questa sostanza?

1.4 Gli alcoli e gli eteri sono derivati organici dell'acqua

51 Che cosa si intende con il termine *elettrofilo*? E con il termine *nucleofilo*?

52 Classifica le seguenti specie chimiche come elettrofile o nucleofile: H_2O; H^+; Cl^-; OH^-; NO_2^+.

53 Nei composti organometallici l'atomo di carbonio è legato a un metallo (—C—Met) come, per esempio, magnesio o litio. Determina la polarità in un legame di questo tipo.

54 Spiega brevemente perché il legame C—O dell'alcol isopropilico è indebolito in presenza di un acido forte.

55 Che cosa si intende per alcol primario, secondario e terziario?

56 Scrivi le formule di struttura e i nomi IUPAC degli isomeri dell'alcol C_4H_9OH. Quale fra questi non può essere ossidato?

57 Il vecchio nome del fenolo è *acido carbolico*. A quale proprietà chimica fa riferimento?

58 Scrivi la struttura degli alcoli con formula $C_4H_{10}O$ che possono essere ossidati ad aldeidi. Scrivi la struttura dell'isomero che viene ossidato a chetone.

59 Scrivi la struttura dei prodotti delle reazioni di disidratazione di questi composti in presenza di un catalizzatore acido.

a) 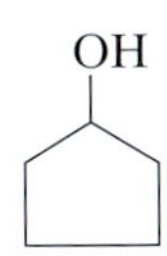

b) 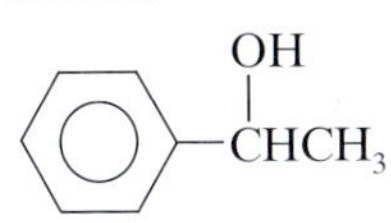

c) 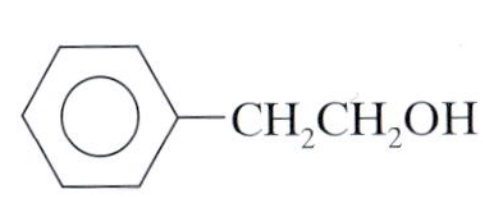

60 Scrivi la struttura dei prodotti di sostituzione che si formano quando gli alcoli dell'esercizio 59 sono riscaldati in presenza di acido iodidrico concentrato.

61 Scrivi la struttura delle aldeidi e dei chetoni che possono essere preparati dai composti dell'esercizio 59.

62 Considera i seguenti tre composti che contengono il gruppo —OH: KOH; CH_3CH_2OH; C_6H_5—OH. Uno presenta proprietà acide, uno proprietà basiche e uno nessuna. Spiegane il motivo in termini di struttura molecolare.

63 ■ Che composti si ottengono sottoponendo 1-propanolo a una blanda ossidazione? I prodotti che si possono formare hanno valori di tensione di vapore molto differenti. In che modo è possibile sfruttare questa differenza per ottimizzare la resa del prodotto intermedio o del prodotto finale?

64 ■ La struttura di un alcol sconosciuto potrebbe essere una delle due strutture riportate di seguito. Quando l'alcol è trattato con un *eccesso* di ossidante forte, come il dicromato di sodio in ambiente acido, il prodotto *organico* che si forma è in grado di neutralizzare l'idrossido di sodio.

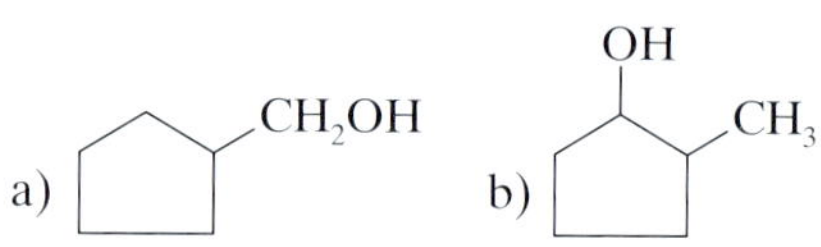

Di quale alcol si tratta? Giustifica la scelta fatta. Scrivi l'equazione ionica netta bilanciata della reazione di ossidazione.

65 ■ Scrivi le strutture condensate e i nomi IUPAC di tutti gli alcoli saturi che possiedono fino a tre atomi di carbonio per molecola.

66 ■ Scrivi le strutture condensate e i nomi IUPAC di tutti i possibili alcoli con formula generale $C_4H_{10}O$.

67 ■ Scrivi le strutture condensate di tutti i possibili eteri con formula generale $C_4H_{10}O$. Quali sono i loro nomi?

1.5 La chiralità è un fattore importante nello studio delle molecole organiche

68 ■ Che cosa si intende per *chiralità*?

69 ■ Indica quali tra i seguenti oggetti puoi definire chirali: a) un paio di forbici; b) una palla; c) una vite; d) un chiodo.

70 ■ Che cosa accade a un raggio di luce polarizzata che attraversa una sostanza chirale?

71 ■ Che cosa indicano le lettere D e L?

72 ■ Quali caratteristiche devono avere due sostanze per essere definite isomere l'una dell'altra?

73 ■ H_2O e D_2O sono isomeri? Se non lo sono, per quale motivo?

74 ■ Scrivi le formule di struttura dei nove isomeri dell'eptano C_7H_{16}.

75 ■ Ordina gli isomeri del pentano C_5H_{12} in base al loro punto di ebollizione crescente motivando la scelta fatta.

76 ■ Gli alcani presentano il fenomeno dell'isomeria geometrica?

77 ■ Che cosa impedisce la libera rotazione attorno a un doppio legame e rende possibile l'isomeria geometrica?

78 ■ Indica, per ciascuna delle seguenti coppie, se si tratta di composti identici, di isomeri o di sostanze non correlate fra loro:

a) $CH_3—CH_3$ e CH_3 | CH_3 (verticale)

b) 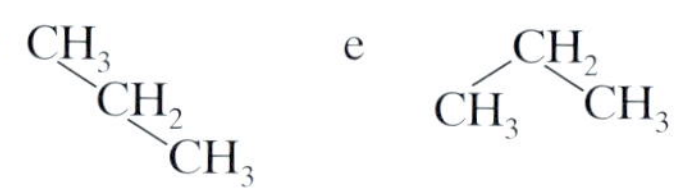

c) CH_3CH_2OH e $CH_3CH_2CH_2OH$

d) $CH_3CH{=}CH_2$ e 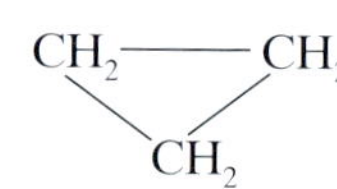

e) $H—\overset{\text{O}}{\overset{\|}{\text{C}}}—CH_3$ e $CH_3—\overset{\text{O}}{\overset{\|}{\text{C}}}—H$

f) 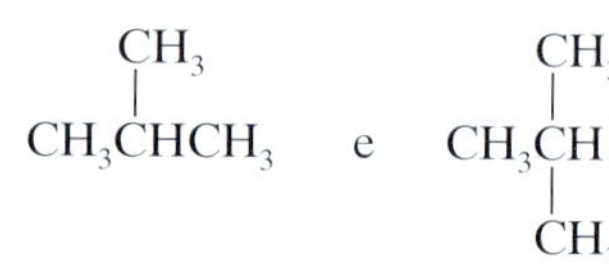

g) $CH_3CH_2CH_2NH_2$ e $CH_3CH_2—NH—CH_3$

79 ■ Indica, per ciascuna delle seguenti coppie, se si tratta di composti identici, di isomeri o di sostanze non correlate fra loro:

a) $CH_3CH_2\overset{\text{O}}{\overset{\|}{\text{C}}}OH$ e $HO\overset{\text{O}}{\overset{\|}{\text{C}}}CH_2CH_3$

b) $H\overset{\text{O}}{\overset{\|}{\text{C}}}OCH_2CH_3$ e $CH_3CH_2\overset{\text{O}}{\overset{\|}{\text{C}}}OH$

c) $H\overset{\text{O}}{\overset{\|}{\text{C}}}OCH_2CH_2OH$ e $HOCH_2CH_2\overset{\text{O}}{\overset{\|}{\text{C}}}OH$

d) $CH_3\overset{\text{O}}{\overset{\|}{\text{C}}}CH_2CH_3$ e $CH_3CH_2\overset{\text{O}}{\overset{\|}{\text{C}}}CH_3$

e) 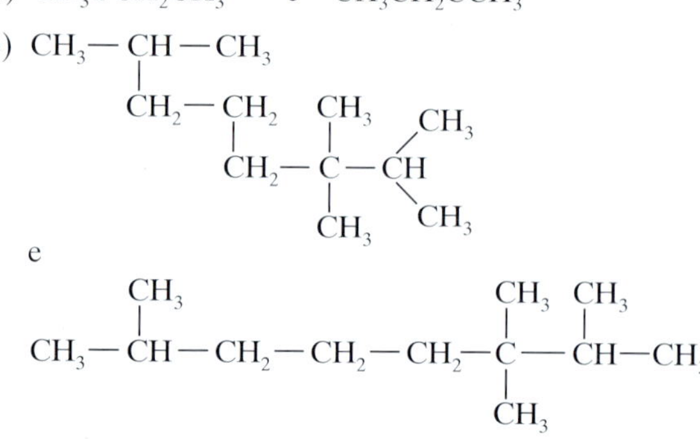

f) $CH_3—NH—\overset{\text{O}}{\overset{\|}{\text{C}}}—CH_3$ e $CH_3CH_2\overset{\text{O}}{\overset{\|}{\text{C}}}NH_2$

g) $H—O—O—H$ e $H—O—H$

1.6 Aldeidi e chetoni contengono il gruppo carbonile

80 ■ Scrivi la struttura delle aldeidi e dei chetoni che possono essere preparati dai composti dell'esercizio 59.

81 ■ Quale dei due seguenti composti viene ossidato più facilmente? Scrivi la struttura del prodotto di ossidazione.

a) $CH_3CH_2\overset{O}{\overset{\|}{C}}H$

b) $CH_3CH_2\overset{O}{\overset{\|}{C}}\underset{\underset{CH_3}{|}}{C}HCH_3$

82 ■ Assegna a ognuno dei seguenti composti le proprietà sotto elencate. Scrivi la struttura dei prodotti delle reazioni indicate:

a) $CH_3CH_2CH_2OH$

b) $CH_3CH_2\overset{O}{\overset{\|}{C}}OH$

c) $CH_3CH_2\overset{O}{\overset{\|}{C}}H$

1) è facilmente ossidabile;
2) neutralizza NaOH;
3) forma un estere con l'alcol metilico;
4) può essere ossidato ad aldeide;
5) può essere disidratato ad alchene.

83 ■ Perché aldeidi e chetoni hanno punti di ebollizione più bassi degli alcoli corrispondenti?

84 ■ Come è possibile ottenere alcoli a partire da composti carbonilici?

85 ■ I chetoni possono dare risposta positiva al saggio di Tollens?

86 ■ Perché le aldeidi e i chetoni danno reazioni di addizione e non di sostituzione?

1.7 Gli acidi carbossilici contengono il gruppo carbonile

87 ■ Spiega le acidità relative dell'acido acetico e dei suoi cloroderivati:

acido acetico	$K_a = 1{,}8\times10^{-5}$
acido monocloroacetico	$K_a = 1{,}8\times10^{-3}$
acido dicloroacetico	$K_a = 1{,}8\times10^{-2}$
acido tricloroacetico	$K_a = 1{,}8\times10^{-1}$

88 ■ Un composto organico si scioglie sia in soluzione basica sia in soluzione acida ma è insolubile in acqua. Spiega il perché.

89 ■ Indica quale delle seguenti specie può neutralizzare lo ione idronio in una soluzione acquosa diluita di HCl a temperatura ambiente:

a) $CH_3\overset{O}{\overset{\|}{C}}O^-$
b) CH_3NH_2
c) HO^-
d) $CH_3\overset{O}{\overset{\|}{C}}NH_2$
e) $CH_3CH_2CH_2CH_3$
f) 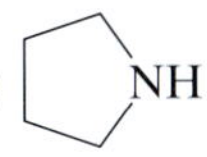

90 ■ Scrivi l'equazione dell'equilibrio che si stabilisce in una soluzione di acido propanoico e metanolo in presenza di tracce di acido forte.

91 ■ L'acido acetico e l'1-propanolo bollono, rispettivamente, a 118 °C e 97 °C. Perché l'acido acetico ha un punto di ebollizione più alto?

92 ■ Il pK_a dell'acido propanoico è 4,85. Determina il pH di una soluzione 0,100 M di acido propanoico, di una soluzione 0,100 M del suo sale, propionato di sodio, e di una soluzione 0,100 M in acido propanoico e 0,100 M in propionato di sodio.

93 ■ L'etanoato di metile ha una massa molecolare maggiore dell'acido etanoico, l'acido carbossilico di origine. Tuttavia, l'etanoato di metile (p.e. 59 °C) ha un punto di ebollizione molto più basso dell'acido etanoico (p.e. 118 °C). Perché?

94 ■ Scrivi la struttura condensata dei seguenti composti organici contenenti ossigeno:
a) acido 2-cloropropanoico;
b) etanoato di isopropile;
c) acido butandicarbossilico;
d) 2-metilpropanoato di cicloesile;
e) 2,3-dimetilbutanoato di sodio.

1.8 Le ammine sono derivati organici dell'ammoniaca

95 ■ Un composto organico monofunzionale che contiene azoto si scioglie in una soluzione acquosa di acido cloridrico ma non di idrossido di sodio. Di quale tipo di composto si tratta?

96 ■ Lo ione etilammonio presenta comportamento acido o basico?

97 ■ Scrivi l'equilibrio che si stabilisce in una soluzione acquosa di $CH_3CH_2CH_2NH_2$.

98 ■ L'idrazina è una base di Brönsted mentre l'urea non lo è. Spiega le ragioni del diverso comportamento.

idrazina	urea
NH_2NH_2	$NH_2\overset{O}{\overset{\|}{C}}NH_2$

99 ■ Scrivi la struttura condensata dei seguenti composti organici contenenti azoto:
a) 2-metilbutanammide;
b) dietilammina;

c) 2-amminopropanale;
d) 3-amminoesano;
e) acetammide.

100 ■ Scrivi i prodotti che si formano nelle seguenti condizioni. Se pensi che non avvenga alcuna reazione, scrivi N.R.:

a) $CH_3CH_2CH_2NH_2 + HBr(aq) \rightarrow$ ....

a) $CH_3CH_2CH_2CH_3 + HI(aq) \rightarrow$ ....

b) $CH_3CH_2CH_2NH_3^+ + H_3O^+ \rightarrow$ ....

c) $CH_3CH_2CH_2NH_3^+ + OH^- \rightarrow$ ....

101 ■ In base a quale criterio le ammine vengono classificate come primarie, secondarie e terziarie?

102 ■ Perché le ammidi sono neutre e le ammine sono basiche?

103 ■ L'etanammide è solida a temperatura ambiente. L'1-amminobutano, di massa molecolare simile, è invece liquido. Spiega il perché.

104 ■ Le ammine, RNH_2, hanno punti di ebollizione più bassi degli alcoli di massa simile. Perché?

105 ■ Quali prodotti organici si ottengono riscaldando il seguente composto in acqua?

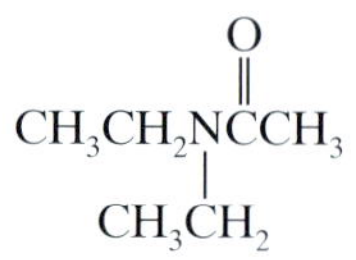

106 ■ Assegna a ciascuna delle seguenti specie le reazioni indicate di seguito. Scrivi le strutture dei prodotti che si formano.

a) Neutralizzazione di acido cloridrico diluito;
b) idrolisi;
c) neutralizzazione di idrossido di iodio diluito.

1.9 I polimeri sono costituiti dalla ripetizione di molte unità molecolari

107 ■ Che cosa è un polimero?

108 ■ Avendo a disposizione un semplice alchene (per esempio, propene), pensi che possa essere utilizzato come monomero in una reazione di polimerizzazione per addizione o per condensazione? Perché?

109 ■ La formula di struttura del Kodel, un poliestere utilizzato per produrre fibre di tessuti che non sgualciscono, è la seguente. Quali sono i monomeri?

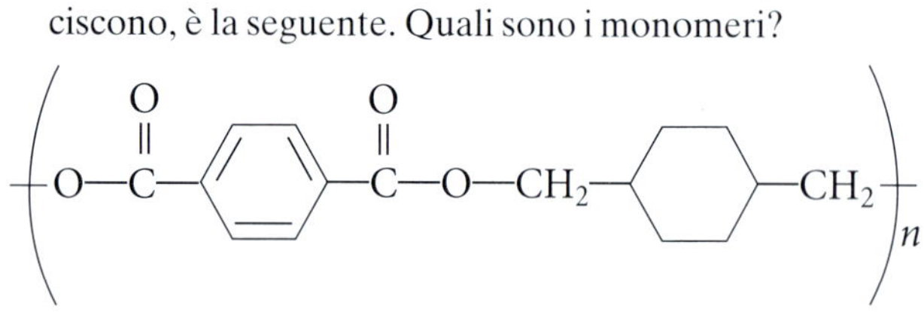

▸ Trattazione sintetica degli argomenti

Sviluppa i seguenti argomenti cercando di riportare gli aspetti più significativi in un testo di non più di 8-10 righe.

110 ■ Illustra brevemente le possibili forme di rappresentazione delle molecole organiche.

111 ■ I doppi e tripli legami modificano la reattività delle catene carboniose: spiega il principio riportando alcuni esempi.

112 ■ L'anello aromatico conferisce proprietà peculiari alle molecole che lo contengono: trattale brevemente portando qualche esempio.

113 ■ Descrivi le fasi di inizio, propagazione e terminazione della sintesi del polietilene.

114 ■ Descrivi brevemente caratteristiche e reattività di alcoli e fenoli.

115 ■ Descrivi brevemente caratteristiche e reattività di aldeidi e chetoni.

Sviluppa i seguenti argomenti cercando di riportare gli aspetti più significativi in un testo di non più di 8-10 righe.

116 ■ Gli isomeri sono molecole con gli stessi atomi ma proprietà differenti: descrivi l'isomeria e i possibili tipi di isomeri.

117 ■ Spiega le differenze fra gli omopolimeri e gli eteropolimeri biologici, riportando i relativi esempi.

118 ■ Dagli esteri ai saponi, quando la chimica ci aiuta nella vita di tutti i giorni.

Leggi attentamente la traccia seguente, documentati se necessario e svolgi la prova curando l'esposizione e la terminologia.

119 ■ L'ingresso dell'ossigeno e dell'azoto nella catena carboniosa modifica notevolmente sia la struttura sia la reattività delle molecole e i gruppi funzionali che ne derivano conferiscono un'identità chimica ai composti organici. Fanne una panoramica spiegandone le caratteristiche.

20 esercizi interattivi

Capitolo **2**

Le biomolecole: carboidrati e lipidi

2.1 I MONOSACCARIDI E I DISACCARIDI

nota
La **biochimica** è la disciplina che studia la struttura e la funzione delle molecole di interesse biologico, le loro interazioni e le trasformazioni a cui vanno incontro.

La biochimica è la chimica degli organismi viventi. La vita ha infatti un fondamento molecolare da cui non è possibile prescindere. La biochimica comprende classicamente lo studio delle molecole che svolgono un ruolo nei sistemi viventi, la loro organizzazione all'interno delle cellule, le interazioni e le trasformazioni a cui vanno incontro. La biochimica si occupa inoltre dello studio dei sistemi di produzione di energia e degli scambi energetici degli organismi viventi, degli scambi di informazioni all'interno degli organismi più evoluti, del funzionamento di strutture complesse a livello molecolare.

È lecito affermare che ogni disciplina scientifica che si occupi di organismi viventi trova quasi sempre nella biochimica gli elementi di base che consentono di fornire una spiegazione a livello molecolare di fenomeni e processi complessi. Dalla fisiologia alla patologia, dall'immunologia alla microbiologia, dalla genetica alla farmacologia, dalle scienze della nutrizione alle scienze del movimento, la conoscenza della biochimica offre gli strumenti per una comprensione approfondita delle suddette discipline.

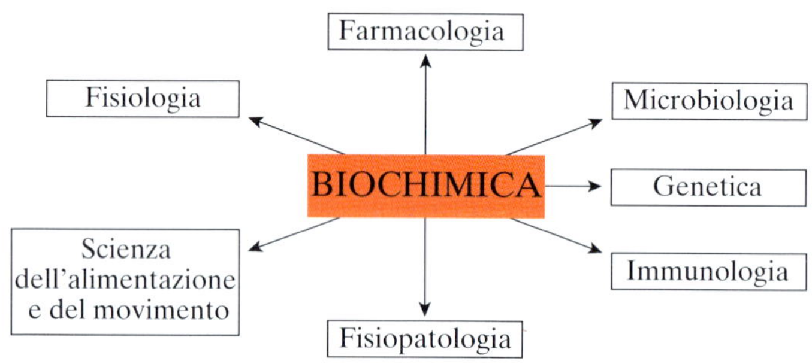

La biochimica è la disciplina che, più di ogni altra, si è evoluta negli ultimi sessant'anni, grazie soprattutto alla messa a punto di approcci metodologici e allo sviluppo di tecnologie che hanno consentito di trarre con maggiore facilità risultati da attività sperimentali assai articolate e complesse. Basti pensare allo sviluppo delle colture cellulari, della tecnologia del DNA ricombinante e di tecniche biofisiche sempre più evolute, che rappresentano attualmente strumenti di largo impiego nei laboratori di ricerca di tutto il mondo.

Nel corso di questo e del prossimo capitolo affronteremo lo studio sistematico delle biomolecole fondamentali: carboidrati, lipidi, proteine e acidi nucleici.

Per ognuna di queste vedremo le caratteristiche strutturali, chimiche e fisiche, oltre che le funzioni essenziali che svolgono nell'organismo. Nel capitolo 4, poi, studieremo il loro metabolismo, ovvero i processi di sintesi e degradazione che avvengono nelle cellule.

▶ FUNZIONI E CLASSIFICAZIONE STRUTTURALE

GLOSSARY
Carbohydrates: organic compounds containing carbon, hydrogen, and oxygen in the ratio 1:2:1 (i.e., with the general formula $C_nH_{2n}O_n$). Common examples are sugars, starch, and cellulose.

I **carboidrati** (o *glicidi* o *saccaridi*) sono un gruppo ben definito di sostanze organiche naturali costituite generalmente da tre soli tipi di atomi: carbonio, idrogeno e ossigeno.

Da un punto di vista chimico si tratta di poliidrossialdeidi o poliidrossichetoni, cioè sostanze che contengono un gruppo carbonile (aldeidico o chetonico) insieme a più gruppi alcolici; sono carboidrati anche tutte le sostanze che per idrolisi danno composti di questo tipo.

I carboidrati svolgono due principali **funzioni** nel mondo vivente: riserva energetica e ruolo strutturale (FIGURA ■ 2.1). L'amido nel mondo vegetale e il glicogeno in quello animale sono molecole con funzione di riserva energetica. La cellulosa è il costituente principale della parete delle cellule vegetali, cui conferisce rigidità e resistenza, mentre la chitina forma l'esoscheletro di insetti e crostacei.

FIGURA 2.1 ■ Le due principali funzioni dei carboidrati sono quella energetica e quella strutturale.

I carboidrati possono essere classificati in base alla loro complessità chimica (FIGURA ■ 2.2):

- **i monosaccaridi** sono le molecole più semplici che rappresentano le unità costitutive di carboidrati più complessi;
- **gli oligosaccaridi** sono molecole costituite dall'associazione di poche unità monosaccaridiche;
- **i polisaccaridi** sono polimeri formati da decine (a volte migliaia o più) di unità monosaccaridiche.

I carboidrati possono anche associarsi a molecole di natura diversa formando i **glicoconiugati**. Le *glicoproteine* e i *glicolipidi* sono esempi di glicoconiugati in cui la porzione glicidica si unisce, rispettivamente, a componenti proteiche e lipidiche. La presenza di carboidrati in queste sostanze aumenta la diversità biologica delle loro molecole che spesso svolgono funzioni rilevanti nei processi di segnalazione e riconoscimento fra cellule.

▶ LE UNITÀ COSTITUTIVE DEI CARBOIDRATI: I MONOSACCARIDI

I monosaccaridi sono costituiti da molecole la cui formula molecolare è $(CH_2O)_n$, dove n è un numero mai inferiore a tre e spesso non superiore a sei. Sono detti **aldosi** i monosaccaridi contenenti un gruppo funzionale aldeidico ($R-C\begin{smallmatrix}\nearrow O\\ \searrow H\end{smallmatrix}$, cioè $R-C(=O)H$) e **chetosi** quelli contenenti un gruppo chetonico ($\begin{smallmatrix}R\\R\end{smallmatrix}\!>C=O$). A seconda del numero di atomi di carbonio, i monosaccaridi vengono distinti in *triosi*, *tetrosi*, *pentosi* ed *esosi*.

GLOSSARY

Aldose:
a carbohydrate with an aldehyde functional group.

Ketose:
a carbohydrate with a ketone functional group.

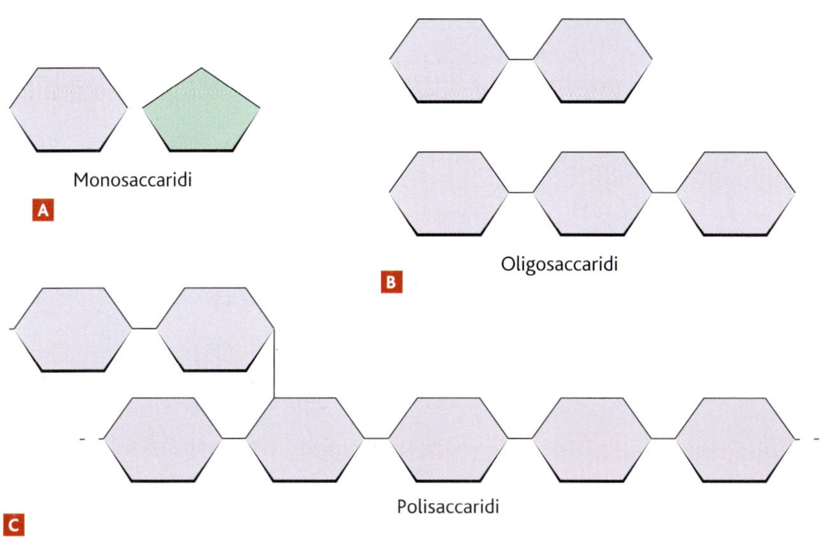

FIGURA 2.2 ■ Rappresentazione schematica di:
(A) monosaccaridi,
(B) oligosaccaridi,
(C) polisaccaridi.

L'aldoso più semplice è la gliceraldeide, $C_3H_6O_3$, della quale esistono due possibili forme, distinte dalla posizione del gruppo alcolico legato al C-2:

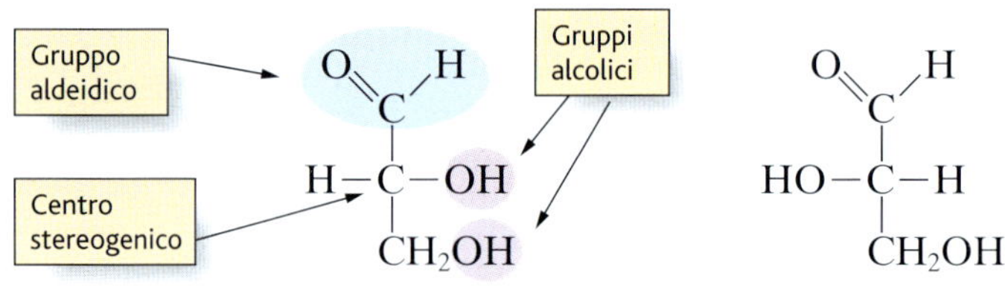

D-gliceraldeide L-gliceraldeide

Le molecole di D-gliceraldeide e L-gliceraldeide sono **enantiomeri**, ossia l'una è immagine speculare dell'altra. In termini più generali si tratta di due *isomeri ottici*, le cui strutture si differenziano per la disposizione spaziale dei quattro sostituenti, diversi fra loro, dell'atomo di carbonio centrale (vedi paragrafo 1.5).

La differente disposizione dei sostituenti non influenza la maggior parte delle proprietà chimiche e fisiche delle due sostanze ma ha profonde conseguenze in ambito biologico: in effetti, solo la D-gliceraldeide è utilizzata dagli organismi viventi mentre la L-gliceraldeide non ha alcuna importanza da questo punto di vista.

La presenza di più centri stereogenici all'interno della stessa molecola aumenta il numero di isomeri ottici possibili. Una molecola di monosaccaride appartiene alle serie D o L a seconda della disposizione del gruppo —OH legato allo stereocentro più lontano dal gruppo aldeidico (o chetonico): se il gruppo —OH è disposto a destra, la molecola appartiene alla serie D, biologicamente rilevante, altrimenti appartiene alla serie L.

La FIGURA ■ 2.3 illustra le formule di struttura di alcuni D-aldosi di significato fisiologico per l'uomo.

FIGURA 2.3 ■ Esempi di aldosi di rilevanza fisiologica per l'uomo: il D-ribosio è lo zucchero dell'RNA, il D-glucosio è lo zucchero delle cellule e il D-galattosio costituisce parte dello zucchero del latte.

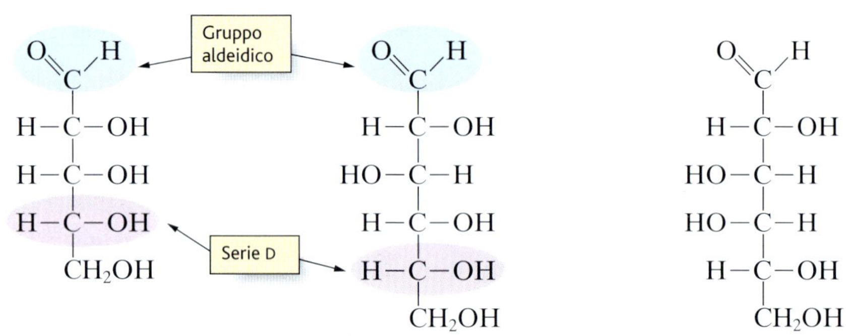

D-ribosio D-glucosio D-galattosio

Fra i chetosi, sono da ricordare il diidrossiacetone a tre atomi di carbonio, implicato nel metabolismo del glucosio, e il D-fruttosio, un esoso (FIGURA ■ 2.4). La molecola del diidrossiacetone non presenta centri stereogenici e pertanto non ha isomeri ottici. La TABELLA ■ 2.1 riassume le funzioni dei principali monosaccaridi.

FIGURA 2.4 ■ Esempi di chetosi di rilevanza fisiologica per l'uomo: il diidrossiacetone è un intermedio del metabolismo, mentre il D-fruttosio è lo zucchero della frutta.

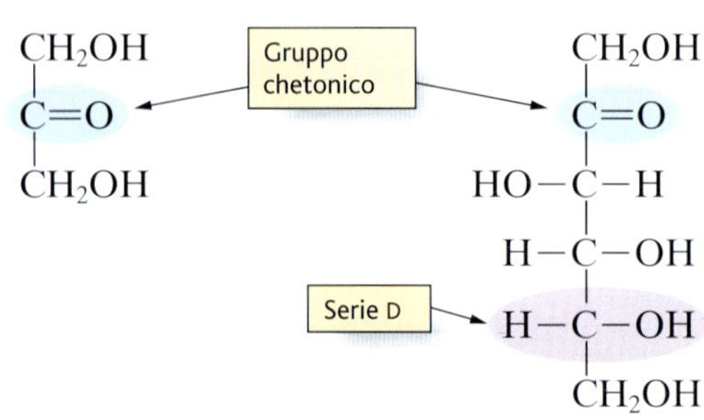

Diidrossiacetone D-fruttosio

TABELLA 2.1 ■ Funzione dei principali monosaccaridi.

Monosaccaride	Fonti	Funzione biochimica nell'uomo
D-ribosio	Derivato metabolicamente dal glucosio. Acido ribonucleico (RNA).	Entra nella costituzione dell'RNA e di alcune molecole biologicamente importanti come ATP, NAD^+, FAD. È il precursore del deossiribosio.
D-desossiribosio	Derivato dal ribosio. Acido desossiribonucleico (DNA).	Entra nella costituzione del DNA.
D-glucosio	Frutta, idrolisi di saccarosio, lattosio, maltosio e amido.	È lo zucchero presente nel sangue e nelle cellule, dove viene degradato a scopo energetico. È precursore di altri zuccheri ma anche dei grassi che si accumulano nel tessuto adiposo.
D-galattosio	Idrolisi del lattosio.	Viene trasformato in glucosio e metabolizzato nel fegato. Nella ghiandola mammaria, insieme al glucosio, costituisce il lattosio del latte materno.
D-fruttosio	Frutta, miele, idrolisi del saccarosio.	Viene metabolizzato nel fegato.

▶ LA STRUTTURA CICLICA DEI MONOSACCARIDI IN SOLUZIONE

In soluzione, le molecole dei monosaccaridi a cinque e sei atomi di carbonio tendono a ciclizzare. Ciò è dovuto al comportamento chimico del gruppo carbonilico che tende a reagire con un gruppo alcolico per formare un emiacetale ciclico. In soluzione, circa il 99% delle molecole di glucosio si trova in forma emiacetalica, in cui il gruppo aldeidico ha reagito con il gruppo alcolico in posizione C-5. Il glucosio tende a formare anelli a sei atomi per garantire la massima stabilità strutturale alla molecola (FIGURA ■ 2.5).

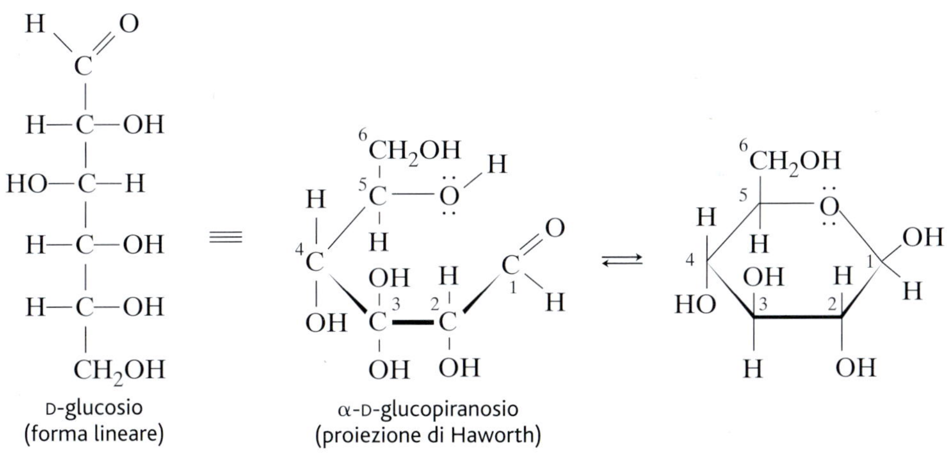

FIGURA 2.5 ■ Processo di ciclizzazione del glucosio. Le linee più spesse nella forma emiacetalica e ciclica indicano la vicinanza spaziale degli atomi all'osservatore.

La miglior rappresentazione delle strutture cicliche dei monosaccaridi avviene attraverso le formule di *proiezione di Haworth* in cui la tridimensionalità della molecola è evidenziata dal bordo spesso che unisce i due atomi di carbonio più vicini al lettore. Gli atomi di carbonio non sono espressamente indicati e vengono numerati in senso orario con il C-1 a destra.

La formazione dell'emiacetale e la chiusura dell'anello hanno importanti conseguenze poiché l'atomo di carbonio C-1, inizialmente aldeidico, diventa anch'esso asimmetrico; ciò dà origine a due nuovi isomeri ottici, detti **anomeri**, in equilibrio fra loro: nel caso del D-glucosio, si hanno α-D-glucosio, con il gruppo —OH disposto sotto il piano dell'anello, e β-D-glucosio con il gruppo —OH disposto sopra il piano dell'anello. Come vedremo più avanti, i due anomeri del glucosio hanno importanza diversa in biochimica.

GLOSSARY
Anomers: cyclic stereoisomers of sugar that differ only in their configuration at the anomeric carbon.

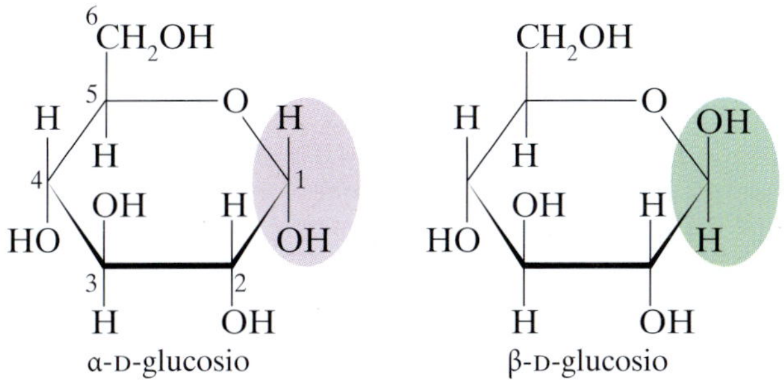

FISSA I CONCETTI
Scrivi la definizione di enantiomero e anomero.

Approfondimento
Amminozuccheri, fosfozuccheri e deossizuccheri

▶ L'UNIONE DI DUE MOLECOLE DI MONOSACCARIDE: I DISACCARIDI

Quando due molecole di monosaccaride si legano fra loro per mezzo di un legame *O*-glicosidico, il risultato è la formazione di un **disaccaride**. La reazione prevede la condensazione di due funzioni alcoliche con eliminazione di una molecola di acqua.

Il legame glicosidico viene sempre rappresentato con l'indicazione della posizione degli atomi di carbonio delle due molecole che si uniscono. Il maltosio, per esempio, è caratterizzato dalla presenza di un legame 1,4-glicosidico fra due molecole di α-D-glucosio, a indicare che il carbonio 1 della prima molecola è legato al carbonio 4 della seconda.

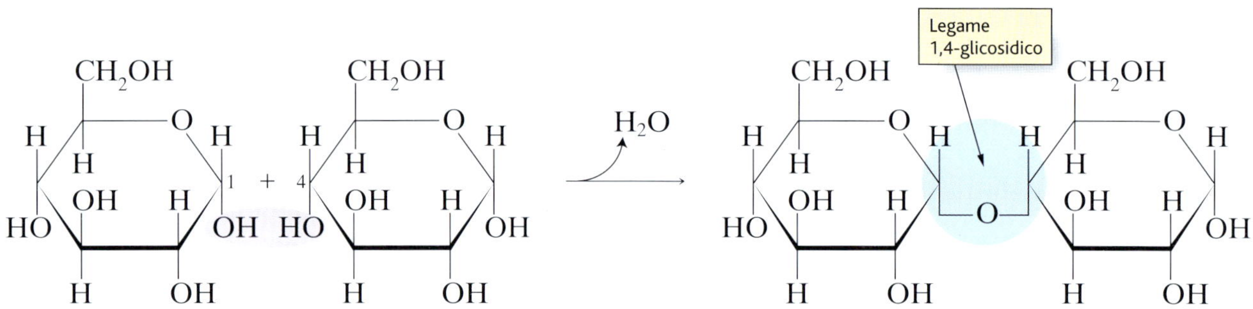

α-D-glucosio α-D-glucosio Maltosio

Fra gli oligosaccaridi diffusi in natura, hanno particolare rilevanza tre disaccaridi: maltosio, saccarosio e lattosio (FIGURA ■ 2.6). La TABELLA ■ 2.2 illustra la composizione e le fonti naturali di questi disaccaridi.

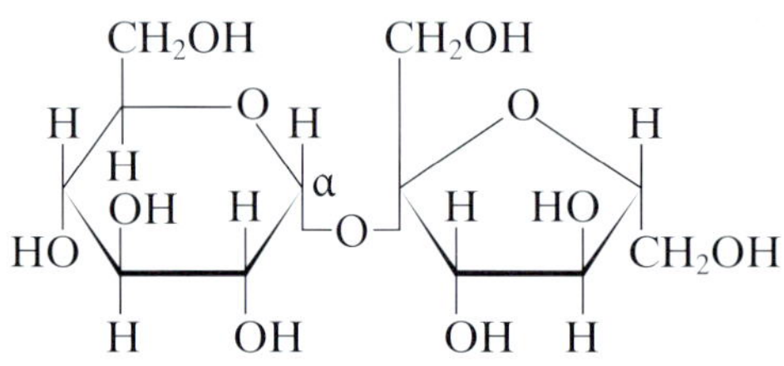

A Saccarosio

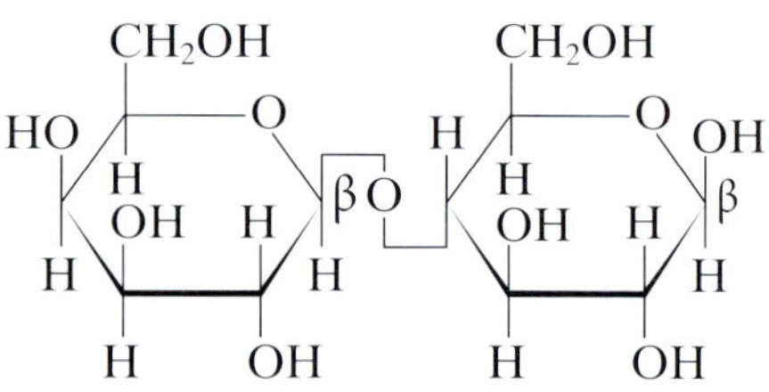

B Lattosio

FIGURA 2.6 ■ Fra i disaccaridi più importanti vi sono il saccarosio (A), comunemente noto come zucchero da tavola, e il lattosio (B), contenuto nel latte.

TABELLA 2.2 ■ Disaccaridi di rilevanza biologica.

Nome	Costituenti	Fonti
Maltosio	Due molecole di α-D-glucosio unite con legame 1,4-glicosidico.	Digestione dell'amido. Cereali e malto in germinazione.
Saccarosio	Una molecola di α-D-glucosio e una di β-D-fruttosio unite con legame 1,2-glicosidico.	Canna da zucchero e barbabietola da zucchero.
Lattosio	Una molecola di β-D-galattosio e una di β-D-glucosio unite con legame 1,4-glicosidico.	Latte e derivati.

per saperne di più

1 Nutrizione e prodotti dietetici

La carriera del campione di motociclismo Casey Stoner nel 2009 ha avuto una brusca battuta di arresto. Durante il campionato delle MotoGP il centauro è stato costretto a saltare tre gare per un malessere oscuro. Qual era il problema, vi chiederete? Dopo accurate analisi i medici hanno scoperto che Stoner era affetto da una grave forma di intolleranza al lattosio, una sindrome caratterizzata da malessere, disturbi digestivi, dolori addominali, diarrea e produzione di gas intestinali (meteorismo).

Il lattosio introdotto con il latte alimentare è normalmente digerito grazie all'azione di un enzima, chiamato lattasi, prodotto dalle ghiandole intestinali.

$$\underset{\text{lattosio}}{\text{Gal—O—Glu}} + H_2O \xrightarrow[\text{(idrolisi)}]{\text{lattasi}} \text{galattosio} + \text{glucosio}$$

Per motivi diversi, in certi soggetti si può manifestare un deficit di lattasi che causa un accumulo di lattosio indigerito nell'intestino. Lo zucchero richiama acqua per osmosi e viene fermentato dai batteri intestinali che generano gas e altre sostanze irritanti responsabili della sintomatologia clinica. La terapia di questa sindrome consiste nell'assumere una dieta priva del latte e di tutti i suoi derivati.

Oggi sono disponibili formulazioni commerciali di latte dietetico a contenuto ridotto di lattosio, più facilmente digeribile. Anche Casey Stoner è tornato a correre dopo avere iniziato una severa dieta che gli ha consentito di superare un avversario davvero ostico.

L'intolleranza al lattosio non deve essere confusa con l'intolleranza al latte, una vera e propria reazione allergica diretta contro le proteine del latte. In questo caso, oltre ai sintomi gastrointestinali si manifestano anche reazioni cutanee e, talvolta, accessi asmatici. A lungo termine si ha una graduale degenerazione del rivestimento mucoso intestinale che porta a una perdita della funzione assorbente.

La terapia consiste nell'uso dietetico di latte artificiale che contiene proteine idrolizzate o, nei casi meno gravi, di latte di soia le cui proteine sono diverse.

Un'importante malattia ereditaria che si manifesta subito dopo la nascita, la galattosemia, ha una base ancora diversa. Il deficit genetico di un enzima che consente l'utilizzazione metabolica del galattosio da parte del nostro organismo, causa un accumulo di questo monosaccaride e di suoi derivati in diversi organi con conseguenze molto gravi, per esempio danni irreversibili al fegato e al rene e ritardo mentale. Data la gravità della malattia, oggi si effettuano dei test sui neonati per riconoscere la condizione patologica in fase precoce. Ciò consente di iniziare con tempestività la terapia che consiste nell'eliminazione del galattosio, e quindi del lattosio, dalla dieta e nell'uso di latte di soia o di alimenti diversi. Fortunatamente, con la crescita si sviluppano sistemi alternativi per l'utilizzazione metabolica del galattosio che consentono ai soggetti affetti da galattosemia di riprendere abitudini alimentari praticamente normali.

2.2 I POLISACCARIDI

▶ POLISACCARIDI CON FUNZIONE DI RISERVA: L'AMIDO E IL GLICOGENO

L'associazione mediante legami glicosidici di numerose molecole di monosaccaridi porta alla formazione dei **polisaccaridi**. Negli *omopolisaccaridi* è presente un solo tipo di monosaccaride, negli *eteropolisaccaridi* si trovano due o più tipi diversi di monosaccaride. I polisaccaridi sono anche suddivisibili in base alla presenza di ramificazioni nelle loro molecole: esistono così polisaccaridi a catena lineare e polisaccaridi a catena ramificata (FIGURA ■ 2.7).

Video con scheda di laboratorio
Che cosa c'è nel piatto?

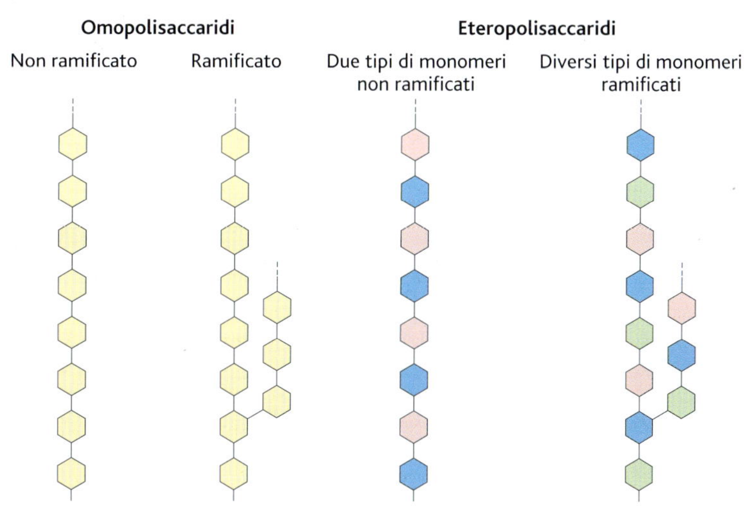

FIGURA 2.7 ■ Omo- ed eteropolisaccaridi. I polisaccaridi possono essere composti da uno, due o più tipi di monosaccaridi, disposti in catene lineari o ramificate di varie lunghezze.

L'**amido**, un omopolisaccaride molto diffuso nelle piante, è dato dall'associazione di numerose molecole di α-D-glucosio. È il più importante polisaccaride di riserva e si trova nei cereali, nelle patate e nei legumi, assumendo così notevole importanza alimentare per l'uomo. I costituenti principali dell'amido sono l'amilosio (15-20%), formato da una catena lineare che assume un andamento elicoidale nello spazio, e l'amilopectina (80-85%) costituita da catene ramificate (FIGURA ■ 2.8). Le unità di α-D-glucosio nelle catene sono legate fra loro attraverso legami 1,4-glicosidici, mentre nei punti di ramificazione, ogni 25-30 unità di glucosio, sono presenti legami 1,6-glicosidici.

FIGURA 2.8 ■ (A) Patata e (B) tapioca sono fonti di amido molto utilizzate in cucina. (C) Amilosio, che forma una catena ad andamento elicoidale, e (D) amilopectina, in cui sono presenti ramificazioni, sono i componenti dell'amido.

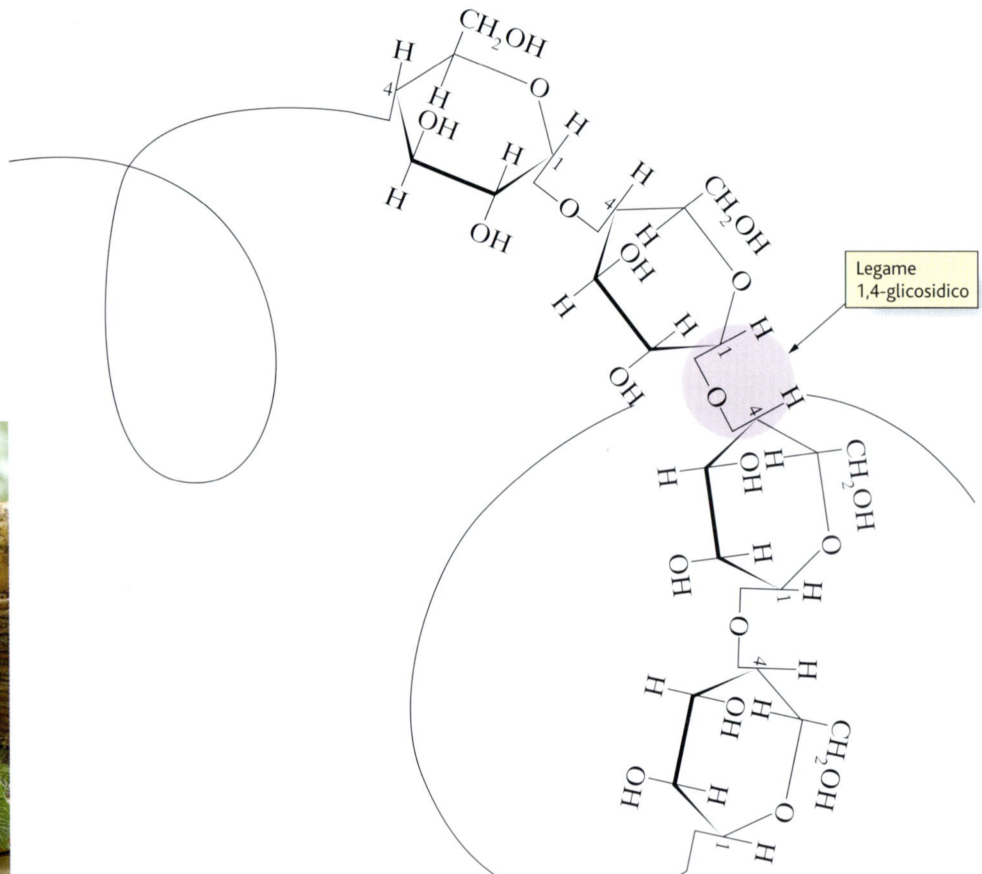

C Amilosio

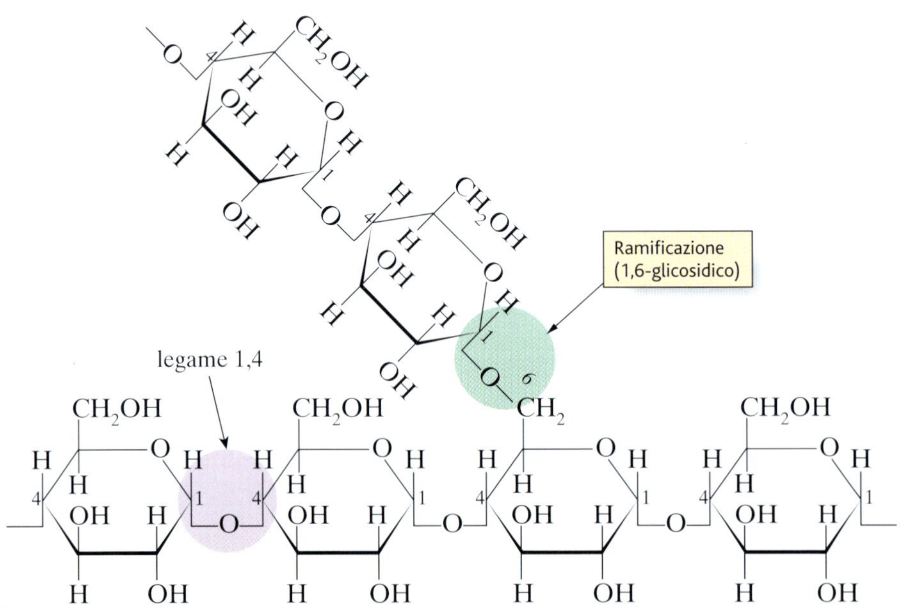

D Amilopectina

Il **glicogeno** è l'analogo dell'amido nel mondo animale, è un omopolimero di α-D-glucosio molto più ramificato dell'amilopectina. Si trova nel citoplasma delle cellule del fegato e del muscolo dove è depositato sotto forma di granuli e svolge funzione di riserva energetica (FIGURA ■ 2.9).

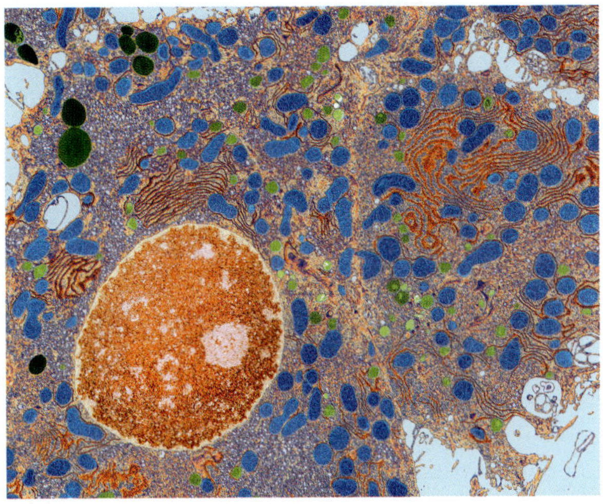

FIGURA 2.9 ■ Immagine al microscopio elettronico a trasmissione che mostra una sezione di tessuto epatico in cui sono visibili, in azzurro, i depositi di glicogeno all'interno degli epatociti (le cellule del fegato).

Il glicogeno mostra una struttura globulare, è costituto da catene che presentano ramificazioni ogni 10-12 unità di glucosio e può raggiungere una massa molecolare di oltre 5 milioni di dalton (FIGURA ■ 2.10).

Il glicogeno va incontro a modificazioni continue in base alle esigenze delle cellule e dell'intero organismo: in condizioni di abbondanza energetica, come accade dopo i pasti, il glicogeno viene sintetizzato e si accumula in grande quantità; in condizioni di deficit energetico, come avviene a digiuno o a seguito di sforzo fisico, il glicogeno viene degradato per fornire l'energia di cui l'organismo ha bisogno.

nota
La massa molecolare si esprime in *unità di massa atomica (u)*. In biochimica, questa unità di misura viene spesso chiamata dalton (Da), in onore del chimico inglese John Dalton (1766-1844).

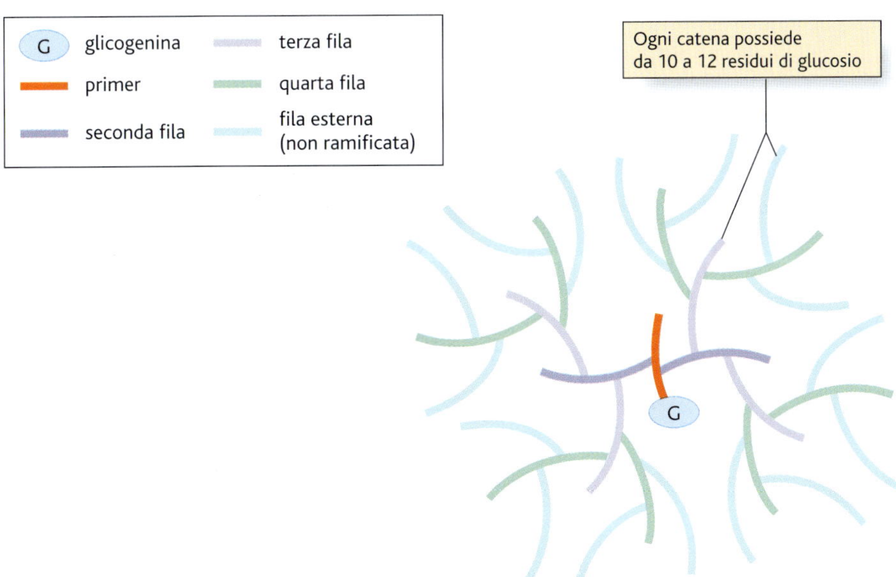

FIGURA 2.10 ■ Rappresentazione schematica della struttura di un granulo di glicogeno. Al centro è presente la proteina glicogenina da cui si dipartono le catene altamente ramificate del glicogeno.

▶ POLISACCARIDI CON FUNZIONE STRUTTURALE: CELLULOSA E CHITINA

La **cellulosa** è il principale costituente della parete delle cellule vegetali. È insolubile ed è un omopolimero costituito da numerose unità monosaccaridiche di β-D-glucosio unite fra loro con legami 1,4-glicosidici a formare catene lineari. La presenza dell'anomero β del glucosio fa sì che le catene polisaccaridiche, a differenza di ciò che accade nell'amido e nel glicogeno, assumano un andamento lineare associandosi fra loro trasversalmente per mezzo di legami a idrogeno per formare fibre molto resistenti alla trazione che forniscono sostegno alla struttura di una pianta (FIGURA ■ 2.11 a pagina seguente).

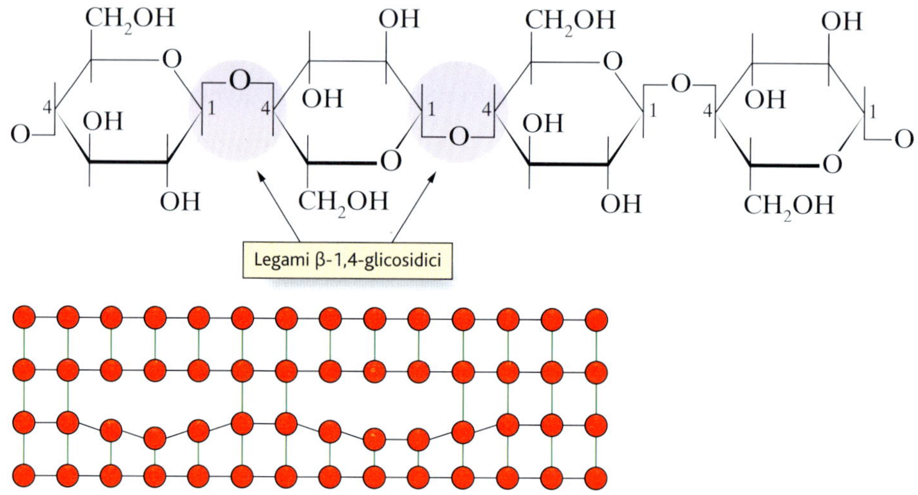

FIGURA 2.11 ■ La cellulosa è un polisaccaride a funzione strutturale. (A) Porzione di molecola di cellulosa in cui si evidenziano i legami β-1,4-glicosidici fra unità di β-D-glucosio; (B) rappresentazione schematica di una fibra di cellulosa formata dall'associazione di più catene. Le unità di β-D-glucosio sono colorate in rosso. I trattini verdi che uniscono trasversalmente le catene sono legami a idrogeno fra unità di glucosio.

I legami β-glicosidici della cellulosa non possono essere idrolizzati dai succhi digestivi del nostro organismo e il polisaccaride è pertanto indigeribile. Gli stessi legami vengono invece idrolizzati dagli enzimi prodotti da alcuni batteri che vivono nell'apparato digerente degli erbivori: il risultato è che gli erbivori digeriscono la cellulosa, ottenendo da questa la maggior parte dell'energia di cui hanno bisogno. Ciò nonostante, nell'uomo la cellulosa rappresenta gran parte della fibra alimentare di così grande rilevanza da un punto di vista nutrizionale.

La **chitina** è un importante omopolisaccaride a funzione strutturale che forma l'esoscheletro di crostacei, insetti e anche di alcuni funghi. È costituita dalla ripetizione di unità di *N*-acetil-β-D-glucosammina unite fra loro con legami 1,4-glicosidici. Anche in questo caso le catene non sono ramificate e formano robusti fasci che conferiscono resistenza alla struttura che le contiene.

per saperne di più

2 La parete batterica

Le cellule batteriche possiedono un involucro rigido esterno alla membrana citoplasmatica che prende il nome di **parete batterica**. Questa fornisce protezione alla cellula, consentendole di vivere anche in condizioni relativamente avverse. La struttura chimica della parete cellulare è praticamente la stessa in tutti i batteri e prende il nome di **peptidoglicano**: essa è costituita da una porzione eteropolisaccaridica associata a brevi catene polipeptidiche. Lunghe catene polisaccaridiche formate da *N*-acetilglucosammina e acido *N*-acetilmuramico, un derivato della *N*-acetilglucosammina e dell'acido lattico, si associano parallelamente. La struttura è consolidata da brevi catene polipeptidiche che uniscono con legami covalenti le diverse catene di polisaccaride, conferendo all'intera parete batterica una particolare robustezza. La porzione polipeptidica è costituita da un insieme di L- e D-amminoacidi, in uno dei rari casi in cui la natura ha selezionato amminoacidi della serie D per svolgere un importante ruolo biologico (FIGURA ■ A).

Alcuni antibiotici (come penicilline e cefalosporine) devono la loro azione antibatterica alla capacità di interferire con la biosintesi della parete, rendendo il batterio vulnerabile ai cambiamenti ambientali, soprattutto di natura osmotica.

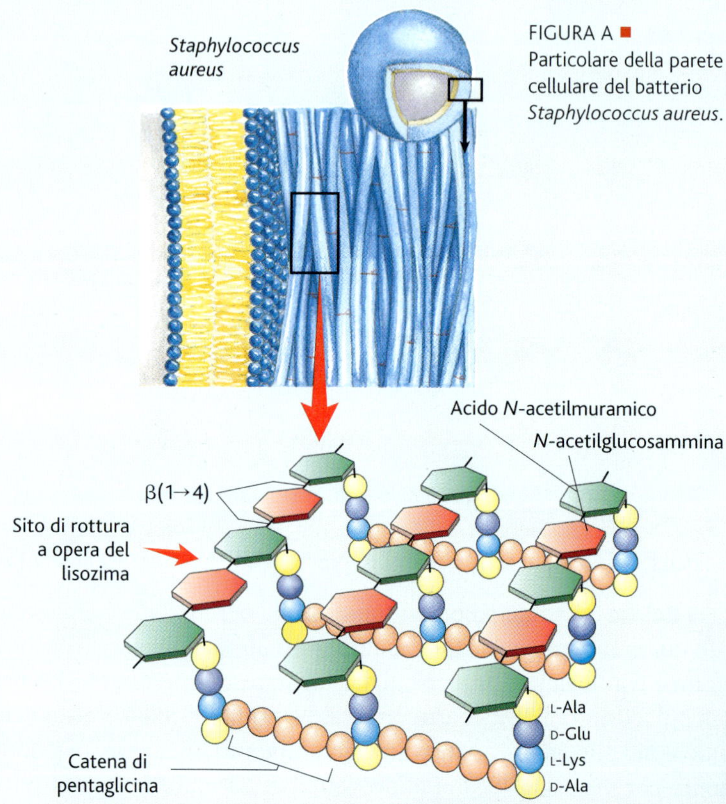

FIGURA A ■ Particolare della parete cellulare del batterio *Staphylococcus aureus*.

per saperne di più

3 Glicosamminoglicani, proteoglicani e matrice extracellulare

Fra gli eteropolisaccaridi naturali di maggiore importanza, ricordiamo alcune molecole, note nel complesso come **glicosamminoglicani (GAG)**, costituite dal ripetersi di unità disaccaridiche in cui possono essere presenti glucosio, galattosio ma anche derivati dei monosaccaridi, quali amminozuccheri, acidi uronici (acido glucuronico) e zuccheri contenenti gruppi solfato.

L'*acido ialuronico* è un tipico esempio di glicosamminoglicano formato dal ripetersi fino a 50 000 volte di un dimero formato da acido glucuronico e *N*-acetilglucosammina.

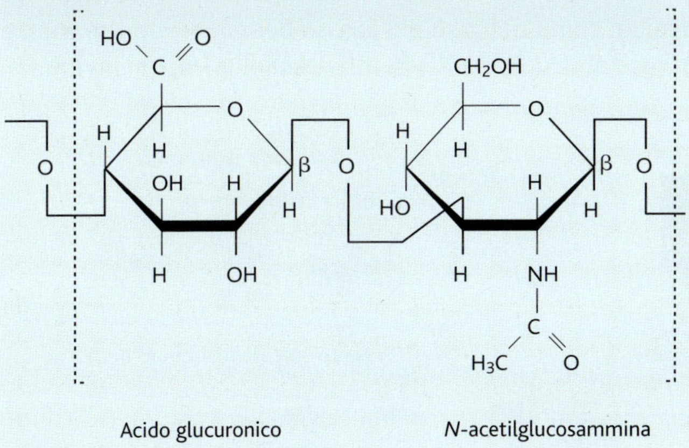

La presenza di acido glucuronico, un derivato del glucosio in cui l'atomo di carbonio 6 risulta ossidato a gruppo carbossile, conferisce alla molecola di acido ialuronico una notevole idrofilia e uno spiccato carattere acido. Per questo motivo i glicosamminoaglicani sono anche indicati come mucopolisaccaridi acidi. Tali molecole si uniscono a porzioni proteiche per formare glicoconiugati noti come **proteoglicani** (FIGURA ■ A).

La TABELLA ■ A riporta alcuni esempi di glicosamminoglicani insieme alla loro localizzazione del corpo umano.

I proteoglicani, insieme a proteine fibrose quali il collageno e l'elastina organizzate a formare una rete stabilizzata da legami covalenti, costituiscono la **matrice extracellulare** che riempie gli spazi fra le cellule e accoglie i vasi e le terminazioni nervose. L'architettura complessa della matrice extracellulare contiene regioni di legame per le cellule che vi si trovano immerse. Queste zone sono ricche di proteine, quali la fibronectina, che consentono l'ancoraggio delle cellule grazie alla presenza sulla superficie della membrana cellulare di altre proteine note come *proteine di adesione*. Fra queste rivestono particolare importanza le integrine, le caderine e le selectine. Le complesse interazioni fra matrice extracellulare e cellule svolgono un'importante ruolo nella regolazione di molteplici attività cellulari, fra cui accrescimento e comunicazione, e nella migrazione delle stesse cellule nei tessuti durante lo sviluppo embrionale.

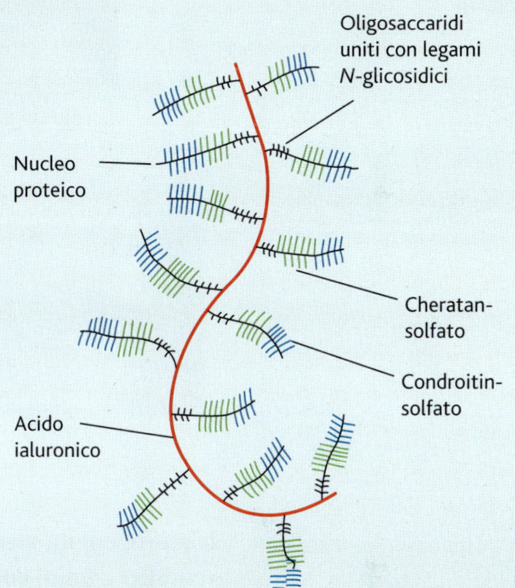

FIGURA A ■ Schema di un proteoglicano.

TABELLA A ■ Glicosamminoglicani acidi e loro localizzazione all'interno dell'organismo umano.

Polisaccaride	Costituenti	Localizzazione
Acido ialuronico	Acido glucuronico, *N*-acetil-D-glucosammina	Liquido sinoviale
Condroitina	Acido glucuronico, *N*-acetil-D-galattosammina	Cornea
Condroitina 4-solfato	Acido glucuronico, *N*-acetil-D-galattosammina 4-solfato	Cartilagine
Dermatansolfato	Acido iduronico, *N*-acetil-D-galattosammina 4-solfato	Pelle
Cheratansolfato	Galattosio, galattosio 6-solfato, *N*-acetil-D-glucosammina 6-solfato	Cornea
Eparina	Glucosammina 6-solfato, acido glucuronico 2-solfato, acido iduronico	Polmone

2.3 I LIPIDI

▶ FUNZIONI E CLASSIFICAZIONE STRUTTURALE

I **lipidi** sono un gruppo eterogeneo di sostanze che hanno in comune la caratteristica di essere *insolubili in acqua* e *solubili in solventi apolari* come etere, cloroformio e cicloesano.

Questi composti svolgono importanti **funzioni** nel mondo vivente, prima fra tutte di riserva energetica, ma entrano anche nella costituzione delle membrane biologiche, costituiscono il rivestimento dei prolungamenti delle cellule nervose grazie al quale gli impulsi elettrici possono essere trasmessi con maggior facilità da una cellula all'altra, hanno funzione di isolante termico, come nel caso del grasso dei mammiferi marini, e, infine, sono precursori di numerose molecole dotate di attività biologica, quali vitamine e ormoni (FIGURA ■ 2.12).

FIGURA 2.12 ■ L'importanza dei lipidi in natura.

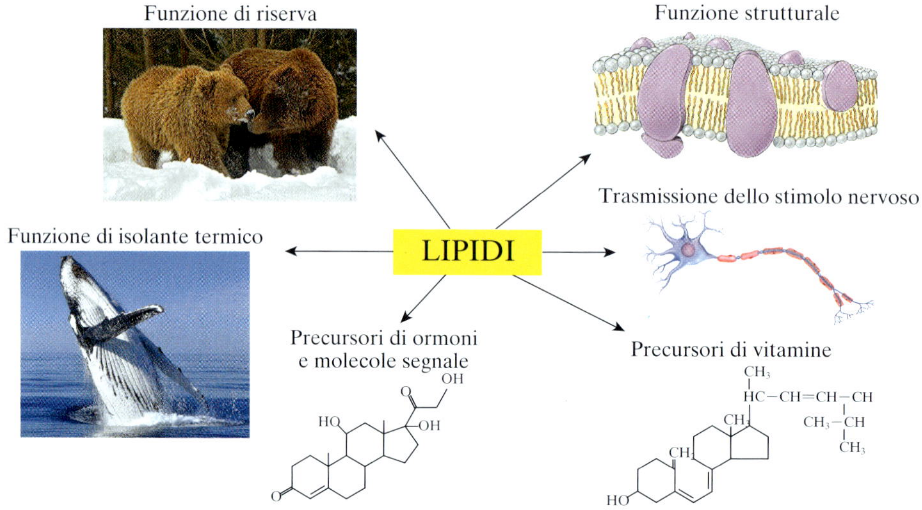

L'eterogeneità strutturale dei lipidi rende necessaria una loro classificazione in **lipidi semplici** e **lipidi complessi**, oltre a considerare che alcune molecole possono essere precursori e derivati lipidici (TABELLA ■ 2.3).

TABELLA 2.3 ■ Classificazione strutturale dei lipidi.

Classe	Caratteristiche	Esempi
Lipidi semplici	Esteri di acidi grassi con alcoli	**Grassi**: esteri di acidi grassi con glicerolo **Cere**: esteri di acidi grassi con alcoli ad alto peso molecolare
Lipidi complessi	Esteri di acidi grassi con alcoli che contengono anche altri gruppi	**Fosfolipidi**: contengono gruppi fosfato. Fra questi si riconoscono i *glicerofosfolipidi*, in cui l'alcol è il glicerolo, e gli *sfingofosfolipidi*, in cui l'alcol è la sfingosina. **Glicosfingolipidi**: contengono carboidrati, oltre ad un acido grasso e all'alcol sfingosina. **Altri lipidi complessi**: solfolipidi e amminolipidi. Lipoproteine.
Precursori e derivati lipidici	Composti che non rientrano nelle due categorie precedenti	**Precursori**: acidi grassi, glicerolo, sfingosina, alcoli ad alto peso molecolare, colesterolo, terpeni. **Derivati:** vitamine, ormoni, sali biliari, eicosanoidi.

Un altro criterio classificativo consente di distinguere i **lipidi saponificabili** da quelli **non saponificabili** a seconda che le loro molecole siano o meno in grado di dare saponi a seguito di trattamento con alcali forti, quali NaOH o KOH, a caldo.

▶ PRECURSORI LIPIDICI: GLI ACIDI GRASSI

Gli acidi carbossilici che possiedono quattro o più atomi di carbonio sono detti **acidi grassi**. Essi sono precursori di numerosi lipidi e sono presenti nei lipidi naturali prevalentemente sotto forma di esteri.

Gli acidi grassi maggiormente diffusi in natura sono provvisti di una catena costituita da almeno dodici atomi di carbonio (acidi grassi a catena lunga). La catena degli acidi grassi può essere *satura*, se presenti solo legami singoli, o *insatura* se sono presenti uno o più doppi legami in configurazione *cis*: in quest'ultimo caso si parla di acidi grassi polinsaturi. La TABELLA ■ 2.4 riporta alcuni fra gli acidi grassi più comuni.

GLOSSARY

Fatty acid:
a molecule with a long hydrocarbon tail and a carboxyl group at the other end. Found in many lipids.

TABELLA 2.4 ■ Acidi grassi a catena lunga di rivelanza fisiologica.

Nome comune	N° atomi carbonio	Formula chimica	Punto di fusione	Fonte
		ACIDI GRASSI SATURI		
A. laurico	12	$CH_3(CH_2)_{10}COOH$	44,2 °C	Bianco di cetaceo (una sostanza oleo-cerosa che si trova in una concavità esterna del cranio dei cetacei), olio di cocco
A. miristico	14	$CH_3(CH_2)_{12}COOH$	53,9 °C	Noce moscata, semi di palma, burro
A. palmitico	16	$CH_3(CH_2)_{14}COOH$	63,1 °C	Tutti i grassi animali e vegetali
A. stearico	18	$CH_3(CH_2)_{16}COOH$	69,6 °C	Tutti i grassi animali e vegetali
		ACIDI GRASSI INSATURI		
A. oleico	18	$CH_3(CH_2)_7CH{=}CH(CH_2)_7COOH$	13,4 °C	Tutti i grassi animali e vegetali
A. linoleico	18	$CH_3(CH_2)_3(CH_2CH{=}CH)_2(CH_2)_7COOH$	−5 °C	Arachidi, semi di soia, altri oli vegetali
A. linolenico	18	$CH_3(CH_2CH{=}CH)_3(CH_2)_7COOH$	−11 °C	Olio di semi di lino, altri oli vegetali
A. arachidonico	20	$CH_3(CH_2)_3(CH_2CH{=}CH)_4(CH_2)_3COOH$	−49,5 °C	Grassi animali, arachidi

La lunga catena idrocarburica degli acidi grassi saturi ha un andamento pressoché rettilineo: tale caratteristica consente alle molecole di compattarsi strettamente l'una con l'altra e determina un punto di fusione relativamente elevato. Negli acidi grassi insaturi, in prossimità dei doppi legami la catena subisce un cambiamento di direzione che ostacola il compattamento serrato delle molecole (FIGURA ■ 2.13). Gli acidi insaturi hanno perciò un punto di fusione relativamente basso che diminuisce all'aumentare del numero di doppi legami.

Gli acidi grassi insaturi vengono talvolta classificati in base ad un criterio che considera la distanza in atomi di carbonio fra l'ultimo doppio legame e l'estremità della molecola (carbonio ω). Tale suddivisione, nota come denominazione ω, è particolar-

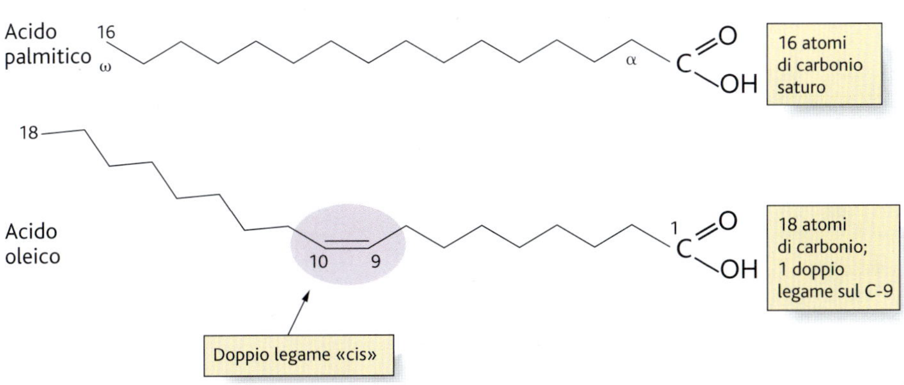

FIGURA 2.13 ■ Rappresentazione schematica della struttura degli acidi grassi saturi e insaturi.

per saperne di più

4 Gli eicosanoidi sono molecole regolatrici

Gli **eicosanoidi** sono un gruppo di sostanze biologicamente molto attive che derivano da acidi grassi poliinsaturi a venti atomi di carbonio, come l'acido arachidonico. Tra i principali eicosanoidi ricordiamo le prostaglandine e i trombossani (FIGURA ■ A).

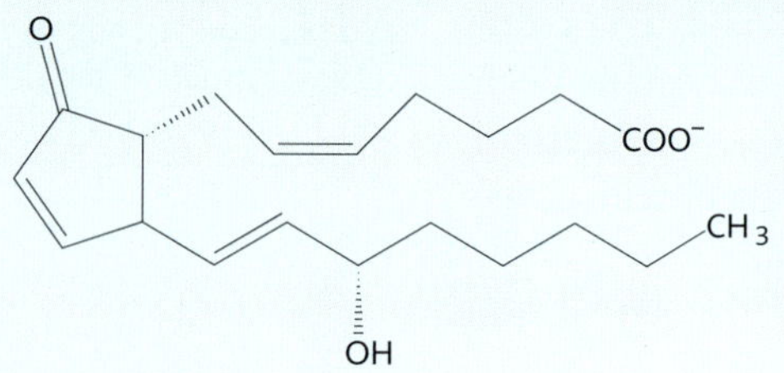

Prostaglandina A_2 (PGA_2)

FIGURA A ■ Struttura della prostaglandina A_2.

Le **prostaglandine** vengono suddivise in più classi a seconda delle loro caratteristiche chimiche e sono presenti, oltre che nel liquido seminale (dove furono scoperte), praticamente in tutti i tessuti dell'organismo.

Gli eicosanoidi sono sostanze che producono effetti rilevanti anche nelle piccolissime quantità in cui esistono nell'organismo. Essi prendono parte a numerosi processi fisiologici come la risposta infiammatoria e lo sviluppo di dolore e febbre. A tale proposito, l'azione analgesica e antipiretica dei farmaci antinfiammatori non steroidei (FANS), per esempio aspirina (acido acetilsalicilico) e ibuprofene (FIGURA ■ B), è fondamentalmente dovuta all'inibizione dell'enzima *cicloossigenasi* che catalizza un'importante tappa della biosintesi di prostaglandine e trombossani, con conseguente blocco della stimolazione dei processi infiammatori.

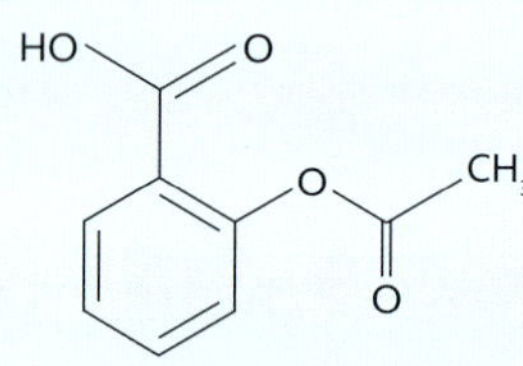

FIGURA B ■ Formula di struttura dell'acido acetilsalicilico.

mente utile dal punto di vista nutrizionale. Gli acidi grassi della serie ω6 (per esempio l'acido linoleico) e ω3 (per esempio l'acido linolenico) non possono essere sintetizzati dalle cellule dell'organismo umano e sono detti **acidi grassi essenziali**. Il loro fabbisogno giornaliero è coperto dall'assunzione di alimenti ricchi di tali sostanze, come alcuni oli vegetali, noci, pesce azzurro ecc.

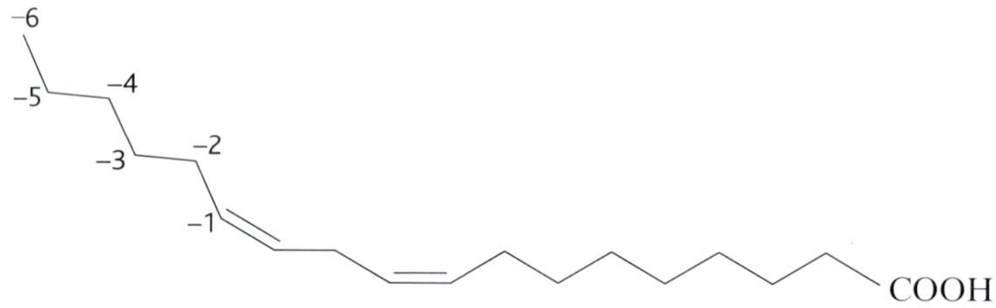

Acido linoleico ω6

▶ LIPIDI CON FUNZIONE DI RISERVA: I TRIGLICERIDI

I **trigliceridi**, o acilgliceroli, rappresentano la principale riserva energetica degli organismi viventi e sono i costituenti fondamentali del tessuto adiposo negli organismi animali, dove sono presenti in forma di *grassi*, e dei depositi lipidici delle piante, in cui prendono il nome di *oli* (FIGURA ■ 2.14).

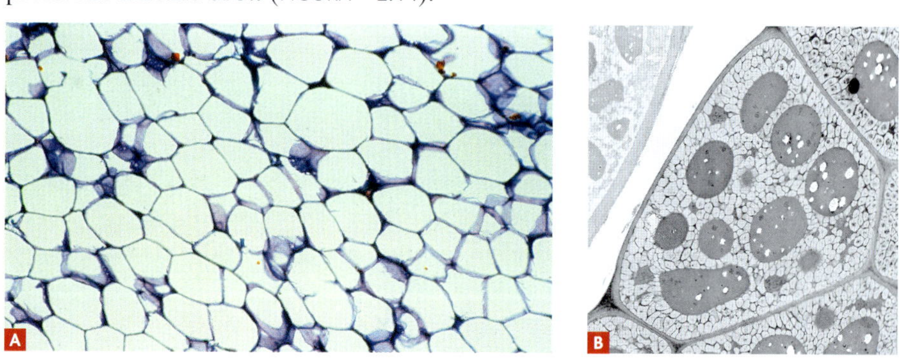

FIGURA 2.14 ■ (A) Sezione di tessuto adiposo osservato al microscopio. I lipidi sono immagazzinati all'interno del citoplasma delle cellule adipose sotto forma di una singola grande goccia (aree chiare); i nuclei e il resto del citoplasma (aree più scure) sono schiacciati in periferia. (B) Cellula della pianta *Arabidopsis thaliana*. I depositi oleosi sono le goccioline chiare che circondano le parti più scure e occupano gran parte del citoplasma.

L'impalcatura strutturale di base dei trigliceridi è data dal *glicerolo*, una molecola in cui sono presenti tre funzioni alcoliche:

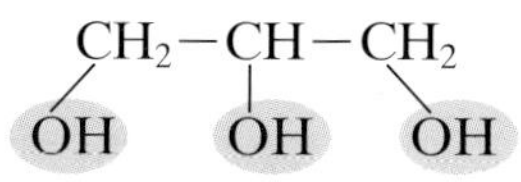

Glicerolo

Nei trigliceridi, la molecola di glicerolo lega tre molecole di acido grasso attraverso reazioni di esterificazione in cui vengono eliminate tre molecole di acqua:

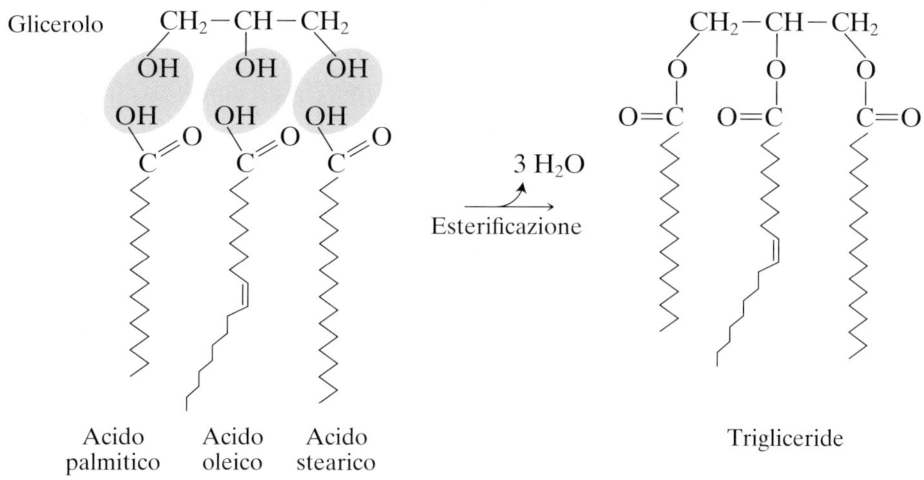

I trigliceridi sono una famiglia di molecole molto simili fra loro che differiscono per il tipo di acido grasso legato: nei *grassi animali*, che si trovano allo stato solido a temperatura ambiente, sono maggiormente rappresentati gli acidi grassi saturi; negli *oli vegetali*, che si presentano allo stato liquido a temperatura ambiente, predominano al contrario gli acidi grassi insaturi.

Il trattamento a caldo di una miscela di grassi o oli con una soluzione fortemente alcalina dà luogo a una **reazione di saponificazione** in cui si formano saponi (sali di acidi grassi) e glicerolo:

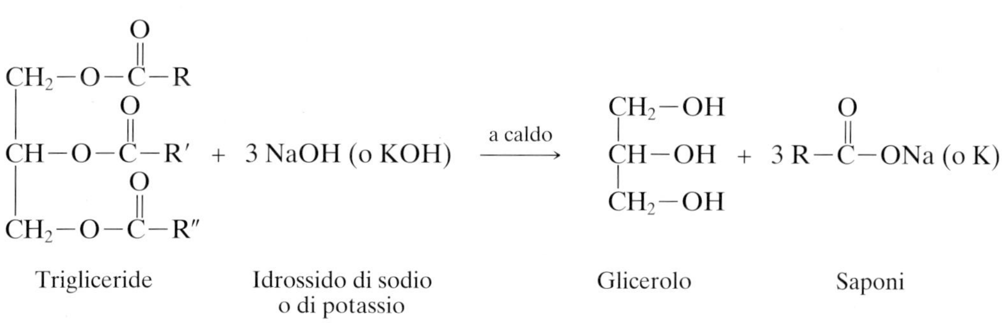

▶ LIPIDI CON FUNZIONE STRUTTURALE: I FOSFOGLICERIDI

I **fosfogliceridi**, appartenenti alla classe dei fosfolipidi, contengono, al pari dei trigliceridi, uno scheletro di base costituito dal glicerolo. In questo caso, tuttavia, il glicerolo esterifica due molecole di acido grasso e lega un gruppo fosfato che conferisce all'intera molecola, nota come *acido fosfatidico*, una doppia natura: in prossimità del gruppo fosfato la molecola è polare (*testa idrofila*) mentre nella regione dei due acidi grassi la molecola è apolare (*code idrofobe*).

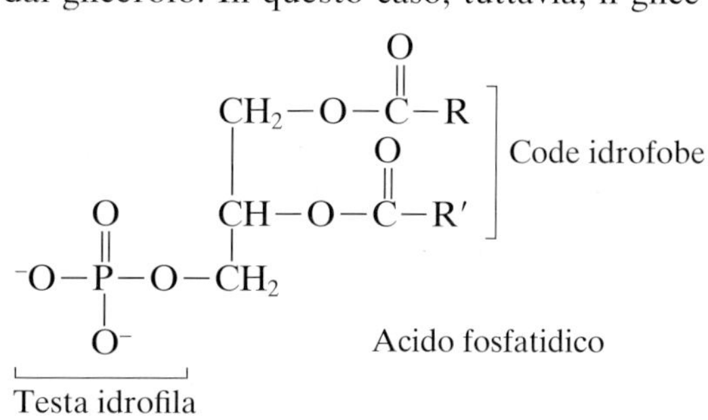

Le molecole che presentano questa caratteristica sono dette **anfifiliche** (o *anfipatiche*) e mostrano una spiccata tendenza a formare doppi strati quando vengono poste a contatto con l'acqua (FIGURA 2.15).

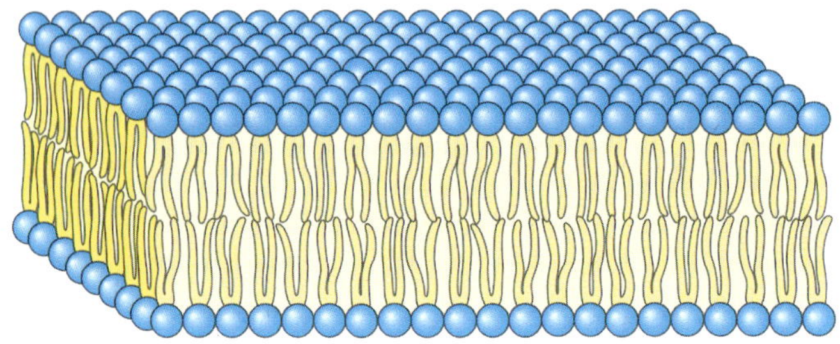

FIGURA 2.15 ■ I fosfogliceridi hanno una spiccata tendenza a formare doppi strati quando vengono posti a contatto con l'acqua. Le teste idrofile delle molecole (in celeste) si direzionano verso il solvente, mentre le code idrofobe si giustappongono l'una all'altra per formare la porzione interna del doppio strato.

Per questo motivo, l'acido fosfatidico e i suoi derivati entrano nella costituzione delle membrane biologiche, tipicamente costitute da un doppio strato fosfolipidico insieme ad altre componenti (FIGURA 2.16).

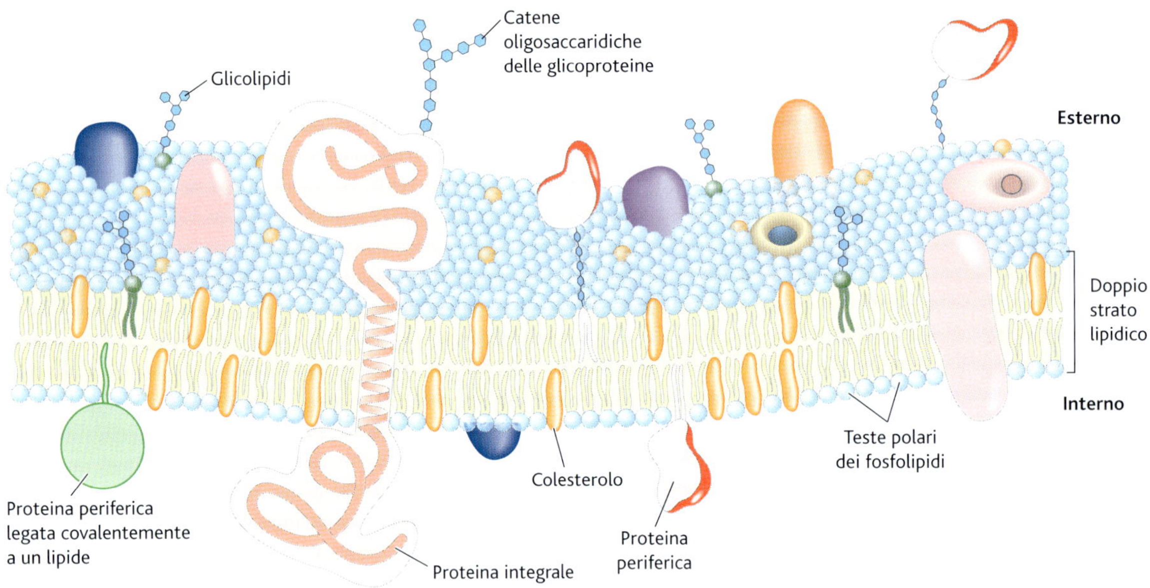

FIGURA 2.16 ■ Rappresentazione schematica della membrana cellulare. Oltre al doppio strato fosfolipidico sono visibili altre componenti, quali proteine di diverso tipo, colesterolo (collocato tra le molecole di fosfolipidi) e catene di carboidrati.

Il gruppo fosfato dell'acido fosfatidico può legare altre molecole, generalmente provviste di una funzione alcolica e una amminica, per formare altri fosfogliceridi. La FIGURA 2.17 illustra alcuni esempi di fosfogliceridi derivati dall'acido fosfatidico.

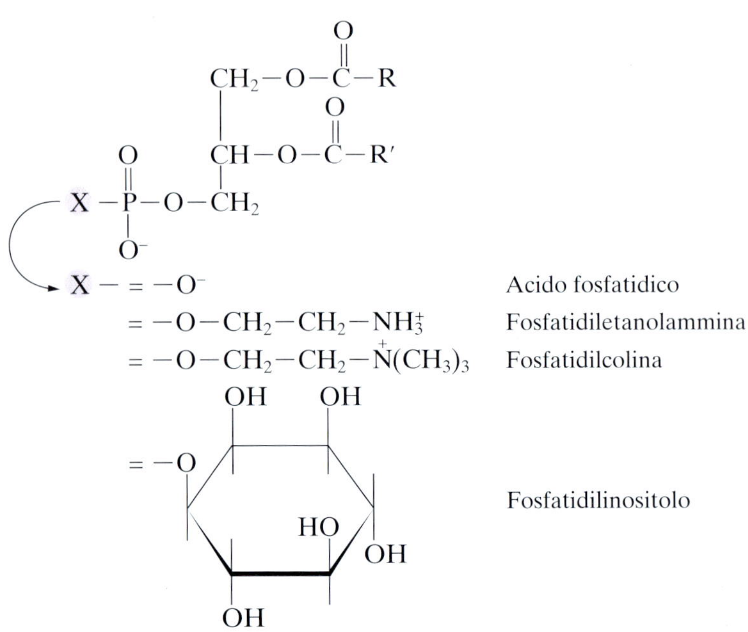

FIGURA 2.17 ■ I principali fosfogliceridi. La molecola di acido fosfatidico può legare una molecola di etanolammina, colina o inositolo per dare, rispettivamente, fosfatidiletanolammina (cefalina), fosfatidilcolina (lecitina) o fosfatidilinositolo.

Fra questi hanno particolare rilevanza la fosfatidilcolina o *lecitina*, in cui è presente colina, e la fosfatidiletanolammina o *cefalina*, in cui è presente etanolammina.

Oltre a svolgere una funzione strutturale, i fosfogliceridi di membrana, quali il fosfatidilinositolo e la fosfatidilcolina, sono anche coinvolti negli eventi di segnalazione cellulare e nella regolazione dei processi di comunicazione fra cellule.

▶ LIPIDI CON FUNZIONE STRUTTURALE: GLI SFINGOLIPIDI

Gli **sfingolipidi** sono un'altra importante classe di lipidi complessi, entrano nella costituzione delle membrane cellulari e sono particolarmente abbondanti nel tessuto nervoso. Tutti gli sfingolipidi contengono *sfingosina*, un amminoalcol a 18 atomi di carbonio, che ne costituisce la base strutturale:

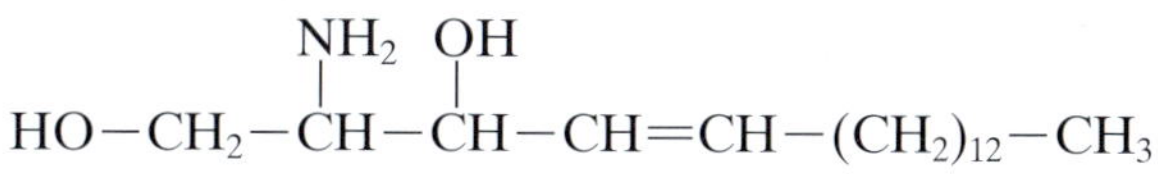

Sfingosina

La sfingosina lega una molecola di acido grasso mediante un legame ammidico per formare un *ceramide*:

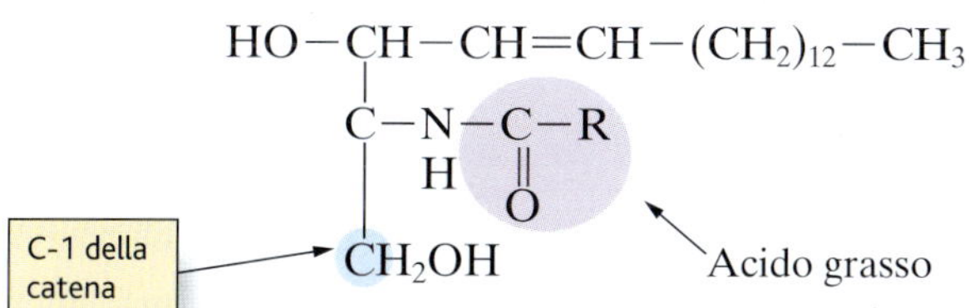

Ceramide

Le **sfingomieline**, un gruppo di fosfolipidi di membrana particolarmente abbondanti nelle cellule nervose dove costituiscono la guaina mielinica, contengono una molecola di ceramide, un gruppo fosfato e una molecola di colina; in queste sostanze, il ceramide lega una molecola di fosfocolina all'atomo di carbonio C-1.

Nei **glicosfingolipidi**, che contengono una molecola di ceramide e una componente glicidica, lo stesso carbonio C-1 della ceramide può legare una molecola di monosaccaride (come glucosio o galattosio) generando un *cerebroside*, o una molecola oligosaccaridica, generando *globosidi* e *gangliosidi*. Questi sono abbondanti nel tessuto nervoso ma anche in altri tessuti: i glicosfingolipidi della membrana cellulare dei globuli rossi sono responsabili della specificità di gruppo sanguigno mentre altri, sulla superficie di cellule diverse, determinano la specificità di organo e di tessuto e sono considerati i marcatori dell'individualità biologica di un organismo.

▶ STRUTTURA E FUNZIONE DEL COLESTEROLO

Gli **steroidi** sono un gruppo di lipidi che presentano la struttura di base dell'idrocarburo policiclico saturo *ciclopentanoperidrofenantrene*. Lo steroide più abbondante nei tessuti animali è il **colesterolo**, un composto a 27 atomi di carbonio; questo viene assunto con gli alimenti ma è anche prodotto dal fegato in modo controllato al fine di assicurarne la disponibilità e la distribuzione nella quantità ottimale ai vari tessuti.

Come illustrato nella FIGURA ■ 2.18 a pagina seguente, il colesterolo svolge numerose funzioni nel nostro organismo. È un costituente fondamentale delle membrane cellulari, in cui svolge un ruolo critico come modulatore di fluidità: alla temperatura corporea, la struttura rigida della molecola del colesterolo conferisce alla membrana cellulare un adeguato grado di compattezza che consente lo svolgimento delle molteplici funzioni proprie della struttura. D'altra parte, alle basse temperature, il colesterolo impedisce che la membrana cristallizzi perdendo la propria funzionalità.

nota
Un **amminoalcol** è un composto organico bifunzionale: contiene, infatti, un gruppo amminico $—NH_2$ e un gruppo alcolico —OH.

nota
Il **ciclopentanoperidrofenantrene** è un idrocarburo policiclico dal quale deriva la struttura di tutti gli steroidi.

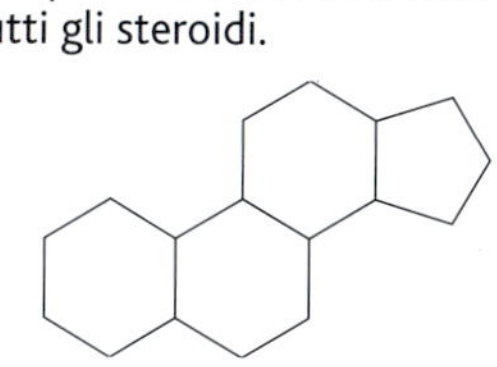

per saperne di più

5 I gruppi sanguigni del sistema AB0

La specificità di un individuo ha le sue basi molecolari nella presenza sulla superficie di tutte le sue cellule di particolari **antigeni**, ossia molecole che sono riconosciute come proprie dal principale sistema di difesa dell'organismo stesso, il sistema immunitario, e che sono, al contrario, riconosciute come estranee dal sistema immunitario di individui diversi. Le differenze nei patrimoni antigenici dei diversi individui è alla base dei fenomeni di rigetto dei trapianti e dell'incompatibilità delle trasfusioni di sangue.

Fra gli antigeni individuali più importanti vi sono proteine e glicoproteine di membrana ma anche glicosfingolipidi, come quelli presenti sulla superficie dei globuli rossi. La componente oligosaccaridica dei glicosfingolipidi eritrocitari determina in buona parte i gruppi sanguigni umani e permette di stabilire quale tipo di sangue può essere trasfuso in un individuo (FIGURA ■ A).

L'antigene 0 è la molecola di base presente negli eritrociti di tutti i gruppi sanguigni (gruppi 0, A, B e AB); nei glicosfingolipidi degli eritrociti di gruppo A è presente un residuo aggiuntivo di *N*-acetilgalattosammina (antigene A); nei glicosfingolipidi degli eritrociti di gruppo B è presente un residuo aggiuntivo di galattosio (antigene B); nei glicosfingolipidi degli eritrociti di gruppo AB sono presenti sia *N*-acetilgalattosammina sia galattosio (antigeni A e B).

Il sangue di ogni gruppo contiene anticorpi diretti contro gli antigeni che non sono presenti in quel determinato gruppo. Quindi, il sangue di gruppo 0, contiene anticorpi anti-A e anti-B; il sangue di gruppo A contiene anticorpi anti-B; il sangue di gruppo B contiene anticorpi anti-A e il sangue di gruppo AB non contiene anticorpi di questo tipo (FIGURA ■ B).

Ai fini di una corretta emotrasfusione, il sangue di un certo gruppo può essere donato a individui appartenenti allo stesso gruppo o, comunque, a individui il cui sangue non contenga anticorpi diretti contro l'antigene presente nei globuli rossi del sangue trasfuso. La TABELLA ■ A seguente riassume le compatibilità all'interno del solo sistema AB0.

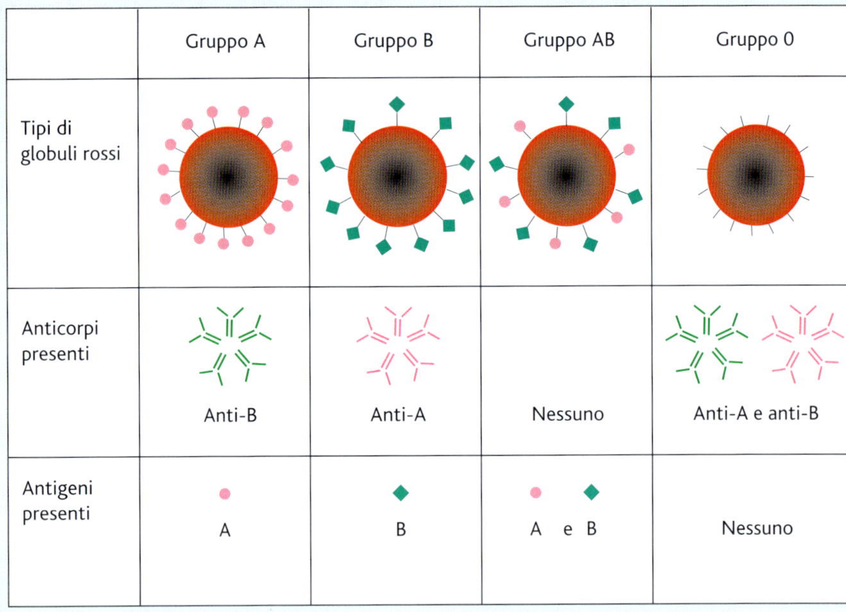

FIGURA B ■ Composizione in antigeni e anticorpi del sangue secondo il sistema AB0.

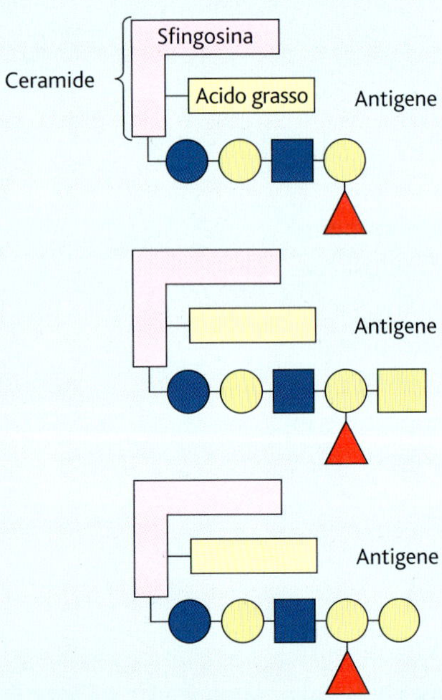

FIGURA A ■ I glicosfingolipidi come determinanti dei gruppi sanguigni. I gruppi sanguigni umani (0, A, B) sono determinati in parte dai gruppi oligosaccaridici (in azzurro) di questi glicosfingolipidi. Gli stessi tre oligosaccaridi sono legati anche a certe proteine del sangue in individui con i tre gruppi sanguigni 0, A o B rispettivamente. I simboli degli zuccheri sono:

- ● Glucosio
- ■ N-acetilglucosammina
- ○ Galattosio
- □ N-acetilgalattosammina
- ▲ Fucosio (un deossizucchero)

TABELLA A ■ Compatibilità fra i gruppi sanguigni del sistema AB0.

Quali gruppi sanguigni sono compatibili?				
Gruppo sanguigno del ricevente	**Gruppo sanguigno del donatore**			
	A	B	AB	0
A	v	x	x	v
B	x	v	x	v
AB	v	v	v	v
0	x	x	x	v

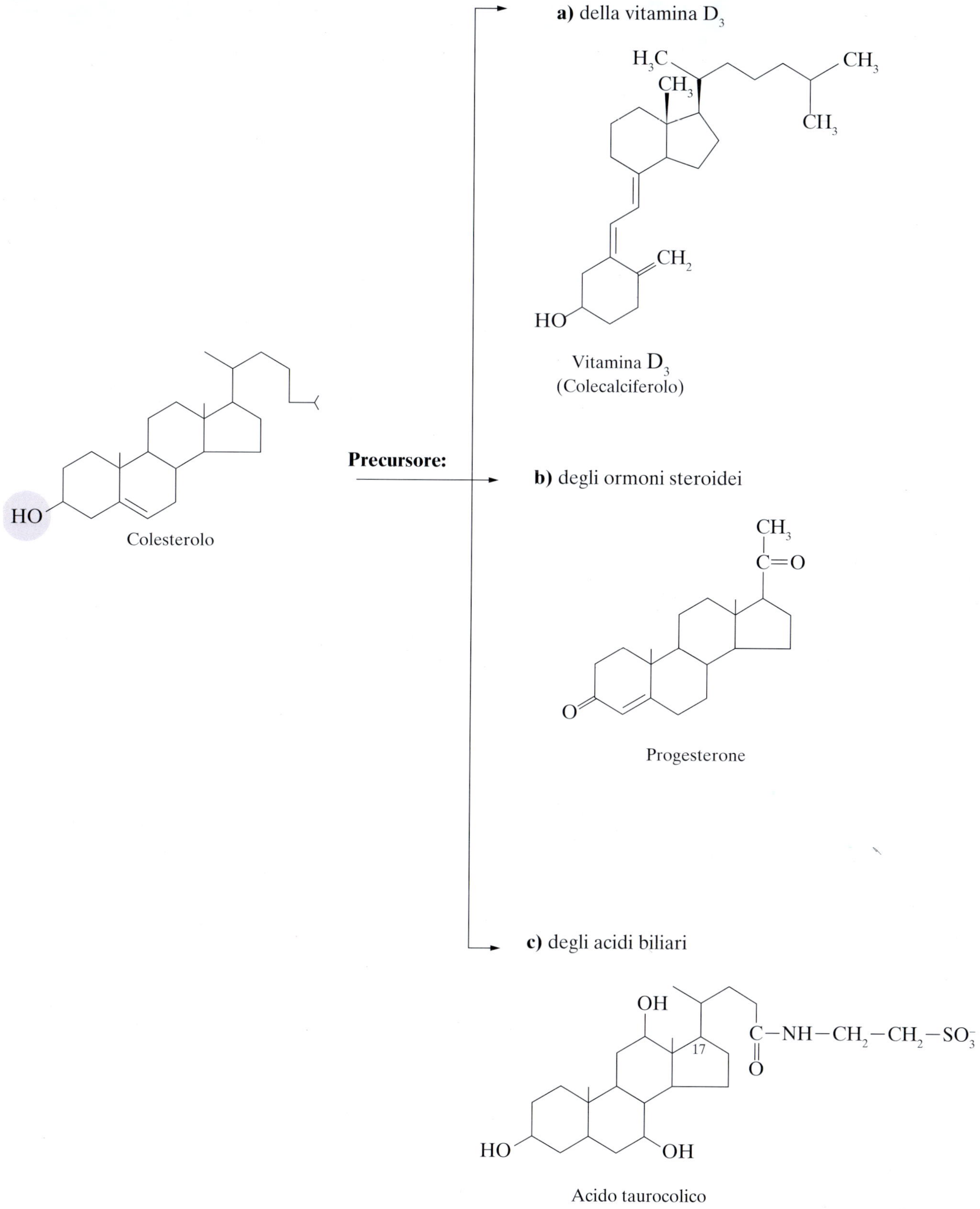

FIGURA 2.18 ■ Struttura di alcune molecole che hanno come precursore il colesterolo.

Il colesterolo è anche precursore di numerose sostanze di notevole rilevanza biologica, tra cui la vitamina D_3 e gli ormoni steroidei, che regolano molteplici attività fisiologiche e biochimiche. Infine, il colesterolo è il precursore degli *acidi (sali) biliari*, un gruppo di sostanze prodotte nel fegato e presenti nella bile. Queste sono costituite da molecole anfifiliche e quindi in grado di agire da detergenti nel duodeno, con la funzione di emulsionare i lipidi alimentari e di favorire la degradazione di questi da parte degli enzimi digestivi.

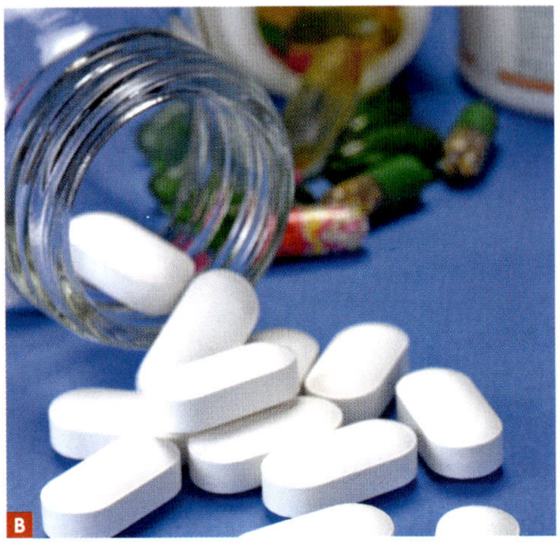

FIGURA 2.19 ■ Le vitamine sono sostanze organiche che svolgono importanti attività fisiologiche. Agiscono in piccole quantità e non possono essere prodotte dalle cellule dell'organismo umano. Si assumono con gli alimenti (A) o sotto forma di integratori alimentari in caso di deficit (B).

2.4 LE VITAMINE E I DERIVATI LIPIDICI

▶ LE VITAMINE SONO LIPOSOLUBILI O IDROSOLUBILI

Si definiscono **vitamine** tutte le sostanze organiche necessarie per l'organismo in piccole quantità, da pochi μg a qualche decina di mg, che devono essere assunte attraverso la dieta perché non possono essere sintetizzate dall'organismo stesso (*sostanze essenziali*; FIGURA ■ 2.19).

Le vitamine sono classificabili in **vitamine idrosolubili** e **vitamine liposolubili** a seconda che siano solubili in acqua o siano, al contrario, di natura lipofila. Delle prime si tratterà nel prossimo capitolo, nel paragrafo dedicato agli enzimi. Le vitamine liposolubili svolgono attività di regolazione in fondamentali processi fisiologici e sono quattro: A, D, E e K. La TABELLA ■ 2.5 riassume le principali proprietà delle vitamine liposolubili e la funzione svolta da queste nell'organismo umano.

La vitamina A deriva da un pigmento vegetale, il *β-carotene*, particolarmente abbondante nelle carote, che viene convertito in vitamina nel fegato, mentre la vitamina D_3 si produce in gran parte a partire da un precursore, il 7-deidrocolesterolo, presente nella cute. In generale, le vitamine liposolubili, soprattutto A e D, sono presenti in certi estratti oleosi derivati da pesci e si ritrovano nel fegato. Un'insufficiente assunzione di vitamine può dar luogo a sintomi di deficit vitaminico che regrediscono prontamente in caso di somministrazione della vitamina carente. Una prolungata terapia a base di vitamine liposolubili, sostanze difficilmente eliminabili dall'organismo, può avere conseguenze dannose: un eventuale eccesso di somministrazione porta all'accumulo della vitamina nel fegato con segni di sovradosaggio. Ciò non accade nel caso delle vitamine idrosolubili, più facilmente eliminabili attraverso urine e feci.

TABELLA 2.5 ■ Principali vitamine liposolubili e loro proprietà.

Vitamina	Fabbisogno giornaliero	Funzioni	Sintomi e segni di deficit
A (Retinolo)	1 mg	Meccanismo della visione. Trofismo di cute e mucose.	Cecità crepuscolare (difficoltà a vedere in condizioni di scarsa illuminazione), secchezza di cute e mucose.
D_3 (Colecalciferolo)	5 μg (il resto è prodotto nella cute)	Assorbimento dello ione Ca^{2+}. Trofismo di osso e cartilagine.	Rachitismo, osteomalacia (patologie con indebolimento delle ossa).
E (Tocoferolo)	10 mg	Attività antiossidante.	Sintomi scarsi e di difficile insorgenza.
K (Menachinone)	70 μg (il resto è prodotto dai batteri della flora intestinale)	Partecipa al processo di coagulazione del sangue.	Ematomi ed emorragie.

per saperne di più

6 Gli ormoni di natura lipofila

Gli **ormoni** sono molecole organiche prodotte dalle ghiandole endocrine del nostro organismo che vengono riversate nel sangue e agiscono legandosi a specifici recettori posti su *cellule bersaglio*. La funzione degli ormoni è quella di evocare una risposta nelle cellule bersaglio. Nel complesso, dunque, gli ormoni sono sostanze che hanno un ruolo di messaggero chimico e sono implicate nella regolazione dell'ambiente interno dell'organismo in risposta a stimoli provenienti sia dallo stesso ambiente interno sia dall'esterno (FIGURA ■ A).

Gran parte degli ormoni riportati nella TABELLA ■ A sono di natura proteica o derivano da amminoacidi, ma quelli prodotti dalla corticale del surrene e dalle gonadi sono ottenuti dalla trasformazione del colesterolo e sono così classificabili come derivati lipidici. Per esempio, il cortisolo, importante ormone prodotto dalla parte corticale della ghiandola surrenale, è implicato in numerosi processi fisiologici, fra cui la mediazione della risposta immunitaria e la regolazione del metabolismo glicidico. Dal cortisolo derivano numerosi farmaci ad azione antinfiammatoria, come il cortisone e suoi analoghi, diffusamente impiegati nella terapia di numerose malattie, fra cui quelle reumatologiche.

Gli stessi ormoni tiroidei, T_3 e tiroxina, pur derivati dalla trasformazione dell'amminoacido tirosina, possono essere considerati come derivati lipidici. Data la loro scarsa solubilità in acqua, gli ormoni di natura lipofila possono circolare nel sangue solo legati a specifiche proteine di trasporto.

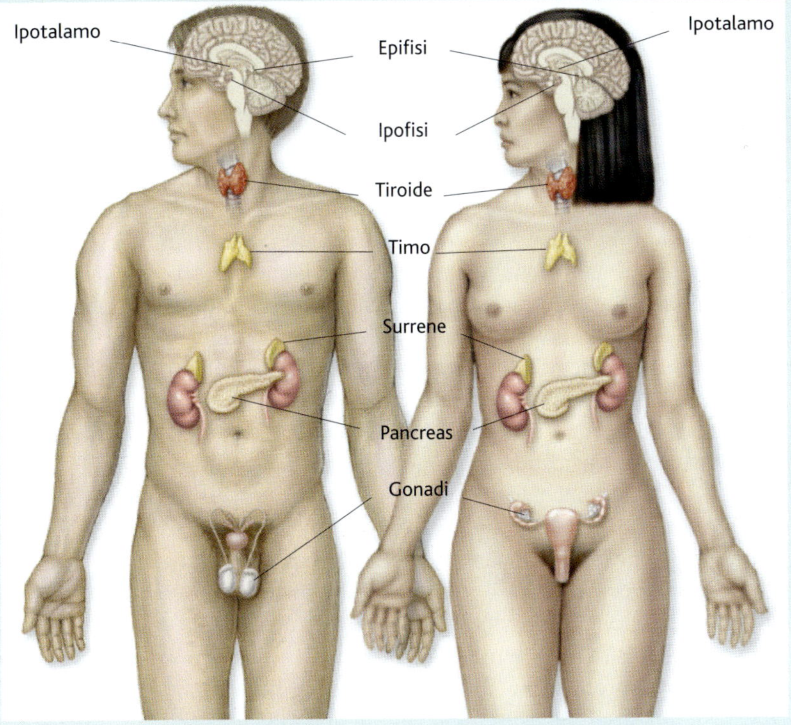

FIGURA A ■ Le principali ghiandole endocrine di uomo e donna.

TABELLA A ■ Principali ormoni e loro funzioni.

Ghiandola endocrina	Ormone	Funzioni
Ipofisi o ghiandola pituitaria	ACTH (adrenocorticotropina) TSH (tireotropina) FSH/LSH (gonadotropine) Ormone della crescita (GH)	Stimolazione della corteccia surrenale, della tiroide, delle gonadi e del processo di accrescimento corporeo.
Tiroide	T_3 e T_4 (tiroxina)	Stimolazione dei processi metabolici e dell'accrescimento corporeo.
Paratiroidi	Paratormone	Stimolazione del riassorbimento della parte minerale delle ossa. Aumento della concentrazione di Ca^{2+} nel sangue (azione ipercalcemizzante).
Pancreas	Glucagone	Azione iperglicemizzante, ossia aumento della concentrazione di glucosio nel sangue. Azione lipolitica.
	Insulina	Azione ipoglicemizzante, ossia riduzione della concentrazione di glucosio nel sangue. Azione liposintetica e anabolizzante.
Corticale del surrene	Cortisolo	Stimolazione del metabolismo. Mediazione della risposta immunitaria. Azione iperglicemizzante.
	Aldosterone	Riassorbimento di Na^+ nel rene. Aumento della pressione arteriosa.
Midollare del surrene	Adrenalina	Aumento della funzionalità del cuore e dei muscoli. Azione iperglicemizzante. Vasocostrizione cutanea.
Gonadi	♂ Testosterone ♀ Progesterone, estrogeni	Sviluppo dei caratteri sessuali nel maschio e nella femmina. Sviluppo della gravidanza.

per saperne di più

7 La digestione dei carboidrati e dei lipidi

I **carboidrati** alimentari introdotti giornalmente con la dieta comprendono fondamentalmente polisaccaridi, come l'amido contenuto nel pane, nella pasta, nel riso e nelle patate, e zuccheri più semplici come saccarosio, lattosio, fruttosio e glucosio contenuti nello zucchero da tavola, nel latte, nella frutta e nel miele.

Le molecole glicidiche che possono essere assorbite a livello intestinale sono soltanto i monosaccaridi. Dunque, i carboidrati più complessi devono andare incontro a un processo digestivo che si svolge nel canale alimentare, a partire dalla bocca per poi proseguire nel duodeno, la prima parte dell'intestino tenue (FIGURA ■ A).

Nel corso della digestione dei carboidrati le voluminose molecole di amido vengono idrolizzate progressivamente fino a ottenere maltosio e oligosaccaridi, chiamati destrine, in cui sono ancora presenti le ramificazioni 1,6-glicosidiche. Gli enzimi coinvolti in tale processo sono l'amilasi salivare (detta anche ptialina) presente nella saliva prodotta dalle ghiandole salivari e l'amilasi pancreatica presente nel succo pancreatico prodotto dall'omonima ghiandola, entrambi capaci di idrolizzare il legame α1,4-glicosidico dell'amido. Lo stomaco non viene coinvolto nella digestione dei carboidrati.

La digestione dell'amido si completa ad opera di maltasi e destrinasi prodotte dalle cellule delle ghiandole intestinali la cui azione porta alla liberazione di glucosio. Lattosio e saccarosio sono idrolizzati da specifiche lattasi e saccarasi con produzione dei monosaccaridi costitutivi. Questi ultimi sono assorbiti dalle cellule dell'intestino tenue per mezzo di processi di trasporto mediato da proteine di membrana e, infine, riversati nel circolo della vena porta epatica che conduce il sangue al fegato, dove il glucosio e gli altri monosaccaridi saranno metabolizzati.

I **lipidi** alimentari introdotti giornalmente con la dieta sono fondamentalmente rappresentati dai trigliceridi contenuti nei salumi, nelle frattaglie, nel latte, nei prodotti caseari, nelle uova e in molti altri alimenti, insieme a quote più contenute di fosfolipidi e colesterolo.

Per poter essere assorbiti dal nostro organismo, i trigliceridi debbono essere scissi in glicerolo e acidi grassi mediante un processo digestivo che avviene, come per altre classi di sostanze, nel canale digerente. A differenza di quanto accade con carboidrati e proteine, tuttavia, l'ambiente acquoso che caratterizza il tratto digerente induce l'aggregazione delle molecole lipidiche apolari a formare masse relativamente voluminose difficilmente aggredibili dagli enzimi digestivi. Per tale motivo, nonostante la saliva e il succo gastrico contengano, rispettivamente, una lipasi linguale e una lipasi gastrica in grado di scindere le molecole lipidiche, la digestione dei trigliceridi alimentari non si svolge in modo rilevante nella cavità orale né nello stomaco.

L'enzima principale coinvolto nella digestione dei trigliceridi è la lipasi pancreatica, prodotta dal pancreas, che svolge la propria azione nel duodeno dopo che il materiale alimentare è entrato in contatto con la bile, un secreto prodotto dal fegato e accumulato nella colecisti, costituito da acidi e sali biliari, pigmenti biliari (bilirubina) e modeste quantità di colesterolo (vedi FIGURA ■ A).

Gli acidi e i sali biliari contenuti nella bile, derivati metabolici del colesterolo, hanno la funzione di emulsionare i trigliceridi alimentari determinando la loro dispersione in piccole *micelle* aggredibili dalla lipasi pancreatica.

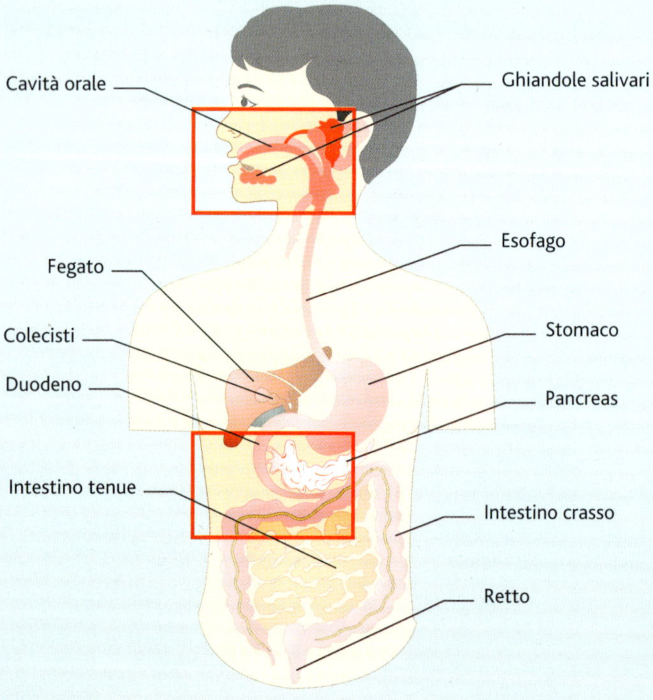

FIGURA A ■ La digestione dei carboidrati alimentari si svolge a livello della bocca e del duodeno, grazie all'azione di specifici enzimi digestivi contenuti nella saliva, nel succo pancreatico e nelle secrezioni intestinali. Invece, la digestione dei trigliceridi alimentari si svolge a livello del duodeno, grazie all'azione della lipasi pancreatica contenuta nel succo pancreatico.

Test your English

LISTEN

What is lactose intolerance?

Lactose intolerance is the inability or insufficient ability to digest lactose, a sugar found in milk and milk products (FIGURE ■ A). This medical condition is caused by a deficiency of the enzyme lactase, which is produced by the cells lining the small intestine. Lactase breaks down lactose into two simpler forms of sugar called glucose and galactose, which are then absorbed into the bloodstream.

Not all people with lactase deficiency have digestive symptoms, but those who do may have lactose intolerance. Most people with this condition can tolerate some amount of lactose in their diet.

People sometimes confuse lactose intolerance with cow milk allergy. Milk allergy is a reaction by the body's immune system to one or more milk proteins and can be life threatening when just a small amount of milk or milk product is consumed. Milk allergy most commonly appears in the first year of life, while lactose intolerance occurs more often in adulthood.

The cause of lactose intolerance is best explained by describing how a person develops lactase deficiency.

Primary lactase deficiency develops over time and begins after about age 2 when the body begins to produce less lactase. Most children who have lactase deficiency do not experience symptoms of lactose intolerance until late adolescence or adulthood.

Researchers have identified a possible genetic link to primary lactase deficiency. Some people inherit a gene from their parents that makes it likely they will develop primary lactase deficiency. This discovery may be useful in developing future genetic tests to identify people at risk for lactose intolerance.

Secondary lactase deficiency results from injury to the small intestine that occurs with severe diarrheal illness, celiac disease, Crohn's disease, or chemotherapy. This type of lactase deficiency can occur at any age but is more common in infancy.

People with lactose intolerance may feel uncomfortable after consuming milk and milk products. Symptoms can include abdominal pain, abdominal bloating, gas, diarrhea, and nausea. The symptoms of lactose intolerance can be managed with dietary changes.

Getting enough calcium and vitamin D is a concern for people with lactose intolerance when the intake of milk and milk products is limited. Many foods can provide the calcium and other nutrients the body needs.

Talking with a doctor or registered dietitian may be helpful in planning a balanced diet that provides an adequate amount of nutrients —including calcium and vitamin D— and minimizes discomfort. A health professional can determine whether calcium and other dietary supplements are needed.

Milk and milk products are often added to processed foods. Checking the ingredients on food labels is helpful in finding possible sources of lactose in food products. Lactose is also used in some prescription medicines, including birth control pills, and over-the-counter medicines like products to treat stomach acid and gas. These medicines most often cause symptoms in people with severe lactose intolerance.

Adapted from U.S. DEPARTMENT OF HEALTH AND HUMAN SERVICES National Institutes of Health, *NIH Publication No. 09–2751,* June 2009.

FIGURE A ■ Lactose intolerance is the genetic inability to digest lactose, a sugar found in milk and diary products.

SUMMING UP

SINTESI DI CAPITOLO IN MP3

▶ Monosaccharides and disaccharides

Carbohydrates (or *sugars* or *saccharides*) are a well-defined group of natural organic substances generally consisting of only three types of atoms: carbon, hydrogen and oxygen. Carbohydrates are classified according to their chemical complexity: the simplest, *monosaccharides,* represent the constituent units of more complex carbohydrates; *oligosaccharides* are molecules formed by a few monosaccharide units; *polysaccharides* are polymers formed from tens up to thousands and more monosaccharide units.

A monosaccharide containing an aldehyde group is termed *aldose*; if it contains a ketone group it is termed *ketose*. According to the number of carbon atoms, monosaccharides are divided into *trioses, tetroses, pentoses* and *hexoses* etc. In solution, monosaccharides with five and six carbon atoms tend to cyclize: the aldehyde group (or ketone group) reacts with an alcohol group to form a cyclic hemiacetal (or hemiketal) giving rise to two new optical isomers, called *anomers*.

Molecules, such as glyceraldehydes, that contain at least one carbon atom bound to four different substituents (called asymmetric carbon) form a pair of *optical isomers*, each of which are *enantiomers*: mirror images of each other, termed D (right) or L (left) according to the Fischer convention.

Disaccharides are formed from two monosaccharide molecules linked by the *O-glycosidic* bond: the reaction involves the condensation of two alcohol functional groups with the elimination of a molecule of water. Maltose (in cereals), sucrose (table sugar) and lactose (in milk) are important disaccharides.

▶ Polysaccharides

Many monosaccharide molecules binding through glycosidic bonds lead to the formation of polysaccharides: *homopolysaccharides* contain one type of monosaccharide, *heteropolysaccharides* contain two or more different types of monosaccharide. Polysaccharides are also divided according to the branching of their molecules: straight chain or branched chain.

Starch (in plants), *glycogen* (in animals), *cellulose* (in vegetal cells) and *chitin* (in the exoskeleton of crustaceans and insects) are important homopolysaccharides. *Glycosaminoglycans* (GAGs) are natural heteropolysaccharides made of repeating disaccharide units: glucose, galactose and also monosaccharide derivatives such as amino sugars, uronic acids (glucuronic acid) and sugars containing sulfate groups.

▶ Lipids

Lipids are a diverse group of substances whose common characteristic is being *insoluble in water and soluble in non-polar solvents* such as ether, chloroform and cyclohexane. Lipids play an important role in the living world: primarily as a source of energy; as constituents of all types of biological membranes; as coverings of the extensions of nerve cells facilitating the transmission of electrical pulses; as thermal insulation; and as the precursors of numerous biologically active molecules such as vitamins and hormones.

The structural heterogeneity of lipids necessitates their classification into *simple lipids* and *complex lipids*, whilst some molecules can be considered as *precursor* or *derived lipids*. Another classification distinguishes between *saponifiable* and *non-saponifiable lipids* according to whether they are able to make soaps or not.

Fatty acids are carboxylic acids with four or more carbon atoms: they are precursors of numerous lipids and are present in many natural lipids, mainly in the form of esters. Fatty acid chains may be *saturated*, if only single bonds are present, or *unsaturated* if one or more double bonds in the *cis* configuration are present. The latter being termed polyunsaturated fatty acids.

Triglycerides, or acylglycerols, are the main energy reserve of living organisms and are the fundamental constituents of adipose tissue in animals (in the form of *fats*) and the lipid stores of plants (called *oils*).

Phosphoglycerides, phospholipids containing a base skeleton of glycerol to which two fatty acids and a phosphate group are attached, are *amphiphilic* (or *amphipathic*) and have a marked tendency to form double layers when in contact with water; they are the main component of biological membranes.

Sphingolipids contain *sphingosine*, an amino alcohol and 18 carbon atoms: they are present in cell membranes and nervous tissue.

Steroids are lipids which base structure of the polycyclic saturated hydrocarbon *cyclopentaphenanthrene*. *Cholesterol*, a 27-carbon atom compound, is the most abundant steroid in animal tissues.

▶ Vitamins and lipid derivatives

Lipid-soluble *vitamins* are lipid derivatives: they are defined as all the organic substances that are essential for the body in small amounts (*essential substances*).

2.1 I monosaccaridi e i disaccaridi

1 ■ Che cos'è la biochimica e perché è importante studiarla?

2 ■ Qual è la composizione chimica dei carboidrati?

3 ■ Illustra le principali funzioni svolte dai carboidrati nel mondo vivente.

4 ■ Classifica i carboidrati in base alla loro complessità chimica.

5 ■ Indica il significato dei termini «aldoso» e «chetoso». Qual è la differenza fra le due classi?

6 ■ Qual è l'aldoso più semplice? Scrivine la formula di struttura.

7 ■ Perché esistono due forme molecolari di gliceraldeide e quale viene utilizzata dall'organismo?

8 ■ Qual è il meccanismo attraverso cui i monosaccaridi assumono una forma ciclica in soluzione?

9 ■ Perché il fruttosio, che è un esoso, forma un anello a cinque atomi e non assume invece una struttura piranosica come il glucosio?

10 ■ Scrivi le formule di struttura secondo Haworth di α-D-glucosio e β-D-glucosio.

11 ■ Il glucosio esiste in tre forme delle quali solo una è una poliidrossialdeide. Perché allora una soluzione acquosa di glucosio mostra sempre le reazioni tipiche delle aldeidi?

12 ■ Descrivi la formazione e la struttura di un legame *O*-glicosidico.

13 ■ Quali sono i principali disaccaridi di rilevanza biologica? Descrivine la composizione e la funzione nel mondo vivente.

14 ■ Scrivi la formula di struttura del maltosio.

15 ■ Indica i composti che si formano dalla digestione del saccarosio.

16 ■ Quali sono i monomeri ottenuti dalla digestione del lattosio?

2.2 I polisaccaridi

17 ■ Come possono essere classificati i polisaccaridi?

18 ■ Descrivi le relazioni esistenti fra amilosio, amilopectina e amido.

19 ■ Indica qual è il prodotto della digestione dell'amilosio e dell'amilopectina.

20 ■ Indica quale monosaccaride si produce dall'idrolisi completa dei seguenti polisaccaridi:
a) amido;
b) glicogeno;
c) cellulosa.

21 ■ Quali sono i legami *O*-glicosidici presenti nella molecola di amido?

22 ■ Qual è la funzione del glicogeno nel nostro corpo?

23 ■ Quali sono le differenze strutturali fra i polisaccaridi amido e glicogeno?

24 ■ Descrivi la composizione e la funzione della molecola di cellulosa.

25 ■ Perché il nostro organismo non è in grado di utilizzare la cellulosa come fonte di glucosio?

26 ■ Che cos'è la chitina?

27 ■ Quale tipo di molecola viene indicata con il termine «glicosamminoglicano»?

28 ■ Che cosa sono i proteoglicani?

2.3 I lipidi

29 ■ Qual è la caratteristica che accomuna tutte le molecole lipidiche?

30 ■ Classifica i lipidi in base alla complessità strutturale.

31 ■ Perché i lipidi rispetto ai carboidrati sono più solubili nei solventi organici?

32 ■ Che cosa sono gli acidi grassi? Scrivi la formula di un acido grasso generico.

33 ■ Qual è la differenza fra acidi grassi saturi, insaturi e polinsaturi?

34 ■ Scrivi la formula di struttura di almeno due acidi grassi saturi e due acidi grassi insaturi.

35 ■ Solo alcuni prodotti, come l'olio di mais, vengono definiti «poliinsaturi», anche se tutti i lipidi importanti dal punto di vista nutrizionale contengono gruppi C=O insaturi. Qual è dunque il significato del termine «insaturo»?

36 ■ Perché a parità di lunghezza di catena carboniosa i grassi vegetali presentano punti di fusione inferiori rispetto ai grassi animali?

37 ■ Qual è il significato della denominazione ω degli acidi grassi?

38 ■ Definisci il concetto di acido grasso essenziale.

39 ■ Come è costituito un trigliceride? Scrivi la formula di struttura generale di un trigliceride.

40 ■ Scrivi la struttura di un triacilglicerolo formato da acido palmitico, acido oleico e acido linoleico.

41 ■ In che cosa consiste una reazione di saponificazione?

42 ■ Scrivi la struttura dei prodotti dell'idrolisi completa del seguente triacilglicerolo:

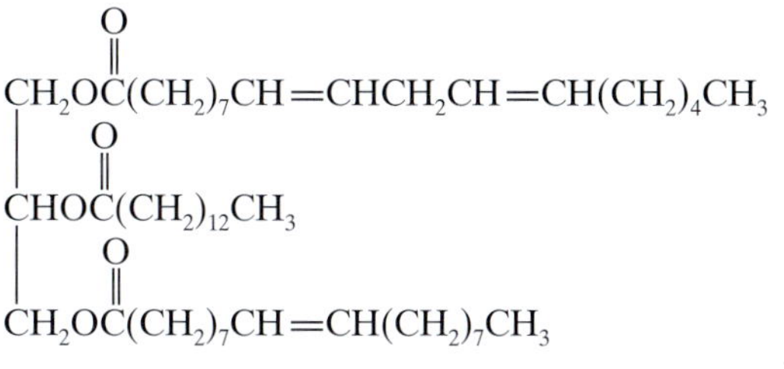

43 ■ Se il composto del problema 42 fosse saponificato, quali sarebbero i prodotti di reazione?

44 ■ Quali sono i costituenti di base di un fosfogliceride? Scrivi la formula di struttura generale di un fosfolipide.

45 ■ Spiega perché i fosfogliceridi sono particolarmente adatti a formare doppi strati.

46 ■ Quali parti delle molecole dei fosfogliceridi sono idrofobe? Quali sono invece idrofile?

47 ■ Scrivi la formula di struttura della sfingosina.

48 ■ Qual è la composizione delle sfingomieline? Quale importante ruolo giocano queste molecole nell'organismo?

49 ■ Da quale molecola organica deriva la struttura di base degli steroidi?

50 ■ Il colesterolo non è un estere ma è classificato come lipide. Perché?

51 ■ Scrivi la formula di struttura del colesterolo.

52 ■ Quali sono le principali funzioni svolte dal colesterolo nell'uomo?

2.4 Le vitamine e i derivati lipidici

53 ■ Quali sono le proprietà generali delle vitamine?

54 ■ Qual è il principio che consente di classificare le diverse vitamine?

55 ■ Descrivi le proprietà e le funzioni della vitamina A.

56 ■ Descrivi le proprietà e le funzioni della vitamina D.

57 ■ Qual è la definizione di ormone?

58 ■ Quali sono le principali ghiandole endocrine presenti nell'uomo?

59 ■ Quali ormoni possiedono natura lipidica?

60 ■ Descrivi le funzioni del cortisolo e dell'aldosterone.

61 ■ Descrivi le funzioni degli ormoni prodotti dalle gonadi maschili e femminili.

▸ Trattazione sintetica degli argomenti

Sviluppa i seguenti argomenti cercando di riportare gli aspetti più significativi in un testo di non più di 8-10 righe.

62 ■ Illustra brevemente come vengono classificati i carboidrati.

63 ■ Definisci le principali differenze tra le molecole dei polisaccaridi glicogeno, amido e cellulosa.

64 ■ Illustra le differenze tra lipidi saponificabili e insaponificabili, riportando gli esempi relativi.

Sviluppa i seguenti argomenti cercando di riportare gli aspetti più significativi in un testo di non più di 8-10 righe.

65 ■ Fai una sintesi sul ruolo di carboidrati e lipidi nella nostra alimentazione.

Leggi attentamente la traccia seguente; documentati se necessario e svolgi la prova curando l'esposizione e la terminologia.

66 ■ Le biomolecole sono i mattoni fondamentali che permettono la costruzione e il funzionamento di ogni essere vivente. Fai una panoramica delle biomolecole, descrivendone la struttura e la funzione.

20 esercizi interattivi

Capitolo **3**

Le biomolecole: proteine e acidi nucleici

3.1 LE PROTEINE

▶ FUNZIONI DELLE PROTEINE

GLOSSARY
Protein:
a large peptide containing fifty or more amino acids residues.

nota
A sottolineare l'importanza delle proteine nei sistemi viventi c'è il termine **proteina**, che deriva dal greco *protos* e significa «primo».

Le **proteine** appartengono a una vasta famiglia di biomolecole ampiamente diffuse in natura che rappresentano una buona parte della massa del corpo umano. Queste sono presenti in tutte le cellule e in tutti gli organuli intracellulari, dove partecipano a numerosi importanti processi fisiologici. Per portare qualche esempio della diversità delle **funzioni** svolte dalle proteine, la loro presenza conferisce resistenza meccanica alla pelle, alle unghie, ai tendini e ai legamenti e consente la contrazione muscolare; alcune proteine formano la matrice su cui si organizzano i componenti minerali delle ossa e dei denti. Le proteine, inoltre, agiscono come catalizzatori, molecole segnale, trasportano l'ossigeno e altre sostanze nel sangue, favoriscono l'eliminazione dei prodotti di rifiuto del metabolismo e svolgono funzioni difensive. In questo senso, le proteine sono l'unico gruppo di biomolecole a possedere una gamma tanto ampia di funzioni diverse nei sistemi viventi (FIGURA ■ 3.1 e TABELLA ■ 3.1).

Le proteine sono costituite da unità strutturali di base chiamate **amminoacidi** che si associano fra loro a formare *catene polipeptidiche*.

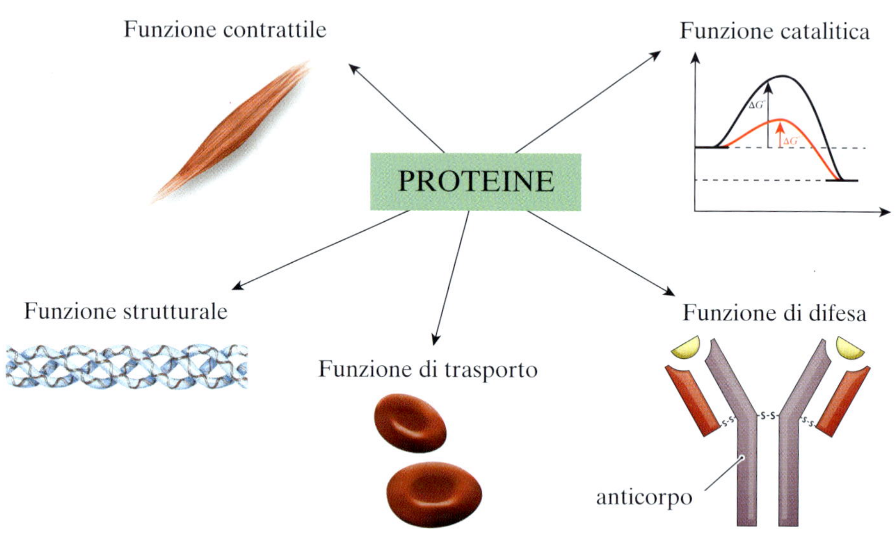

FIGURA 3.1 ■ Alcune delle principali funzioni delle proteine.

Oltre alla componente polipeptidica, la maggior parte delle proteine presenta anche piccole molecole organiche e/o ioni metallici che consentono lo svolgimento della funzione specifica (FIGURA ■ 3.2). Le proteine costituite esclusivamente dalla componente polipeptidica sono definite **proteine semplici**; quelle in cui sono presenti anche porzioni non polipeptidiche, note come *gruppi prostetici*, sono dette **proteine coniugate** (TABELLA ■ 3.2).

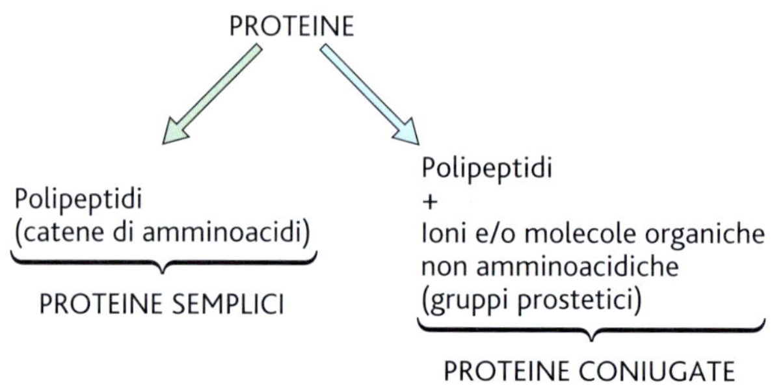

FIGURA 3.2 ■ Le proteine costituite unicamente dalla porzione polipeptidica vengono denominate proteine semplici; le proteine in cui sono presenti anche gruppi prostetici si definiscono proteine coniugate.

Le proteine che svolgono la propria funzione in soluzione hanno una struttura compatta e vengono definite **proteine globulari**. Le proteine che svolgono funzioni strutturali sono prevalentemente insolubili, hanno una struttura allungata e sono dette **proteine fibrose**.

TABELLA 3.1 ■ Le proteine svolgono numerose funzioni di fondamentale importanza negli organismi viventi.

Classe	Funzione	Esempio
Enzimi	Sono catalizzatori biologici, ossia aumentano la velocità delle reazioni chimiche che avvengono nell'organismo.	Pepsina: catalizza la degradazione delle proteine alimentari.
Ormoni	Coinvolgimento nella segnalazione chimica tra organi. Prodotti dalle ghiandole endocrine, gli ormoni portano un messaggio alle cellule bersaglio che rispondono in maniera altamente specifica.	Insulina: riduce la concentrazione di glucosio nel sangue (azione ipoglicemizzante), favorendo l'utilizzazione metabolica del glucosio da parte delle cellule.
Proteine di difesa	Costituiscono i sistemi di difesa dell'organismo umano.	Anticorpi: proteine circolanti che si legano specificamente a molecole estranee, favorendone l'eliminazione.
Proteine di attacco	Rappresentano sistemi di offesa in organismi diversi dall'uomo.	Veleni di insetti e serpenti. Tossine batteriche e fungine.
Proteine contrattili	Proteine che costituiscono i tessuti contrattili dell'organismo umano.	Actina e miosina: le proteine contrattili del muscolo.
Proteine strutturali	Costituiscono l'impalcatura dell'organismo umano, a livello sia extracellulare sia intracellulare.	Collageno (o collagene): la principale proteina extracellulare contenuta nel tessuto connettivo, cui conferisce resistenza alla trazione.
Proteine di trasporto	Proteine la cui funzione è il trasporto di sostanze nell'organismo, anche attraverso le membrane.	Emoglobina: proteina del sangue che trasporta l'ossigeno.
Proteine di deposito	Proteine che costituiscono una riserva di principi nutritivi.	Ovalbumina: proteina dell'albume d'uovo con funzione di nutrizione per l'embrione.
Proteine recettoriali	Proteine che svolgono la funzione di recettori sulla membrana cellulare o nel citosol (liquido intracellulare).	Recettore dell'insulina: proteina di membrana che lega l'insulina. Consente la propagazione del messaggio ormonale all'interno della cellula bersaglio.
Proteine adattatrici	Proteine implicate nell'organizzazione della segnalazione intracellulare.	Shc: proteina adattatrice che consente l'attivazione di specifiche vie di segnalazione intracellulari.

TABELLA 3.2 ■ Le principali classi di proteine coniugate.

Classe	Gruppo prostetico	Esempi
Lipoproteine	Lipidi	Chilomicroni, lipoproteine LDL, *Low Density Lipoprotein*, e HDL, *High Density Lipoprotein* (deputate al trasporto del colesterolo).
Glicoproteine	Carboidrati	Recettore del glucagone, immunoglobuline, numerose proteine di membrana, collageno.
Fosfoproteine	Gruppi fosfato	Caseina del latte, numerosi enzimi sottoposti a regolazione per mezzo di fosforilazione.
Emoproteine	Gruppo eme (ferro porfirina)	Emoglobina, mioglobina, citocromi di vario tipo.
Flavoproteine	Nucleotidi flavinici	Succinato deidrogenasi, D-amminoacido ossidasi, glicerofosfato deidrogenasi, altri enzimi flavinici.
Metallo proteine	Calcio Ferro Rame Zinco	Calmodulina, trombina, altri enzimi. Ferritina, proteine ferro-zolfo, enzimi ferro-dipendenti. Superossido dismutasi, citocromo *c* ossidasi, altri enzimi. Alcol deidrogenasi, carbossipeptidasi A, altri enzimi.

per saperne di più

1 Le proteine plasmatiche

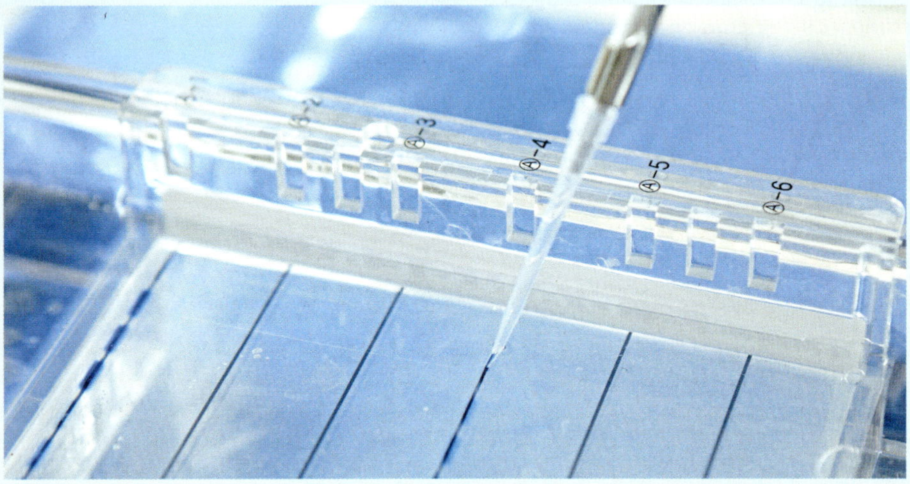

FIGURA A ■ Dispositivo per elettroforesi: il recipiente contiene una soluzione salina nella quale viene immerso il supporto su cui è disposto il campione da analizzare; il campo elettrico è generato dai due elettrodi.

Il sangue che scorre nel sistema cardiovascolare può essere separato mediante centrifugazione in una parte figurata, costituita dalle cellule ematiche (eritrociti o globuli rossi, leucociti o globuli bianchi e piastrine), e una parte liquida – detta *plasma* – costituita da acqua, sali, piccole molecole organiche nutrienti quali glucosio e amminoacidi, scorie metaboliche e proteine. Queste ultime, note come **proteine plasmatiche**, rappresentano un insieme complesso di macromolecole di diverse forme e dimensioni che svolgono funzioni rilevanti per l'intero organismo. Le proteine plasmatiche, la cui concentrazione nel plasma oscilla intorno a 7-8 g/100 mL, possono essere separate grazie all'impiego di una tecnica detta *elettroforesi*, di cui riparleremo nel capitolo 5, che consiste nel sottoporre un campione di plasma, disposto su un opportuno supporto, all'azione di un campo elettrico (FIGURA ■ A).

In queste condizioni, le diverse proteine che compongono il campione si muoveranno sul supporto con velocità diversa a seconda della loro carica elettrica di superficie. Alla fine, la miscela risulterà separata in cinque classiche bande: albumina, α_1-, α_2-, β- e γ-globuline. La banda delle β-globuline viene talvolta suddivisa in due sottobande: β_1 e β_2. La FIGURA ■ B illustra il profilo del tracciato elettroforetico normale; l'area sottostante le bande riflette la concentrazione proteica.

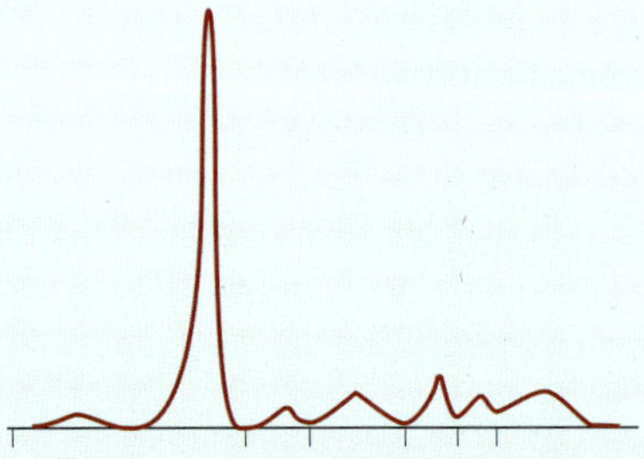

FIGURA B ■ Profilo elettroforetico normale delle proteine plasmatiche; l'area sottostante ciascuna banda riflette la concentrazione proteica.

Ciascuna banda comprende più proteine diverse. L'albumina è la proteina plasmatica più rappresentata, fino al 60-65% del totale. È prodotta dal fegato e svolge numerose funzioni: dal mantenimento della pressione colloido-osmotica del sangue al trasporto di metaboliti apolari, quali acidi grassi, farmaci e bilirubina, al legame di sostanze ossidanti e antiossidanti. Le γ-globuline comprendono le immunoglobuline (Ig), ossia gli anticorpi prodotti dalle cellule del sistema immunitario in difesa dell'organismo.

L'esame del profilo elettroforetico delle proteine plasmatiche è un utile strumento diagnostico in medicina. I tracciati riportati nella FIGURA ■ C sono indicativi di specifiche condizioni patologiche: sopra, la presenza di un picco sottile e intenso nella banda delle γ-globuline suggerisce una gammopatia monoclonale, condizione che si può verificare, per esempio, in corso di mieloma multiplo, un particolare tipo di tumore; sotto, la riduzione del picco delle albumine e il relativo aumento delle β- e γ-globuline suggeriscono la presenza di un danno epatico cronico, come in corso di cirrosi.

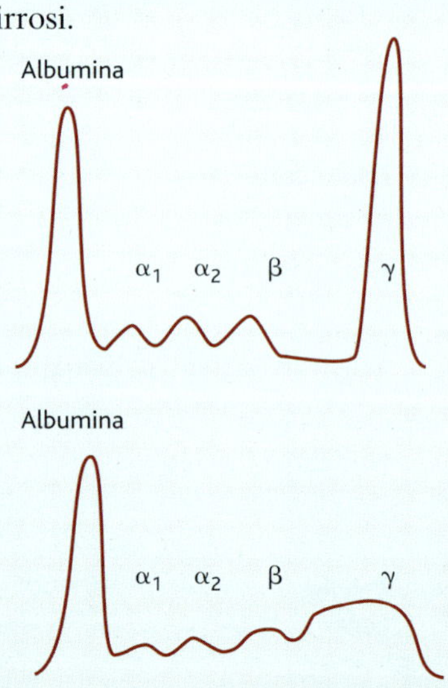

FIGURA C ■ Profilo elettroforetico della proteine plasmatiche in corso di gammopatia monoclonale (sopra) e cirrosi epatica (sotto).

Le proteine immerse nel doppio strato fosfolipidico delle membrane citoplasmatiche possiedono caratteristiche specifiche e sono dette **proteine di membrana** (FIGURA ■ 3.3).

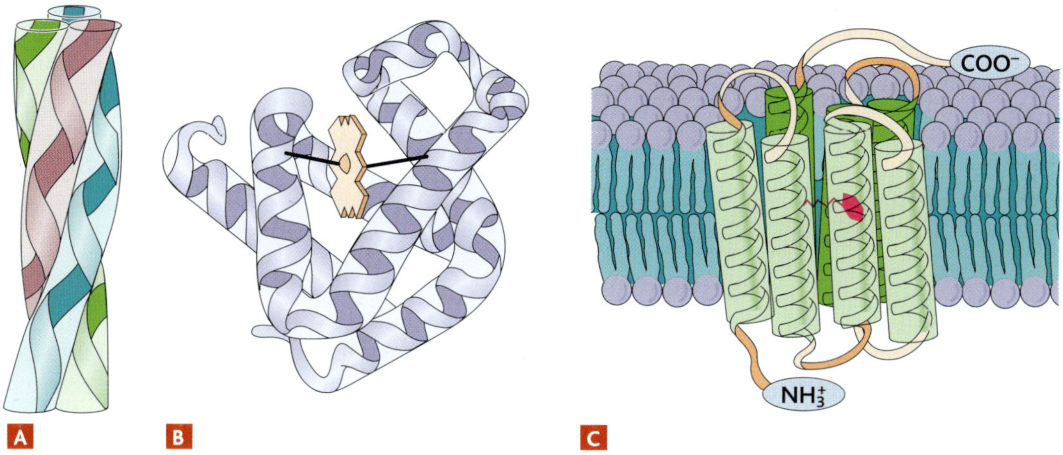

FIGURA 3.3 ■ Le diverse tipologie di conformazione delle proteine. (A) Proteine fibrose. (B) Proteine globulari. (C) Proteine di membrana.

▶ LE UNITÀ COSTITUTIVE DELLE PROTEINE: GLI AMMINOACIDI

Le unità strutturali delle proteine sono venti amminoacidi che mostrano caratteristiche comuni: tutti possiedono almeno un gruppo **carbossile** (—COOH) e un gruppo **ammino** (—NH_2). I due gruppi funzionali di queste molecole sono legati allo stesso atomo di carbonio, noto come *carbonio* α. Per questo i venti amminoacidi sono detti **α-amminoacidi** e hanno formula generale:

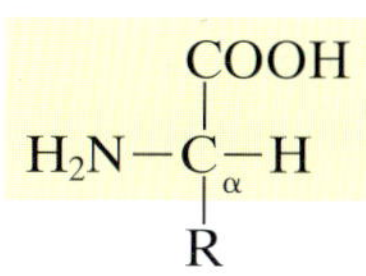

nota
In biochimica, gli atomi di carbonio di un acido carbossilico sono spesso indicati con lettere greche. Il carbonio α corrisponde al secondo atomo della catena, il carbonio β al terzo e così via. L'atomo di carbonio del gruppo carbossile (C-1) non viene denominato in alcun modo.

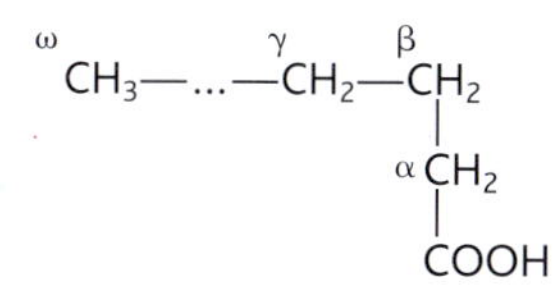

Il riquadro giallo della formula comprende la parte comune a tutti gli α-amminoacidi, che differiscono fra loro solo per la natura chimica del gruppo R, detto **catena laterale**. Tutti gli α-amminoacidi, tranne la glicina, possiedono quattro sostituenti diversi legati all'atomo di carbonio α che è quindi un *centro stereogenico*; la conseguenza è che ogni amminoacido esiste sotto forma di due isomeri ottici diversi (D e L):

α-L-amminoacido   α-D-amminoacido

Gli α-amminoacidi presenti nelle proteine appartengono sempre alla **serie L**. Solo nei batteri è possibile trovare amminoacidi della serie D che hanno, dunque, una rilevanza assai limitata in campo biologico.

Al valore di pH fisiologico (7,4) un amminoacido si presenta come *ione dipolare*. Questo deriva da una neutralizzazione interna causata dal trasferimento di un protone dal gruppo donatore acido, —COOH, al gruppo accettore basico, —NH_2.

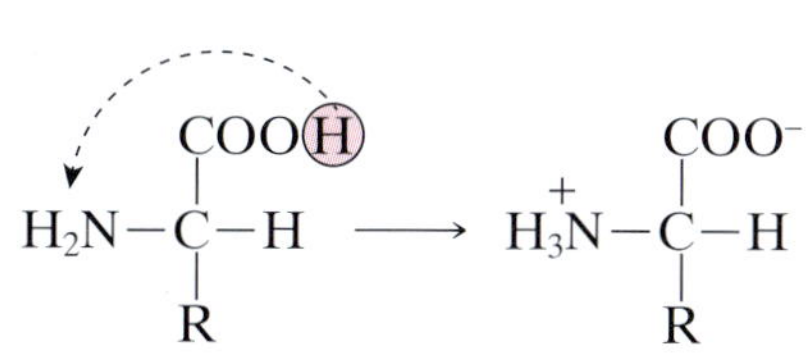

A valori di pH acido, un amminoacido presenta la carica positiva del gruppo —NH_3^+ e mostra il gruppo —COOH nella forma non dissociata; a valori di pH basico, al contrario, un amminoacido presenta la carica negativa del gruppo —COO^- e mostra il gruppo —NH_2 nella forma non dissociata.

nota
Il **gruppo carbossile**, —COOH, ha comportamento acido e cede un idrogenione all'acqua trasformandosi in —COO^-; il **gruppo ammino**, —NH_2, ha comportamento basico e acquista un idrogenione dall'acqua trasformandosi in —NH_3^+.

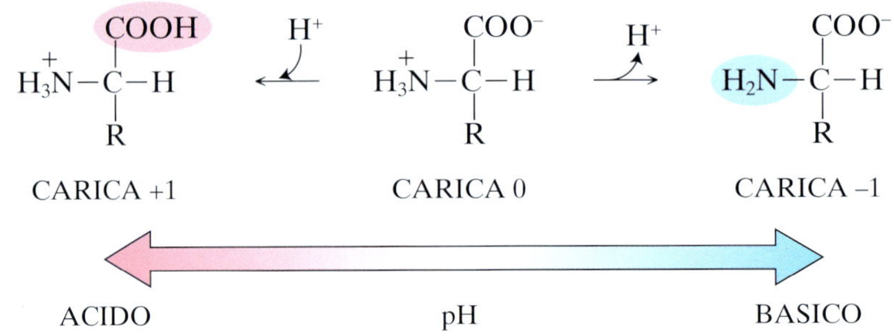

Ogni amminoacido ha il proprio **punto isoelettrico**, ossia il valore di pH a cui l'amminoacido risulta elettricamente neutro. Per la maggior parte degli α-amminoacidi, il punto isoelettrico è prossimo alla neutralità (pH = 7) anche se non coincide esattamente con essa.

▶ CLASSIFICAZIONE STRUTTURALE DEGLI α-AMMINOACIDI

I venti α-amminoacidi possono essere classificati in base alla polarità della loro catena laterale. Come si può osservare nella FIGURA ■ 3.4, alcuni hanno una catena apolare (idrofoba) altri una catena polare (idrofila). I primi possono essere aromatici (*fenilala-*

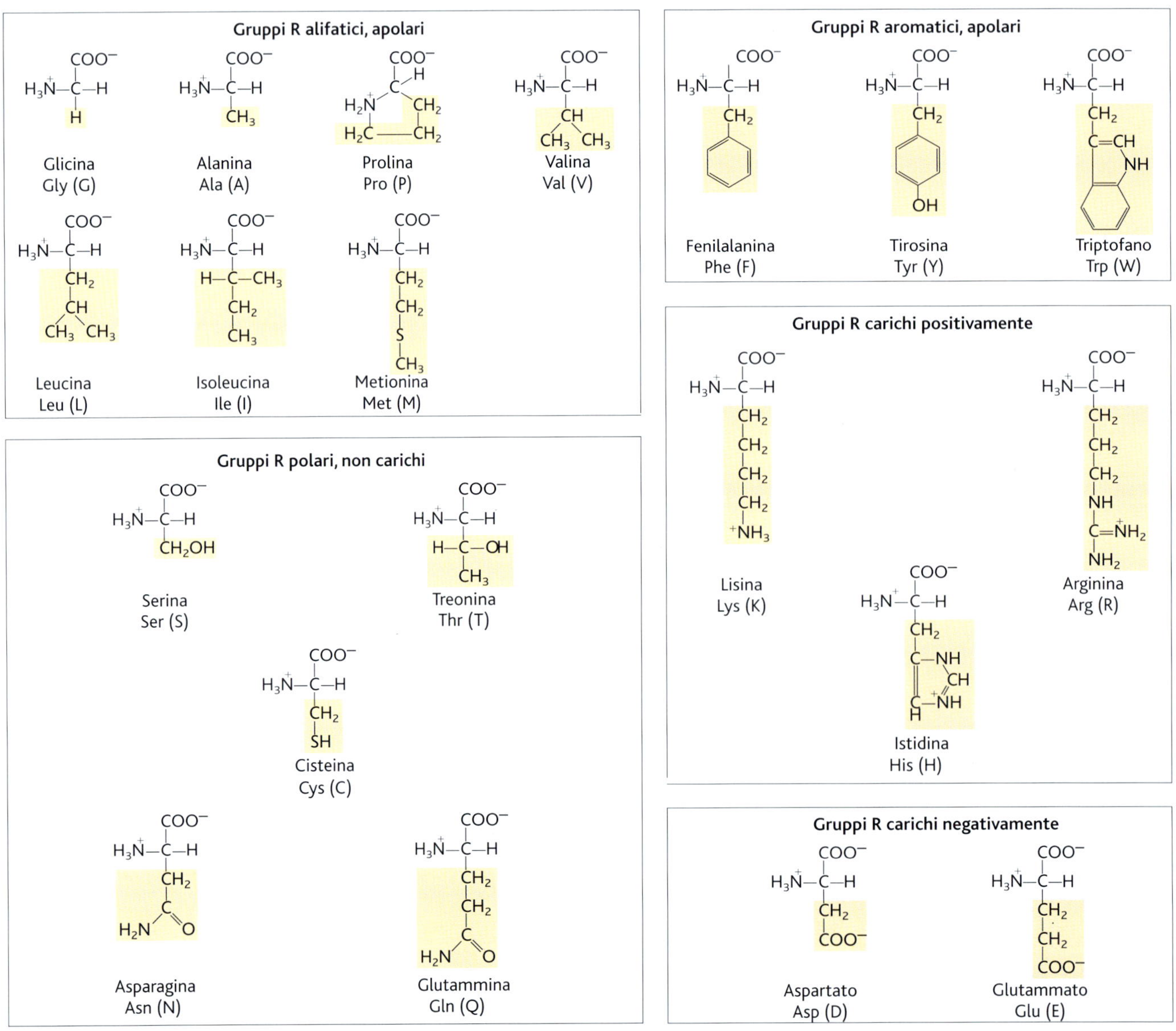

FIGURA 3.4 ■ Struttura dei venti α-amminoacidi che costituiscono le proteine. Le parti ombreggiate in giallo sono le catene laterali; sotto la struttura è indicato il nome e il codice a una e tre lettere di ogni amminoacido.

nina, *tirosina* e *triptofano*) o alifatici (*glicina*, *alanina*, *valina*, *leucina*, *isoleucina*, *metionina* e *prolina*). Fra gli amminoacidi polari, alcuni presentano un gruppo ionizzabile nella catena laterale: *lisina*, *arginina* e *istidina* sono amminoacidi basici con una carica positiva aggiuntiva, mentre *acido aspartico* (*aspartato*, nella forma ionizzata) e *acido glutammico* (*glutammato*, nella forma ionizzata) sono amminoacidi acidi con una carica negativa in più. *Serina*, *treonina*, *cisteina*, *asparagina* e *glutammina* sono amminoacidi a catena polare non ionizzabile. Si osservi che due amminoacidi, cisteina e metionina, contengono un atomo di zolfo.

Otto degli α-amminoacidi che costituiscono le proteine non possono essere sintetizzati nelle cellule del nostro organismo. Questi vengono detti **amminoacidi essenziali** e devono essere assunti con la dieta in quantità pari a circa 0,7-1,2 g al giorno. Sono essenziali i tre amminoacidi a catena ramificata (valina, leucina e isoleucina), due amminoacidi aromatici (fenilalanina e triptofano), lisina, metionina e treonina. Altri due amminoacidi, istidina e arginina, sono essenziali nel corso del primo anno di vita ma successivamente si sviluppano i sistemi deputati alla loro sintesi.

FISSA I CONCETTI
Una dieta vegetariana assicura il totale fabbisogno di amminoacidi essenziali all'organismo? E una dieta vegana?

▶ IL LEGAME PEPTIDICO

Dopo aver studiato gli amminoacidi e le loro proprietà, è necessario analizzare il modo con cui queste molecole si legano fra loro per formare catene polipeptidiche. In opportune condizioni, il gruppo carbossile di un amminoacido si lega al gruppo α-ammino di un secondo amminoacido con perdita di una molecola di acqua.

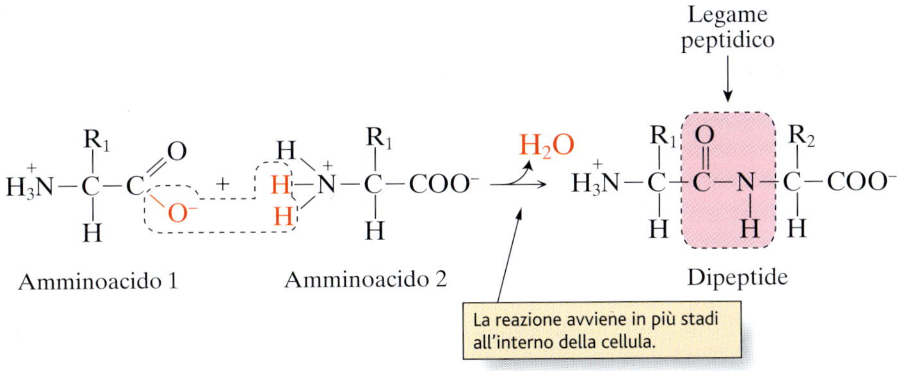

Il particolare tipo di legame ammidico che si forma fra i due amminoacidi è noto come **legame peptidico**.

Si genera così una nuova molecola che prende il nome di **dipeptide**. Se il primo amminoacido fosse una molecola di alanina e il secondo una molecola di serina, otterremmo il dipeptide *alanilserina*, la cui struttura è illustrata nella FIGURA ■ 3.5.

Se, al contrario, i due amminoacidi fossero considerati in posizione invertita, otterremmo il dipeptide *serilalanina*. Possiamo immaginare che la formazione di questi due dipeptidi corrisponda alla composizione di una parola formata dalle lettere A e D; in un caso abbiamo AD mentre nell'altro DA. Sebbene le due parole siano formate dalle stesse lettere, il loro ordine è diverso come il loro significato.

nota
La lunghezza di un legame semplice C—N è 1,46 Å; la lunghezza di un doppio legame C=N è 1,27 Å. Il legame peptidico, di lunghezza intermedia, pari a 1,32 Å, ha parziali caratteristiche di doppio legame.

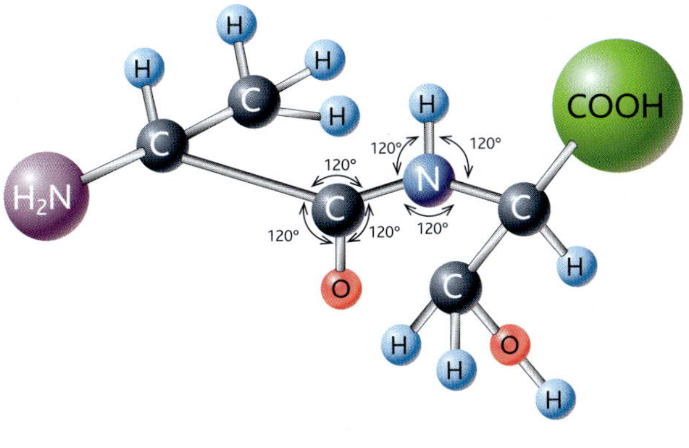

FIGURA 3.5 ■ Struttura del dipeptide alanilserina, formato dagli amminoacidi alanina e serina. Sono riportati gli angoli dei legami per evidenziare il parziale carattere di doppio legame del legame peptidico. Ciò ha due conseguenze: il legame peptidico è rigido e tutti gli atomi coinvolti nella sua formazione giacciono sullo stesso piano (vedi Scheda 2).

Ogni dipeptide presenta un gruppo —NH_3^+ a un'estremità e un gruppo —COO^- all'altra. Entrambe le estremità del dipeptide possono perciò formare un altro legame peptidico con uno qualsiasi dei venti amminoacidi. Per esempio, se l'alanilaspartato si combinasse con la tirosina otterremmo un *tripeptide* con la sequenza Ala-Asp-Tyr (alanilaspartiltirosina). Il tripeptide continuerebbe a presentare un gruppo —NH_3^+ e uno —COO^- alle due estremità e potrebbe reagire ulteriormente per formare un tetrapeptide. L'aggiunta di amminoacidi successivi porta sempre a un prodotto con i gruppi —NH_3^+ e —COO^- liberi alle due estremità. Non è quindi difficile comprendere come si possa generare una sequenza molto lunga con un ordine caratteristico degli amminoacidi:

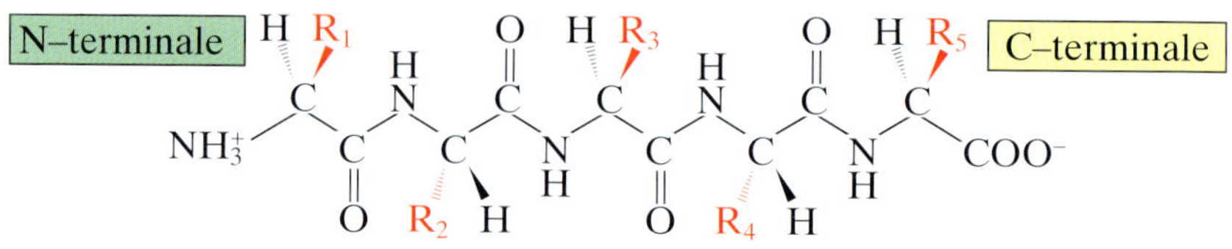

Dopo che si sono formati tutti i legami peptidici, gli unici gruppi ionizzabili presenti in una catena polipeptidica sono quelli eventualmente presenti nelle catene laterali (R), oltre ai gruppi α-ammino (—NH_3^+) e α-carbossile (—COO^-) liberi alle due estremità della molecola. Questi ultimi, per convenzione, sono considerati, rispettivamente, l'inizio e il termine della catena e i rispettivi amminoacidi vengono detti **N-terminale** e **C-terminale**. Ogni unità amminoacidica inserita all'interno della catena polipeptidica viene indicata come *residuo*. Qualsiasi polipeptide presenta sempre una catena principale, o scheletro covalente, costituita dalla successione di legami peptidici con le catene laterali disposte esternamente.

▶ STRUTTURA PRIMARIA DELLE PROTEINE

Nel caso delle proteine si riconoscono più livelli di organizzazione strutturale che, in base a un criterio essenzialmente gerarchico, possono essere distinti in quattro tipologie, come è mostrato nella FIGURA ■ 3.6.

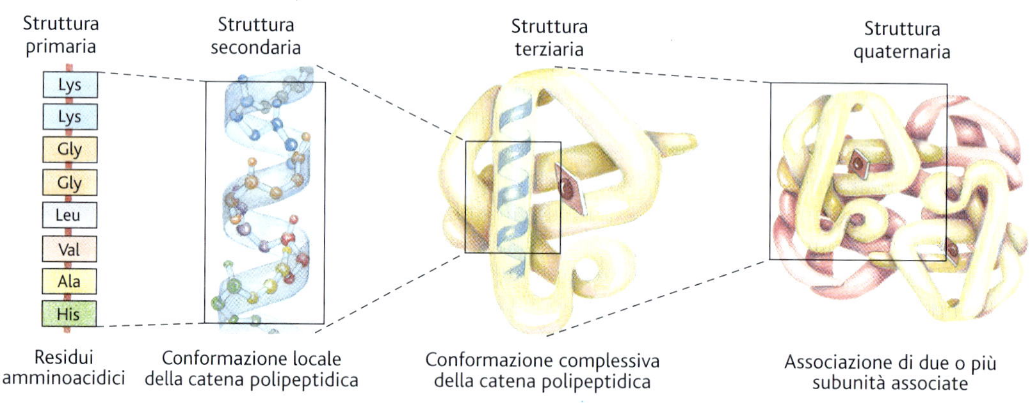

FIGURA 3.6 ■ I quattro livelli strutturali delle proteine.

La **struttura primaria** di una proteina non è altro che l'ordine con cui gli amminoacidi si susseguono nella catena polipeptidica. In breve, la struttura primaria si identifica con la sequenza degli amminoacidi della proteina.

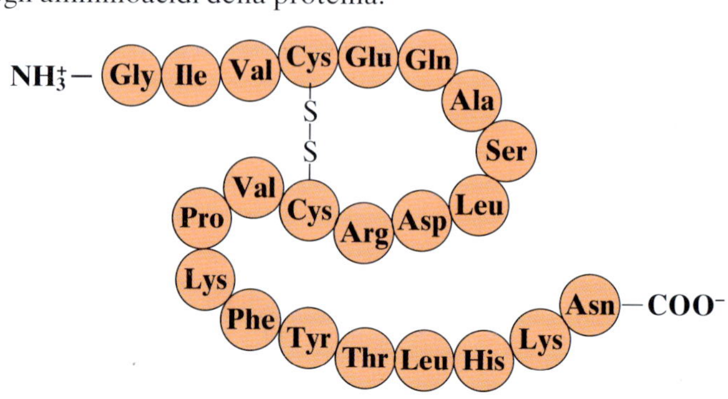

La struttura primaria di una proteina è codificata in un gene sotto forma di triplette di nucleotidi, ognuna delle quali corrisponde a uno specifico amminoacido. Dunque, l'ordine degli amminoacidi non è casuale, ma è rigorosamente immutabile per ogni particolare proteina di un organismo. Così, per esempio, l'albumina ha in tutti gli individui appartenenti a una data specie sempre la stessa composizione e lo stesso ordine degli amminoacidi.

Lo studio comparativo sulle differenze di sequenza che si osservano fra le molecole di una medesima proteina isolata da organismi di specie diverse consente di ottenere informazioni sull'**evoluzione molecolare** della proteina stessa, fornendo importanti indicazioni sull'evoluzione biologica delle specie studiate (FIGURA ■ 3.7).

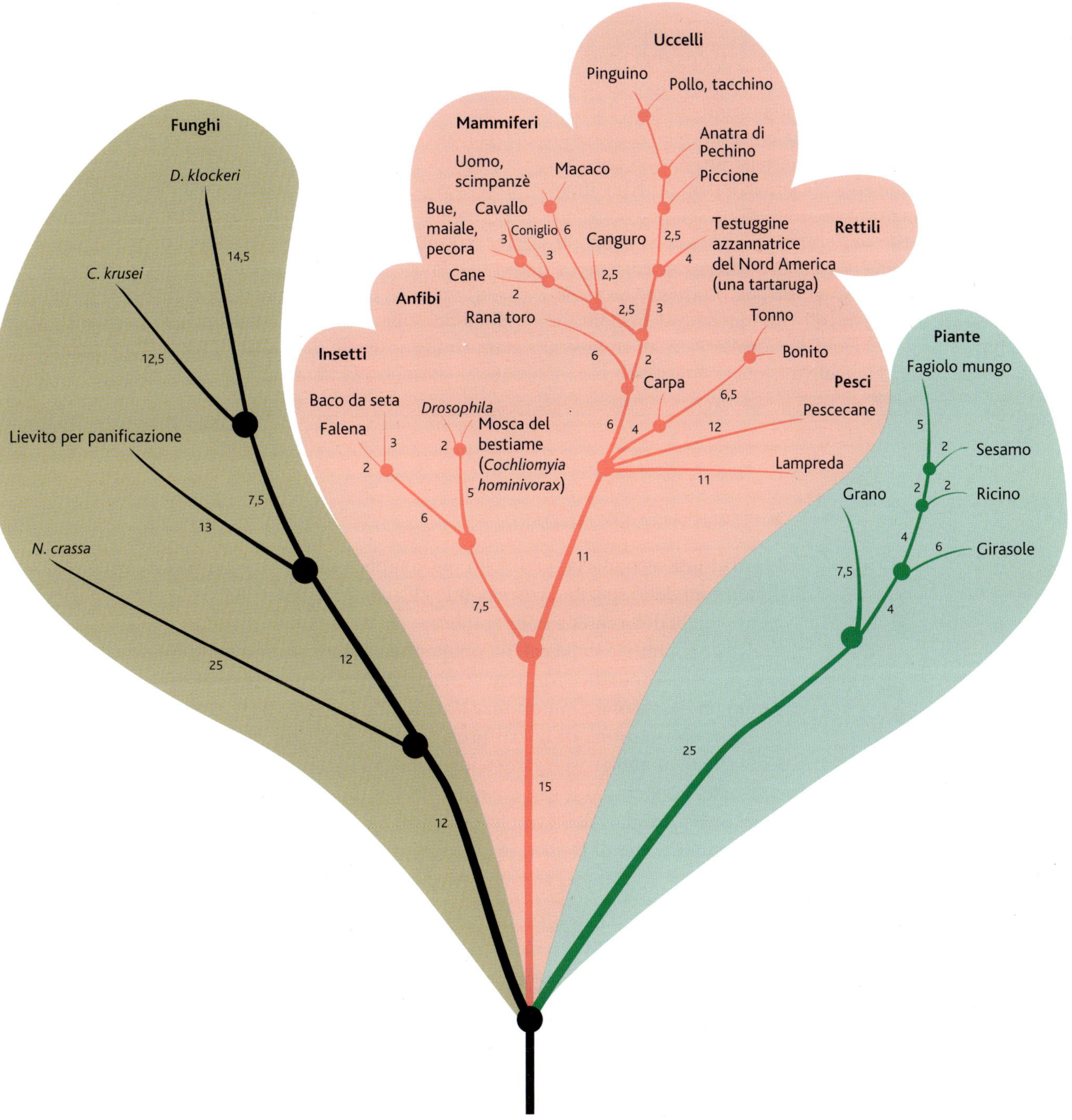

FIGURA 3.7 ■ Albero filogenetico che mostra l'evoluzione molecolare del citocromo c, una proteina contenuta nei mitocondri. Alberi di questo tipo vengono costruiti in base alle differenze nella struttura primaria della proteina in esame, proveniente da specie diverse. I numeri nella figura indicano le differenze di amminoacidi tra una forma di citocromo c e il suo ipotetico antenato, rappresentato dal pallino colorato presente sulla biforcazione di ogni ramificazione.

per saperne di più

2 Libertà conformazionale della catena polipeptidica

Il legame peptidico che unisce fra loro due amminoacidi si trova in una condizione intermedia fra due possibili forme tautomere che danno risonanza:

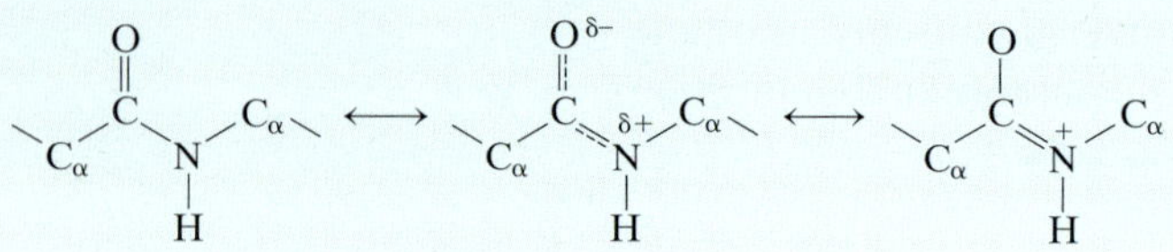

La formula al centro mostra l'esistenza di un parziale doppio legame fra l'atomo di carbonio e l'atomo di azoto. In effetti, gli atomi C e N coinvolti nel legame hanno entrambi ibridazione sp^2 con geometria triangolare planare. In virtù di questa caratteristica, il legame peptidico è rigido, ossia non esiste la possibilità di rotazione attorno ad esso. Lo stesso legame peptidico è planare in quanto tutti gli atomi coinvolti nella sua formazione giacciono sullo stesso piano. Da un punto di vista conformazionale, la catena polipeptidica ha dunque la sola possibilità di ripiegarsi e di assumere una forma nello spazio grazie alla rotazione che avviene attorno ai legami singoli che uniscono il carbonio α all'atomo di azoto (angolo torsionale Φ) e all'atomo di carbonio carbonilico (angolo torsionale Ψ) (FIGURA ■ A).

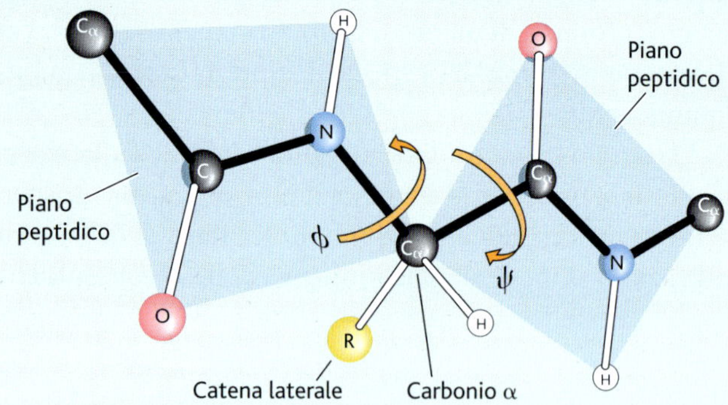

FIGURA A ■ La rotazione dei piani intorno al carbonio α è fondamentale per il processo di folding delle proteine.

Ogni coppia di valori degli angoli torsionali Φ e Ψ genera una particolare disposizione spaziale degli atomi che costituiscono la catena polipeptidica a quel livello. Il ricercatore indiano G. Ramachandran ha studiato in modo sistematico tutte le possibili combinazioni di angoli Φ e Ψ osservando che la maggior parte di queste non dà luogo a conformazioni possibili a causa di interferenze steriche fra gli atomi, soprattutto quelli delle catene laterali. La struttura tridimensionale delle proteine è una conseguenza di questi vincoli conformazionali.

▶ STRUTTURA SECONDARIA

La **struttura secondaria** è il livello più semplice di ripiegamento della catena nelle tre dimensioni dello spazio e corrisponde alla conformazione locale assunta da tratti più o meno lunghi della catena polipeptidica.

Regioni limitate della catena polipeptidica si avvolgono nello spazio tridimensionale in maniera ordinata a formare elementi di struttura secondaria molto regolari, fra cui hanno una particolare importanza l'α-*elica* e il *foglietto*-β (FIGURA ■ 3.8).

La conformazione di questi brevi tratti di struttura secondaria è stabilizzata dalla formazione di numerosi legami a idrogeno fra i gruppi C=O e N—H della catena principale del polipeptide. I vari elementi di struttura secondaria sono collegati fra loro da tratti meno ordinati della catena polipeptidica che assumono un andamento ad ansa e prendono il nome di β-*turn*, se costituiti da pochi amminoacidi, o *loop*, se di maggior lunghezza.

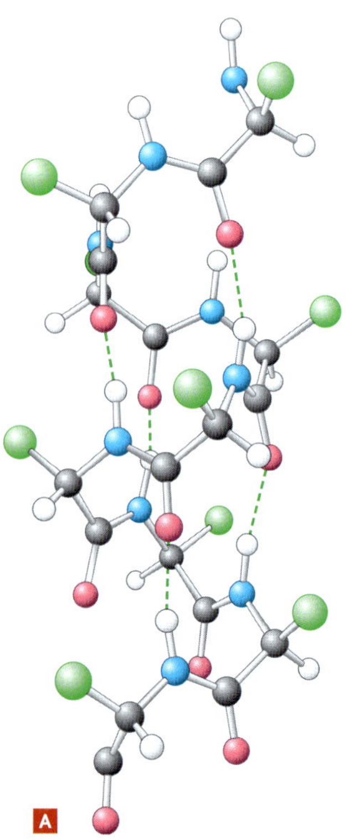

A

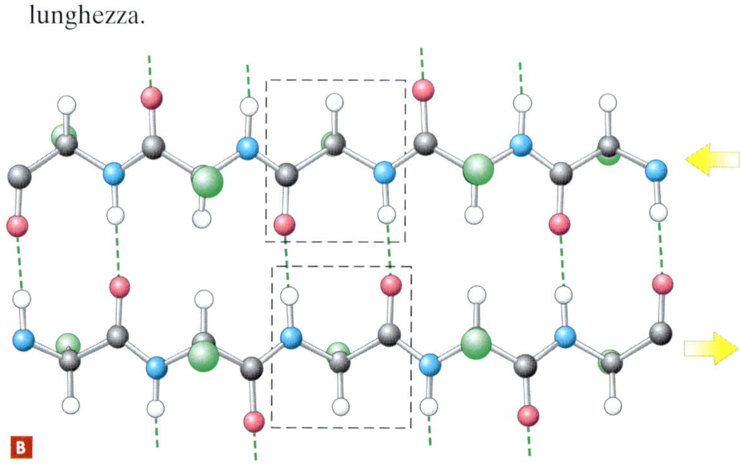

B

FIGURA 3.8 ■ (A) La struttura ad α-elica è stabilizzata da legami a idrogeno tra gruppi NH e gruppi C=O. (B) Nella struttura a foglietto-β i tratti di catena polipeptidica sono tenuti insieme da legami a idrogeno tra gruppi NH e gruppi C=O di filamenti diversi.

In base al contenuto di struttura secondaria, le proteine possono essere raggruppate in tre grandi classi: α, β e α/β. Nelle **proteine α**, come il citocromo *c*, predomina la struttura ad α-elica; nelle **proteine β**, come la fibroina della seta, predomina la struttura a foglietto-β; nelle **proteine α/β**, le più diffuse in natura, si trova una miscela dei due tipi di struttura secondaria (FIGURA ■ 3.9). In tutti questi tipi di proteine, i diversi elementi di struttura secondaria sono collegati fra loro da β-turn e loop.

FIGURA 3.9 ■ (A) Modello computerizzato del citocromo c, una proteina trasportatrice di elettroni costituita quasi esclusivamente da struttura ad α-elica. Al centro dell'immagine, è visibile il gruppo prostetico eme con l'atomo di ferro colorato di rosso. (B) La fibroina della seta, costituente delle fibre prodotte dai ragni e dai bachi da seta, presenta quasi esclusivamente struttura a foglietto-β. (C) Modello computerizzato dell'enzima triosofosfato isomerasi, composto da un insieme di elementi strutturali ad α-elica e foglietto-β. Le regioni ad α-elica sono rappresentate da spirali; le regioni a foglietto-β sono rappresentate da frecce; le regioni di collegamento sono rappresentate dalle porzioni filiformi.

▶ STRUTTURA TERZIARIA

La **struttura terziaria** di una proteina è la specifica conformazione complessiva della catena polipeptidica. Questa è il risultato del ripiegamento nello spazio tridimensionale dell'intera catena e comprende l'insieme di tutti gli elementi di struttura secondaria.

In generale, il ripiegamento della catena porta alla segregazione degli amminoacidi con catena laterale apolare all'interno della molecola (*core idrofobo*), in modo che questi siano separati dalle molecole d'acqua, e all'esposizione di quelli polari sulla superficie esterna della molecola, a contatto con il solvente acquoso. Nel complesso, il ripiegamento tridimensionale della catena fa sì che elementi di struttura secondaria vengano a trovarsi vicini l'uno all'altro, in modo che le catene laterali degli amminoacidi possano interagire fra loro generando *legami deboli* (interazioni idrofobe, interazioni di Van der Waals, legami a idrogeno e legami ionici), che contribuiscono a stabilizzare la conformazione tridimensionale della proteina. In alcuni casi, possono formarsi legami covalenti come i legami disolfuro (S-S) fra due catene laterali di cisteina che, pur lontane nella sequenza amminoacidica, vengono a trovarsi vicine a causa del ripiegamento spaziale della catena (FIGURA ■ 3.10).

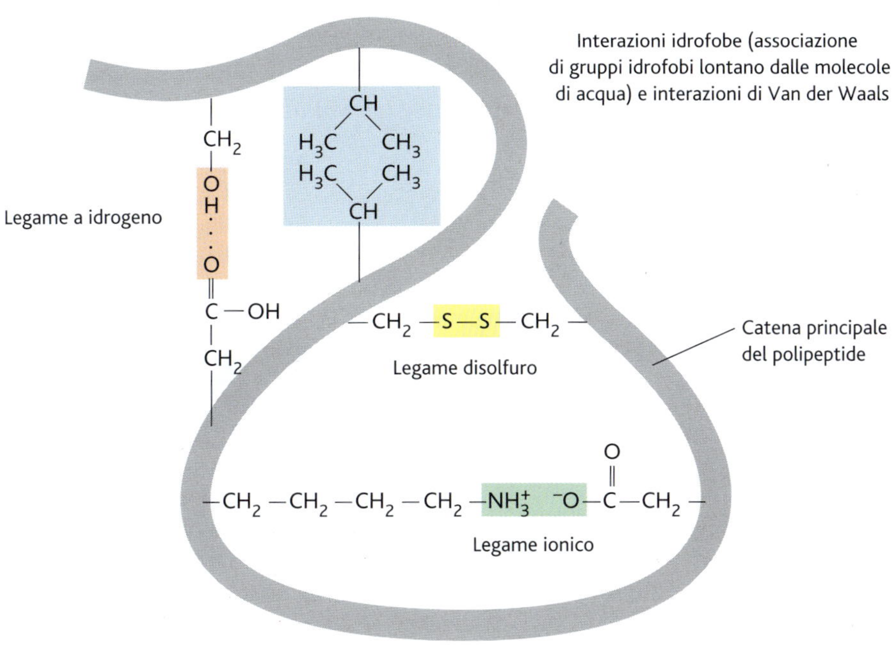

FIGURA 3.10 ■ Alcune delle principali interazioni che stabilizzano la struttura terziaria delle proteine. Queste coinvolgono sempre le catene laterali degli amminoacidi.

nota
Due gruppi sulfidrile (o tiolo), —SH, possono reagire fra loro per formare un **legame disolfuro**.

R—SH + HS—R′
Tiolo 1 Tiolo 2

OSSIDAZIONE ↓ → H_2

R—S—S—R′
Legame disolfuro

per saperne di più

3 Folding delle proteine e malattie amiloidi

Dopo che una proteina è stata sintetizzata sui ribosomi della cellula in base alle informazioni contenute nelle molecole di RNA messaggero, essa deve assumere una struttura tridimensionale ben definita per poter svolgere la propria funzione biologica: tale struttura è unica e caratteristica per ciascun tipo di proteina e prende il nome di **conformazione nativa** (FIGURA ■ A).

Il processo cellulare con cui la catena polipeptidica appena sintetizzata assume la propria conformazione nativa funzionale prende il nome di **protein folding**. La cellula possiede una serie di strumenti molecolari, proteine note come *chaperoni*, che consentono alle catene polipeptidiche di ripiegarsi correttamente evitando di assumere conformazioni scorrette, potenzialmente pericolose. Le catene polipeptidiche che non assumono la conformazione nativa sono, di norma, riconosciute e indirizzate verso la distruzione da parte di un complesso sopramolecolare citosolico noto come *proteasoma*.

In alcuni casi, tuttavia, il materiale proteico si deposita sotto forma di materiale fibrillare ad azione tossica per cellule, tessuti e organi. Da questo processo derivano numerose patologie, dette **amiloidosi**, di particolare gravità e, spesso, con rilevante impatto socio-economico. Fra queste sono da ricordare la malattia di Alzheimer, quella di Parkinson e le encefalopatie spongiformi da prione che coinvolgono primariamente il sistema nervoso (FIGURA ■ B), ma anche patologie sistemiche che colpiscono più organi diversi come cuore, muscoli e fegato.

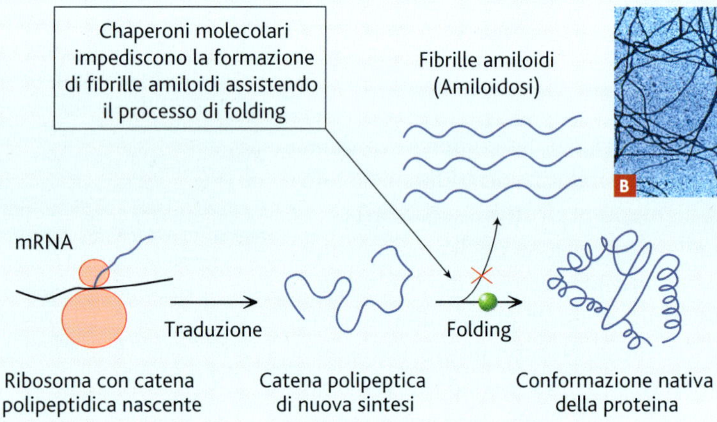

A

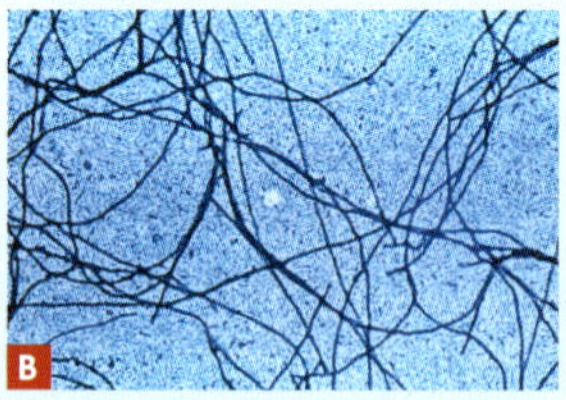

B

FIGURA A ■ Il processo di folding consente alle catene polipeptidiche di nuova sintesi di assumere la propria conformazione nativa. Chaperoni molecolari assistono il processo di folding (●) e impediscono la formazione delle fibrille amiloidi (✕).

FIGURA B ■ Microfotografia elettronica di depositi fibrillari proteici nel tessuto cerebrale di una persona affetta dalla malattia di Alzheimer.

▶ STRUTTURA QUATERNARIA

Molte proteine sono costituite da una sola catena polipeptidica e sono in grado di svolgere perfettamente la propria funzione una volta che hanno acquisito la loro struttura terziaria. La maggior parte delle proteine, tuttavia, è formata *dall'associazione di due o più catene polipeptidiche* (dette «subunità») e si parla perciò di **struttura quaternaria**.

Le proteine che presentano struttura quaternaria sono dunque *multimeri* (FIGURA ■ 3.11): in alcuni casi, le catene polipeptidiche all'interno della stessa proteina sono uguali (*omomultimeri*), in altri casi sono diverse (*eteromultimeri*).

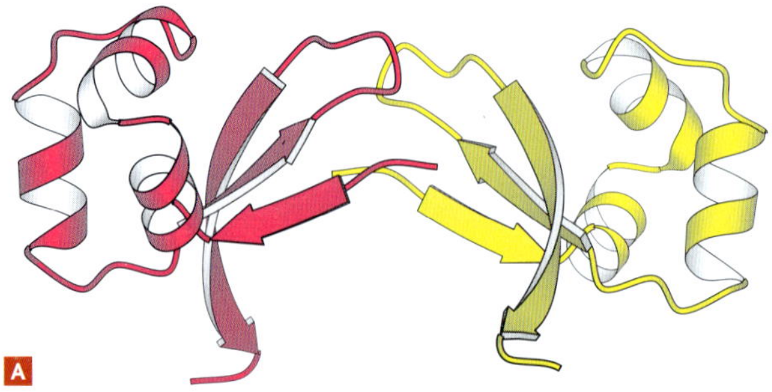

A

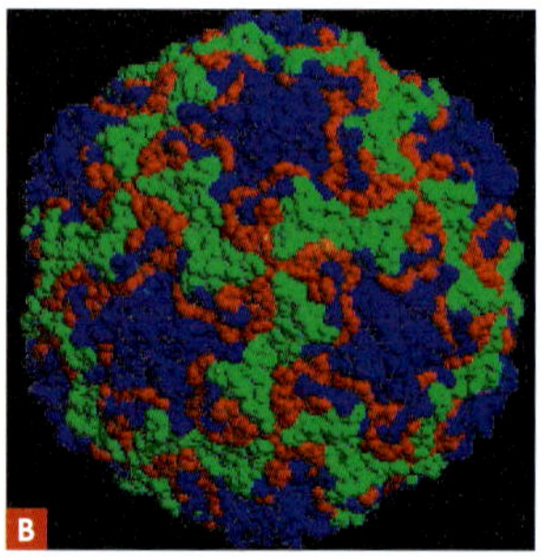

B

FIGURA 3.11 ■
(A) La proteina cro del fago λ (un virus) è formata da due subunità identiche (omodimero).
(B) Il rivestimento esterno del virus del raffreddore (capside) è un eteromultimero costituito da 60 copie di quattro subunità diverse.

Nella struttura quaternaria le subunità costitutive sono tenute assieme da interazioni non covalenti, spesso di natura idrofoba. In qualche caso, le catene sono associate da legami covalenti, come accade per esempio negli anticorpi o immunoglobuline le proteine che svolgono funzioni di difesa, in cui le catene leggere e le catene pesanti sono unite fra loro per mezzo di legami disolfuro (FIGURA ■ 3.12).

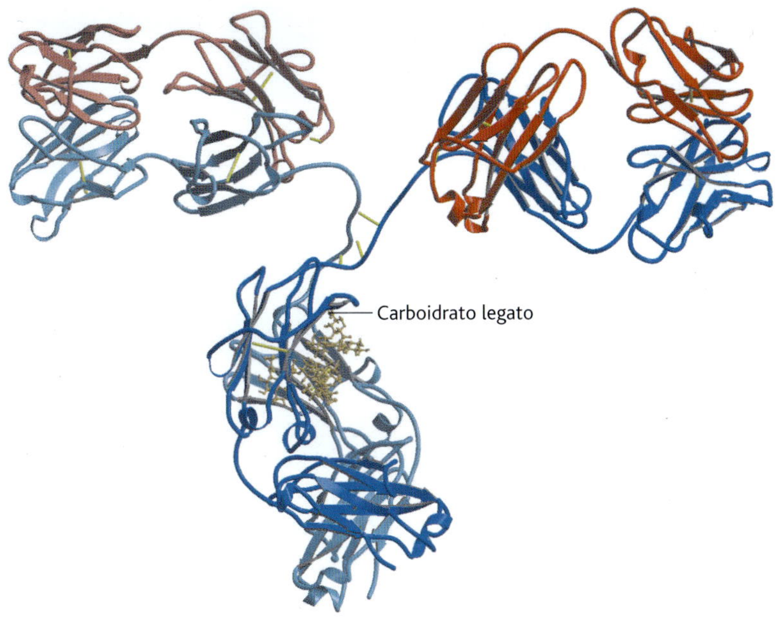

FIGURA 3.12 ■ Modello di una immunoglobulina G. Le catene leggere (in rosso) e le catene pesanti (in blu) sono unite da legami disolfuro (in giallo), così come le catene pesanti. Gli anticorpi agiscono legandosi specificamente a strutture estranee, definite antigeni, che in tal modo vengono eliminate più facilmente dall'organismo.

3.2 RAPPORTI STRUTTURA-FUNZIONE NELLE PROTEINE

▶ LA DENATURAZIONE DELLE PROTEINE

La conformazione nativa di una proteina è fondamentale nel determinare la funzionalità della proteina stessa. In particolare, la sostituzione di un solo residuo di una catena polipeptidica può determinare la produzione di una proteina con struttura tridimensionale alterata, non funzionante e causare, di conseguenza, una malattia. Per esempio, la sostituzione di un solo amminoacido di una proteina canale di membrana per lo ione cloruro genera una forma non funzionale della proteina stessa e causa la fibrosi cistica (FIGURA ■ 3.13).

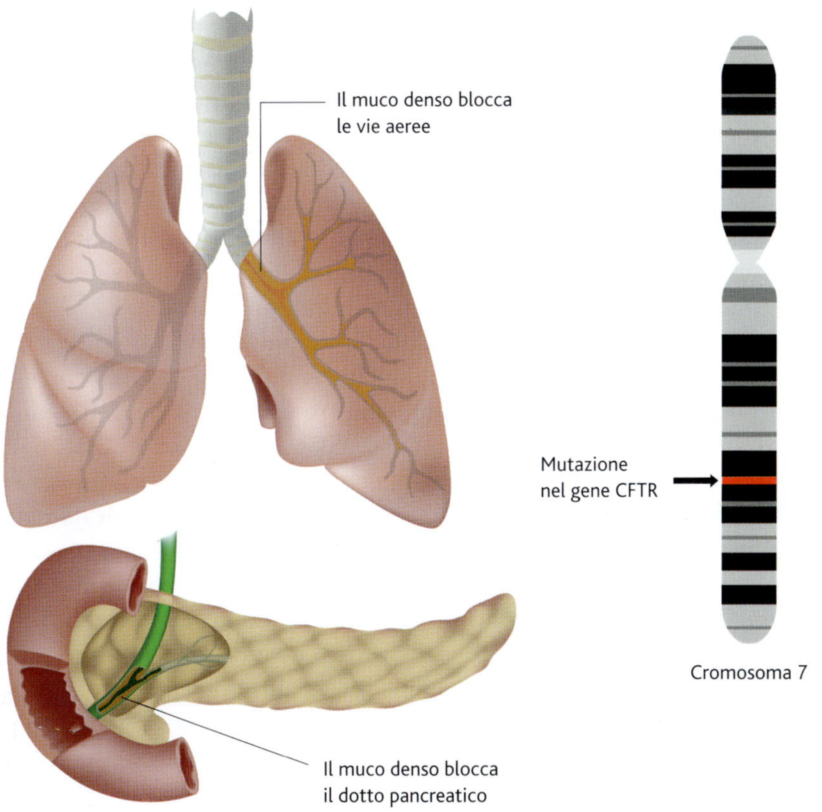

FIGURA 3.13 ■ Nei soggetti affetti da fibrosi cistica, viene prodotta una proteina canale di membrana alterata. Le secrezioni risultano particolarmente dense e viscose, facilitando l'insorgenza di infezioni polmonari ricorrenti e provocando danni a numerosi organi come pancreas, fegato e intestino.

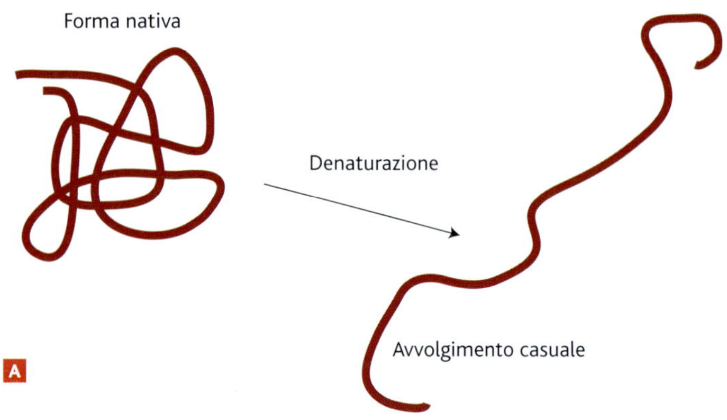

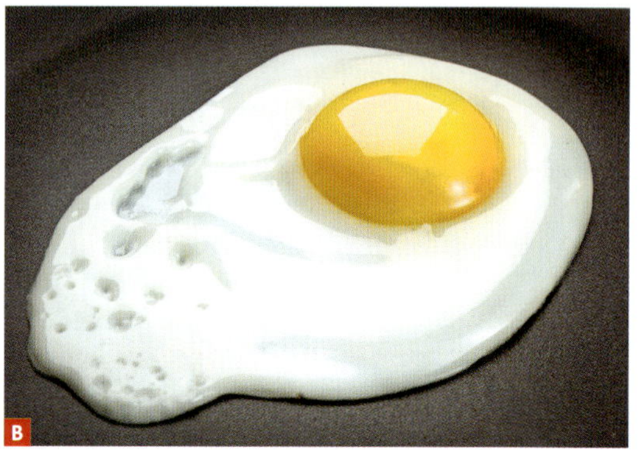

FIGURA 3.14 ■ (A) Nel processo di denaturazione, una proteina perde le proprie strutture superiori pur mantenendo intatta la struttura primaria. (B) La cottura determina la denaturazione termica delle proteine dell'uovo.

Agenti fisici, come il calore, e chimici, come i veleni e certi solventi, possono alterare la conformazione nativa di una proteina rendendo la molecola incapace di svolgere il proprio ruolo biologico, senza che venga rotto un solo legame covalente. Quando ciò accade, la proteina si **denatura** e perde la propria funzione, spesso in modo irreversibile (FIGURA ■ 3.14).

In altre parole, la *denaturazione* di una proteina è un processo che determina la perdita delle strutture superiori della proteina; pur conservando la struttura primaria, la proteina perde completamente la propria attività biologica.

GLOSSARY

Denaturation: the physical change that occurs in a protein when secondary and tertiary structures are disrupted.

Una proteina denaturata spesso perde la propria solubilità in acqua e le sue molecole tendono ad aggregare formando materiale solido. La conformazione tridimensionale può essere alterata anche quando ioni H^+ vengono acquistati o donati dalla proteina. Una qualsiasi variazione, anche contenuta, del pH del mezzo in cui è disciolta la proteina può quindi avere effetti disastrosi sulla funzionalità della molecola. Questo è il motivo per cui gli organismi viventi sono dotati di sistemi per un controllo stretto del pH dei propri fluidi; è proprio per questo che la chimica dei sistemi acido-base riveste una notevole importanza nello studio della medicina.

▶ LE MOLECOLE PROTEICHE SONO FLESSIBILI

A fronte del rischio che una proteina possa andare incontro a denaturazione con perdita della propria funzionalità, sarebbe un grave errore considerare le molecole proteiche come strutture rigide, dotate di stabilità conformazionale particolarmente elevata. La catena polipeptidica nella conformazione nativa ha una stabilità sorprendentemente modesta (mediamente 20-60 kJ/mol) e va incontro a fluttuazioni strutturali così rilevanti, soprattutto a livello delle regioni loop, che gli studiosi delle proteine utilizzano il termine *breathing* («respirazione» in inglese) strutturale per indicarle.

La flessibilità strutturale è una caratteristica fondamentale di tutte le proteine: lo svolgimento di una qualsiasi funzione da parte di una molecola proteica non può prescindere da riarrangiamenti conformazionali più o meno estesi che determinino un adattamento della struttura al preciso compito che deve essere svolto. A tale proposito si potrebbero citare numerosissimi esempi, ma può essere sufficiente fare riferimento alle notevoli variazioni conformazionali cui va incontro la molecola di miosina (una proteina del muscolo) durante la contrazione muscolare (FIGURA ■ 3.15) o agli adattamenti strutturali nelle regioni degli enzimi in cui si svolge la catalisi (vedi paragrafo 3.3).

All'interno delle cellule, le proteine possono addirittura andare incontro a processi fisiologici di denaturazione reversibile, per esempio quando devono essere trasferite dal citosol alla matrice mitocondriale o all'interno di altri organuli. Il corretto svolgimento di questi eventi è garantito dagli stessi agenti molecolari che assistono il processo di *folding* delle proteine e che impediscono alle molecole di aggregare fra loro dando origine a specie tossiche per le cellule (vedi Scheda 3).

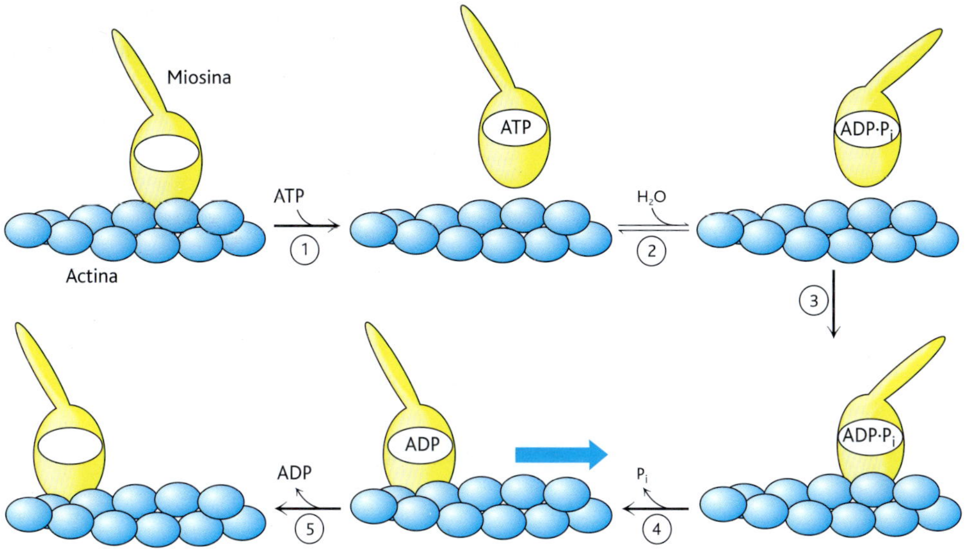

FIGURA 3.15 ■ Durante la contrazione muscolare, la molecola di miosina va incontro a numerosi cambiamenti conformazionali che ne consentono lo scorrimento sul filamento di actina (un'altra proteina del muscolo). Il legame dell'ATP (1) determina il rilascio della miosina dall'actina; la successiva idrolisi dell'ATP ad ADP e fosfato induce il riorientamento della miosina (2) e il nuovo legame all'actina (3); poi il rilascio del fosfato (4) determina il riorientamento della miosina e lo scorrimento della stessa lungo il filamento di actina; infine il rilascio dell'ADP (5) completa il ciclo.

▶ PROTEINE CHE LEGANO L'OSSIGENO

Mioglobina ed emoglobina sono esempi classici di proteine globulari, particolarmente adatte a svolgere il proprio ruolo in soluzione. Queste due proteine hanno la proprietà di legare l'ossigeno, la prima nel tessuto muscolare, dove costituisce un deposito di O_2, la seconda nei globuli rossi. Per molti organismi, O_2 è una molecola di importanza vitale: è, infatti, l'accettore finale degli elettroni della catena respiratoria che consente la produzione di energia sotto forma di molecole di ATP. Se privata di un costante apporto di ossigeno, la cellula non può produrre ATP e va rapidamente incontro a morte.

Mioglobina ed emoglobina sono proteine coniugate: oltre alla porzione polipeptidica (**globina**) contengono un *gruppo prostetico* di natura organica, detto **eme**, deputato al legame dell'O_2. La differenza strutturale fra le due proteine ha importanti conseguenze sulla modalità di legame dell'ossigeno che è alla base del loro diverso ruolo funzionale.

La **mioglobina** è una proteina monomerica, relativamente piccola, costituita da 153 amminoacidi (FIGURA ■ 3.16). Nella conformazione nativa della mioglobina sono riconoscibili otto distinte α-eliche, ripiegate in modo tale da creare una tasca idrofoba interna che accoglie il gruppo eme (in grigio nella figura).

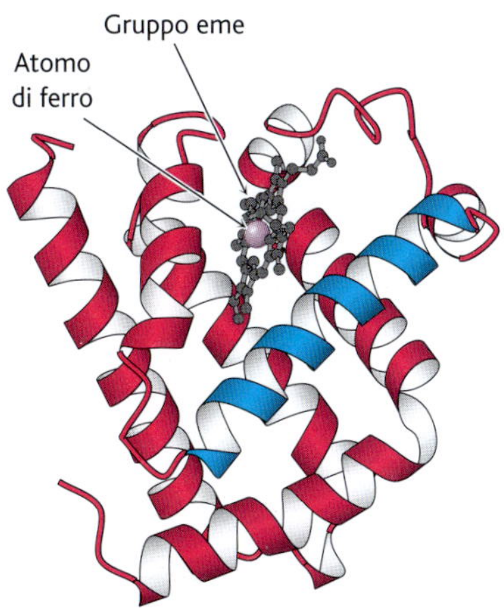

FIGURA 3.16 ■ Schematizzazione della struttura tridimensionale della mioglobina.

Il **gruppo eme** è un complesso coordinato, formato da una porfirina sostituita e da uno ione Fe^{2+}. La porfirina è una struttura planare costituita da quattro anelli pirrolici, uniti fra loro da ponti metinici.

Lo ione Fe^{2+} si trova al centro dell'eme e può formare sei legami di coordinazione: quattro di questi legami coinvolgono i quattro atomi di azoto della porfirina; il quinto legame di coordinazione è con un residuo di istidina della catena polipeptidica. In virtù di questo legame, la catena polipeptidica risulta saldamente ancorata all'intero gruppo eme. Il sesto legame di coordinazione del ferro, quando presente, è con una molecola di O_2 (FIGURA ■ 3.17).

FIGURA 3.17 ■ Il gruppo eme. L'atomo di Fe(II) centrale è legato ai suoi quattro ligandi (quattro atomi di N dell'anello porfirinico). Il quinto legame è con un residuo di istidina; il sesto con una molecola di O_2.

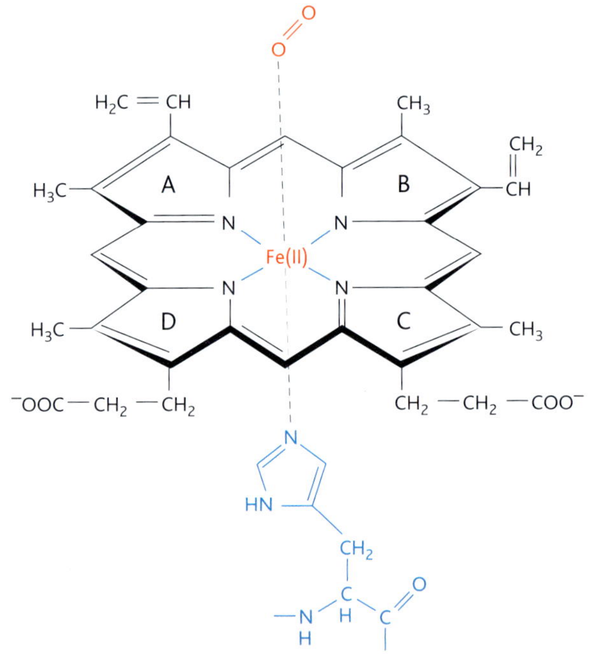

Oltre che nella mioglobina e nell'emoglobina, l'eme è presente anche nei *citocromi*, proteine che trasportano elettroni in diversi sistemi, sia nel citoplasma sia nei mitocondri. In questi casi, tuttavia, l'eme non ha la funzione di legare ossigeno. Riparleremo dei citocromi nel prossimo capitolo, affrontando il tema della catena respiratoria.

▶ L'EMOGLOBINA È UN TETRAMERO

Diversamente dalla mioglobina, l'**emoglobina (Hb)** è una proteina oligomerica. Nell'uomo adulto, la molecola (indicata con la sigla HbA) è costituita da quattro subunità: due catene α (ognuna di 141 amminoacidi) e due catene β (ognuna di 146 amminoacidi), ciascuna delle quali lega un gruppo eme ed è strutturalmente analoga alla mioglobina, nonostante la diversa sequenza amminoacidica (FIGURA ■ 3.18).

L'emoglobina è presente in elevata concentrazione all'interno dei globuli rossi (13-17 g/dL nel sangue umano) e ha la funzione di trasportare e liberare nei tessuti l'ossigeno legato a livello degli alveoli polmonari. Ciò avviene grazie a un particolare comportamento della proteina noto come **allosterismo**, secondo cui l'attività di ogni subunità risente dello stato funzionale delle altre subunità. Il comportamento allosterico è proprio delle proteine oligomeriche e consiste in piccoli cambiamenti conformazionali indotti da particolari molecole note come *effettori allosterici* (il termine deriva dalle parole greche *allos*, «altro» e *stereos*, «forma»).

FIGURA 3.18 ■ Schematizzazione della struttura tridimensionale dell'emoglobina.

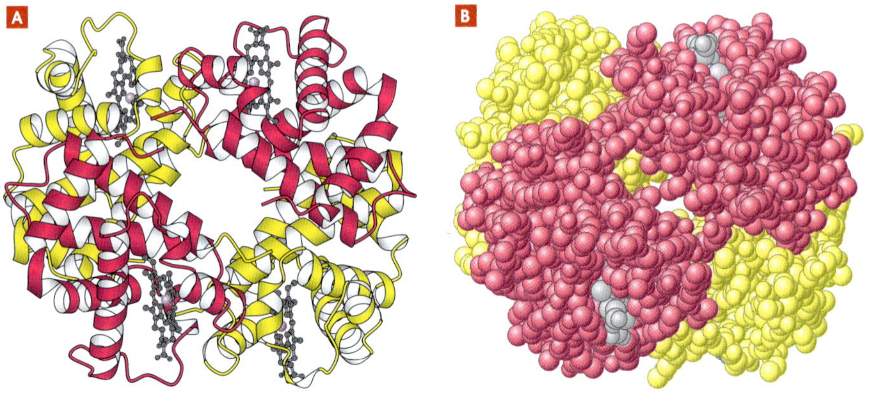

Nel caso dell'emoglobina, l'allosterismo determina un progressivo aumento dell'affinità delle subunità per l'ossigeno all'aumentare del grado di ossigenazione della molecola. Infatti, il legame della prima molecola di ossigeno (l'effettore allosterico) all'eme di una subunità determina su questa modificazioni conformazionali che si trasmettono alle subunità vicine; ciò favorisce il legame della seconda molecola di ossigeno all'eme di un'altra subunità e questo, a sua volta, favorisce il legame di una terza molecola di ossigeno e quindi della quarta. Grazie a questa caratteristica, si realizza un meccanismo di *cooperatività* che rende più efficiente il trasporto dell'ossigeno: a livello dei polmoni, dove la pressione parziale di O_2 (pO_2) nel sangue è maggiore, è favorito il legame della molecola; a livello tissutale, dove la pO_2 del sangue è minore, viene favorito il rilascio. Il comportamento cooperativo dell'emoglobina è ben rappresentato dall'andamento sigmoidale della curva di legame dell'ossigeno, soprattutto in confronto alla curva iperbolica della mioglobina, una proteina monomerica che ha la funzione di conservare l'ossigeno nei muscoli, in cui la cooperatività è assente (FIGURA ■ 3.19).

Dalle due curve si può osservare che mentre l'emoglobina lega e libera ossigeno nell'intervallo di valori di pO_2 caratteristico del sangue, la mioglobina ha un'affinità molto più elevata per l'ossigeno e libera la molecola di O_2 soltanto a valori di pO_2 molto bassi (5 mmHg), caratteristici dell'ambiente interno delle cellule muscolari sottoposte ad intensa attività contrattile.

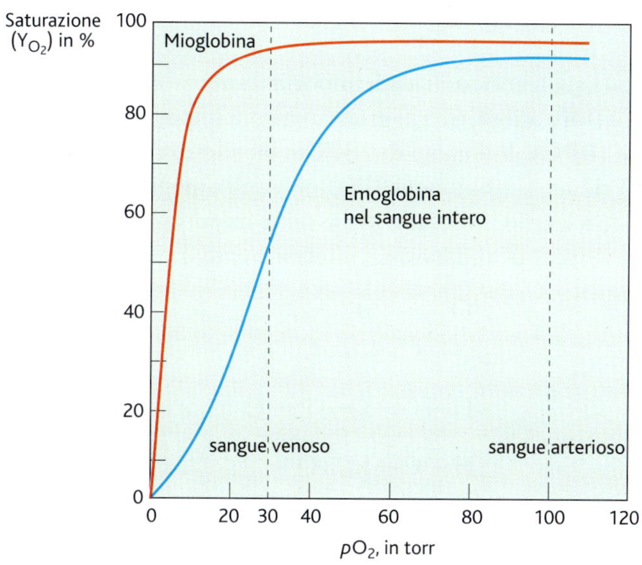

FIGURA 3.19 ■ Curve di legame con l'ossigeno (O_2) dell'emoglobina (in azzurro) e della mioglobina (in rosso). Le due curve mostrano il diverso comportamento delle due proteine nei confronti dell'O_2. L'emoglobina trattiene l'ossigeno molto meno della mioglobina e per questo agisce da trasportatore sanguigno.

▶ REGOLAZIONE DELLA FUNZIONE DELL'EMOGLOBINA: L'EFFETTO BOHR

L'emoglobina presente all'interno dei globuli rossi svolge anche un'altra importante funzione: lega ioni H^+ e ha quindi un ruolo di tampone. La maggior parte del CO_2 prodotto dal metabolismo ossidativo dell'organismo diffonde nei globuli rossi e viene rapidamente idratato dall'enzima *anidrasi carbonica*, producendo acido carbonico (H_2CO_3) che, a sua volta, si dissocia in idrogenioni (H^+) e ioni idrogenocarbonato (HCO_3^-):

$$\mathbf{CO_2 + H_2O \rightleftarrows H_2CO_2 \rightleftarrows H^+ + HCO_3^-}$$

La leggera diminuzione del pH (7,35) riscontrabile nel sangue dei capillari periferici determina un'importante conseguenza funzionale sull'emoglobina, nota come **effetto Bohr**. L'emoglobina, infatti, è in grado di legare gli ioni H^+ e ciò provoca una riduzione dell'affinità della proteina per l'ossigeno. L'effetto Bohr è spiegato dal seguente equilibrio:

$$\mathbf{HHb + O_2 \rightleftarrows H^+ + HbO_2}$$

Questo effetto ha le sue basi nella struttura dell'emoglobina che, nella forma ossigenata (HbO_2), si comporta da acido leggermente più forte che nella forma non legata all'ossigeno (HHb). Per la legge di azione di massa qualsiasi aumento della concentrazione di ioni H^+ sposta verso sinistra l'equilibrio in questione con l'effetto di ridurre l'affinità dell'emoglobina per l'O_2 e quindi di favorire la liberazione del gas. Tale fenomeno ha grande rilevanza fisiologica perché favorisce la liberazione dell'ossigeno nel sangue capillare, dove il pH ematico è leggermente inferiore a quello del sangue arterioso.

Questo comportamento è chiaramente evidenziato dai cambiamenti osservati nella curva di affinità per l'O_2 al variare del pH (FIGURA ■ 3.20).

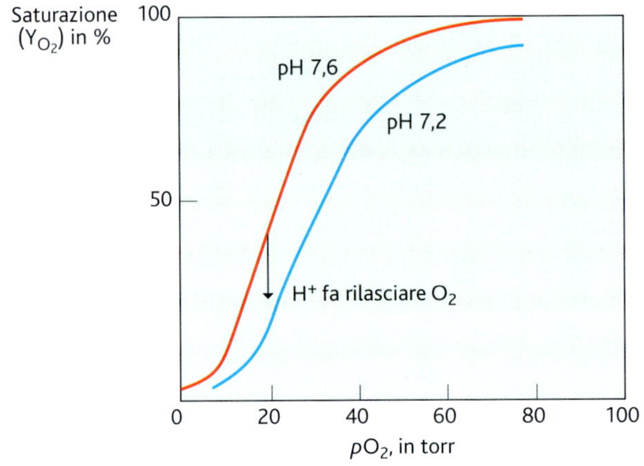

FIGURA 3.20 ■ Dipendenza dell'affinità dell'emoglobina per l'ossigeno in funzione del pH (effetto Bohr).

▶ REGOLAZIONE DELLA FUNZIONE DELL'EMOGLOBINA: IL 2,3-BISFOSFOGLICERATO

Sebbene la pO_2 e il pH svolgano ruoli assai importanti nel modulare il trasporto dell'ossigeno, in realtà l'effettore allosterico di gran lunga più importante dell'emoglobina è il **2,3-bisfosfoglicerato (BPG)**. Il legame del BPG a un sito di regolazione (un unico sito per ogni tetramero) riduce sensibilmente l'affinità dell'emoglobina per l'ossigeno. Ciò ha un effetto modesto a livello alveolare, ma assume importanza fondamentale a livello dei tessuti periferici, dove il BPG favorisce ulteriormente il rilascio di ossigeno.

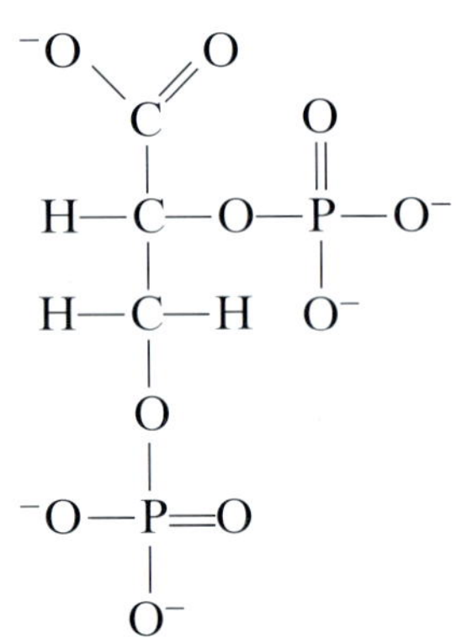

2,3-bisfosfoglicerato

In assenza di BPG, la curva di affinità dell'emoglobina sarebbe molto simile a quella della mioglobina e la proteina non potrebbe svolgere il ruolo di trasportatore di O_2 nel sangue (FIGURA ■ 3.21). Per questo motivo, il BPG è normalmente presente nei globuli

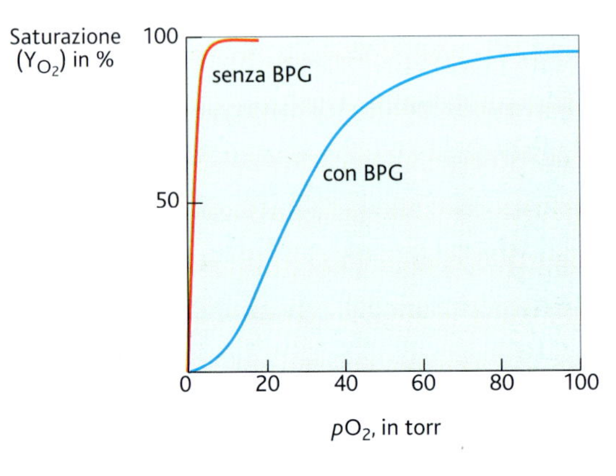

FIGURA 3.21 ■ Effetto del BPG sull'affinità dell'emoglobina per l'ossigeno.

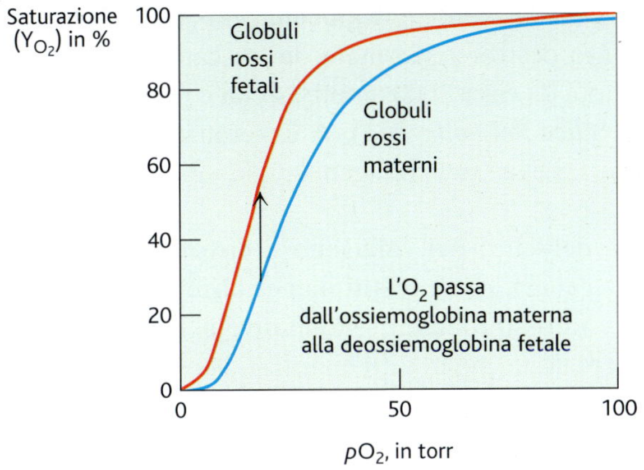

FIGURA 3.22 ■ Le curve di saturazione dell'ossigeno sono diverse nell'emoglobina materna (in azzurro) e in quella fetale (in rosso).

rossi a una concentrazione tale da consentire lo svolgimento ottimale della funzione dell'emoglobina.

La regolazione da parte del BPG ha un ruolo fisiologico particolarmente rilevante nell'**emoglobina fetale (HbF)**. HbF, infatti, deve avere un'affinità per l'O_2 maggiore dell'emoglobina materna, affinché quest'ultima possa cederle facilmente l'ossigeno a livello della placenta, l'organo in cui si svolgono gli scambi di gas, nutrienti e scorie metaboliche fra madre e feto. HbF è costituita da due catene γ in sostituzione delle catene β (HbF = $\alpha_2\gamma_2$); una conseguenza di questa diversa organizzazione è che HbF lega con minore affinità il BPG e la sua affinità per l'ossigeno si mantiene maggiore rispetto a quella dell'emoglobina materna (FIGURA ■ 3.22).

▶ UNA PROTEINA FIBROSA: IL COLLAGENO

Il **collageno** (o collagene) è la principale proteina fibrosa dei tessuti connettivi. Le sue molecole sono presenti in fibre e fasci nei tessuti connettivi che costituiscono l'impalcatura strutturale di numerosi organi e in particolari elementi, come i tendini e le capsule fibrose che avvolgono come guaine numerosi organi interni e i grossi vasi conferendo loro maggior resistenza meccanica.

per saperne di più

4 L'emoglobina glicata

Nell'individuo adulto, l'emoglobina A (HbA, $\alpha_2\beta_2$) rappresenta la forma principale della proteina. Una parte dell'emoglobina A viene trasformata in una forma *glicata*, nota come HbA_{1c}, grazie a una reazione non catalizzata da enzimi (detta *glicazione*), in cui un residuo di glucosio si lega covalentemente alle estremità $-NH_2$ delle catene β della proteina. La concentrazione di emoglobina glicata dipende fondamentalmente dalla concentrazione del glucosio nel sangue (ovvero la glicemia). In una persona sana, la cui glicemia a digiuno è compresa nell'intervallo 65-110 mg/dL, la quota di HbA_{1c} è pari al 4-6% dell'emoglobina totale. Dato che la reazione di glicazione di HbA è irreversibile e che il ricambio della proteina coincide con il ciclo vitale del globulo rosso (circa 120 giorni), la quantità di HbA_{1c} presente nel sangue risente anche delle variazioni di glicemia che persistono nel tempo.

L'aumento della glicemia a digiuno (o iperglicemia) oltre valori di 126 mg/dL, è un segno tipico del diabete mellito, una grave malattia assai diffusa nella popolazione anziana (diabete di tipo II) e, in misura minore, nei giovani (diabete di tipo I). Tale patologia, quando non opportunamente controllata attraverso corrette abitudini alimentari e adeguata terapia farmacologica, può portare all'insorgenza di gravi malattie cardiovascolari, a seri danni a carico di altri organi e, infine, a morte.

Se, da un lato, il semplice controllo della glicemia a digiuno è fondamentale ai fini diagnostici, dall'altro lo stesso esame non può, da solo, essere considerato affidabile per la valutazione del controllo farmacologico del diabete mellito nei soggetti malati: la concentrazione del glucosio plasmatico varia in maniera piuttosto repentina e la sua semplice misura fornisce dunque un dato parziale. Al contrario, il dosaggio dell'HbA_{1c} nel sangue è diventato il miglior indice per monitorare il trattamento del diabete: la percentuale di HbA_{1c} riflette il valore medio della glicemia nelle 6-12 settimane che hanno preceduto la misura.

Un valore inferiore a 7% indica un buon controllo terapeutico della malattia; valori superiori suggeriscono, al contrario, la necessità di una revisione del trattamento farmacologico.

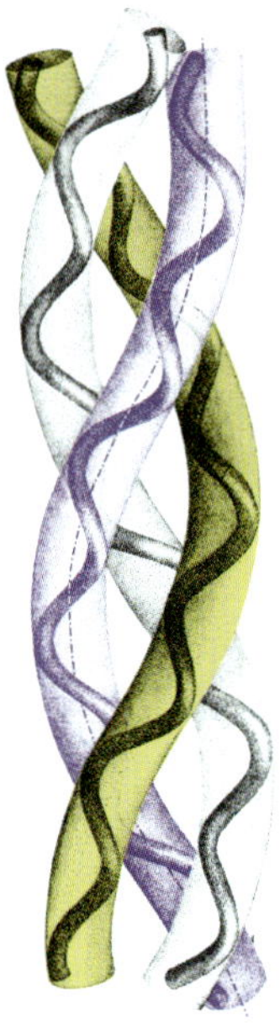

FIGURA 3.23 ■ La torsione opposta delle eliche (simile a quella di una fune ritorta) conferisce al collageno notevoli proprietà di rigidità, un elevato carico di rottura e la possibilità di mantenere costante la sezione sotto tensione.

L'unità fondamentale del collageno, il **tropocollageno**, è una struttura elicoidale superavvolta con andamento destrorso, formata da tre catene polipeptidiche. Ognuna di queste catene è costituita da circa 1000 amminoacidi e presenta una struttura secondaria a elica sinistrorsa (*elica del collageno*). A differenza dell'α-elica (destrorsa) tipica delle proteine globulari, l'elica del collageno è più «distesa» e possiede un diametro inferiore (FIGURA ■ 3.23).

La struttura tipica dell'elica del collageno è dovuta alla particolare sequenza in amminoacidi della sua catena, che è costituita per oltre un terzo da glicina e per almeno il 20% da prolina e idrossiprolina. Esistono diversi tipi di collageno, a seconda dei tessuti presi in considerazione, ma in tutti quanti si ritrova una ripetizione monotona di triplette di amminoacidi con sequenza Gly-X-Y, in cui X è spesso prolina e Y è spesso idrossiprolina. Un residuo su tre della catena è quindi rappresentato da una glicina, il meno ingombrante degli amminoacidi, che in questa posizione rende possibile il superavvolgimento estremamente compatto della tripla elica.

Le unità di tropocollageno si organizzano in fibrille, disponendosi in modo sfalsato, parallelamente fra loro, lungo l'asse della fibrilla (FIGURA ■ 3.24). Quest'ultima è resa ancora più resistente e rigida dalla formazione di legami crociati, di tipo covalente, che si formano fra residui di lisina e di allisina (un amminoacido non standard, derivato della lisina) presenti in catene polipeptidiche diverse. A loro volta, le fibrille di collageno si organizzano in fibre con modalità diverse (fasci paralleli, fogli o disordinatamente) a seconda della funzione tipica del tessuto che vanno a formare.

Il tropocollageno contiene amminoacidi particolari (idrossiprolina, idrossilisina, allisina) che traggono origine da processi di modificazione delle catene laterali di prolina e lisina dopo che è avvenuta la sintesi della proteina sui ribosomi (**modificazioni post-traduzionali**). L'*idrossiliprolina* contribuisce alla stabilizzazione della tripla elica del tropocollageno, mentre l'*idrossilisina* lega molecole di carboidrati (glicosilazione) e l'*allisina* partecipa alla formazione dei legami crociati.

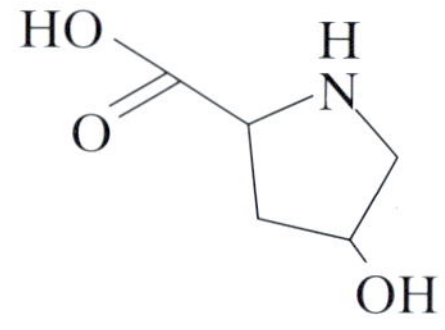

4-idrossiprolina

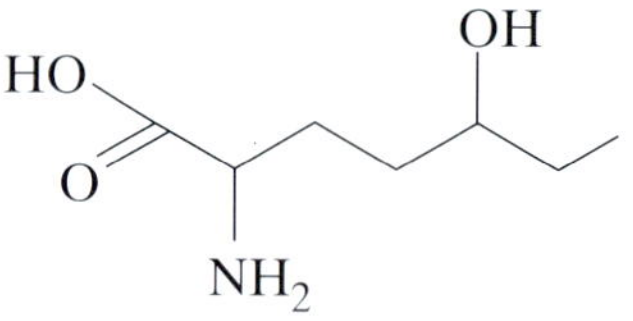

5-idrossilisina

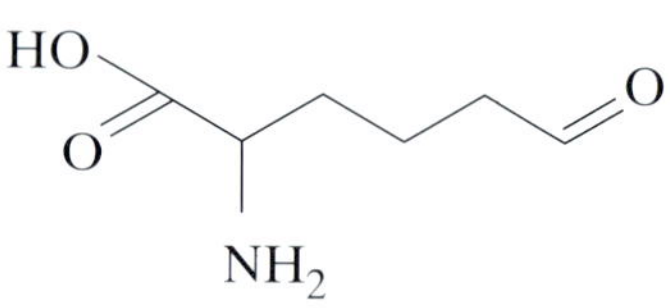

Allisina

Oltre al collageno, in natura esistono anche altre proteine fibrose con funzione strutturale, fra cui le *cheratine*, che rappresentano gli annessi cutanei degli animali (capelli, peli, unghie, strati superficiali della pelle, corna, piume), e la *fibroina* che costituisce la seta prodotta da alcuni insetti. In questi casi, tuttavia, l'organizzazione strutturale è marcatamente differente rispetto al collageno.

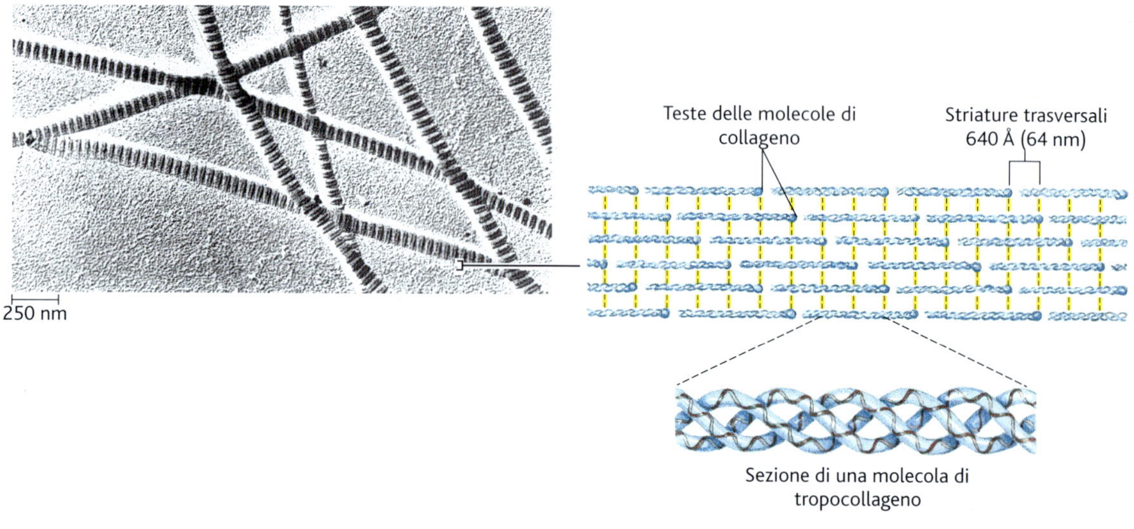

FIGURA 3.24 ■ Schema che mostra la disposizione sfalsata delle molecole di tropocollageno in una fibrilla.

per saperne di più

5 La digestione delle proteine

La digestione delle proteine assunte con l'alimentazione è un processo complesso che avviene fondamentalmente nello stomaco e nel duodeno (FIGURA ■ A).

Il succo gastrico prodotto dallo stomaco contiene HCl 0,15 M e pepsina, un enzima in grado di idrolizzare i legami peptidici. La pepsina viene prodotta sotto forma di precursore inattivo, il pepsinogeno, in modo che l'attività idrolitica non si rivolga contro le stesse cellule produttrici. L'attivazione del pepsinogeno a pepsina avviene nel lume gastrico ed è indotta dal pH fortemente acido (circa 1-2), a cui la pepsina esprime la sua massima attività biologica. L'acidità del succo gastrico ha anche la funzione di denaturare le proteine alimentari, rendendole più facilmente aggredibili dalla pepsina, e svolge un ruolo importante nell'uccidere/inattivare i germi introdotti con il cibo.

La digestione nello stomaco produce frammenti polipeptidici che subiscono ulteriori processi degradativi nel duodeno. Qui il pH subisce un rialzo a valori alcalini (circa 8) grazie ai bicarbonati contenuti nel succo digestivo prodotto dal pancreas. Tale ghiandola secerne anche numerosi enzimi, quali tripsina, chimotripsina, elastasi e carbossipeptidasi, che hanno la funzione di frammentare ulteriormente le catene polipeptidiche fino a produrre amminoacidi liberi, dipeptidi e tripeptidi. Questi ultimi sono, infine, trasformati in amminoacidi da enzimi secreti dalle cellule intestinali che portano a termine il processo digestivo. Come accade per la pepsina dello stomaco, anche gli enzimi pancreatici sono prodotti in forma di precursori inattivi al fine di evitare processi di autodigestione e si attivano una volta liberati nel lume intestinale. I diversi enzimi che intervengono nella digestione delle proteine si differenziano nel riconoscere specificamente i legami peptidici da idrolizzare (TABELLA ■ A).

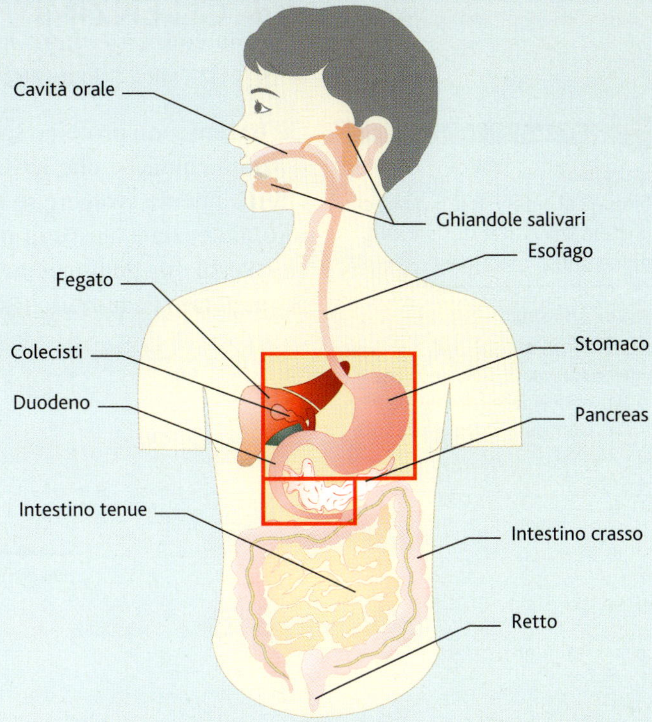

FIGURA A ■ Riquadrati in rosso lo stomaco e il duodeno, sedi della digestione delle proteine.

La tripsina, per esempio, idrolizza preferenzialmente i legami peptidici in cui sono coinvolti gli amminoacidi lisina e arginina; l'elastasi quelli in cui è coinvolta la glicina; la carbossipeptidasi idrolizza il legame peptidico carbossiterminale della catena e via dicendo.

Gli amminoacidi presenti nel canale alimentare sono assorbiti dalle cellule della mucosa intestinale grazie a sistemi specifici di trasporto attivo che consumano ATP. Una volta penetrati nelle cellule, gli amminoacidi sono riversati nel circolo della vena porta attraverso cui giungono al fegato e sono poi distribuiti al resto dell'organismo.

TABELLA A ■ Principali enzimi coinvolti nella digestione delle proteine.

Sede della digestione	Succo digestivo (organo produttore)	Enzima	Substrato	Prodotti
Stomaco	Succo gastrico (stomaco)	Pepsina	Proteine	Frammenti polipeptidici
Duodeno	Succo pancreatico (pancreas)	Tripsina	Frammenti polipeptidici	Oligopeptidi
Duodeno	Succo pancreatico (pancreas)	Chimotripsina	Frammenti polipeptidici	Oligopeptidi
Duodeno	Succo pancreatico (pancreas)	Elastasi	Frammenti polipeptidici	Oligopeptidi
Duodeno	Succo pancreatico (pancreas)	Carbossipeptidasi	Frammenti polipeptidici	Oligopeptidi e amminoacidi
Duodeno	Succo intestinale (ghiandole intestinali)	Amminopeptidasi	Oligopeptidi	Amminoacidi
Duodeno	Succo intestinale (ghiandole intestinali)	Dipeptidasi	Dipeptidi	Amminoacidi

3.3 GLI ENZIMI

▶ STRUTTURA E FUNZIONE DEGLI ENZIMI

GLOSSARY

Enzyme:
biological catalyst, it is a large protein that catalyzes specific biochemical reactions.

Gli **enzimi** sono proteine specializzate per la *funzione catalitica*. La maggior parte delle reazioni chimiche che avvengono nelle nostre cellule sono così lente da non potersi effettivamente svolgere se non in presenza di un enzima. Come un qualsiasi catalizzatore, un enzima agisce in piccolissime quantità e aumenta la velocità di una reazione attraverso una diminuzione dell'energia di attivazione della reazione stessa, lasciandone inalterato l'equilibrio (FIGURA ■ 3.25).

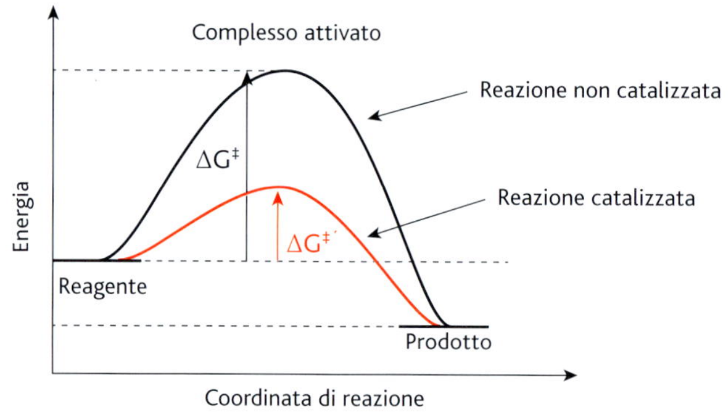

FIGURA 3.25 ■ Gli enzimi, e in generale i catalizzatori, riducono l'energia di attivazione delle reazioni (da $\Delta G^{\ddagger}$ a $\Delta G^{\ddagger'}$) aumentandone in tal modo la velocità.

Gli enzimi svolgono la loro azione legando specificamente le molecole dei reagenti, noti in biochimica come **substrati**, e determinando la trasformazione di questi in molecole diverse, i **prodotti**. Il legame del substrato avviene a livello del **sito attivo**, una regione spazialmente delimitata dell'enzima che mostra una sorta di complementarità strutturale con il substrato.

Secondo il **modello dell'adattamento indotto**, proposto nel 1958 e universalmente accettato, il sito attivo dell'enzima e il substrato entrano in contatto e vanno incontro a una piccola variazione conformazionale che consente alle due strutture di adattarsi l'una all'altra in maniera perfettamente complementare (FIGURA ■ 3.26).

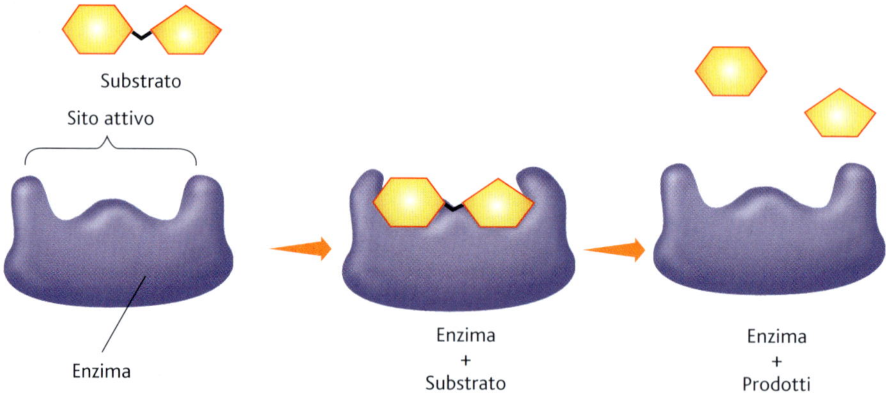

FIGURA 3.26 ■ Il sito attivo dell'enzima e il substrato si adattano reciprocamente l'uno all'altro solo dopo la formazione del loro legame (modello dell'adattamento indotto).

nota
Il modello chiave-serratura fu elaborato nel 1894 da H. E. Fischer, lo scienziato tedesco insignito del premio Nobel per la chimica nel 1902 per i suoi studi pionieristici sulla stereochimica.

Tale visione ha sostituito il vecchio *modello chiave-serratura*, concettualmente più semplice ma troppo statico per spiegare le osservazioni sperimentali; infatti, tale modello prevedeva una perfetta complementarità fra le due strutture, ancor prima di interagire fra loro, proprio come una chiave che apre soltanto la propria serratura.

Al pari dei comuni catalizzatori inorganici, gli enzimi non consentono lo svolgimento di reazioni irrealizzabili sotto il profilo termodinamico; queste molecole, infatti, non alterano l'equilibrio della reazione catalizzata e si ritrovano strutturalmente e quantitativamente inalterate al termine del processo. Tuttavia gli enzimi si distinguono dai catalizzatori inorganici per alcuni aspetti peculiari riportati di seguito.

- **Sono straordinariamente efficienti**. La velocità di una reazione catalizzata da un enzima può risultare fino a 10^{15} volte superiore rispetto a quella della reazione non catalizzata. I catalizzatori inorganici sono ben lontani da tale livello di efficienza.

- **Sono altamente specifici.** A differenza di un catalizzatore inorganico, un enzima riconosce selettivamente il proprio substrato. Gli enzimi sono in gran parte stereospecifici, essendo attivi soltanto su uno dei due enantiomeri del substrato. Alcuni enzimi sono dotati di minore specificità, agendo, tuttavia, su molecole molto simili fra loro e, in ogni caso, con affinità e velocità differenti.
- **Sono modulabili.** La velocità di una reazione catalizzata da un enzima può essere regolata in maniera fine e selettiva mediante l'interazione fra quest'ultimo e un'altra molecola (diversa dal substrato) che agisce da modulatore.
- **Agiscono in condizioni fisiologiche.** L'evoluzione ha selezionato enzimi in grado di agire nelle condizioni di pH, temperatura e pressione caratteristiche degli organismi viventi. I catalizzatori inorganici agiscono invece in condizioni notevolmente differenti da quelle esistenti nelle cellule (per esempio, a pH fortemente acido o alcalino e a valori elevati di temperatura e pressione).

▶ CLASSIFICAZIONE E NOMENCLATURA DEGLI ENZIMI

Un'altra importante caratteristica degli enzimi è la **specificità** della reazione catalizzata. Il funzionamento di una cellula trova il proprio fondamento chimico in un insieme eterogeneo di reazioni attraverso cui le diverse biomolecole sono continuamente trasformate in altre sostanze. È proprio l'eterogeneità di queste reazioni a richiedere la presenza di catalizzatori con una particolare specificità. Sono state pertanto definite sei diverse classi funzionali di enzimi dalla IUBMB (*International Union of Biochemistry and Molecular Biology*) (FIGURA ■ 3.27):

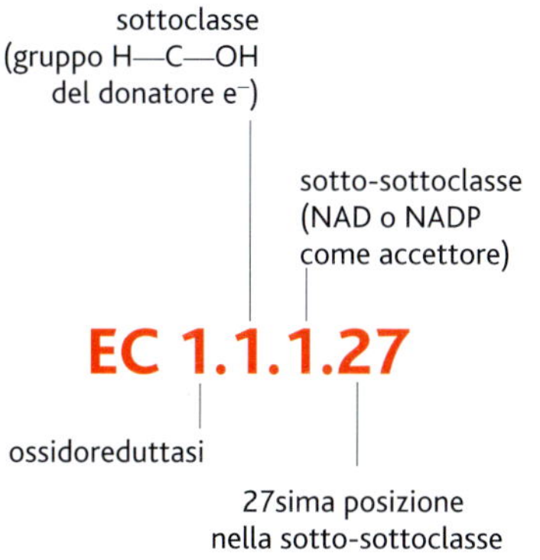

FIGURA 3.27 ■ Esempio di nomenclatura degli enzimi secondo il codice IUBMB: la lattato deidrogenasi.

1. **ossidoreduttasi**, che catalizzano reazioni di ossidoriduzione;
2. **trasferasi**, che catalizzano reazioni di trasferimento di gruppi chimici fra due substrati;
3. **idrolasi**, che catalizzano reazioni di idrolisi, in cui si rompono legami covalenti mediante introduzione di una molecola di H_2O;
4. **liasi**, che catalizzano reazioni di rottura di legami covalenti con meccanismi diversi dall'idrolisi e dall'ossidazione;
5. **isomerasi**, che catalizzano reazioni di isomerizzazione;
6. **ligasi**, che catalizzano reazioni di sintesi.

All'interno di ogni classe si distinguono sottoclassi e, a seguire, sotto-sottoclassi di enzimi, secondo un ordine sistematico a più livelli organizzati in modo gerarchico.

Alla classificazione funzionale degli enzimi è associata la nomenclatura ufficiale degli stessi, secondo le regole fissate dalla IUBMB. Nonostante ciò, ancora oggi gli studiosi fanno largo uso della nomenclatura tradizionale: il nome corrente di un enzima è generalmente costituito dal nome del substrato e da un secondo termine (con suffisso *-asi*), che tende a specificare il tipo di reazione catalizzata, talvolta con qualche variante rispetto al nome della classe di appartenenza. Esempi sono rappresentati dalla fosfoglucoisomerasi, la lattato deidrogenasi, la citrato sintasi ecc:

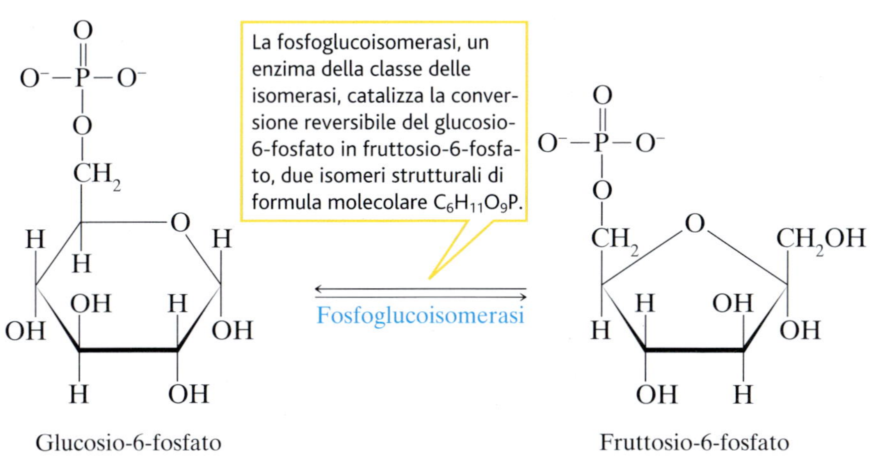

Glucosio-6-fosfato   Fruttosio-6-fosfato

TABELLA 3.3 ■ Principali vitamine idrosolubili e loro proprietà.

Vitamina	Fabbisogno giornaliero	Funzioni	Sintomi e segni di deficit
B_1 (tiamina)	1,0-1,5 mg	Coenzima: tiaminpirofosfato. Reazioni di decarbossilazione di α-chetoacidi.	Beri-beri: sindrome neurologica periferica (polinevrite)
B_2 (riboflavina)	1,5-2,0 mg	Coenzima: FAD. Reazioni di deidrogenazione e di ossidazione.	Mucositi (infiammazione delle mucose), glossiti (infiammazione della lingua)
PP (niacina o B_3)	4-5 mg	Coenzima: NAD^+ e $NADP^+$. Reazioni di deidrogenazione, di idrossilazione e di riduzione.	Pellagra: malattia delle tre D (demenza, diarrea e dermatite)
B_5 (pantotenato)	4-5 mg	Coenzima: Coenzima A. Reazioni di attivazione dei gruppi carbossilici in molecole importanti per il metabolismo.	Assenti
B_6 (piridossina)	1,5-2,0 mg	Coenzima: Piridossal-5′-fosfato. Reazioni di transaminazione. Reazioni di decarbossilazione di α-amminoacidi.	Assenti
B_8 (biotina)	0,5-1 mg	Coenzima: biocitina. Reazioni di carbossilazione.	Assenti
B_{12} (cobalammina)	pochi μg	Coenzima: metilcobalammina e 5′-desossiadenosilcobalammina. Reazioni di metilazione.	Anemia perniciosa
B_9 (acido folico)	0,3-0,4 mg	Coenzima: acido tetraidrofolico. Reazioni di trasferimento del frammento monocarbonioso.	Anemia megaloblastica
C (acido ascorbico)	50 mg	Antiossidante idrosolubile. Biosintesi del collagene.	Scorbuto (malattia caratterizzata principalmente da emorragie diffuse a carico di diverse regioni dell'organismo)

Qualche volta il suffisso -asi è stato aggiunto solo al substrato (ureasi, fumarasi); altre volte il nome dell'enzima è stato attribuito a una particolare funzione, in cui esso stesso era coinvolto, prima della scoperta della reazione specifica catalizzata, come è capitato con il lisozima e la pepsina.

▶ COFATTORI, COENZIMI E VITAMINE IDROSOLUBILI

Il meccanismo di azione di alcuni enzimi richiede la presenza di **cofattori**, che possono essere rappresentati da ioni metallici o molecole di natura organica. Fra gli ioni metallici che agiscono come cofattori enzimatici, Mn^{2+}, Ca^{2+}, Mg^{2+}, Fe^{2+}, Zn^{2+}, Cu^{2+} sono quelli di maggiore rilevanza. In alcuni casi, gli ioni metallici contribuiscono all'attività catalitica dell'enzima costituendo parte del sito attivo e favorendo il legame e la trasformazione del substrato; in altri, svolgono un importante ruolo nella stabilizzazione della struttura tridimensionale dell'enzima.

Le molecole organiche che agiscono come cofattori vengono anche dette **coenzimi** e prendono parte direttamente all'azione catalitica dell'enzima. Nella maggior parte dei casi, i coenzimi rappresentano la forma attiva di una classe di composti che riveste una notevole importanza nutrizionale: le **vitamine idrosolubili**, con particolare riferimento a quelle del gruppo B (TABELLA ■ 3.3).

FIGURA 3.28 ■ Latticini, uova e carne sono alimenti ricchi di vitamina B_{12}.

In generale, le vitamine sono composti che l'organismo umano non è in grado di sintetizzare e che devono essere introdotti con la dieta, seppure in piccole quantità (da qualche μg a poche decine di mg, a seconda dei casi). A eccezione della vitamina B_{12} che si trova negli alimenti di origine animale (FIGURA ■ 3.28), le vitamine del gruppo B sono contenute nella cuticola dei cereali, nel lievito di birra e nelle verdure, mentre la

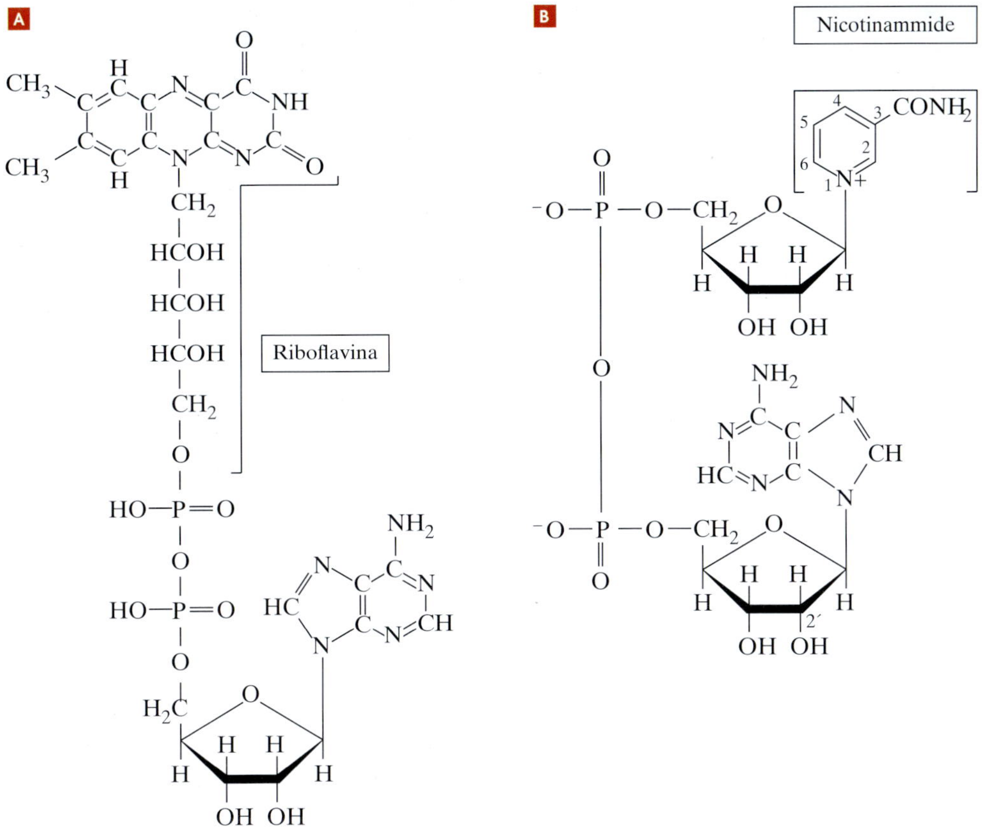

FIGURA 3.29 ■ (A) Formule di struttura della riboflavina e del coenzima FAD da essa derivato. (B) Formule di struttura della nicotinammide e del coenzima NAD$^+$ da essa derivato.

vitamina C è particolarmente abbondante negli agrumi. Il ruolo delle vitamine idrosolubili è vario ma, nel complesso, tutte (tranne la vitamina C) vengono trasformate in derivati essenziali per la catalisi enzimatica e implicati in varia misura nei processi metabolici a carico di carboidrati, lipidi e amminoacidi.

Le vitamine del gruppo B partecipano a reazioni biochimiche dopo essere state trasformate nei coenzimi corrispondenti. Per esempio, la vitamina B_2 (riboflavina) è il precursore del **flavin-adenin dinucleotide (FAD)**, un coenzima che partecipa all'azione di alcune deidrogenasi, enzimi appartenenti alla classe delle ossidoreduttasi. Nel meccanismo di funzionamento del complesso deidrogenasi-FAD, i due atomi di idrogeno sottratti al substrato ossidato sono trasferiti al coenzima, che pertanto si riduce a $FADH_2$ (FIGURA ■ 3.29A).

In modo analogo agisce il **nicotinammide-adenin dinucleotide (NAD$^+$)**, un coenzima sfruttato da altre deidrogenasi, che deriva dalla nicotinammide (vitamina PP o niacina). Nella reazione di deidrogenazione in cui il substrato perde due atomi di idrogeno, il NAD$^+$ lega uno ione idruro (H^-) e si trasforma in NADH + H^+ (FIGURA ■ 3.29B). NAD$^+$e $FADH_2$ sono coenzimi molto diffusi nelle cellule, tanto che la maggior parte delle reazioni di ossidoriduzione del metabolismo sono catalizzate da deidrogenasi NAD$^+$ o FAD dipendenti.

▶ L'AZIONE CATALITICA DI UN ENZIMA

Possiamo riassumere l'azione catalitica di un enzima con un ciclo di quattro fasi che si ripete migliaia di volte in tempi molto brevi, dell'ordine di secondi o di frazioni di secondo:

1. il substrato si combina specificamente e reversibilmente con il sito attivo dell'enzima formando il *complesso enzima-substrato* (*complesso ES*);
2. la combinazione con l'enzima «attiva» il substrato rendendo più reattivi alcuni legami chimici presenti nella sua molecola, così il substrato viene predisposto alla trasformazione, oppure, in alternativa, il substrato si può distaccare inalterato dal sito attivo;

3. grazie all'intervento di specifici raggruppamenti chimici presenti nel sito attivo, si attua la trasformazione del substrato nel prodotto;
4. il prodotto si dissocia dall'enzima, che può iniziare un nuovo ciclo catalitico.

$$\mathbf{E + S \rightleftarrows ES \leftrightarrows E + P}$$

Complesso enzima-substrato

L'azione catalitica di un enzima risente delle caratteristiche del mezzo in cui l'enzima è disciolto. La catalisi enzimatica è quantitativamente differente in condizioni diverse, soprattutto al variare di temperatura e pH del mezzo circostante.

L'efficienza catalitica di un enzima è espressa dal **numero di turnover**, inteso come numero di molecole di substrato trasformate in prodotto da una molecola di enzima nel tempo di un secondo e in condizioni di reazione ottimali.

Il numero di turnover è una costante caratteristica dell'enzima e riflette la sua efficienza catalitica in condizioni ottimali. La TABELLA ■ 3.4 riporta esempi di enzimi con i relativi numeri di turnover. Si può osservare che alcuni enzimi (per esempio, l'anidrasi carbonica) hanno un'efficienza catalitica enorme mentre altri (per esempio, il lisozima) hanno un'efficienza particolarmente bassa.

TABELLA 3.4 ■ Efficienza catalitica di alcuni enzimi.

Enzima	Numero di turnover (s^{-1})
Anidrasi carbonica	600 000
3-chetosteroide isomerasi	280 000
Acetilcolinesterasi	25 000
Penicillinasi	2000
Lattato deidrogenasi	1000
Chimotripsina	100
DNA polimerasi I	15
Triptofano sintetasi	2
Lisozima	0,5

▶ L'ATTIVITÀ ENZIMATICA

L'**attività enzimatica** è l'azione catalitica di un enzima misurata in specifiche condizioni e definita come quantità di substrato che viene trasformata in prodotto nell'unità di tempo.

L'attività enzimatica può essere espressa in *unità internazionale (U.I.)* cioè l'attività enzimatica che catalizza la trasformazione di 1 μmol di substrato in 1 minuto, oppure in *katal* cioè l'attività enzimatica che catalizza la trasformazione di una mole di substrato in 1 secondo.

Ma qual è l'utilità dell'attività enzimatica? Nei campioni biologici (per esempio, nel siero ematico) gli enzimi sono presenti in concentrazione estremamente bassa, la cui determinazione risulta laboriosa e richiede l'impiego di tecniche sensibili e costose. La presenza di un enzima in un campione può essere più semplicemente stimata dalla misura dell'attività enzimatica, ossia la velocità con cui il substrato dell'enzima viene trasformato nel prodotto. La misura dell'attività enzimatica è correntemente utilizzata nei laboratori di analisi chimico-cliniche per valutare la presenza e la quantità di un certo enzima in un campione biologico. Per esempio, la presenza di **transaminasi** nel siero è considerata normale per valori inferiori a 40 U.I.

Nel caso di valori che oltrepassino questa soglia, il reperto può essere riferito alla presenza di alterazioni a carico del fegato, le cui cellule sono ricche di questi enzimi (FIGURA ■ 3.30).

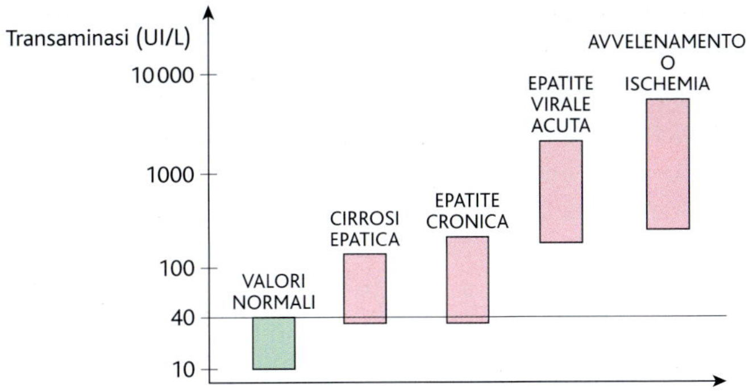

FIGURA 3.30 ■ L'aumento dei livelli di transaminasi nel sangue oltre una precisa soglia suggerisce la presenza di alterazioni a carico del fegato. L'attività enzimatica è misurata in U.I./litro di siero.

L'attività enzimatica è influenzata in modo marcato da alcuni fattori chimico-fisici: pH, temperatura e concentrazione del substrato. È noto che variazioni di temperatura e pH possono determinare significative modificazioni della struttura tridimensionale delle proteine portando per esempio, alla denaturazione delle stesse (vedi paragrafo 2.4). Gli enzimi, in quanto proteine, sono quindi soggetti agli stessi effetti.

Il pH del mezzo in cui agisce l'enzima è, inoltre, responsabile del grado di ionizzazione in cui si possono trovare alcuni gruppi chimici del sito attivo coinvolti nella catalisi enzimatica. Per questo ciascun enzima mostra valori ottimali di temperatura e pH a cui svolgere la propria funzione. Gran parte degli enzimi opera in modo ottimale a valori di pH prossimi alla neutralità (pH «fisiologico» 7,4) e a temperatura corporea (37 °C), anche se ciò non è sempre vero (FIGURA ■ 3.31).

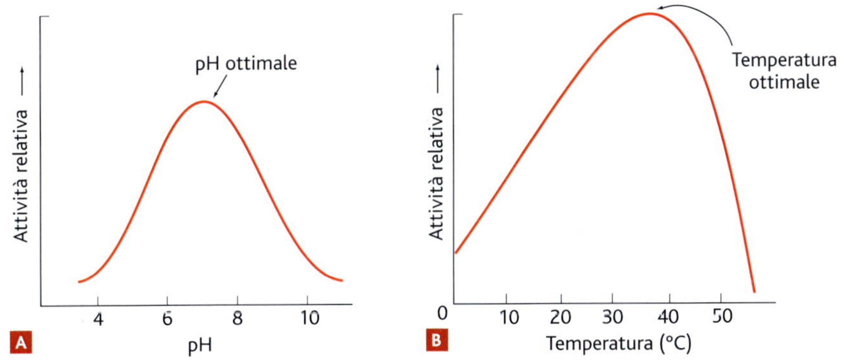

FIGURA 3.31 ■ (A) Profilo dell'attività enzimatica in funzione del pH relativo alla maggior parte degli enzimi. Il pH ottimale è il valore di pH a cui un enzima esprime la massima attività. Alcuni enzimi, come la pepsina, hanno un profilo diverso. (B) Profilo dell'attività enzimatica in funzione della temperatura relativo alla maggior parte degli enzimi. L'attività enzimatica aumenta fino a un certo valore di temperatura per effetto cinetico; oltre tale valore, l'attività diminuisce bruscamente a causa della denaturazione dell'enzima. La temperatura ottimale è il valore di temperatura a cui l'enzima esprime la massima attività (di solito 37 °C).

Gli effetti della concentrazione del substrato sull'attività enzimatica sono più complessi. La trattazione teorica del problema ha portato Michaelis e Menten, due studiosi di inizio Ventesimo secolo, a elaborare una funzione matematica che lega la velocità di una reazione enzimatica (v) alla concentrazione del substrato ([S]). La relazione, nota come **equazione di Michaelis-Menten** è rappresentata graficamente da un iperbole:

$$v = \frac{V_{max}\,[S]}{K_M + [S]}$$

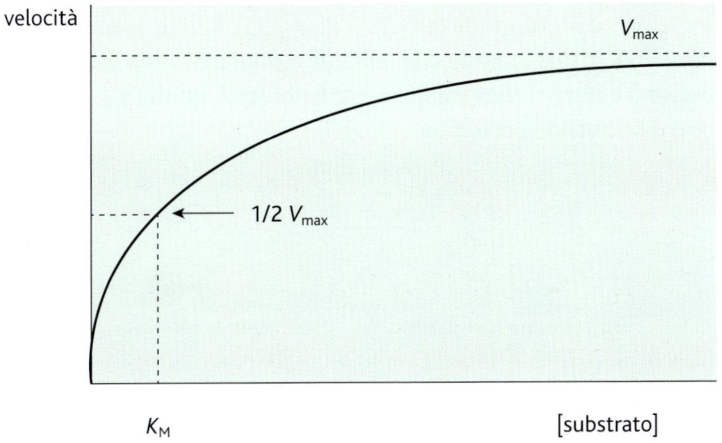

nota
Lo scienziato di origine tedesca Leonor Michaelis (1875-1949) e la collega canadese Maud Menten (1879-1960) hanno scritto nel 1913 uno studio fondamentale e pionieristico sulla cinetica enzimatica.

La velocità della reazione (attività enzimatica) aumenta all'aumentare della concentrazione del substrato e tende a un valore massimo V_{max}, che viene raggiunto a concentrazioni di substrato tali da saturare in ogni istante i siti attivi delle molecole di enzima presenti. In queste condizioni non esistono molecole di enzima libere, cioè non legate al substrato e la velocità di catalisi è massima.

La costante al denominatore, nota come K_m o **costante di Michaelis**, corrisponde alla concentrazione di substrato in presenza della quale la reazione procede a una velocità pari a metà di quella massima. La K_m è una grandezza che esprime l'affinità dell'enzima per uno specifico substrato: tanto minore è il valore della K_m di un enzima per il suo substrato, quanto maggiore è la sua affinità per esso e viceversa.

Il valore della K_m è indipendente dalla quantità di enzima presente ed è caratteristico di ogni enzima per un determinato substrato in condizioni di reazioni definite. Numero di turnover e K_m sono dunque i due parametri fondamentali che consentono di inquadrare le caratteristiche catalitiche di un enzima.

REGOLAZIONE DELL'ATTIVITÀ ENZIMATICA

La maggior parte degli enzimi svolge la propria azione all'interno delle cellule, è dunque di rilevanza fondamentale che l'attività degli enzimi possa essere modulata in modo da rispondere alle esigenze metaboliche delle cellule stesse. La variazione della disponibilità dei substrati è sicuramente uno dei meccanismi attraverso cui l'attività di un enzima può essere controllata. Esistono tuttavia anche altri meccanismi di regolazione dell'attività enzimatica: allosterismo, modificazioni covalenti e inibizione enzimatica

- **Allosterismo:** negli enzimi sottoposti a controllo allosterico, una molecola detta **effettore allosterico** si può legare specificamente, ma non covalentemente, all'enzima inducendo un lieve cambiamento conformazionale dello stesso. In conseguenza di tale variazione strutturale, l'enzima modifica quantitativamente la propria attività in senso positivo (aumento dell'attività) o negativo (riduzione dell'attività).
  La presenza di diversi effettori allosterici nell'ambiente di reazione rappresenta il modo in cui viene modulata finemente l'attività dell'enzima stesso, attraverso legami multipli su siti diversi. Grazie a questo meccanismo di controllo molecolare, gli enzimi allosterici rappresentano di solito importanti siti di regolazione di numerose sequenze di reazioni intracellulari.
- **Modificazioni covalenti:** numerosi enzimi possono subire modificazioni covalenti reversibili, che consistono nel legame di specifici gruppi chimici alle catene laterali di alcuni amminoacidi dell'enzima. La principale modificazione covalente reversibile è la **fosforilazione** dell'enzima ossia l'attacco di gruppi fosfato sulle catene laterali degli amminoacidi serina, treonina e tirosina. In tal modo, l'enzima va incontro a un cambiamento conformazionale cui è associata una variazione di attività in senso positivo o negativo. Le reazioni di fosforilazione sono catalizzate da enzimi specifici, noti come **proteina chinasi**. Il processo è reversibile perché all'occorrenza, altri enzimi, noti come **fosfoproteina fosfatasi**, catalizzano la defosforilazione dell'enzima, ossia la rimozione dei gruppi fosfato (FIGURA ■ 3.32). Il fine controllo dei processi di fosforilazione e defosforilazione consente di modulare l'attività di enzimi implicati nel metabolismo e in altri rilevanti processi fisiologici, quali l'accrescimento, il differenziamento e la divisione cellulare.

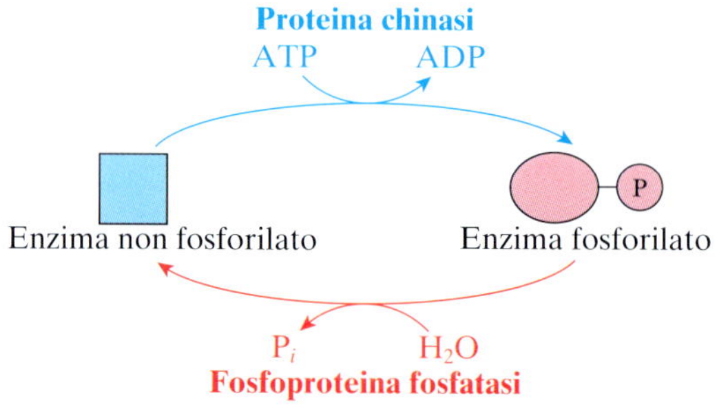

FIGURA 3.32 ■ Il legame di uno o più gruppi fosfato alle catene laterali di serina, treonina o tirosina di un enzima induce un cambiamento conformazionale di quest'ultimo cui corrisponde una variazione di attività. L'enzima è rappresentato con simboli diversi a indicarne le diverse conformazioni.

per saperne di più

6 I gas nervini

Il 20 marzo 1995 in Giappone si è consumato uno dei peggiori attentati contro la popolazione civile. Alcuni membri di una setta religiosa depositarono involucri contenenti *Sarin*, un pericoloso gas nervino, in alcune stazioni della metropolitana di Tokyo. La fuoriuscita del gas letale provocò la morte di dodici persone e l'intossicazione di alcune migliaia.

Nell'ottobre del 2002, forze speciali russe attaccarono con gas nervino un teatro in cui erano asserragliati terroristi ceceni con 800 persone in ostaggio. Il risultato fu la liberazione degli ostaggi al prezzo della morte di oltre 50 terroristi e 90 civili. Il tipo di gas utilizzato non è mai stato reso noto per questioni di segretezza militare.

I gas nervini sono un gruppo di sostanze di sintesi la cui produzione è iniziata negli anni Trenta del Novecento da parte di alcune industrie tedesche alla ricerca di nuovi insetticidi. Purtroppo, con il passare del tempo ci si è accorti che queste sostanze potevano essere prodotte con una certa facilità e utilizzate come armi chimiche. In altre parole, si trattava di armi estremamente pericolose, potenzialmente a disposizione di tutti.

I gas nervini sono così letali perché inattivano l'enzima *acetilcolinesterasi*, la cui funzione è quella di catalizzare l'idrolisi dell'acetilcolina, un neurotrasmettitore deputato al controllo della contrazione muscolare e della trasmissione di impulsi fra cellule nervose (FIGURA ■ A).

Le molecole dei gas nervini (FIGURA ■ B) appartengono alla classe dei composti organofosforici.

La somiglianza strutturale con l'acetilcolina rende possibile il legame di queste molecole al sito attivo dell'acetilcolinesterasi, che viene modificato irreversibilmente. L'inattivazione dell'acetilcolinesterasi che consegue all'avvelenamento da gas nervini determina un accumulo di acetilcolina nelle sinapsi del sistema nervoso centrale e periferico nonché a livello delle placche neuromuscolari, con effetti devastanti.

I soggetti esposti a basse dosi di gas nervino presentano una serie di sintomi fra cui aumentata salivazione, senso di oppressione al petto, miosi (restringimento della pupilla) con difficoltà nella visione ravvicinata, cefalea, debolezza muscolare e tremori. Si possono osservare anche difficoltà nel parlare, allucinazioni e nausea. L'esposizione a dosaggi più alti è causa di sintomi più gravi: difficoltà nella respirazione, dolori addominali, vomito continuo, abbassamento della pressione arteriosa e rallentamento del ritmo cardiaco (o bradicardia). Si ha spesso rilascio involontario di urina e feci, che può accompagnare convulsioni e perdita di coscienza. In molti casi l'avvelenamento è così rapido che alcuni sintomi non si manifestano affatto e la morte sopravviene in pochi minuti per paralisi cardio-respiratoria.

Nei teatri di guerra, i soldati sono oggi muniti di autoiniettori contenenti atropina e pralidossima: la prima agisce bloccando un particolare tipo di recettore dell'acetilcolina, in modo da ridurre l'azione del neurotrasmettitore; la pralidossima impedisce invece il legame del gas nervino all'acetilcolinesterasi.

Queste sostanze devono essere somministrate nelle fasi iniziali dell'avvelenamento, affinchè la terapia sia efficace. Per questo motivo i soldati sono addestrati a riconoscere i primissimi sintomi dell'avvelenamento, con particolare riguardo alle difficoltà nella visione ravvicinata. Il recupero è lento e richiede almeno due settimane di osservazione.

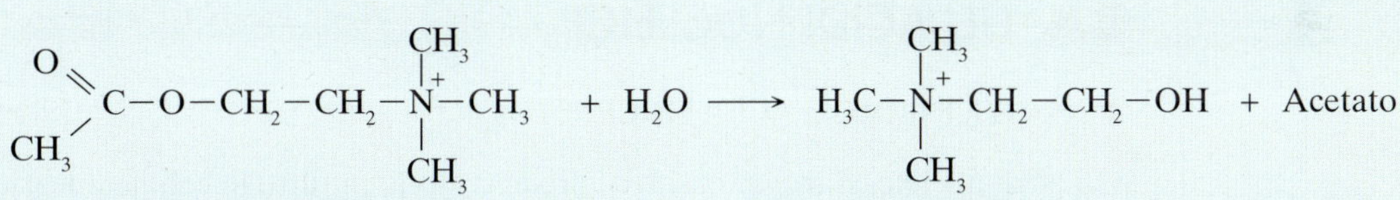

Acetilcolina — Colina

FIGURA A ■ Azione catalitica della acetilcolinesterasi, che idrolizza l'acetilcolina a colina e acetato.

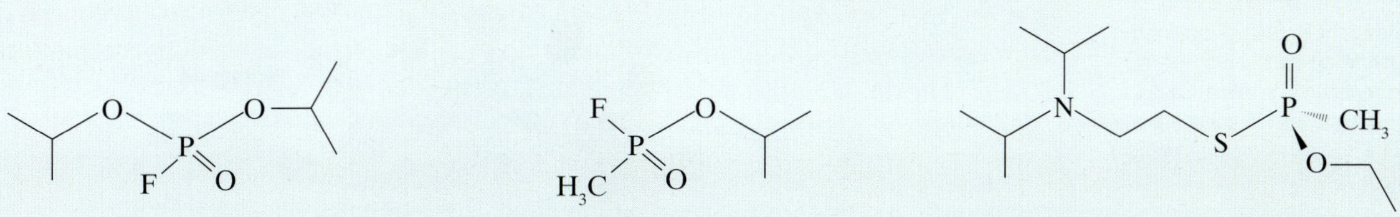

Diisopropilfluorofosfato — Sarin — VX

FIGURA B ■ Tre esempi di composti organofosforici. Il diisopropilfluorofosfato (DFP) è stata la prima sostanza di questa classe a essere utilizzata come insetticida, anche se la sua tossicità per l'uomo ne ha impedito uso e diffusione. Il Sarin mostra una tossicità 10 volte maggiore rispetto al DFP. Il VX, in cui è presente un atomo di zolfo, è il gas nervino più tossico fra quelli attualmente noti.

Sono anche note modificazioni covalenti irreversibili, quali rimozioni di piccole parti della catena polipeptidica attraverso tagli proteolitici, che determinano l'attivazione di enzimi coinvolti nei processi digestivi e nella cascata della coagulazione del sangue.

- **Inibizione enzimatica:** numerosi enzimi possono combinarsi con molecole, chiamate **inibitori**, formando complessi che perdono, in parte o integralmente, la capacità di legare il substrato e/o di catalizzarne la trasformazione. Questo fenomeno prende il nome di inibizione enzimatica e, oltre ad avere grande importanza come sistema di regolazione dell'attività enzimatica, ricopre un ruolo fondamentale in campo farmacologico. È importante sottolineare che una buona parte dei farmaci, dalla digitale agli antibiotici e ai chemioterapici, dei conservanti, dei veleni e delle tossine agisce inibendo specificamente alcuni enzimi.
Gli inibitori enzimatici vengono suddivisi in due classi: inibitori irreversibili, che inibiscono l'enzima legandosi a questo in modo stabile, e inibitori reversibili, che si combinano con l'enzima per mezzo di legami deboli e possono quindi venirne allontanati lasciando l'enzima nuovamente attivo. Gli **inibitori irreversibili**, o *inattivatori*, non giocano alcun ruolo fisiologico nella regolazione dell'attività degli enzimi; si tratta di solito di veleni o tossine in grado di causare gravi danni all'organismo. Invece, gli **inibitori reversibili** possono ridurre l'attività degli enzimi legandosi nel sito attivo al posto del substrato (*inibitori competitivi*) oppure legandosi all'enzima in una zona diversa dal sito attivo, formando con questo e con il substrato un complesso cataliticamente inattivo (*inibitori non competitivi*; FIGURA ■ 3.33). In entrambi i casi, l'attività dell'enzima si riduce.

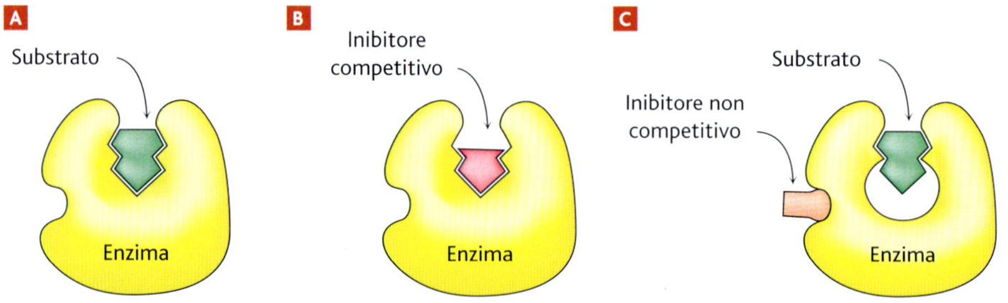

FIGURA 3.33 ■ Inibizione enzimatica reversibile.
(A) Complesso enzima-substrato.
(B) Inibizione competitiva: l'inibitore si lega al sito attivo al posto del substrato. La K_m dell'enzima per il proprio substrato aumenta.
(C) Inibizione non competitiva: l'inibitore si lega in una regione diversa dal sito attivo e provoca la formazione di un complesso cataliticamente inattivo. La V_{max} della reazione diminuisce.

3.4 GLI ACIDI NUCLEICI

▶ FUNZIONI DEGLI ACIDI NUCLEICI

Gli acidi nucleici si trovano, salvo rare eccezioni, in tutte le cellule eucariotiche e procariotiche, ma anche nei virus (FIGURA ■ 3.34). Il DNA, o acido desossiribonucleico, è la molecola in cui sono depositate tutte le informazioni necessarie per la sintesi dell'intero

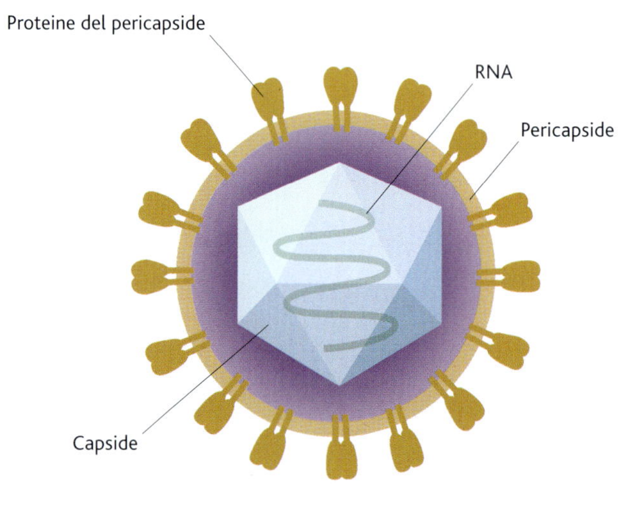

FIGURA 3.34 ■ Gli acidi nucleici sono le molecole in cui è contenuta l'informazione genetica e sono diffusi pressoché in tutti gli organismi viventi, dall'uomo ai virus. Rappresentazione schematica del virus dell'epatite C, in cui la molecola di RNA è circondata da un involucro proteico.

corredo proteico di un organismo. Si tratta di un polimero lineare costituito da nucleotidi che può assumere dimensioni enormi e che ha la proprietà di interagire con molecole proteiche.

L'RNA, o acido ribonucleico, è presente nelle cellule in più forme e svolge ruoli differenti nei processi molecolari che esprimono l'informazione genetica contenuta nel DNA. Gli acidi nucleici, nonostante il loro nome, si trovano distribuiti sia nel nucleo sia nei mitocondri e nel citoplasma delle cellule, liberi o associati a proteine, e questa diversa distribuzione è espressione di specifiche differenze funzionali.

Oggi le tecniche della genetica molecolare e dell'ingegneria genetica hanno dato inizio a un periodo di grandi cambiamenti in biologia fornendo la possibilità di intervenire nel funzionamento degli organismi a livello molecolare attraverso la manipolazione degli acidi nucleici. Le stesse tecniche, complessivamente note come biotecnologie, hanno trovato molteplici applicazioni non solo nel campo della medicina, dell'agronomia e della zootecnia, ma anche nell'industria farmaceutica, in campo forense e in chimica ambientale. Nei Capitoli 5 e 6 vedremo nel dettaglio tutte queste applicazioni, mentre ora affronteremo lo studio delle caratteristiche chimiche e del ruolo biochimico degli acidi nucleici.

▶ LE UNITÀ STRUTTURALI DEGLI ACIDI NUCLEICI: I NUCLEOTIDI

I **nucleotidi** sono le unità costitutive degli acidi nucleici. Un nucleotide è costituito dall'insieme di tre specie chimiche più semplici: una base azotata, una molecola di zucchero a cinque atomi di carbonio e un gruppo fosfato.

GLOSSARY

Nucleotide: a nucleic acid constituent, consisting of a sugar residue bonded both to a heterocyclic purine or pyrimidine base and to a phosphoric acid.

In base allo zucchero presente, i nucleotidi sono distinti in due classi: *ribonucleotidi* e *desossiribonucleotidi*, a seconda che contengano ribosio o desossiribosio (FIGURA ■ 3.35).

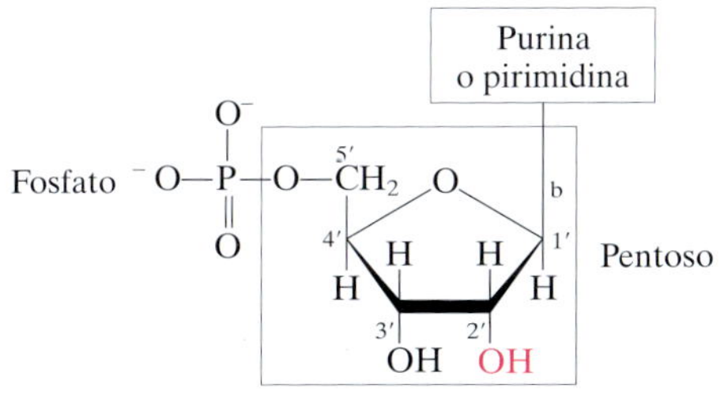

FIGURA 3.35 ■ Struttura generale di un ribonucleotide in cui è evidenziata la numerazione degli atomi di carbonio del ribosio. Nei desossiribonucleotidi, il gruppo ossidrile in posizione 2′ del ribosio (in rosso) è sostituito da un atomo di idrogeno.

Nei ribonucleotidi che costituiscono l'RNA, l'atomo di carbonio 1′ del ribosio è legato covalentemente a una di quattro possibili basi azotate: adenina e guanina (dette *purine*), citosina e uracile (dette *pirimidine*). I desossiribonucleotidi che costituiscono il DNA si distinguono dai precedenti per la presenza di desossiribosio al posto del ribosio e della base azotata timina al posto dell'uracile.

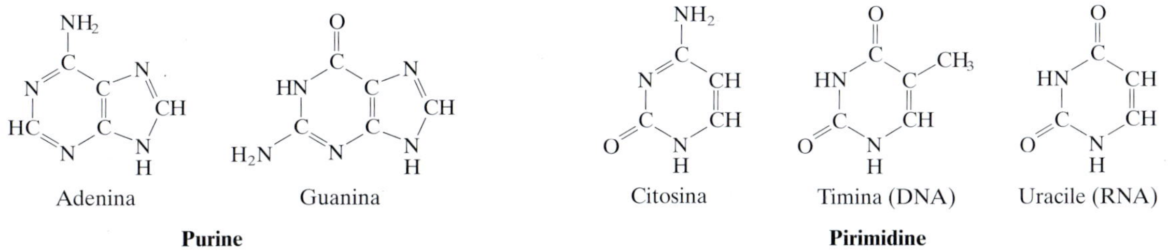

La molecola costituita dal pentoso e dalla base azotata, senza il gruppo fosfato, prende il nome di **nucleoside**. Il gruppo fosfato si lega al carbonio 5′ dello zucchero formando il nucleotide. Al gruppo fosfato possono legarsi uno o due gruppi fosfato addizionali, formando rispettivamente derivati nucleosidici difosfati e trifosfati (FIGURA ■ 3.36 nella pagina seguente).

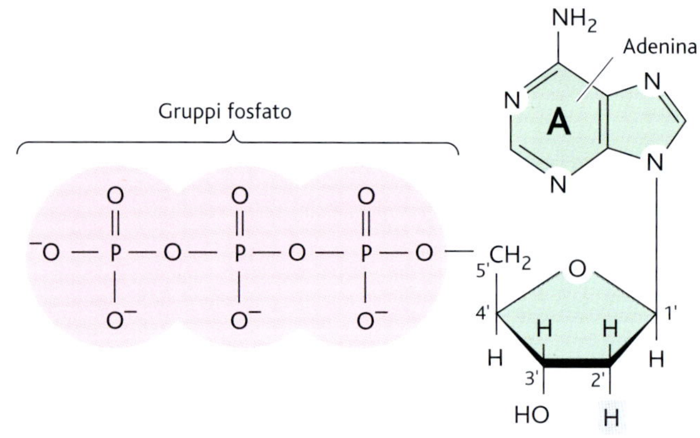

FIGURA 3.36 ■ Rappresentazione del desossi-ATP (desossiadenosintrifosfato), il derivato nucleosidico formato da adenina, desossiribosio e 3 gruppi fosfato.

A causa della complessità dei loro nomi, i nucleotidi e i derivati nucleosidici difosfati e trifosfati vengono generalmente indicati con sigle di tre lettere, di cui la prima indica il tipo di nucleoside presente (A = adenosina; G = guanosina; C = citidina; T = timidina, U = uridina), la seconda il numero di gruppi fosfato (M = «mono», un solo gruppo; D = «di», due gruppi; T = «tri», tre gruppi) e la terza è sempre P, che sta per «fosfato». In questo modo, l'adenosinmonofosfato viene abbreviato come AMP, il citidindifosfato come CDP, l'uridintrifosfato come UTP e così via. Nel caso dei desossiribonucleotidi, le stesse abbreviazioni vengono precedute dalla lettera «d»; per esempio, il desossiguanosinmonofosfato viene abbreviato come dGMP.

È importante ricordare che i nucleotidi e i derivati nucleosidici difosfati e trifosfati si trovano anche in forma libera nelle cellule dove svolgono importanti ruoli nel metabolismo. Uno di questi, l'ATP, ha la funzione di *molecola energetica* la cui idrolisi ad ADP e fosfato rilascia l'energia chimica necessaria per lo svolgimento di numerosi processi fisiologici all'interno della cellula. Nel paragrafo 4.1 il ruolo metabolico dell'ATP sarà studiato in maggior dettaglio.

▶ IL DNA

Le molecole di **acido desossiribonucleico** o **DNA** sono polimeri lineari formati dall'unione di un grandissimo numero di desossiribonucleotidi di quattro tipi diversi: dAMP, dGMP, dTMP e dCMP.

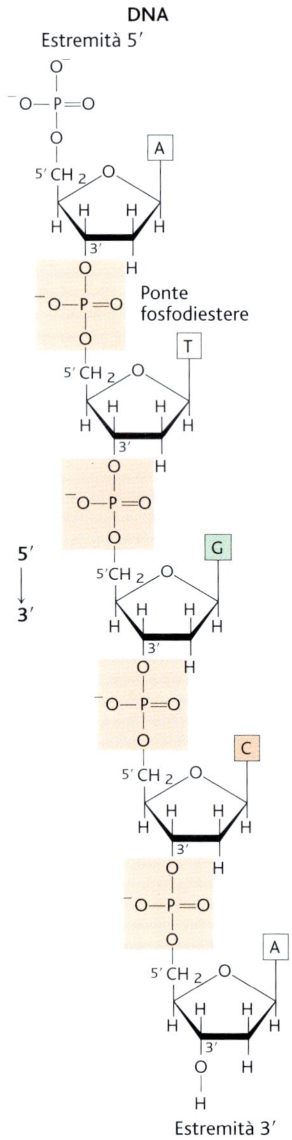

FIGURA 3.37 ■ Schema di un filamento di DNA, con evidenziati i ponti fosfodiestere.

Queste unità sono collegate fra loro attraverso i gruppi fosfato di ciascun nucleotide che si legano al gruppo —OH in posizione 3′ del desossiribosio di un altro nucleotide mediante un legame fosfodiestere. Grazie a questa organizzazione strutturale si originano lunghissime catene polinucleotidiche lineari che mostrano una ben precisa polarizzazione: a un'estremità, considerata per convenzione l'inizio della catena, esiste un gruppo fosfato libero in posizione 5′ o *estremità 5′*, mentre all'estremo opposto si trova un gruppo —OH libero in posizione 3′ o *estremità 3′* (FIGURA ■ 3.37).

La sequenza di un filamento di DNA è dunque la successione delle basi azotate appartenenti ai vari nucleotidi della catena, letta nel senso 5′-3′; questa viene rappresentata indicando ciascuna base con la sua sigla. Data la polarizzazione di ogni filamento, non è la stessa cosa scrivere una sequenza ATGCA o il suo contrario ACGTA: queste due sequenze indicano due polinucleotidi diversi.

Ma qual è l'organizzazione strutturale di una molecola così complessa nelle tre dimensioni dello spazio? All'inizio degli anni Cinquanta del secolo scorso James Watson e Francis Crick decisero di studiare la struttura tridimensionale del DNA. Mettendo assieme i dati già noti e quelli ottenuti da Rosalind Franklin e Maurice Wilkins per mezzo della cristallografia a raggi X di fibre di DNA, Watson e Crick costruirono un modello tridimensionale che giustificava tutti i dati sperimentali allora disponibili e che fu dimostrato essenzialmente corretto.

nota
Nel 1962 Crick, Watson e Wilkins furono insigniti del premio Nobel per la medicina grazie ai loro studi sulla struttura tridimensionale del DNA. Franklin non fu premiata perché era morta nel 1958.

► LA DOPPIA ELICA DEL DNA

Il **modello a doppia elica** di Watson e Crick ha alcune caratteristiche fondamentali che consentono di comprendere le specificità funzionali del DNA. Esso prevede che due filamenti polinucleotidici antiparalleli, cioè uno con direzione 3′-5′ e l'altro con direzione opposta 5′-3′, si associno fra loro e assumano un andamento elicoidale intorno a un asse comune (*doppia elica*). In questo modello, le basi puriniche e pirimidiniche dei due filamenti sono dirette le une verso le altre all'interno dell'elica, formando coppie che possono essere viste come i gradini di un'ipotetica scala a chiocciola il cui corrimano è rappresentato dallo scheletro zucchero-fosfato, posto all'esterno; l'accoppiamento delle basi avviene lungo direzioni perpendicolari all'asse della doppia elica (FIGURA ■ 3.38A).

Fra le coppie di basi azotate esiste una strettissima specificità di appaiamento: l'adenina (A) può associarsi solo con la timina (T) e viceversa; la guanina (G) può appaiarsi solo con la citosina (C) e viceversa. Le coppie sono dunque esclusivamente A-T (e T-A) e G-C (e C-G). L'appaiamento delle basi avviene grazie a specifici legami a idrogeno che si formano all'interno di ciascuna coppia (FIGURA ■ 3.38B).

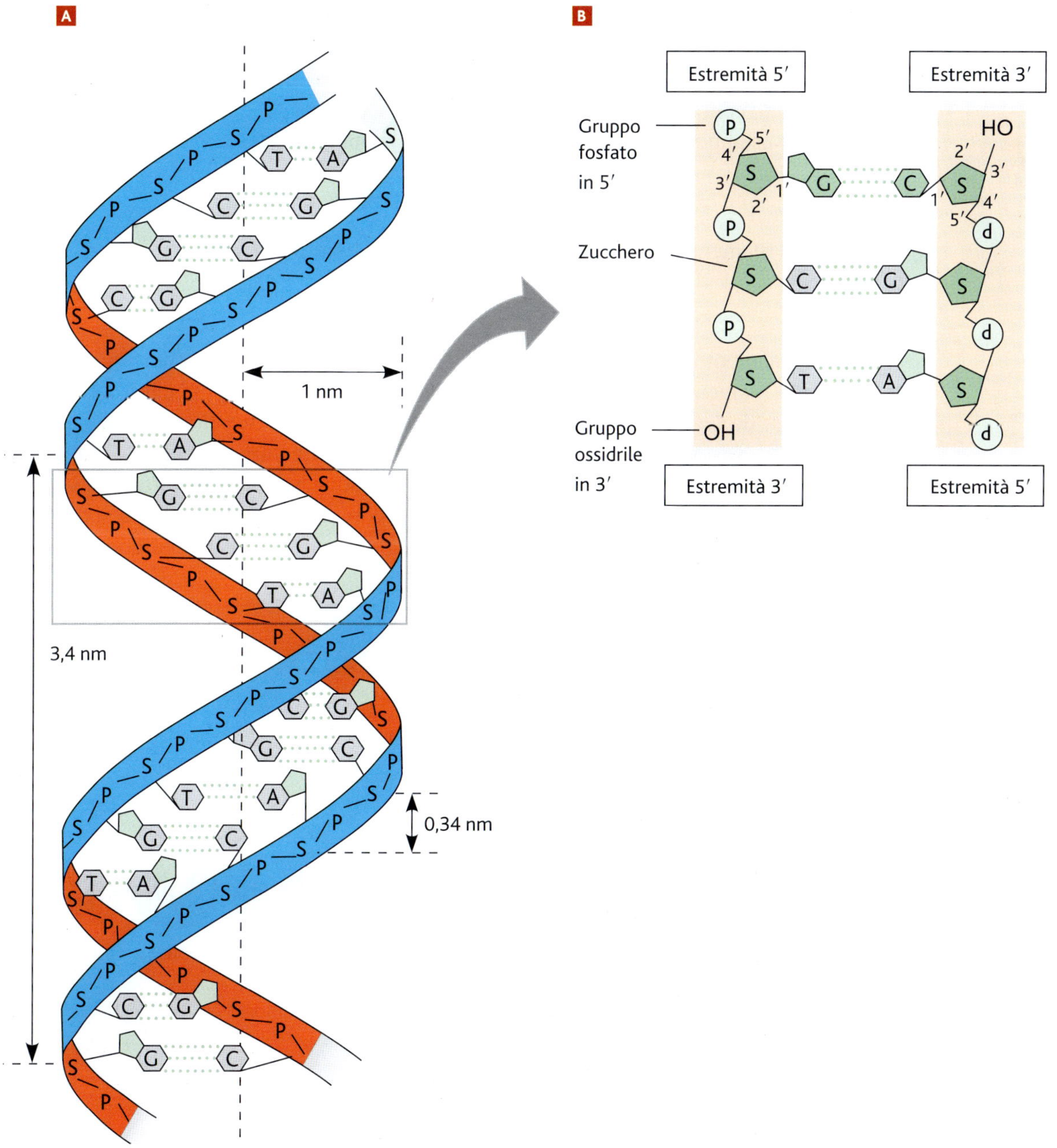

FIGURA 3.38 ■ (A) Rappresentazione schematica della molecola di DNA, con lo scheletro formato dalla successione di zuccheri (S) e fosfati (P). (B) Appaiamento di due filamenti di DNA: quello di destra è disegnato al rovescio perché l'andamento del filamento è sempre indicato come 5′-3′.

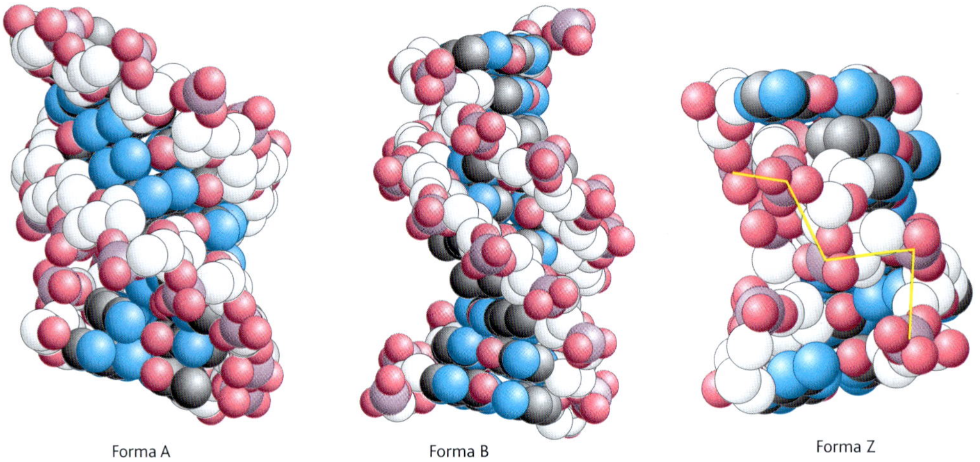

FIGURA 3.39 ■ Tre forme del DNA: la forma A è presente in ambienti poveri di acqua, la forma B è quella canonica e la forma Z ha struttura inversa e si trova soprattutto nei batteri, ma ha funzioni ancora poco chiare.

Questa struttura di base è sempre la stessa; tuttavia, a seconda delle modalità di ripiegamento elicoidale dei filamenti, il DNA può assumere forme leggermente diverse, note come DNA-A, DNA-B e DNA-Z (FIGURA ■ 3.39).

La specificità di appaiamento fra basi azotate ha un'importante conseguenza, evidenziata da Watson e Crick nella loro storica pubblicazione del 1953 sulla rivista *Nature*: ogni filamento finisce per essere una specie di «negativo» dell'altro; cioè la sequenza di un filamento contiene in sé l'informazione per la sequenza del filamento complementare. Se, per esempio, la sequenza di un tratto di filamento è

5′-A-G-C-T-C-C-G-A-G-A-T-3′

quella del filamento complementare potrà essere soltanto

3′-T-C-G-A-G-G-C-T-C-T-A-5′

Ciascun filamento è dunque uno **stampo molecolare** su cui si adatta perfettamente la forma del filamento complementare. Dato che la struttura a doppia elica del DNA è stabilizzata da legami a idrogeno, deboli, è possibile che i due filamenti si separino localmente e reversibilmente. Ciò accade fisiologicamente durante il processo di **duplicazione del DNA** di una cellula che precede la divisione cellulare (o mitosi): la separazione locale dei due filamenti consente la fedele copiatura dei filamenti stessi da parte di particolari enzimi (*DNA polimerasi*) con produzione di due nuove doppie eliche identiche a quella originaria (FIGURA ■ 3.40).

FIGURA 3.40 ■ Il complesso della duplicazione comprende molte proteine, la principale delle quali è la DNA polimerasi.

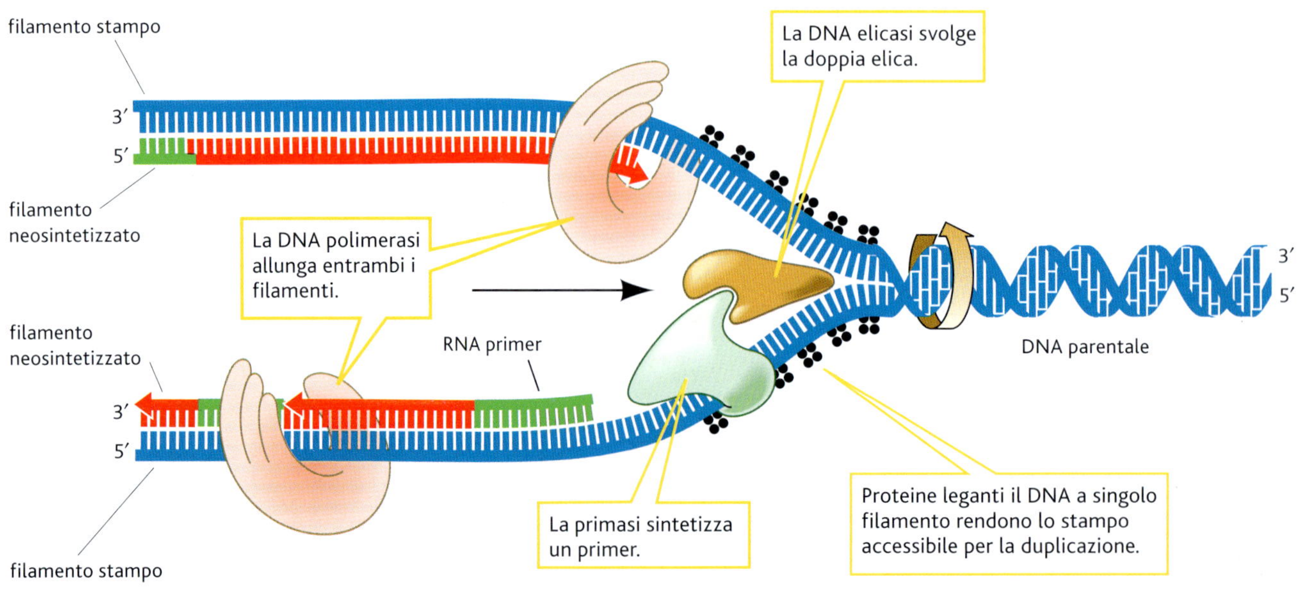

per saperne di più

7 Il DNA è contenuto nei cromosomi

Sia il DNA presente nelle cellule procariotiche, spesso di forma circolare, sia quello presente nelle cellule eucariotiche è costituito da molecole filamentose particolarmente lunghe. Per esempio, il DNA presente in una cellula di un mammifero è formato complessivamente da due filamenti costituiti da circa 5,5 $\times$ 10^9 coppie di basi; se tutte le molecole di questo DNA fossero unite linearmente otterremmo una doppia elica della lunghezza di circa 2 metri!

Anche considerando che il DNA è presente in tante molecole quanti sono i cromosomi, ne risulta che ciascuna di queste molecole ha una lunghezza circa 5000 volte superiore al diametro medio della cellula stessa. È quindi evidente che il DNA presente nelle cellule deve avere un tipo di avvolgimento molto complesso, di cui la struttura a doppia elica rappresenta solo il primo e più semplice livello (FIGURA ■ A).

L'organizzazione del DNA nei cromosomi delle cellule eucariotiche è resa particolarmente complessa dall'estrema lunghezza della doppia elica ma anche dall'associazione di questa con numerosi tipi di proteine. A tale proposito giocano un ruolo fondamentale gli *istoni*, una classe di proteine associate al DNA caratterizzate da ridotte dimensioni ed elevato contenuto di amminoacidi basici.

L'associazione DNA-istoni produce unità organizzative fondamentali della cromatina dette **nucleosomi**, che possono essere considerate il primo livello di superavvolgimento del DNA nei cromosomi. Un nucleosoma è una particella del diametro di circa 10 nm che possiede come nucleo centrale un *ottamero* formato da coppie di quattro tipi diversi di istoni, intorno a cui si avvolge come un nastro la doppia elica del DNA. Un quinto tipo di istone (H1) si trova invece all'esterno della struttura e lega un segmento di DNA di collegamento tra un nucleosoma e il successivo, con la funzione di regolare il grado di compattamento del DNA nei nucleosomi.

Il superavvolgimento della doppia elica all'interno dei nucleosomi ne accorcia la lunghezza di circa 7 volte; è stato però calcolato che la doppia elica del DNA in un cromosoma è accorciata circa 10^4 volte. Ne risulta che il processo di condensazione deve essere molto maggiore rispetto a quello prodotto dal nucleosoma. È oggi noto che livelli di avvolgimento superiori prevedono la formazione di **fibre di 30 nm**, costituite dall'associazione di più nucleosomi adiacenti, e successivamente di motivi più complessi, caratterizzati da un grado di compattazione sempre più alto (**domini ad ansa** o fibre di 300 nm). Il DNA nei cromosomi eucariotici è ulteriormente condensato, ma i livelli superiori di superavvolgimento, unitamente al ruolo preciso svolto dai vari tipi di proteine non istoniche presenti devono ancora essere in buona parte chiariti.

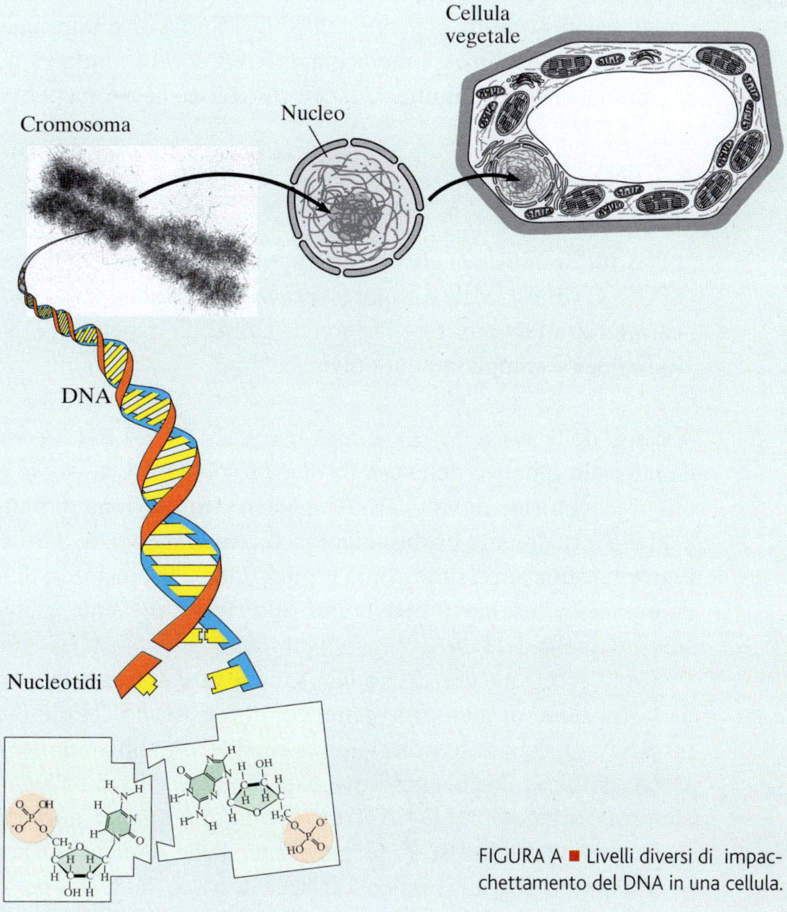

FIGURA A ■ Livelli diversi di impacchettamento del DNA in una cellula.

Per il gran numero di legami a idrogeno presenti, è invece più difficile ottenere il completo allontanamento dei due filamenti l'uno dall'altro. A tale scopo occorre aumentare la temperatura della soluzione di DNA fino a un valore sufficiente a rompere tutti i legami a idrogeno, affinché i due filamenti possano separarsi perdendo la struttura elicoidale.

Tale processo, noto come *denaturazione del DNA*, è reversibile: facendo raffreddare lentamente una soluzione contenente DNA denaturato, i filamenti possono associarsi nuovamente, ripristinando le coppie di basi di partenza. Il procedimento di denaturazione-rinaturazione del DNA è largamente impiegato in biotecnologie, per esempio nella cosiddetta *polymerase chain reaction* (*PCR*), una tecnica utile per produrre grandi quantità di DNA a partire da piccole tracce dello stesso. Riparleremo di questa tecnica nel capitolo 5.

IL «DOGMA CENTRALE DELLA BIOLOGIA»

Il DNA contiene le informazioni necessarie per la sintesi di tutte le proteine di un organismo. Tali informazioni sono organizzate sotto forma di geni, sequenze discontinue costituite da un numero variabile di nucleotidi (di solito da 1000 a 3000). In generale, si può dire che a ogni gene corrisponde una specifica proteina, che viene prodotta seguendo un percorso monodirezionale che rappresenta il cosiddetto *dogma centrale della biologia* formulato da Francis Crick. Questo principio si può riassumere in due fasi:

1. il messaggio genetico viene *trascritto* nel nucleo della cellula e trasferito dal DNA all'RNA;
2. il messaggio genetico, ora contenuto nell'RNA, è **tradotto** nel citoplasma in una sequenza di amminoacidi, il polipeptide.

nota
Nel processo di *splicing* vengono rimosse le sequenze nucleotidiche non codificanti (introni), lasciando nelle molecole di RNA le sole sequenze codificanti (esoni).

All'interno del nucleo cellulare, il messaggio genetico rappresentato da una sequenza discontinua di nucleotidi nella molecola di DNA è trascritto in una sequenza complementare di nucleotidi sotto forma di una molecola di RNA. Tale sequenza è poi rimaneggiata (tramite *splicing* dell'RNA) fino a diventare una successione continua di nucleotidi codificanti. La molecola di RNA così ottenuta viene tradotta nel citoplasma in una sequenza di amminoacidi che costituisce la catena polipeptidica.

L'RNA

Gli **acidi ribonucleici** (**RNA**) sono polimeri di quattro diversi ribonucleotidi (AMP, GMP, CMP e UMP) e rappresentano la seconda classe di acidi nucleici; essi sono caratterizzati da modeste differenze chimiche rispetto al DNA ma svolgono un ruolo biologico completamente diverso.

A causa delle sue notevoli somiglianze col DNA, l'RNA potrebbe in teoria costituire il materiale genetico della cellula al posto del DNA stesso; in effetti, si ritiene che nelle più precoci forme di vita l'RNA abbia svolto funzione di materiale ereditario analoga a quella attualmente propria del DNA. Ancora oggi, in certi casi è l'RNA che codifica l'informazione necessaria per la replicazione e la biosintesi delle proteine. Questo accade in molti virus, in cui l'RNA può addirittura presentare una struttura a doppia elica simile a quella del DNA.

Con l'eccezione dei virus a RNA, nelle attuali forme di vita l'acido ribonucleico non ha la funzione di materiale genetico: non esistono cellule i cui cromosomi contengano RNA. Questo però non significa che l'RNA abbia minore importanza biologica del DNA, dato che il suo significato è quello di anello di collegamento tra l'informazione chimica contenuta nel DNA, sotto forma di sequenze nucleotidiche, e l'espressione di questa nelle proteine, sotto forma di specifiche sequenze di amminoacidi.

Dal punto di vista chimico, l'RNA differisce dal DNA per due aspetti fondamentali: contiene ribosio al posto del desossiribosio e, salvo rare eccezioni, la base azotata uracile al posto della timina. L'evoluzione cellulare ha selezionato la timina al posto dell'uracile come quarta base azotata del DNA: l'assenza di uracile nel DNA permette infatti ai sistemi di riparazione della cellula di riconoscere e riparare più facilmente il danno da deamminazione della citosina, che in questo modo si trasforma in uracile.

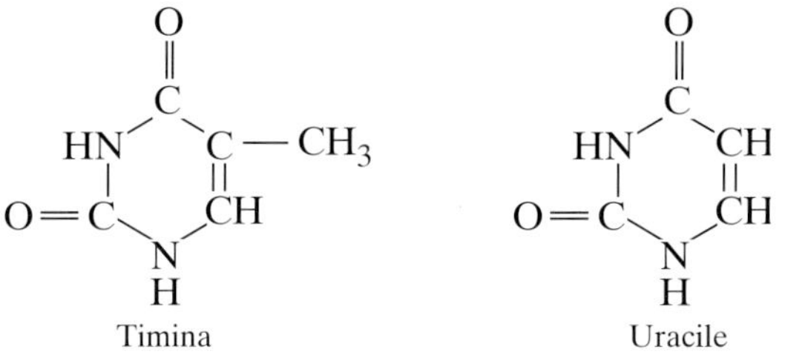

Le maggiori differenze tra DNA e RNA riguardano la struttura tridimensionale e possono essere viste come un riflesso della diversa funzione biologica di queste molecole.

RNA e DNA differiscono per la lunghezza, che nel primo è molto variabile ma comunque nettamente minore di quella del DNA; inoltre, le molecole di RNA sono quasi sempre costituite da un singolo filamento e, quindi, non presentano struttura a doppia elica.

▶ mRNA, rRNA E tRNA

Nelle cellule eucariotiche e procariotiche sono presenti tre tipi di RNA le cui differenze strutturali sono alla base della loro diversa funzione nel processo di biosintesi delle proteine. In base alla localizzazione o alla funzione svolta, gli RNA cellulari vengono indicati come *RNA messaggero, RNA ribosomico* e *RNA transfer*.

L'informazione genetica contenuta nel DNA si trova localizzata nel nucleo cellulare, mentre la biosintesi delle proteine avviene nel citoplasma; dunque, è necessario un sistema che trasporti l'informazione per la sintesi delle singole proteine dal nucleo al citoplasma. Questo sistema è rappresentato dalle molecole di **RNA messaggero** (**mRNA**), che fornisce al sistema di biosintesi delle proteine una copia del messaggio in codice contenuto nel DNA: tale processo è chiamato **trascrizione**. Tra la sequenza nucleotidica delle porzioni codificanti di un gene e quella della corrispondente molecola di mRNA c'è la stessa relazione esistente tra il negativo e il positivo di un'immagine fotografica. Le molecole di mRNA sono filamenti poliribonucleotidici la cui sequenza è complementare a quella dei vari tratti di DNA che codificano le diverse proteine cellulari. In genere, quindi, esiste un diverso tipo di mRNA per ognuna delle migliaia di differenti proteine sintetizzate da una cellula.

Data la loro funzione, le molecole di mRNA hanno dimensioni notevolmente eterogenee che variano con quelle della proteina codificata. Per esempio, nel batterio *Escherichia coli* la lunghezza media delle molecole di mRNA è di circa 1200 basi. Gli mRNA degli eucarioti presentano alcune caratteristiche peculiari rispetto a quelli procariotici; essi possiedono all'estremità 5′ della molecola dei *cappucci* costituiti da un residuo terminale di 7-metilguanosina che rendono la molecola più stabile e resistente ai sistemi di degradazione endocellulari. L'estremità 3′ presenta di norma una lunga (150-200 nucleotidi) sequenza di adenine (*coda di poli-A*), anch'essa con la funzione di aumentare la stabilità della molecola.

L'**RNA ribosomico** (o ribosomiale; **rRNA**) invece, è sintetizzato usando come stampo il DNA presente nel nucleolo; esso costituisce la maggior parte dell'RNA cellulare e della massa dei ribosomi, le particelle deputate alla biosintesi delle proteine. Gli rRNA sono associati a molecole di natura proteica a formare un complesso macchinario nucleoproteico a cui è data la funzione di realizzare le catene polipetidiche sulla base dell'informazione trasportata dall'mRNA.

Gli **RNA transfer** (**tRNA**) infine, sono le più piccole tra le molecole di acido ribonucleico, essendo costituiti da una catena di 75-90 nucleotidi. Il nome di questo tipo di RNA deriva dalla funzione da esso svolta nella **biosintesi delle proteine** (o **traduzione**):

i tRNA legano in modo specifico e attivano i singoli amminoacidi, trasportandoli al complesso ribosoma-mRNA per la loro incorporazione nella catena polipeptidica in costruzione nell'ordine codificato dalla sequenza delle basi della molecola di mRNA. Di conseguenza, per ognuno dei 20 α-amminoacidi delle proteine esiste almeno uno specifico tRNA.

La struttura di vari tipi di tRNA allo stato cristallino è stata determinata da tempo mediante diffrazione dei raggi di X. Un tRNA è un filamento poliribonucleotidico in cui possono essere presenti anche residui di timina, nucleotidi insoliti e basi azotate rare (7-15 per molecola) spesso derivate da quelle consuete per semplici modificazioni chimiche come la metilazione. Tutti i tRNA presentano alcuni caratteri comuni come l'estremità 5′ che lega covalentemente un gruppo fosfato e l'estremità 3′ di sequenza ...CCA.

La conformazione tridimensionale di una molecola di tRNA è piuttosto compatta risultando dall'avvolgimento del filamento su sé stesso con formazione di tratti a doppia elica stabilizzati dalle consuete interazioni tra coppie di basi complementari, alternati a zone in cui i due capi del filamento si allontanano formando delle anse in cui si trovano basi inconsuete che hanno minore possibilità di formare legami a idrogeno con altre basi (FIGURA ■ 3.41). Una delle anse, presente costantemente all'estremità inferiore della molecola, è costituita complessivamente da sette nucleotidi e contiene una sequenza di tre basi detta *anticodone*, diversa nei tRNA specifici per amminoacidi diversi. L'anticodone gioca un ruolo centrale nel determinare l'ordine in cui gli amminoacidi vengono legati nella proteina da sintetizzare. Esso, infatti, si lega al codone corrispondente costituito da una tripletta di basi complementari sull'mRNA (FIGURA ■ 3.42). In generale, le molecole di tRNA possono essere considerate come «traduttori» del linguaggio in cui è scritta l'informazione codificata nell'RNA in quello, chimicamente diverso, della proteina corrispondente.

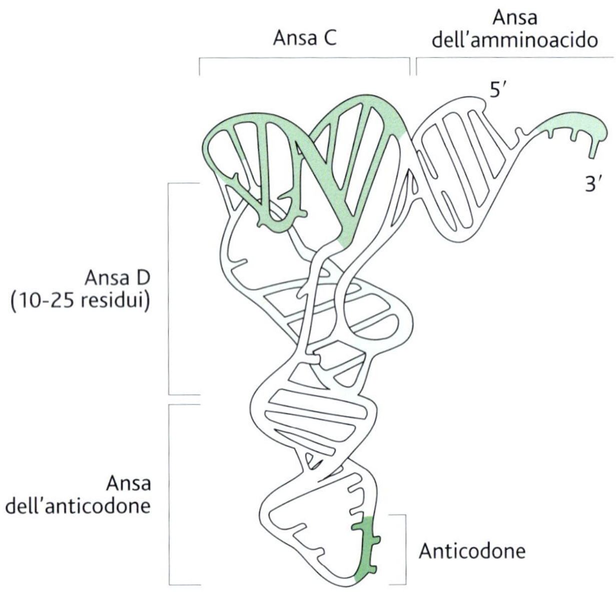

FIGURA 3.41 ■ Schema di tRNA, con indicate in verde le aree più importanti.

FIGURA 3.42 ■ I 64 codoni e gli amminoacidi corrispondenti.

Seconda lettera

Prima lettera	U	C	A	G	Terza lettera
U	UUU UUC Fenilalanina UUA UUG Leucina	UCU UCC UCA UCG Serina	UAU UAC Tirosina UAA UAG Codoni di stop	UGU UGC Cisteina UGA Codone di stop UGG Triptofano	U C A G
C	CUU CUC CUA CUG Leucina	CCU CCC CCA CCG Prolina	CAU CAC Istidina CAA CAG Glutammina	CGU CGC CGA CGG Arginina	U C A G
A	AUU AUC AUA Isoleucina AUG Metionina; codone di inizio	ACU ACC ACA ACG Treonina	AAU AAC Asparagina AAA AAG Lisina	AGU AGC Serina AGA AGG Arginina	U C A G
G	GUU GUC GUA GUG Valina	GCU GCC GCA GCG Alanina	GAU GAC Acido aspartico GAA GAG Acido glutammico	GGU GGC GGA GGG Glicina	U C A G

Test your English

LISTEN

Junk DNA

Scientists have published the most detailed analysis to date of the human genome. They have discovered a far larger chunk of our genetic code is biologically active than previously thought. The researchers hope the findings will lead to a deeper understanding of numerous diseases, which could lead to better treatments.

More than 400 scientists in 32 laboratories in the UK, US, Spain, Singapore and Japan were involved. Their findings are published in 30 connected open-access papers appearing in three journals, *Nature*, *Genome Biology* and *Genome Research*.

The Encyclopedia of DNA Elements (ENCODE) was launched in 2003 with the goal of identifying all the functional elements within the human genome. A pilot project looking at 1% of the genome was published in 2007. Now the Encode project has analysed all three billion pairs of genetic code that make up our DNA. They have found 80% of our genome is performing a specific function.

Up to now, most attention has been focused on protein-coding genes, which make up just 2% of the genome. Genes are small sections of DNA that contain instructions for which chemicals - proteins - they should produce.

The Encode team analysed the vast area of the genome sometimes called *junk DNA* because it seemed to have little function and was poorly understood. Dr Ewan Birney, of the European Bioinformatics Institute in Cambridge, who led the analysis, said: "The term junk DNA must now be junked. It's clear from this research that a far bigger part of the genome is biologically active than was previously thought."

The scientists also identified four million gene *switches*. These are sections of DNA that control when genes are switched on or off in cells. They said the switches were often a long way along the genome from the gene they controlled.

Dr Birney said: "This will help in our understanding of human biology. Many of the switches we have identified are linked to changes in risk for conditions from heart disease to diabetes or mental illness. This will give researchers a whole new world to explore and ultimately, it's hoped, will lead to new treatments."

Scientists acknowledge that it is likely to be many years before patients see tangible benefits from the project.

But another of the Encode team, Dr Ian Dunham said the data could ultimately be of help in every area of disease research. "Encode gives us a set of very valuable leads to follow to discover key mechanisms at play in health and disease. Those can be exploited to create entirely new medicines, or to repurpose existing treatments."

Wellcome Trust Sanger Institute director Prof Mike Stratton said the results were "remarkable" and would "stand as a foundation stone for human biology for many years". He added: "The Encode project will change the way many researchers conduct their science and give those who seek to understand disease a much better grasp of where genetic variation can affect our genome for ill."

Adapted from Fergus Walsh, «Detailed map of genome function», September 5, 2012, *BBC News Heath*.

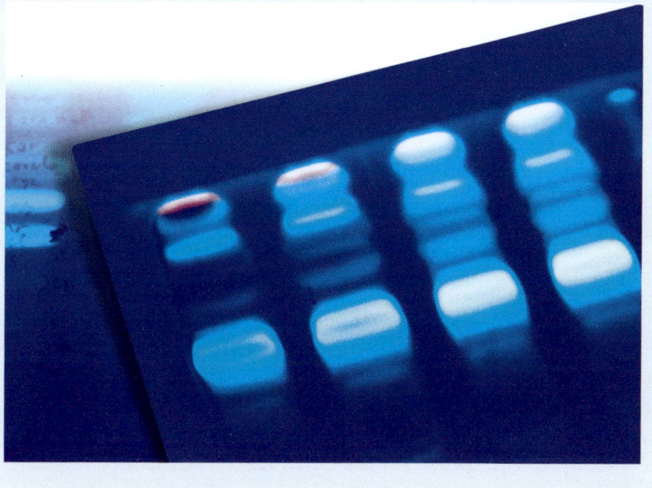

FIGURE A ■ Sample of DNA on an electrophoresis gel, observed under ultraviolet light.

SUMMING UP

SINTESI DI CAPITOLO IN MP3

▸Proteins

Proteins consist of basic structural units called *amino acids* that form *polypeptide chains*. Proteins are widely found in nature and represent a good part of the mass of the human body; they are present in all cells and in all the intracellular organelles where they participate in a number of important physiological processes. Proteins consisting exclusively of polypeptide components are defined as *simple proteins*. Those also containing non-polypeptide portions, known as prosthetic groups, are called *conjugated proteins*.

Globular proteins carry out their function in solution. *Fibrous proteins* perform structural functions and are mostly insoluble. *Membrane proteins* are embedded in the phospholipid double layer of cytoplasmic membranes.

The 20 amino acids that form proteins all contain a *carboxyl* group and an *amino* group bound to an α-carbon, plus an R-group (*side chain*) that is distinctive of each amino acid. For these α, apart from glycine, four different substituents are linked to the α-carbon atom, which forms a *chiral centre*: only L series α-amino acids are present in proteins.

The 20 α-amino acids are classified according to the polarity of their side chain: either an apolar chain (hydrophobic) or a polar chain (hydrophilic). The former can be aromatic (*phenylalanine, tyrosine and tryptophan*) or aliphatic (*glycine, alanine, valine, leucine, isoleucine, methionine* and *proline*). Some polar amino acids have an ionisable group in the side chain: *lysine, arginine* and *histidine* have a positive charge, whereas *aspartic acid* (*aspartate*, in the ionised form) and *glutamic acid* (*glutamate*, in the ionised form) have a negative charge.

The amide bond that is formed between two amino acids is known as a *peptide bond* and the molecule that is formed is called a *dipeptide*.

The *primary structure* of a protein is simply the order in which the amino acids follow each other in the polypeptide chain: it is identified with the amino acid sequence of the protein. *Secondary structure* is the simplest level of local folding of the polypeptide chain in 3-D space. *Tertiary structure* is the specific overall folding in 3-D space of the entire polypeptide chain. *Quaternary structure* describes the *association of two or more polypeptide chains*.

▸Structure-function relationship in proteins

The *denaturation* of a protein causes the loss of the upper structures of the protein: the primary structure is retained but the protein completely loses its biological activity.

Myoglobin is a relatively small monomeric protein consisting of 153 amino acids that form an internal hydrophobic pocket that accommodates a *haeme* group. In adult humans, *haemoglobin (Hb)* is a tetramer (i.e. it contains 4 subunit proteins) called haemoglobin A (HbA): it consists of two α chains (each of 141 amino acids) and two β chains (each of 146 amino acids).

The *Bohr effect* describes how a decrease or increase in blood pH associated with an increase or decrease in blood CO_2 concentrations results in haemoglobin releasing or absorbing oxygen.

The transport of oxygen to peripheral tissues is primarily influenced by *2,3-bisphosphoglycerate (BPG)*: this allosteric effector binds to a regulatory site (one site per tetramer) and significantly reduces the affinity of haemoglobin for oxygen.

Collagen is the major fibrous protein of connective tissues in organs, tendons and the fibrous capsules that surround numerous internal organs. The basic unit of collagen, the *tropocollagen*, is a right-handed super coiled helical structure formed by three polypeptide chains of about 1000 amino acids each.

▸Enzymes

Enzymes are specialised proteins with catalytic functions: *oxidoreductases* catalyze oxidation-reduction reactions; *transferases* catalyze transfer reactions of chemical groups between two substrates; *hydrolases* catalyze hydrolysis reactions; *lyases* catalyze reactions that break covalent bonds through diverse hydrolysis and oxidation mechanisms; *isomerases* catalyze isomerisation reactions; and *ligases* catalyze synthesis reactions.

The *catalytic efficiency* of an enzyme is expressed by the *turnover number*: the number of substrate molecules converted into product by an enzyme molecule per second under optimal reaction conditions.

Enzymatic activity is the catalytic action of an enzyme measured under specific conditions and defined as the amount of substrate that is converted to product per unit time: it is regulated primarily by the availability of substrates but also by *allosteric modulation*, *covalent modification* and *enzyme inhibition*.

▸Nucleic acids

Nucleotides are the constituent units of nucleic acids. A nucleotide consists of a set of three simple chemical species: a nitrogenous base, a sugar molecule with five carbon atoms, and a phosphate group.

Deoxyribonucleic acid (DNA) molecules are linear polymers formed by the union of a large number of deoxyribonucleotides of four different types: dAMP, dGMP, dCMP and dTMP. *Ribonucleic acids (RNA)*, polymers of four different ribonucleotides (AMP, GMP, CMP and UMP), are characterised by modest chemical differences with respect to DNA but play a completely different biological role.

RNA and DNA differ in the following respects: RNA is present as a single filament while DNA has a double-helix structure; the sugar is ribose not deoxyribose; the base thymine is replaced with uracil; and RNA has a lower molecular mass than DNA.

3.1 Le proteine

1 ■ Descrivi le principali funzioni svolte dalle proteine, riportando alcuni esempi.

2 ■ Qual è la differenza fra proteine semplici e proteine coniugate?

3 ■ Che cosa si intende per «gruppo prostetico» di una proteina?

4 ■ Quali sono le caratteristiche chimiche comuni degli amminoacidi che costituiscono le proteine?

5 ■ Scrivi la formula di struttura di un α-L-amminoacido generico.

6 ■ Che cosa si intende per «amminoacido in forma di ione dipolare»?

7 ■ Definisci il concetto di punto isoelettrico di un amminoacido.

8 ■ Classifica gli α-L-amminoacidi delle proteine in base alla polarità della catena laterale.

9 ■ L'amminoacido valina, a pH fisiologico, presenta delle cariche?

10 ■ Riporta alcuni esempi di amminoacidi derivati da modificazioni post-traduzionali delle proteine.

11 ■ Quali sono gli amminoacidi essenziali?

12 ■ Spiega le analogie e le differenze fra i monomeri che formano i polipeptidi.

13 ■ Che cos'è un legame peptidico?

14 ■ Descrivi la formazione di un legame peptidico, anche con l'ausilio di formule di struttura.

15 ■ Scrivi la struttura del dipeptide che per idrolisi produce due molecole di glicina.

16 ■ Qual è la struttura del tripeptide che per idrolisi produce tre molecole di alanina?

17 ■ Perché il dipeptide alanilserina è diverso dal dipeptide serilalanina?

18 ■ Scrivi la formula di struttura del tripeptide Gly-Thr-Gln. Attribuisci il nome alla molecola.

19 ■ Quali sono le strutture possibili dei due dipeptidi costituiti da glicina e fenilalanina?

20 ■ Definisci i concetti di estremità N-terminale e C-terminale di una catena polipeptidica.

21 ■ Che cosa si intende per struttura primaria di una proteina?

22 ■ Descrivi in che modo due polipeptidi diversi possono differire da un punto di vista strutturale.

23 ■ Definisci l'espressione «struttura secondaria delle proteine».

24 ■ Quali sono i principali tipi di struttura secondaria delle proteine?

25 ■ Classifica le proteine in base al contenuto di struttura secondaria.

26 ■ Che cosa si intende per «struttura terziaria delle proteine»?

27 ■ Perché le porzioni apolari delle proteine si dispongono al centro della struttura per formare il core idrofobo?

28 ■ In generale, quali sono le forze che determinano la struttura *tridimensionale* di un polipeptide?

29 ■ Come si forma il legame disolfuro in una proteina?

30 ■ Definisci l'espressione «struttura quaternaria delle proteine».

31 ■ Che cosa si intende per «conformazione nativa» di una proteina?

32 ■ Che cos'è il «folding» delle proteine? Quali possono essere le conseguenze di un errato processo di «folding»?

33 ■ Spiega in termini generali come una variazione di pH può alterare la struttura tridimensionale di un polipeptide.

3.2 Rapporti struttura-funzione nelle proteine

34 ■ In che cosa consiste il processo di denaturazione di una proteina?

35 ■ Che cos'è l'emoglobina?

36 ■ Qual è il gruppo prostetico dell'emoglobina?

37 ■ Qual è l'effetto della cooperatività nella funzione dell'emoglobina?

38 ■ Descrivi la curva di legame dell'emoglobina con l'ossigeno e spiegane l'andamento.

39 ■ Descrivi l'organizzazione strutturale del collageno.

40 ■ Qual è il ruolo delle modificazioni post-traduzionali nel collageno?

3.3 Gli enzimi

41 ■ A quale classe di sostanze appartengono gli enzimi?

42 ■ Quali sono i bersagli biologici dei veleni chimici più potenti? Fornisci qualche esempio.

43 ■ Descrivi, anche con l'ausilio di un grafico, le modalità con cui un enzima determina un aumento della velocità di una reazione.

44 ■ Quali sono le differenze fra il modello chiave-serratura e il modello dell'adattamento indotto relativi all'interazione fra enzima e substrato?

45 ■ Indica quali sono le reazioni catalizzate da idrolasi, liasi, isomerasi e ligasi.

46 ■ Quali sono le classi di enzimi secondo la IUBMB?

47 ■ Perché FAD e NAD^+ sono coenzimi particolarmente diffusi all'interno delle cellule?

48 ■ Descrivi in modo sintetico il ciclo catalitico di un enzima.

49 ■ Quali sono le caratteristiche del complesso enzima-substrato?

50 ■ In che modo è possibile esprimere l'efficienza catalitica di un enzima?

51 ■ Riporta in grafico l'equazione di Michaelis-Menten e spiega l'andamento della curva.

52 ■ Qual è il significato della K_M?

53 ■ Quali sono i principali meccanismi di modulazione dell'attività enzimatica nelle cellule?

54 ■ In che cosa consiste l'allosterismo?

55 ■ Che cosa si intende per inibizione enzimatica?

56 ■ Come fanno le cellule a costruire sequenze specifiche di amminoacidi piuttosto che sequenze disordinate?

3.4 Gli acidi nucleici

57 ■ Qual è la specifica base strutturale con cui il DNA trasporta il messaggio genetico?

58 ■ Quali tipi di forze tengono uniti i due filamenti di DNA della doppia elica?

59 ■ Qual è la relazione strutturale tra i due filamenti di DNA della doppia elica?

60 ■ Quali sono le differenze strutturali fra DNA e RNA?

61 ■ Quale tipo di RNA possiede i codoni?

62 ■ Quale tipo di RNA possiede gli anticodoni?

63 ■ Durante la sintesi dei polipeptidi, descrivi quali sono le funzioni di:
a) un ribosoma;
b) mRNA;
c) tRNA.

64 ■ Quale tipo di RNA si forma direttamente dal DNA nel nucleo di una cellula? Quale altro tipo di RNA si ottiene da questo?

65 ■ Da quale acido nucleico ha inizio il processo la traduzione? Qual è il risultato finale di tale processo?

▸ Trattazione sintetica degli argomenti

Sviluppa i seguenti argomenti cercando di riportare gli aspetti più significativi in un testo di non più di 8-10 righe.

66 ■ Descrivi le principali caratteristiche degli amminoacidi e la loro importanza alimentare.

67 ■ Le proteine svolgono una molteplicità di funzioni, ripercorrile sinteticamente.

Sviluppa i seguenti argomenti in modo esauriente, usando il lessico specifico e curando l'esposizione; la risposta non deve superare le 15 righe.

68 ■ Descrivi i quattro livelli strutturali che possono assumere le proteine.

69 ■ Gli enzimi sono i catalizzatori delle reazioni biologiche, spiegane il funzionamento e la regolazione.

70 ■ Fai una sintesi sul ruolo di proteine e acidi nucleici nella nostra alimentazione.

Leggi attentamente la traccia seguente; documentati se necessario e svolgi la prova curando l'esposizione e la terminologia.

71 ■ Insieme all'acqua e ai sali minerali, le biomolecole sono i principali nutrienti necessari al funzionamento del nostro organismo. Descrivi il loro ruolo nella nostra dieta e la loro presenza nei cibi che troviamo sulla nostra tavola. Concludi fornendo alcune indicazioni generali per una corretta alimentazione.

20 esercizi interattivi

Capitolo **4**

Il metabolismo

4.1 LE TRASFORMAZIONI CHIMICHE ALL'INTERNO DI UNA CELLULA

GLOSSARY

Metabolism:
the sum total of the chemical reactions that occur in an organism.

La vita di una cellula, sia essa un semplice organismo unicellulare o un'infinitesima parte di un organismo complesso come l'uomo, dipende dalle trasformazioni chimiche che avvengono al suo interno. Le biomolecole che abbiamo studiato nei capitoli precedenti sono continuamente degradate o sintetizzate attraverso un numero enorme di reazioni chimiche coordinate e integrate che, nel loro complesso, prendono il nome di **metabolismo** (dal greco *metabolé*, trasformazione).

Il metabolismo cellulare è dunque la base chimica della vita e svolge tre funzioni principali:

- ricavare energia chimica utile per la cellula dalla degradazione di nutrienti o dalla trasformazione di altre forme di energia come la luce solare (FIGURA ■ 4.1A);
- convertire i nutrienti in molecole utili per la cellula (FIGURA ■ 4.1B);
- sintetizzare macromolecole e polimeri a partire dai precursori.

FIGURA 4.1 ■ Il metabolismo ha diverse funzioni.
(A) L'energia necessaria per sostenere l'intensa e prolungata attività fisica durante una corsa è ricavata dal metabolismo delle cellule muscolari.
(B) L'assimilazione dei nutrienti contenuti negli alimenti avviene grazie all'attività metabolica del fegato.

▶ ANABOLISMO E CATABOLISMO SONO LE DUE FACCE DEL METABOLISMO

Il metabolismo è costituito da due fasi distinte ma fortemente interconnesse, chiamate catabolismo e anabolismo: il **catabolismo** rilascia energia, l'**anabolismo** richiede energia (FIGURA ■ 4.2).

> Le reazioni di degradazione di carboidrati, acidi grassi e amminoacidi costituiscono nel loro complesso quello che viene detto catabolismo (dal greco *kataballō*, io demolisco); mentre l'insieme delle reazioni di sintesi e condensazione all'interno delle cellule viene indicato come anabolismo (dal greco *anabolé*, salita).

GLOSSARY

Catabolism:
the group of metabolic pathways that break down larger molecules in smaller ones.

Anabolism:
the group of metabolic pathways that build up larger molecules from smaller ones.

Sono cataboliche le reazioni di degradazione di carboidrati, acidi grassi e amminoacidi, che avvengono fondamentalmente per mezzo di processi di ossidazione e portano alla formazione di prodotti di rifiuto quali diossido di carbonio (CO_2), acqua (H_2O) e scorie azotate (urea, NH_2CONH_2, nell'uomo e nei mammiferi). Sono invece anabolici quei processi che, a partire da un numero limitato di precursori di piccole dimensioni, quali amminoacidi, α-chetoacidi e acetil-CoA, permettono di ottenere una varietà di macromolecole utili alla cellula (come proteine, polisaccaridi, acidi grassi, eme).

Dal punto di vista energetico, le reazioni cataboliche sono principalmente *esoergoniche* cioè determinano un rilascio di energia, che viene in buona parte immagazzinata sotto forma di adenosintrifosfato (ATP). Al contrario le reazioni anaboliche sono prevalentememete *endoergoniche*, non spontanee e avvengono solo grazie alla partecipazione di molecole di ATP che, idrolizzandosi ad ADP e fosfato inorganico, liberano l'energia necessaria per lo svolgimento della reazione. Per valutare la quantità di energia che può essere utilizzata per produrre lavoro nei processi metabolici

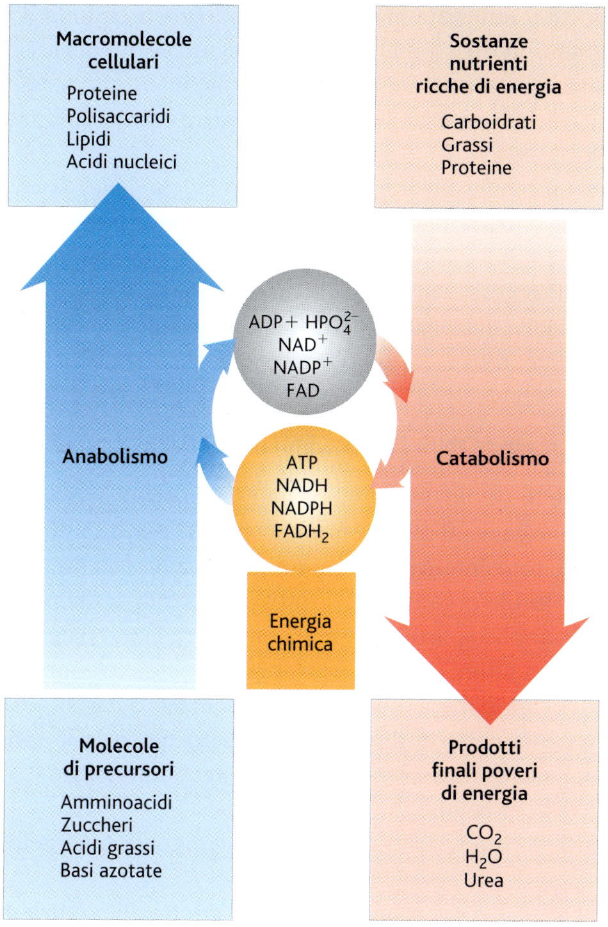

FIGURA 4.2 ■ Relazioni energetiche tra anabolismo e catabolismo. Il catabolismo genera energia in forma di ATP, NADH, NADPH e $FADH_2$. Queste molecole sono poi usate nell'anabolismo per convertire piccoli precursori in macromolecole.

si ricorre a una grandezza termodinamica chiamata **energia libera di Gibbs** (o G), che assume un valore diverso per ogni sostanza; in ogni reazione, nel passaggio dai reagenti ai prodotti, si verifica una variazione (ΔG) di energia libera che ci permette di capire se un dato processo chimico avviene spontaneamente.

Il valore di ΔG per una data reazione corrisponde alla differenza tra l'energia libera finale (dei prodotti) e l'energia libera iniziale (dei reagenti):

$$\Delta G = G_{\text{finale}} - G_{\text{iniziale}}$$

Le reazioni esoergoniche (come quelle cataboliche) hanno un ΔG negativo e avvengono in maniera spontanea. Al contrario, le reazioni endoergoniche (ovvero quelle anaboliche) hanno un ΔG positivo e non avvengono in maniera spontanea.

Per questa ragione la cellula consuma le molecole di ATP prodotte: la scissione dell'ATP in ADP e fosfato inorganico libera l'energia necessaria per lo svolgimento delle reazioni anaboliche e di fatto consente alla cellula (e all'organismo di cui fa parte) di vivere.

▶ LE REAZIONI NELLA CELLULA SONO ORGANIZZATE IN VIE METABOLICHE

Le migliaia di reazioni chimiche anaboliche e cataboliche che avvengono in una cellula non si verificano simultaneamente né in modo indipendente l'una dall'altra: esse sono regolate e coordinate all'interno di **vie metaboliche**.

Una via metabolica è una sequenza di reazioni chimiche catalizzate da specifici enzimi in cui il prodotto della prima reazione è il reagente della seconda, il prodotto di questa è il reagente della terza, e così via fino al prodotto ultimo della via.

GLOSSARY

Metabolic pathways: series of chemical reactions catalyzed by enzymes that occur within a cell.

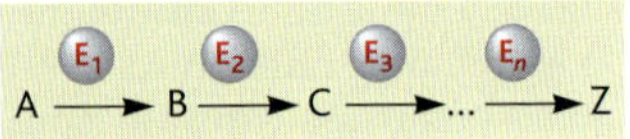

FIGURA 4.3 ■ Schema semplificato di una via metabolica, in cui i prodotti di una reazione sono i reagenti della successiva.

Le molecole prodotte e utilizzate in una via metabolica prendono il nome di *intermedi metabolici* e ognuno di questi può essere impiegato da un'altra via. Nel complesso, quindi, il metabolismo è un insieme di vie metaboliche interconnesse: gli intermedi di una via possono partecipare anche ad altre reazioni ed essere utilizzati in più vie metaboliche diverse (FIGURA ■ 4.3).

Alcune vie del metabolismo degradativo (*vie cataboliche*) sono apparentemente uguali e contrarie alle corrispondenti vie del metabolismo sintetico (*vie anaboliche*). In realtà, la perfetta sovrapposizione tra vie cataboliche e anaboliche non si verifica quasi mai e ciò consente di regolare in modo diverso e indipendente i processi catabolici e anabolici a seconda delle esigenze della cellula. Riprenderemo questo argomento nel corso di tutto questo capitolo.

▶ LE VIE METABOLICHE SONO DIVERGENTI, CONVERGENTI E CICLICHE

Non si può affrontare lo studio del metabolismo senza tener presente che esistono profonde differenze tra organismi autotrofi ed eterotrofi per quanto riguarda le fonti di energia. Gli autotrofi fotosintetici possono utilizzare la luce solare per convertire molecole di CO_2 in biomolecole organiche. La fotosintesi svolta dalle piante e da altri autotrofi è un processo anabolico particolare che non può realizzarsi nelle cellule degli organismi eterotrofi. Questi ultimi devono ricavare da biomolecole organiche sia l'energia fondamentale per il proprio metabolismo, sia gli «scheletri» carboniosi con cui costruire le biomolecole. Nonostante le differenze per quanto riguarda le fonti di energia e di carbonio organico, i meccanismi attraverso cui vengono utilizzate le biomolecole sono rimasti invariati in tutte le cellule.

Da questo punto di vista si distinguono vie convergenti, divergenti e cicliche (FIGURA ■ 4.4).

Le vie cataboliche che consentono di ricavare energia dai nutrienti sono in genere **convergenti**, cioè partono da numerosi substrati diversi e portano alla produzione di un numero limitato di molecole semplici. Nei prossimi paragrafi prenderemo in esame le vie cataboliche fondamentali e vedremo che i loro prodotti sono strettamente correlati alle altre vie metaboliche che avvengono nella cellula.

nota
L'antenato comune di tutti i viventi, LUCA (*Last Universal Common Ancestor*), sarebbe stato un procariote in grado di attuare la glicolisi.

Tra le vie cataboliche, la più diffusa e antica è la *glicolisi* che può essere considerata la principale via catabolica dei carboidrati e si svolge in tutte le cellule, autotrofe o eterotrofe. Durante la glicolisi il glucosio, combustibile cellulare per eccellenza, o altri carboidrati vengono degradati e ossidati a piruvato. Alla via catabolica dei carboidrati si affiancano quelle del catabolismo dei lipidi (β-ossidazione) e degli amminoacidi.

Come evidenziato nella FIGURA ■ 4.4, nella maggior parte delle cellule tutte queste vie convergono portando alla formazione di un piccolo catabolita noto come acetil-CoA. Quest'ultimo in genere alimenta la via metabolica terminale (ciclo di Krebs), che ha un caratteristico andamento **ciclico** e in cui si ha liberazione di CO_2.

FIGURA 4.4 ■ Le vie cataboliche sono convergenti, le vie anaboliche sono divergenti e le vie del metabolismo terminale sono cicliche.

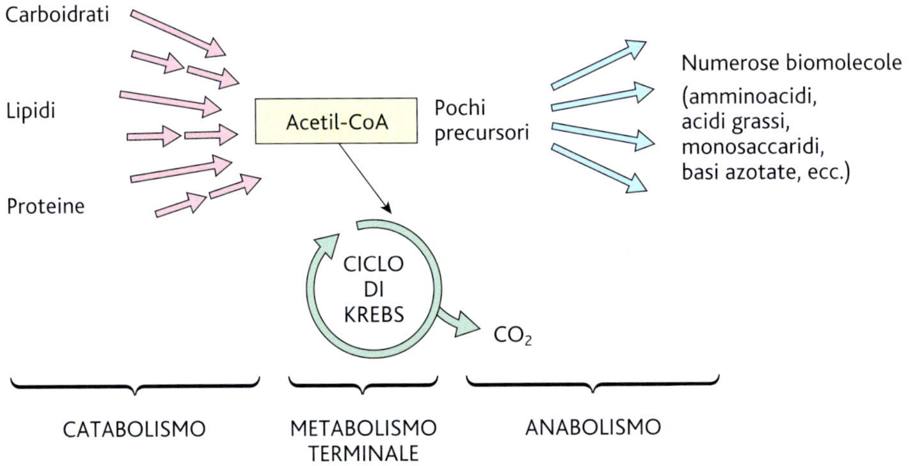

Il metabolismo terminale, completa l'ossidazione e la degradazione delle molecole di partenza e produce una serie di coenzimi ridotti che entrano in un processo noto come catena di trasporto degli elettroni, in cui interviene l'ossigeno, che ha come scopo la produzione di ATP. Il processo completo di ossidazione e degradazione dei carboidrati (che comprende la glicolisi, la produzione di acetil-CoA, il ciclo di Krebs e la catena di trasporto elettronico) è comunemente denominato *respirazione cellulare* e produce una notevole quantità di ATP.

Come vedremo più avanti, in alcune cellule il metabolismo terminale è sostituito o affiancato dalla *fermentazione*, un processo che non richiede ossigeno e non porta all'ossidazione totale delle molecole di partenza.

Le vie anaboliche, al contrario di quelle cataboliche, partono da pochi precursori per dare origine a numerose molecole complesse diverse. L'anabolismo è pertanto costituito da un insieme di vie **divergenti**.

FISSA I CONCETTI
Dal punto di vista evolutivo, sono comparse prima le vie di degradazione aerobiche o anaerobiche? Perché?

▶ L'ATP È LA PRINCIPALE FONTE DI ENERGIA PER LE REAZIONI METABOLICHE

Le cellule ottengono energia dall'ossidazione di sostanze organiche, i nutrienti. Tale energia viene immagazzinata nelle molecole di ATP che rappresentano la principale forma di accumulo dell'energia nelle cellule.

L'ATP viene definito come *molecola ad alta energia di idrolisi*: significa che quando viene idrolizzato uno dei suoi due legami fosfato-fosfato (di solito l'ultimo) nella reazione ATP + $H_2O \rightarrow$ ADP + P_i, si libera una quantità di energia notevolmente superiore a quella liberata dall'idrolisi di un normale legame covalente (FIGURA ■ 4.5).

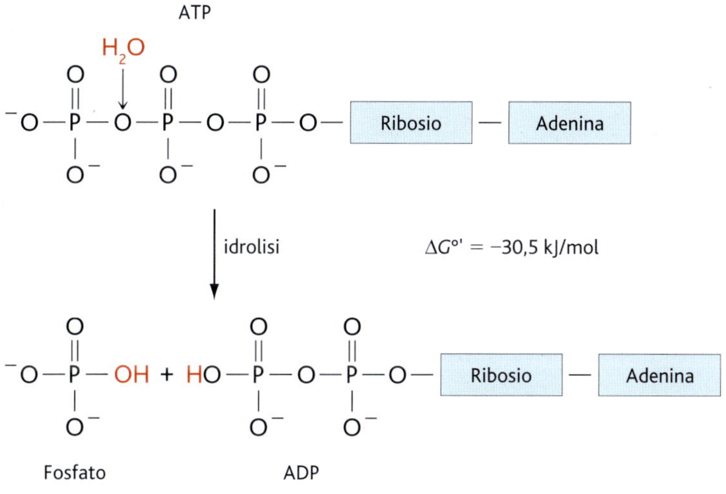

FIGURA 4.5 ■ La reazione di idrolisi dell'ATP. La notevole quantità di energia liberata nella reazione di idrolisi dell'ATP è dovuta al fatto che l'ATP è una molecola relativamente instabile mentre i prodotti della sua idrolisi, soprattutto lo ione fosfato, sono specie chimiche molto stabili.

Molte delle reazioni anaboliche che si svolgono all'interno delle cellule mostrano un aumento dell'energia libera ($\Delta G°' > 0$) e, di fatto, non dovrebbero avvenire perché il loro equilibrio risulta completamente spostato dalla parte dei reagenti. In realtà, nelle cellule queste reazioni hanno luogo perché sono *accoppiate* a reazioni fortemente esoergoniche, fra le quali riveste particolare rilevanza la reazione di idrolisi dell'ATP.

Consideriamo per esempio una reazione generica, il cui $\Delta G°'$ sia positivo:

$$X + Y \rightleftharpoons X{-}Y$$

Se questa reazione viene accoppiata con l'idrolisi di una molecola di ATP, in modo che il $\Delta G°'$ complessivo risulti negativo, essa può svolgersi e l'equazione diviene:

$$X + Y + ATP + H_2O \rightleftharpoons X{-}Y + ADP + P_i$$

L'energia liberata dall'idrolisi della molecola di ATP ha spostato nettamente verso destra l'equilibrio dell'intera reazione.

Le reazioni accoppiate si svolgono spesso attraverso la formazione di un *intermedio*

nota
In chimica, la notazione ΔG° significa variazione dell'energia libera di Gibbs in condizioni standard (pressione 1 atm, temperatura 25 °C e concentrazione 1 M di reagenti e prodotti).
In biochimica si utilizza una notazione diversa, ΔG°', che si riferisce a un valore di pH 7,0 ($[H^+] = 10^{-7}$ M), più vicino alle condizioni fisiologiche esistenti nelle cellule.

fosforilato che attiva il reagente e favorisce la reazione successiva in cui si forma il vero prodotto (XY) della reazione.

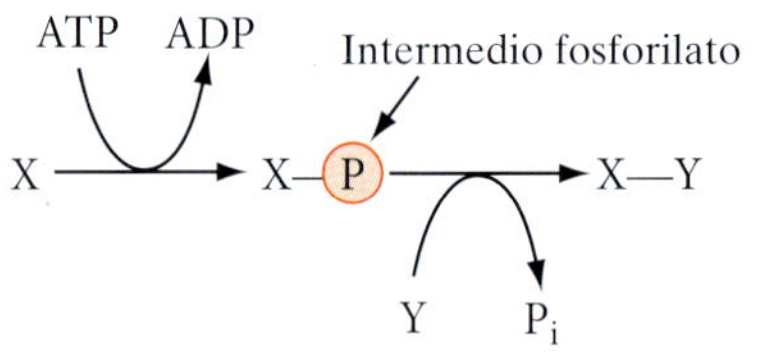

Numerosi processi fisiologici che richiedono energia per potersi svolgere trovano una sorta di motore nell'accoppiamento con reazioni di idrolisi dell'ATP. Fra questi, particolarmente importanti sono il trasporto di ioni contro gradiente di concentrazione attraverso la membrana cellulare alla base della genesi dell'impulso nervoso (vedi Scheda 1), lo scorrimento dei filamenti delle proteine actina e miosina che consente la contrazione muscolare e il processo di ripiegamento (*folding*) che consente alle proteine di assumere la propria conformazione nativa.

L'ATP è la principale molecola a elevata energia libera di idrolisi ma non è l'unica. In alcuni casi, entrano in gioco il GTP (guanosintrifosfato), l'UTP (uridintrifosfato) o il CTP (citidintrifosfato), nucleosidi trifosfati simili all'ATP in grado di favorire specifici processi endoergonici: essi agiscono in modo analogo all'ATP.

nota
I coenzimi sono piccole biomolecole che agiscono come cofattori, aiutando la catalisi enzimatica in una reazione metabolica.

▶ NAD E FAD TRASPORTANO ELETTRONI NEL METABOLISMO

Nel metabolismo energetico di tutti gli organismi sono spesso coinvolti, oltre alle molecole di ATP, anche **coenzimi** che agiscono da trasportatori di elettroni durante le reazioni di ossidoriduzione (FIGURA ■ 4.6A). La loro funzione è importante perché molte reazioni del metabolismo sono reazioni redox (cioè di scambio di elettroni).

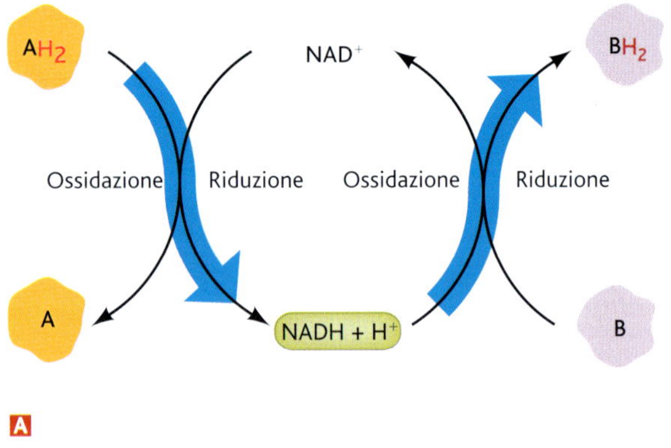

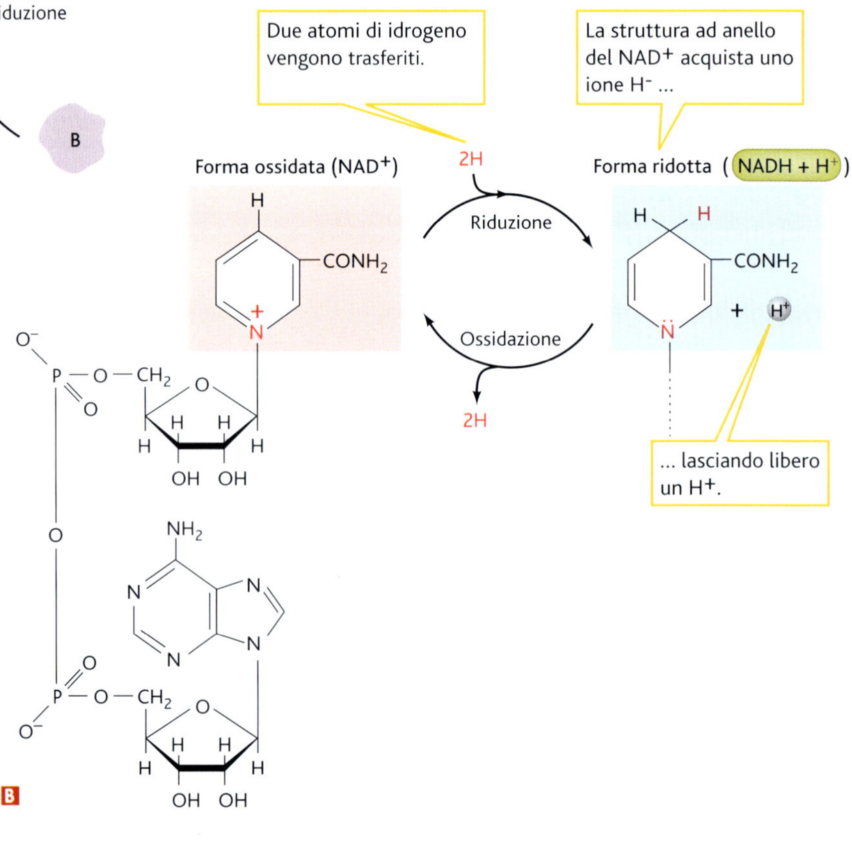

FIGURA 4.6 ■ (A) Schema dei processi di ossidoriduzione in cui è coinvolto il NAD: ogni freccia nera ricurva rappresenta una reazione di ossidazione o di riduzione. La freccia larga in blu indica il percorso degli elettroni trasferiti. (B) Forma ossidata e ridotta del NAD: la parte della molecola non evidenziata non è coinvolta nella reazione redox.

Tra questi il più importante è il **NAD** (**nicotinammide adenin dinucleotide**), una molecola che può presentarsi in due forme chimicamente diverse, entrambe coinvolte nelle redox di interesse biologico (FIGURA ■ 4.6B): la forma ossidata (NAD^+) e la forma ridotta ($NADH + H^+$). La reazione di riduzione

$$NAD^+ + 2H \rightarrow NADH + H^+$$

Animazione
La pompa sodio-potassio

per saperne di più

1 Il trasporto di Na^+ e K^+ attraverso la membrana cellulare

Un importante esempio di processo fisiologico in cui viene utilizzato ATP come fonte di energia è rappresentato dalle pompe ioniche che agiscono da sistema di trasporto trasferendo ioni Na^+ e K^+ attraverso la membrana cellulare. La differenza di potenziale tra l'esterno e l'interno della membrana cellulare, nota come *potenziale di membrana*, è generata dalla distribuzione disuguale dei due ioni, con K^+ più concentrato all'interno della cellula e Na^+ maggiormente concentrato all'esterno. In particolare, nelle cellule dei tessuti eccitabili il potenziale di membrana a riposo è pari a circa −70 mV, valore dovuto a un eccesso di carica negativa all'interno della cellula e di carica positiva nell'ambiente extracellulare. Il potenziale di membrana è alla base di processi fisiologicamente essenziali, come la produzione e la propagazione degli impulsi nervosi e la contrazione dei muscoli.

Dato che gli ioni Na^+ e K^+ tendono spontaneamente a riequilibrarsi ai due lati della membrana cellulare attraversando specifici canali secondo il gradiente di concentrazione, le cellule dell'organismo provvedono a mantenere la distribuzione asimmetrica dei due ioni grazie all'attività di un complesso proteico di membrana, la **pompa sodio-potassio**, che realizza continuamente il trasporto di ioni Na^+ dall'interno della cellula verso lo spazio extracellulare in cambio di ioni K^+. Questo trasporto contro gradiente di concentrazione richiede un lavoro osmotico che implica il consumo di ATP: la molecola di ATP viene idrolizzata in ADP e fosfato inorganico dallo stesso complesso della pompa.

La sequenza degli eventi nel ciclo di funzionamento della pompa sodio-potassio prevede la seguente successione:
(1) il gruppo fosfato dell'ATP viene trasferito sul trasportatore Na^+/K^+ grazie a una reazione che viene favorita dal legame con ioni Na^+ sul lato citoplasmatico dell'enzima ATPasi;
(2) il complesso in forma fosforilata cambia conformazione passando in uno stato a bassa affinità per il Na^+ e ad alta affinità per il K^+ ed espone lo ione Na^+ legato verso il lato extracellulare;
(3) il conseguente distacco di Na^+ e il legame di K^+ presente nello spazio extracellulare (4) favorisce la defosforilazione dell'enzima, causandone un cambiamento conformazionale opposto a quello precedente (5);
(6) ciò determina l'esposizione di K^+ legato verso il lato citoplasmatico della membrana, la perdita di affinità per il K^+ e il distacco di questo nel citoplasma. A questo punto l'ATPasi è tornata nella condizione di partenza e può iniziare un nuovo ciclo di trasformazioni (FIGURA ■ A).

L'attività della pompa sodio-potassio contribuisce al mantenimento del potenziale di membrana perché causa il trasferimento di tre ioni Na^+ contro due soli ioni K^+, accumulando così carica positiva nello spazio extracellulare.

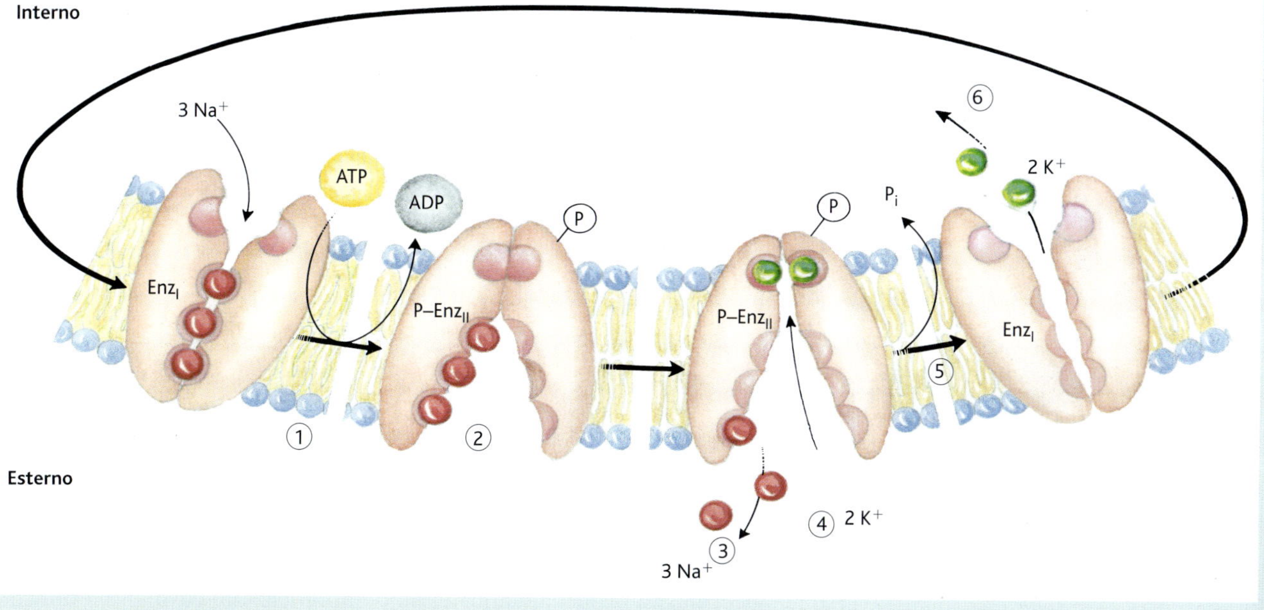

FIGURA A ■ Lo schema riassuntivo della pompa sodio-potassio.

equivale al trasferimento di due atomi di idrogeno sottoforma di uno ione H^- e uno ione H^+. L'ossigeno è fortemente elettronegativo e accetta facilmente elettroni dal NADH.

L'ossidazione di NADH + H^+ da parte di O_2 segue la reazione

$$NADH + H^+ + \frac{1}{2} O_2 \rightarrow NAD^+ + H_2O$$

ed è fortemente esoergonica (con un $\Delta G°'$ di 220,6 kJ/mol). Da notare che qui l'agente ossidante è indicato come «½ O_2», e non come «O», per sottolineare che si tratta dell'ossigeno molecolare O_2.

Il NAD è un trasportatore di elettroni molto comune nelle cellule, ma non è l'unico; esistono anche la sua forma fosforilatata (**NADP**) e il **FAD** (**flavin adenin dinucleotide**) che incontreremo nel corso di tutto il capitolo data l'importanza che rivestono in numerose vie metaboliche.

▶ I PROCESSI METABOLICI SONO FINEMENTE REGOLATI

Il metabolismo cellulare è, come abbiamo visto, un complesso intreccio di reazioni organizzate in vie anaboliche e cataboliche. Per garantire il mantenimento della funzionalità dell'organismo nelle diverse condizioni, l'attività metabolica cellulare deve essere regolata con precisione. Tale regolazione avviene secondo il *principio della massima economia*: vengono prodotte (o degradate) solo le sostanze di cui esiste (o non esiste) effettiva necessità e soltanto nelle quantità e nei tempi opportuni. In questo modo la cellula evita di sprecare molecole indispensabili.

La regolazione del metabolismo avviene secondo tre meccanismi generali:

- controllo delle attività degli enzimi che catalizzano le reazioni metaboliche;
- controllo delle concentrazioni degli stessi enzimi;
- compartimentazione dei substrati e degli enzimi (e, di conseguenza, delle vie metaboliche).

Vediamo ora questi tre meccanismi uno per uno.

La regolazione di una via metabolica avviene in maniera rapida mediante il **controllo dell'attività dell'enzima che catalizza la reazione più lenta** (*tappa chiave*) dell'intera via. Come in una tubatura per l'acqua, la portata dell'intero condotto è determinata dalla portata della sezione più ristretta (contrassegnata dal numero 4 nella (FIGURA ■ 4.7): allargando o restringendo questa sezione si aumenta o si riduce la portata dell'intero condotto. Analogamente, il flusso metabolico è determinato dalla *tappa chiave* che è catalizzata da un enzima la cui attività è finemente regolata. L'enzima in questione è definito **enzima chiave** della via metabolica.

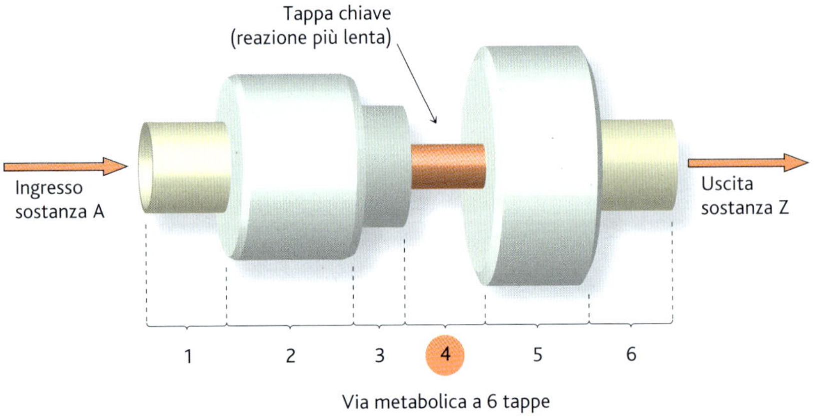

FIGURA 4.7 ■ Regolazione di una via metabolica generica costituita da sei reazioni. Una via metabolica può essere paragonata a un condotto composto da sei settori di sezione variabile.

L'attività catalitica degli enzimi può essere regolata in modo relativamente rapido attraverso tre meccanismi principali: allosterismo, modificazioni covalenti o inibizione enzimatica. Inibitori ed effettori allosterici di un enzima chiave sono spesso i prodotti ultimi della via metabolica controllata. Questa particolare strategia regolatoria, detta

a feedback negativo, consente il controllo dell'attività di numerosi enzimi chiave di vie metaboliche ed evita lo spreco di substrati essenziali (FIGURA ■ 4.8).

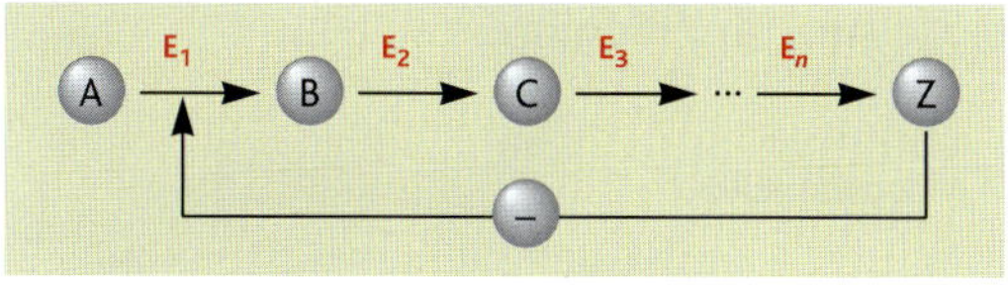

FIGURA 4.8 ■ Controllo a feedback negativo di una via metabolica. Il prodotto finale della via (Z) è un effettore allosterico negativo/inibitore dell'enzima chiave (E_1) che catalizza la trasformazione del substrato iniziale (A) nel primo intermedio metabolico (B).

Il secondo meccanismo di controllo di una via metabolica è più lento e si basa sulla **variazione delle concentrazioni intracellulari degli enzimi chiave**. La concentrazione intracellulare di un enzima può infatti essere variata attraverso il diverso bilanciamento fra due processi: la *biosintesi* e la *degradazione intracellulare* dell'enzima. Un aumento della biosintesi di un enzima associato alla riduzione della sua degradazione determina l'incremento della concentrazione intracellulare dell'enzima; al contrario, un aumento del processo degradativo non accompagnato da adeguata biosintesi si traduce nella riduzione della concentrazione dell'enzima. Questo tipo di controllo è, di norma, il frutto di processi di regolazione mediati da molecole segnale, gli *ormoni*.

nota
Gli ormoni sono molecole prodotte da organi chiamati ghiandole endocrine, la cui funzione è quella di regolare i processi metabolici.

La **compartimentazione** in specifici distretti cellulari degli enzimi e dei substrati che partecipano alle reazioni delle varie vie metaboliche rappresenta la terza modalità di controllo. Così alcune vie metaboliche si realizzano nel citosol, altre nel reticolo endoplasmatico liscio oppure nei mitocondri o in più di un distretto.

per saperne di più

2 Errori congeniti del metabolismo

Le vie metaboliche si svolgono sotto l'azione concertata di un gruppo di enzimi responsabile della catalisi delle reazioni che costituiscono la via stessa. In quanto proteine, gli enzimi vengono prodotti sulla base dell'informazione genica contenuta nel DNA. Può dunque accadere che, a causa di un'alterazione genetica, un certo enzima non venga prodotto o venga prodotto in quantità insufficiente o in forma non funzionale. La via metabolica in cui è coinvolto l'enzima non potrà svolgersi normalmente con conseguenze anche molto gravi per l'organismo. Si definiscono **errori congeniti del metabolismo** le malattie che derivano da un deficit genetico di un determinato enzima implicato nel metabolismo. Gran parte delle alterazioni riguardano vie metaboliche fondamentali e sono incompatibili con la vita. Alcune di esse, tuttavia, si possono manifestare alla nascita mediante una serie di segni e sintomi caratteristici.

Il riconoscimento precoce del quadro clinico è alla base della eventuale terapia che può portare al controllo della malattia.

Un esempio di errore congenito del metabolismo è rappresentato dalla **fenilchetonuria (PKU)**, una malattia dovuta al deficit dell'enzima *fenilalanina idrossilasi*, implicato nel catabolismo dell'amminoacido fenilalanina.

Questa condizione, che colpisce uno su 10000 nati, porta all'accumulo della fenilalanina e dei suoi derivati nell'organismo con gravi danni a carico del cervello e di altri organi. Il riconoscimento precoce della condizione è possibile grazie ad alcuni test che oggi vengono svolti di routine sui neonati. La terapia consiste nell'eliminazione della fenilalanina dalla dieta e dallo stretto controllo nutrizionale che deve proseguire per tutta la vita.

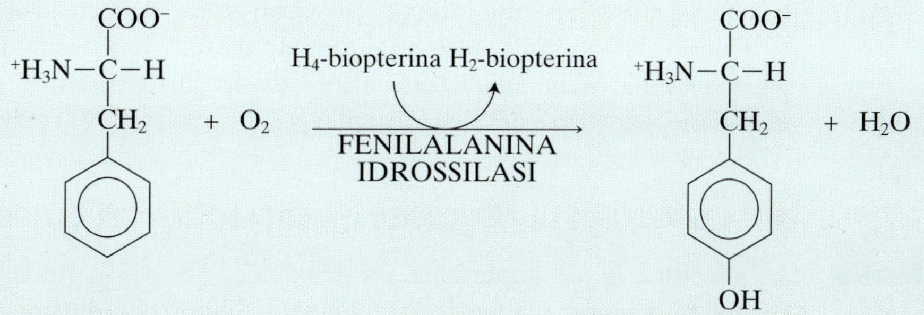

Fenilalanina

Tirosina

In questo modo, gli intermedi di vie metaboliche diverse vengono a essere fisicamente separati da barriere rappresentate dalle membrane degli organuli cellulari e la loro concentrazione nelle varie sedi viene a dipendere anche dall'efficienza dei sistemi di trasporto attraverso le strutture membranose (FIGURA ■ 4.9).

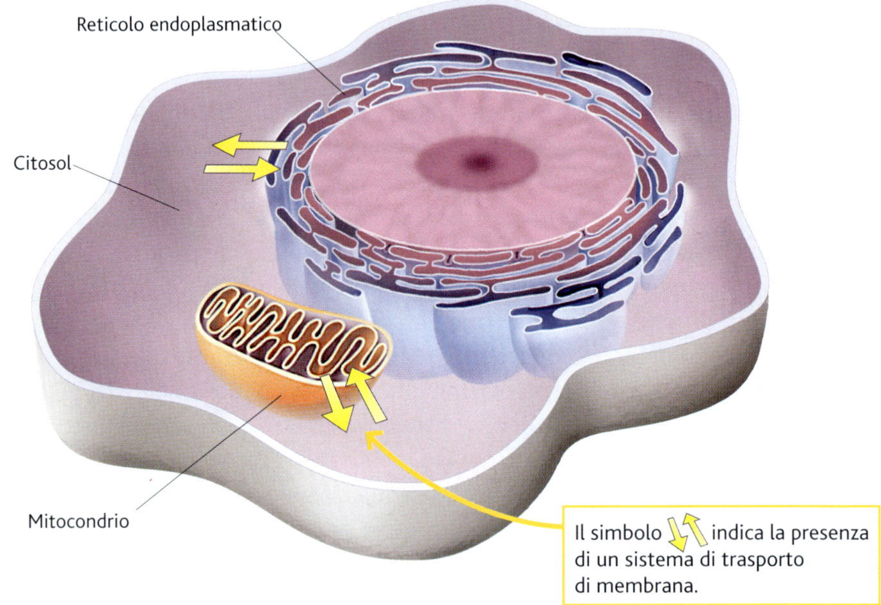

FIGURA 4.9 ■ Compartimentazione delle vie metaboliche. Il fatto che alcune vie metaboliche si svolgano nel citosol, mentre altre si svolgano nei mitocondri, nel reticolo endoplasmatico o in più distretti, implica che alcuni metaboliti debbano essere trasferiti da un compartimento all'altro e che i processi dipendano anche dall'efficienza dei sistemi di trasporto.

4.2 IL METABOLISMO DEI CARBOIDRATI

Il metabolismo dei carboidrati è l'insieme delle vie metaboliche in cui è coinvolto il glucosio. Comprende sia processi catabolici sia processi anabolici.

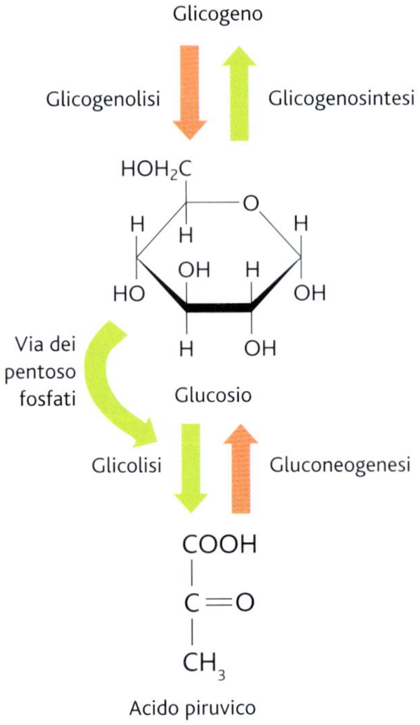

FIGURA 4.10 ■ Implicazioni metaboliche del glucosio.

Sono processi catabolici utilizzati da tutti i tipi di cellule la *glicolisi* e la *via dei pentoso fosfati* che degradano il glucosio a piruvato. Quest'ultimo può andare successivamente incontro alla *fermentazione* oppure al *metabolismo terminale*.

Sono processi anabolici la *gluconeogenesi*, durante la quale viene sintetizzato glucosio a partire da precursori semplici, e la *glicogenosintesi* che trasforma il glucosio in glicogeno. Quest'ultimo a sua volta può essere trasformato in glucosio mediante la via catabolica della *glicogenolisi* (FIGURA ■ 4.10). L'organismo umano organizza questi processi in modo da garantire alle sue cellule un apporto costante di glucosio per la glicolisi. In caso di emergenza (a causa di un prolungato digiuno o per problemi di assorbimento a livello digestivo) il glucosio può essere sintetizzato attraverso la gluconeogenesi, una via anabolica attiva nelle cellule del fegato. In condizioni normali invece parte del glucosio ricavato dai processi di digestione può essere depositato nelle cellule del fegato e in quelle muscolari sotto forma di glicogeno grazie al processo delle glicogenosintesi.

Questo polisaccaride di riserva, formato da una lunga serie di residui di glucosio legati insieme, viene sintetizzato attraverso la glicogenosintesi e demolito, quando necessario, per mezzo della glicogenolisi.

▶ LA GLICOLISI È LA PRINCIPALE VIA CATABOLICA DEL GLUCOSIO

GLOSSARY
Glycolysis:
the enzymatic breakdown of glucose to pyruvic acid.

La **glicolisi** è la più importante via metabolica attraverso cui la maggior parte degli organismi demolisce la molecola del glucosio allo scopo di trarne energia. Dal punto di vista chimico la glicolisi è un'ossidazione parziale del glucosio e avviene nel citoplasma delle cellule. A partire da una molecola di sei atomi di carbonio si ottengono due molecole di acido piruvico (o piruvato), a tre atomi di carbonio. Il processo riduce due

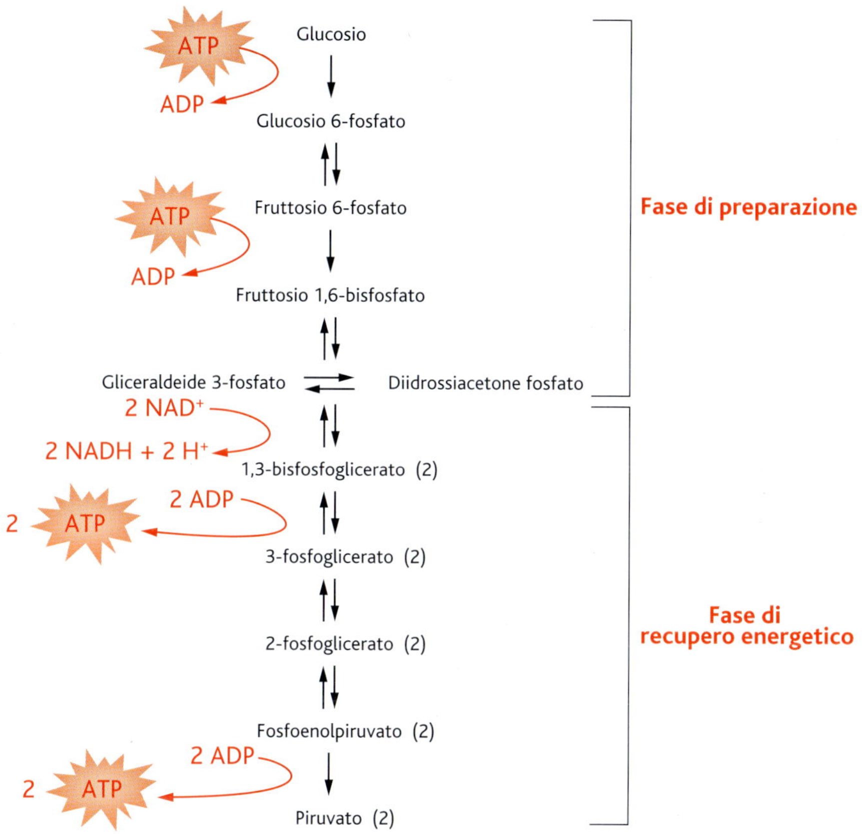

FIGURA 4.11 ■ Schema complessivo della glicolisi: nella fase di preparazione sono consumate 2 molecole di ATP, nella fase di recupero energetico sono prodotte 4 molecole di ATP. Le doppie frecce indicano reazioni reversibili; le frecce singole reazioni irreversibili. Il simbolo (2) indica la presenza di due molecole.

molecole di NAD^+ a $NADH + H^+$ e fornisce l'energia necessaria per formare due molecole di ATP. Il processo nel suo complesso è esoergonico e può essere riassunto nella seguente equazione netta:

$$\underset{\textbf{Glucosio}}{C_6H_{12}O_6} + 2ADP + 2P_i + 2NAD^+ \longrightarrow \underset{\textbf{2 Acido piruvico}}{2C_3H_4O_3} + 2ATP + 2NADH + 2H^+$$

La glicolisi si svolge nel citoplasma di tutte le cellule e ha una resa energetica assai limitata, corrispondente solo al 6% dell'energia chimica che una cellula può ricavare da una molecola di glucosio.

Per questo, in condizioni aerobie, la maggior parte delle cellule eucariotiche trasferisce il piruvato e il NADH nei mitocondri, dove si completa il processo di respirazione cellulare con un guadagno di energia, in termini di ATP prodotto, considerevole.

nota
Molti procarioti svolgono la respirazione cellulare anche se non posseggono mitocondri.

Al contrario, in diversi organismi unicellulari e in alcune cellule umane (nei globuli rossi e nelle cellule muscolari) in condizioni anaerobie i prodotti della glicolisi vengono ulteriormente trasformati mediante la fermentazione, durante la quale non vengono prodotte altre molecole di ATP. Discuteremo fermentazione e respirazione cellulare più avanti.

La glicolisi procede per tappe e comprende dieci diverse reazioni (FIGURA ■ 4.11), ciascuna delle quali è catalizzata da uno specifico enzima, nelle quali si formano intermedi metabolici in forma di estere fosforico: il legame con un gruppo fosforico fornisce una carica negativa che impedisce alle molecole di fuoriuscire dalla cellula attraversando la membrana cellulare.

Un *estere fosforico* è ottenuto, in opportune condizioni, per reazione fra un composto contenente un gruppo funzionale (—OH) e una molecola di acido fosforico (ionizzata in forma di anione a pH fisiologico).

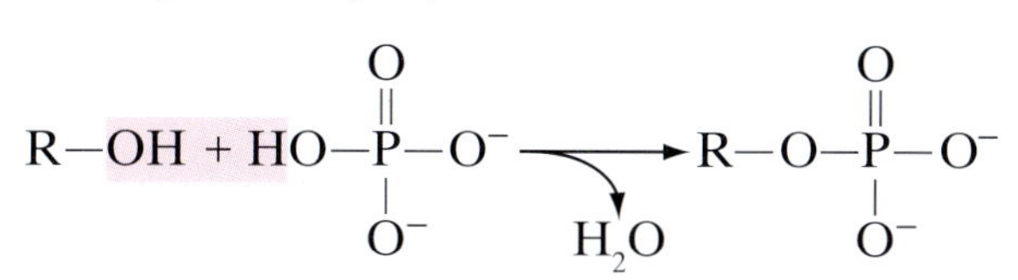

Alcol — Anione dell'acido fosforico — Estere fosforico

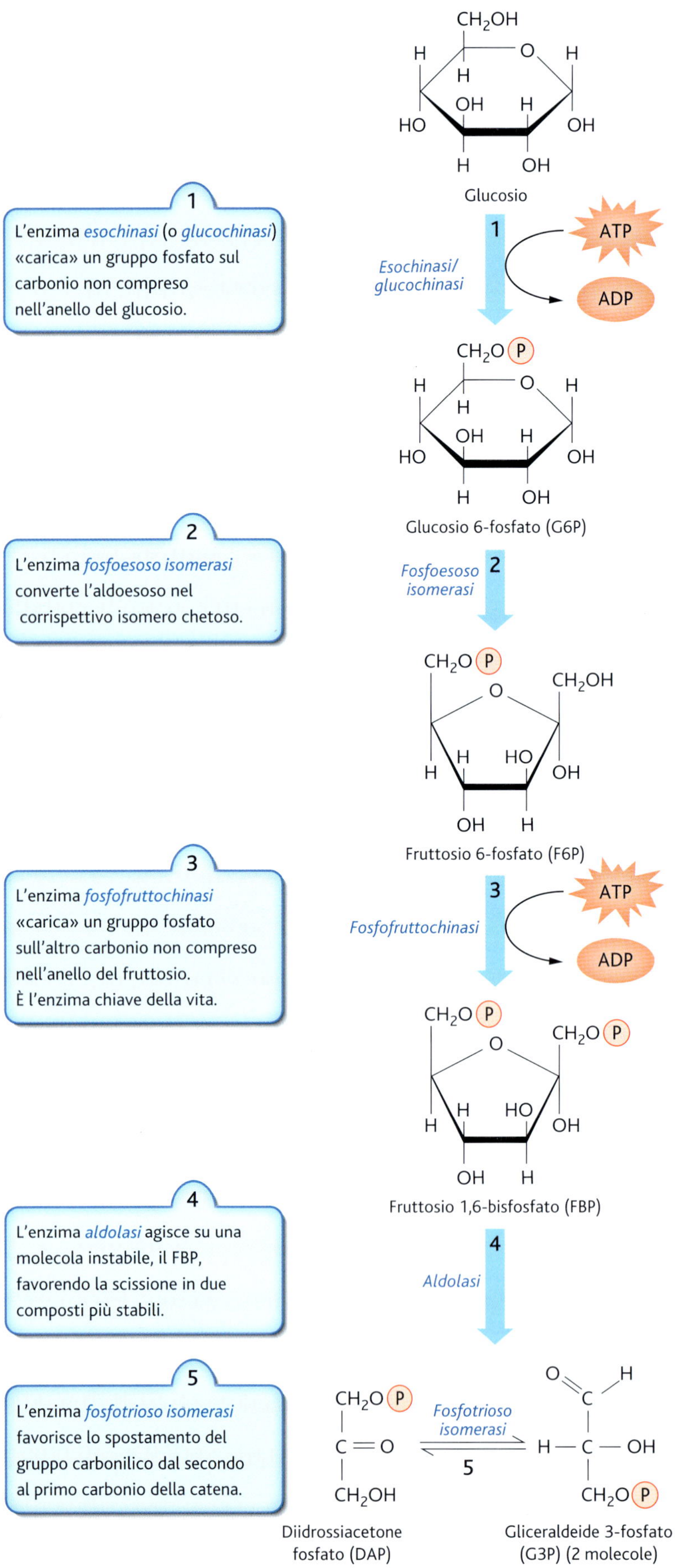

FIGURA 4.12 ■ La fase di preparazione della glicolisi.

Osservando l'intera sequenza delle reazioni è possibile individuare due fasi ben distinte: durante la prima, detta **fase di preparazione**, viene consumata energia sottoforma di ATP; nella seconda, chiamata **fase di recupero energetico**, vengono prodotti ATP ed equivalenti riducenti.

Se scendiamo poi nel dettaglio, possiamo notare che le prime cinque reazioni della glicolisi (FIGURA ■ 4.12) sono, nel complesso, **endoergoniche**, ovvero la cellula consuma energia per attivare il processo e spezzare lo zucchero in due molecole più piccole. Ciò nonostante, il processo non subisce rallentamenti: i prodotti di queste reazioni sono utilizzati rapidamente nelle fasi successive della glicolisi, per cui non possono accumularsi e non danno luogo alla reazione contraria.

In questa prima fase si verificano due eventi importanti:

1. vengono idrolizzate due molecole di ATP e sono inseriti due gruppi fosfato nella molecola di zucchero; tali inserimenti rendono più reattive le molecole, facilitando la rottura dei legami;
2. la molecola di glucosio, uno zucchero esoso, si trasforma in due molecole di zucchero-fosfato a tre atomi di carbonio, la G3P e il DAP.

La prima reazione della glicolisi è una **fosforilazione**, ovvero il processo che prevede l'aggiunta di un gruppo fosfato a una molecola. Viene catalizzata dalla *glucochinasi* nel fegato e dalla *esochinasi* in tutti gli altri tessuti dell'organismo. È un passaggio fondamentale perché consente di mantenere bassa la concentrazione di glucosio libero all'interno della cellula e permette un continuo ingresso di glucosio nel citosol.

L'ultima reazione di questa fase, invece, prevede la conversione del DAP in G3P. Solo la G3P, infatti, può entrare nella fase di recupero energetico, per cui è necessaria l'azione dell'*isomerasi* per convertire il DAP nell'isomero corrispondente.

Gli enzimi coinvolti in questa fase appartengono alle famiglie **trasferasi** (esochinasi e fosfofruttochinasi), **isomerasi** (fosfoesoso isomerasi e fosfotrioso isomerasi) e **liasi** (aldolasi).

La seconda fase della glicolisi (FIGURA ■ 4.13) vede coinvolte due molecole di G3P, per cui gli stessi processi avvengono due volte. Il processo è, nel complesso, **esoergonico**: l'energia liberata viene utilizzata per produrre 4 molecole di ATP e per ridurre 2 molecole di NAD^+ a NADH + H^+.

Nelle reazioni 7 e 10 i gruppi fosfato dai prodotti intermedi della glicolisi vengono trasferiti alle molecole di ADP, attraverso un processo chiamato *fosforilazione a livello del substrato*.

Lo svolgimento di questa fase dipende dalla disponibilità di glucosio ma anche dalla presenza di quantità adeguate del coenzima NAD^+ che viene ridotto a NADH + H^+. Affinché la glicolisi possa procedere è necessario che il NAD^+ sia continuamente rigenerato attraverso un processo di riossidazione della forma ridotta. In condizioni aerobie, il NADH + H^+ viene trasferito nel mitocondrio dove è ossidato a NAD^+ all'interno della catena di trasferimento elettronico, che ha nell'ossigeno l'accettore finale di elettroni. In assenza di ossigeno, al contrario, sono necessarie una o più reazioni addizionali che consentono di rigenerare il NAD^+ direttamente nel citosol.

Gli enzimi coinvolti in questa fase appartengono alle famiglie **ossidoreduttasi** (gliceraldeide-3-fosfato deidrogenasi), **trasferasi** (fosfoglicerato chinasi e piruvato chinasi), **isomerasi** (fosfoglicerato mutasi) e **liasi** (enolasi).

In condizioni aerobie la glicolisi si conclude con la produzione di piruvato che passa nel mitocondrio, dove viene ulteriormente metabolizzato.

Nella glicolisi anaerobia, invece, il piruvato viene trasformato in altre molecole attraverso i processi fermentativi (FIGURA ■ 4.14 a pagina seguente).

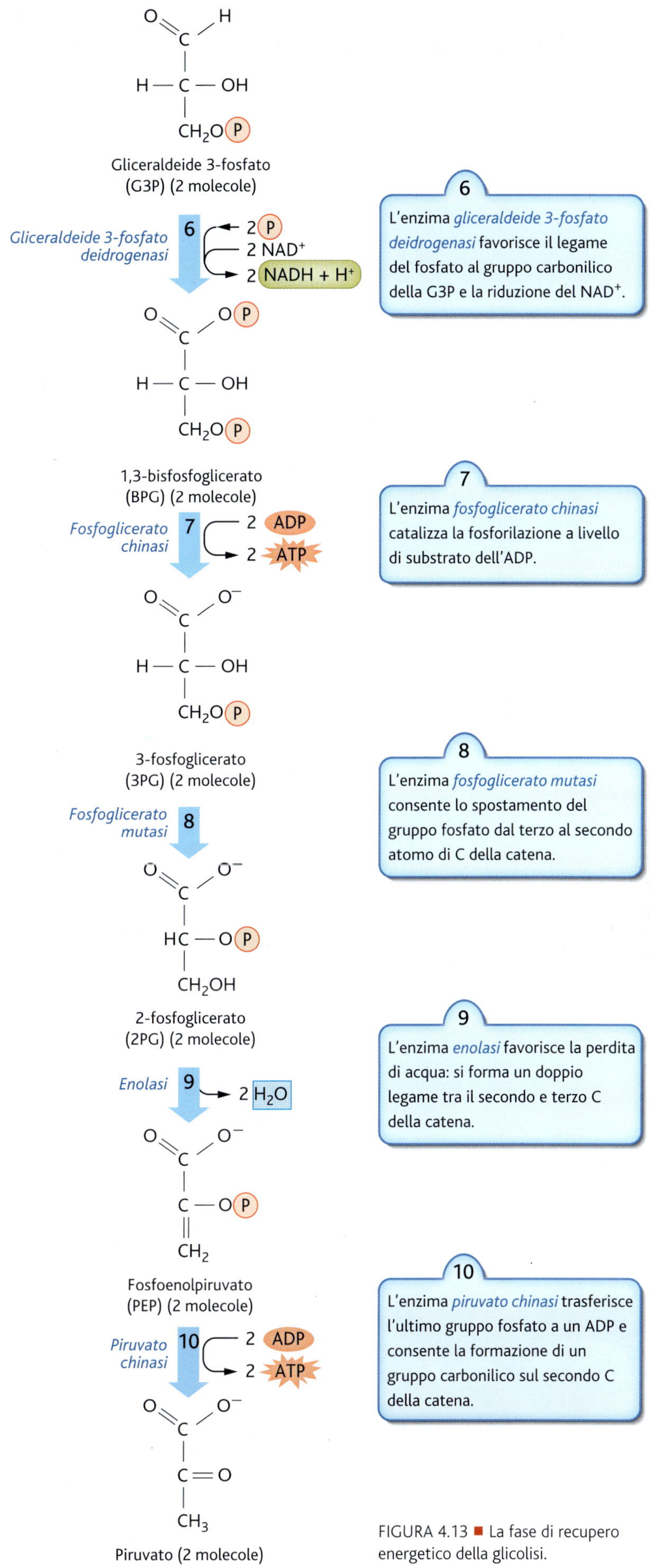

FIGURA 4.13 ■ La fase di recupero energetico della glicolisi.

FIGURA 4.14 ■ La glicolisi porta alla formazione di sostanze diverse a seconda che si svolga in condizioni aerobie (A) o anaerobie (B).

▶ LE FERMENTAZIONI PERMETTONO DI OSSIDARE IL GLUCOSIO IN ASSENZA DI O_2

Gli organismi anaerobi, che non possiedono mitocondri o membrane analoghe, utilizzano come accettori degli atomi di idrogeno del NADH + H^+ l'acido piruvico e l'aldeide acetica da cui hanno origine, rispettivamente, *acido lattico* ed *etanolo*, che la cellula elimina come sostanze di rifiuto. Questi due processi, noti rispettivamente come **fermentazione lattica** e **fermentazione alcolica**, hanno grande importanza industriale: sono alla base dell'industria delle bevande alcoliche, della produzione di yogurt e della panificazione (FIGURA ■ 4.15), che richiedono la presenza di lieviti e batteri in grado di utilizzare il glucosio presente nel mosto, nel latte o nella farina per compiere i processi fermentativi (FIGURA ■ 4.16).

GLOSSARY

Fermentation:
the anaerobic degradation of a substance such as glucose to smaller molecules such as lactic acid or alcohol with the extraction of energy.

FIGURA 4.15 ■ La produzione dello yogurt e la panificazione avvengono grazie alle reazioni di fermentazione.

In questi processi vengono prodotti etanolo e CO_2, indispensabili per la produzione di alcolici e per la lievitazione del pane, oppure acido lattico che acidificando il latte lo trasforma nella massa cremosa dello yogurt (FIGURA ■ 4.17).

Qualcosa di analogo, però, avviene anche nel nostro organismo. Alcune cellule, come quelle muscolari, a volte compiono un lavoro così intenso da non ricevere suffi-

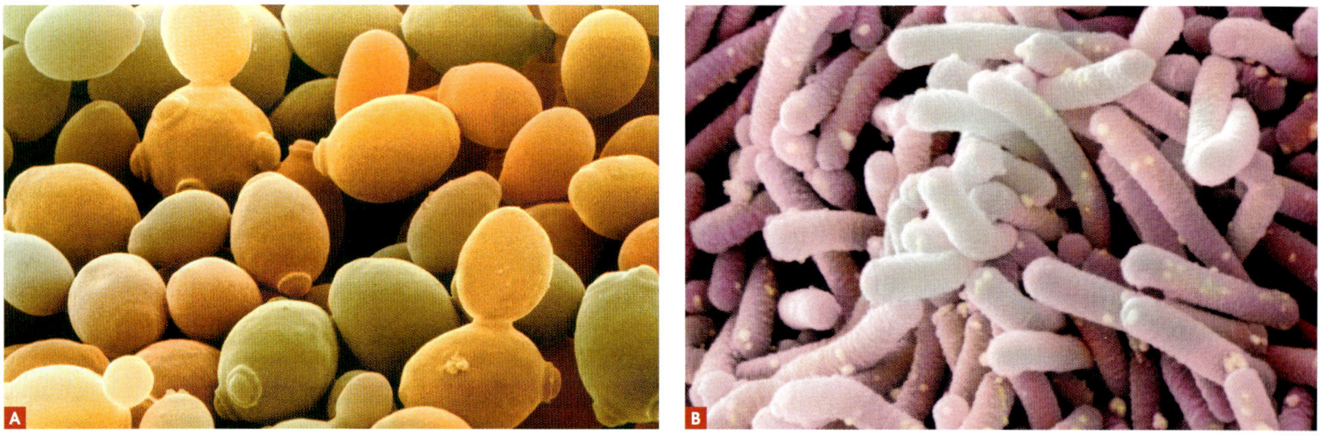

FIGURA 4.16 ■ (A) *Saccharomyces cerevisiae* è il principale lievito utilizzato per la produzione del vino e della birra. (B) *Lactobacillus casei* è un batterio che si può trovare nell'intestino umano ed è utile per l'equilibrio della flora intestinale.

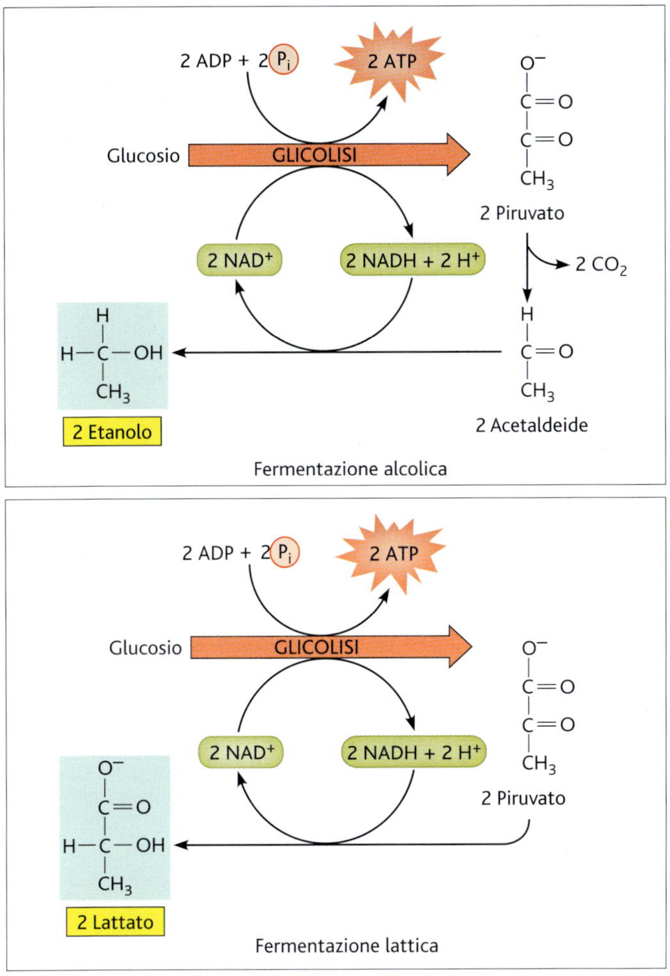

FIGURA 4.17 ■ Fermentazione lattica e fermentazione alcolica. Nelle fermentazioni lattica e alcolica, il piruvato e l'acetaldeide da esso ottenuta per decarbossilazione, sono gli accettori degli atomi di idrogeno del NADH + H^+. A seguito di tali reazioni si generano, rispettivamente, lattato ed etanolo.

cienti quantità di ossigeno dal sangue. In tali condizioni, le cellule muscolari si comportano come organismi anaerobi e producono acido lattico. Questo acido è responsabile dell'indolenzimento che si prova ai muscoli delle gambe e delle braccia al termine di uno sforzo molto intenso. Esso non viene tuttavia eliminato come sostanza di rifiuto ma è recuperato dal fegato e trasformato in glucosio attraverso un processo di sintesi.

Video
La fermentazione a livello industriale

▶ IL CONTROLLO DELLA GLICOLISI E LA VIA DEI PENTOSO FOSFATI

La glicolisi, come le altre vie metaboliche, viene finemente regolata e si attiva solo in caso di necessità. Se non è necessaria la sintesi di nuovo ATP, il processo viene bloccato in alcuni punti particolari. Nello specifico, l'enzima fosfofruttochinasi viene attivato da concentrazioni elevate di AMP e fruttosio-2,6-bisfosfato, mentre è inibito da ATP e citrato. In condizioni di abbondanza energetica, la cellula è ricca in ATP e citrato e quindi la glicolisi viene rallentata per evitare un inutile consumo di substrati; al contrario, la carenza energetica nella cellula, che si traduce in un aumento della concentrazione di AMP e ADP nel citosol, porta all'attivazione della glicolisi e alla conseguente produzione di energia. L'importanza del fruttosio-2,6-bisfofato come regolatore sarà presa in esame nel paragrafo 7.

Parallela alla glicolisi e alle fermentazioni è infine la **via dei pentoso fosfati.** Questa via ha un carattere più marcatamente ossidativo e ha la funzione di generare monosaccaridi a cinque atomi di carbonio (ribosio) e molecole di NADPH + H^+. Il ribosio è lo zucchero fondamentale per la costituzione dell'RNA, l'acido nucleico che svolge molte funzioni nel nucleo della cellula ed è coinvolto nella trascrizione e traduzione del DNA in proteine. Il NADPH è invece un cofattore alternativo al NADH e rappresenta la principale fonte di elettroni per le reazioni di sintesi di acidi grassi e colesterolo nelle cellule del fegato.

▶ LA GLUCONEOGENESI È LA BIOSINTESI DI GLUCOSIO DA PIRUVATO, LATTATO E AMMINOACIDI

GLOSSARY

Gluconeogenesis: the biochemical synthesis of glucose from other substances, such as amino acids, lactate, and glycerol.

Il glucosio è prezioso per tutti i tessuti ma, in particolare, per il cervello che è capace di utilizzare poche altre molecole come fonte di energia. In condizioni di digiuno prolungato, quando manca l'apporto del glucosio alimentare e le riserve interne – sotto forma di glicogeno – sono esaurite, il fegato è in grado di produrre il glucosio di cui il sistema nervoso ha bisogno attraverso la **gluconeogenesi**. Questo processo avviene a partire dal lattato, recuperato dal circolo sanguigno, e da alcune molecole che possono essere facilmente trasformate in piruvato: gli amminoacidi (FIGURA ■ 4.18).

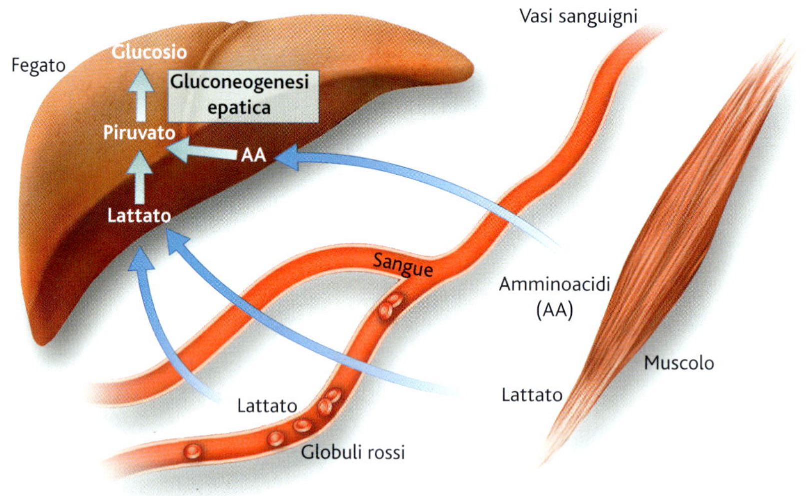

FIGURA 4.18 ■ La gluconeogenesi ha inizio dal piruvato, facilmente ottenuto dal lattato, che il fegato recupera dal sangue grazie al metabolismo anaerobio di globuli rossi e muscoli, e dagli amminoacidi contenuti nelle proteine che costituiscono gli stessi muscoli.

La gluconeogenesi potrebbe a prima vista essere interpretata come la glicolisi svolta a ritroso. In realtà, sebbene molte reazioni delle due vie metaboliche siano identiche, esistono differenze marcate che rendono le due vie totalmente indipendenti l'una dall'altra.

Il piruvato è trasferito all'interno del mitocondrio dove viene *carbossilato* (addizione di HCO_3^-) a ossalacetato dalla *piruvato carbossilasi* con consumo di ATP:

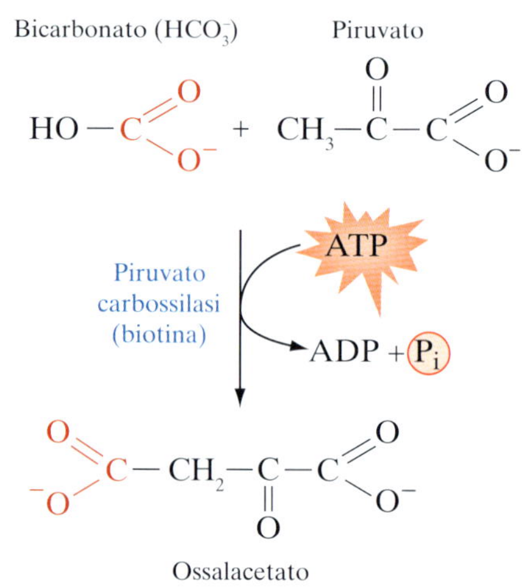

L'ossalacetato – un'importante molecola che come vedremo è coinvolta anche nel metabolismo ossidativo terminale – è successivamente trasformato in fosfoenolpiruvato con consumo di una molecola di GTP (analogo dell'ATP). Da qui, la gluconeogenesi ripercorre a ritroso le tappe della glicolisi, catalizzate dai medesimi enzimi, fino a che si forma fruttosio-1,6-bisfosfato. L'enzima *fruttosio-1,6-bisfosfatasi* idrolizza il legame estere fosforico in posizione 1 portando alla formazione di fruttosio-6-fosfato:

$$\text{Fruttosio-1,6-bisfosfato} + H_2O \rightarrow \text{fruttosio-6-fosfato} + P_i$$

Il fruttosio-6-fosfato è trasformato in glucosio-6-fosfato e, infine, questo è idrolizzato a glucosio dalla *glucosio-6-fosfatasi*, un enzima presente preminentemente negli epatociti (le cellule del fegato) e in parte nelle cellule renali che, pertanto, sono le uniche cellule che possono distribuire glucosio al resto dell'organismo:

$$\text{glucosio-6-fosfato} + H_2O \rightarrow \text{glucosio} + P_i$$

Il glucosio così formato viene immesso in circolo, determinando un aumento della concentrazione del monosaccaride nel sangue (*glicemia*). Da un punto di vista energetico, la sintesi di una molecola di glucosio a partire da due molecole di piruvato costa complessivamente quattro molecole di ATP e due di GTP.

nota
La **glicemia** è la concentrazione del glucosio nel sangue. Di norma, ha valore a digiuno pari a 65-110 mg/dL.

La regolazione della gluconeogenesi è esattamente opposta a quella della glicolisi e si realizza attraverso il controllo della *fruttosio-1,6-bisfosfatasi*, l'enzima chiave della via. Questa viene attivata allostericamente da ATP e citrato mentre, mentre è inibita da AMP e fruttosio-2,6-bisfosfato.

▶ IL GLICOGENO È UN'IMPORTANTE RISERVA ENERGETICA

Come abbiamo visto nel capitolo precedente, il **glicogeno** è il polisaccaride di riserva negli animali e si trova localizzato prevalentemente nel fegato e nei muscoli. Le riserve di glicogeno assicurano all'organismo un continuo rifornimento di glucosio e permettono il mantenimento della glicemia entro valori normali anche in condizioni di digiuno. La molecola di glicogeno viene sintetizzata dopo i pasti ed è degradata in corso di digiuno. Le molecole di glicogeno si accumulano nelle cellule epatiche e muscolari e sono legate a una proteina, detta *glicogenina*, che facilita il metabolismo del polisaccaride (FIGURA ■ 4.19).

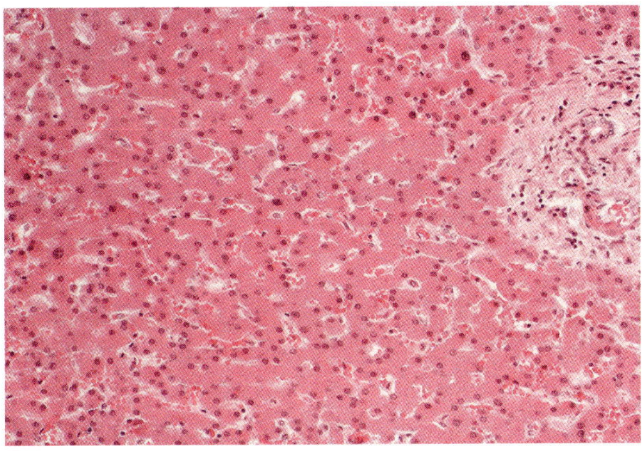

FIGURA 4.19 ■ Preparato istologico di fegato. Il colore fucsia evidenzia i depositi di glicogeno presenti nel citoplasma delle cellule epatiche.

La biosintesi del glicogeno, nota come **glicogenosintesi**, è una via metabolica che si svolge nelle cellule del fegato e del muscolo. Ha inizio con l'isomerizzazione del glucosio-6-fosfato a *glucosio-1-fosfato*:

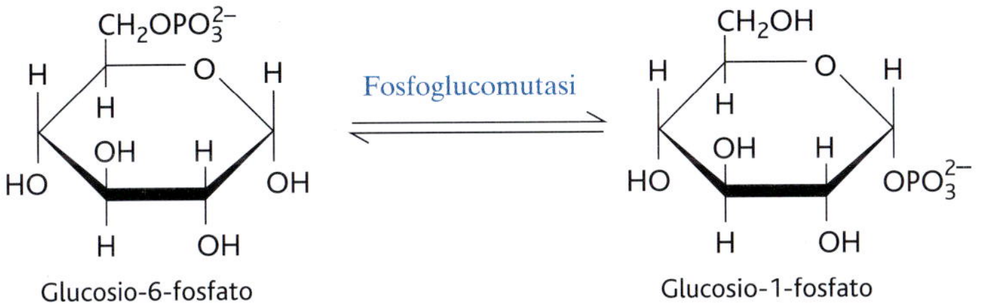

Per potersi legare alla molecola di glicogeno di nuova sintesi, il glucosio-1-fosfato deve essere ulteriormente attivato a UDP-glucosio con l'intervento di una molecola di UTP (analogo dell'ATP) in una reazione catalizzata:

$$\text{Glucosio-1-fosfato} + \text{UTP} \rightleftharpoons \text{UDP-glucosio} + PP_i$$

Il legame dell'UDP-glucosio avviene sulla posizione C4 (*estremità non riducente*) di una catena del glicogeno ed è catalizzato dall'enzima *glicogeno sintasi*. Per agire, questo enzima richiede la presenza di una catena di almeno 4 unità di α-D-glucosio legate fra loro con legami 1,4-glicosidici (FIGURA ■ 4.20A a pagina seguente). I legami α-1,6-glicosidici che costituiscono le ramificazioni delle molecole di glicogeno si formano con l'intervento di un *enzima ramificante* che catalizza il trasferimento di un breve frammento terminale di sei o sette residui di glucosio dall'estremità di una catena preesistente al gruppo —OH in posizione 6′ di un'unità di glucosio della stessa catena (FIGURA ■ 4.20B a pagina seguente). La formazione di ramificazioni è molto importante perché serve a rendere la molecola del glicogeno più solubile, compatta e facilmente aggredibile dagli enzimi che ne catalizzano la demolizione o la sintesi.

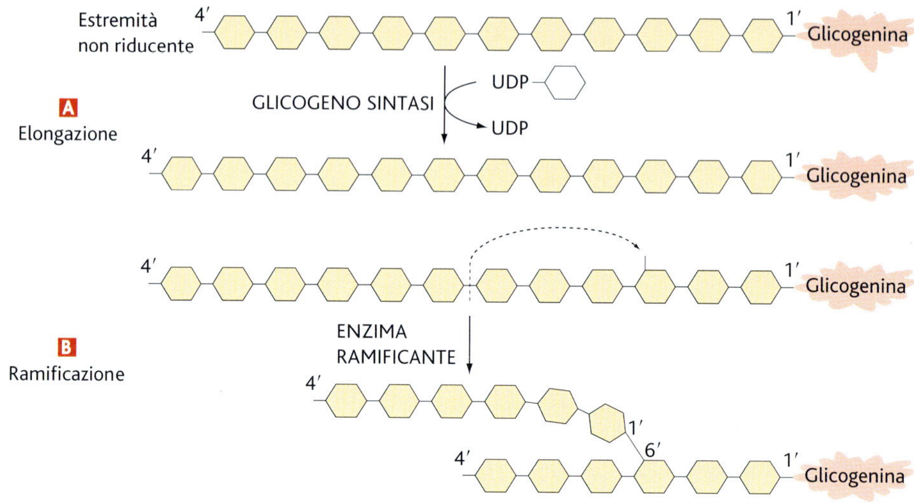

FIGURA 4.20 ■ L'estremità riducente (1′) di ogni molecola di glicogeno cellulare è legata a una proteina, la glicogenina.
(A) L'allungamento della molecola di glicogeno avviene all'estremità non riducente (4′) della catena.
(B) Formazione di una ramificazione in 6′ di una molecola di glicogeno.

La demolizione del glicogeno, nota come **glicogenolisi**, è la via degradativa del glicogeno che si svolge nelle cellule del fegato e del muscolo e consiste nel distacco progressivo di unità monosaccaridiche a partire dall'estremità non riducente (quella che presenta il 4′ libero) della molecola. La reazione è catalizzata dall'enzima *glicogeno fosforilasi* e porta al distacco di una molecola di glucosio-1-fosfato (FIGURA ■ 4.21). Questa è successivamente trasformata in glucosio-6-fosfato. Nelle cellule muscolari le molecole di glucosio-6-fosfato entrano nella glicolisi, nelle cellule del fegato sono idrolizzate a glucosio e immesse in circolo grazie alla presenza dell'enzima *glucosio-6-fosfatasi*.

Le ramificazioni del glicogeno vengono demolite dall'*enzima deramificante*, un enzima ad attività transferasica e glicosidasica la cui azione porta alla liberazione di glucosio.

La *glicogeno sintasi* e la *glicogeno fosforilasi* occupano una posizione cruciale per i processi di produzione delle riserve di combustibile e della loro utilizzazione; per questo l'attività dei due enzimi è sottoposta a una complessa serie di controlli, soprattutto di natura metabolica e ormonale. La regolazione del metabolismo del glicogeno, insieme alla regolazione della glicolisi e della gluconeogenesi, è parte integrante degli eventi che concorrono alla definizione del ciclo fisiologico digiuno-alimentazione, che vedremo nel paragrafo 7.

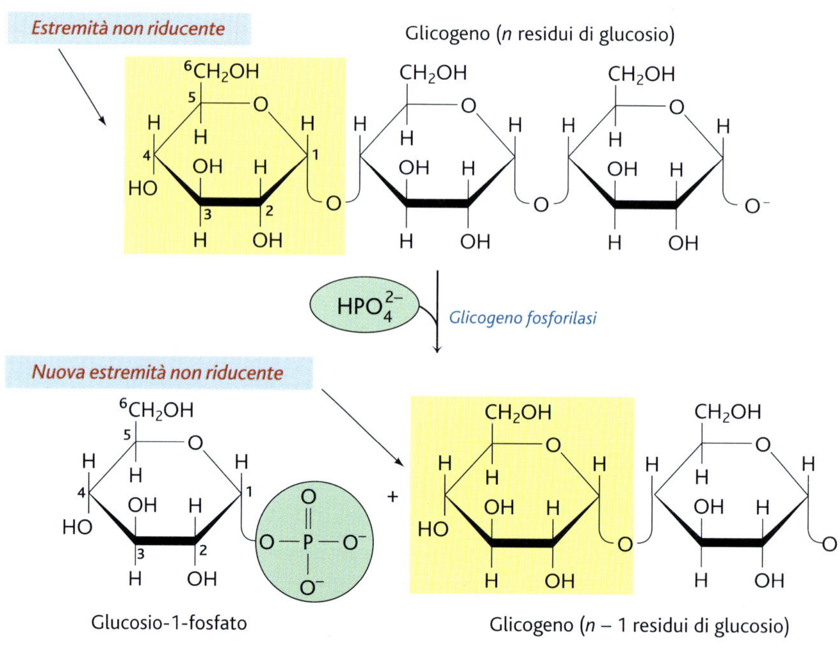

FIGURA 4.21 ■ La demolizione del glicogeno avviene all'estremità non riducente della molecola.

per saperne di più

3 Le malattie da accumulo di glicogeno

Il glicogeno si trova normalmente accumulato sotto forma di granuli nel citosol delle cellule di fegato, tessuto muscolare e, in quantità minore, rene, dove funge da materiale di riserva glicidica ed è utilizzato per sostenere la glicemia nei periodi di digiuno (normalmente tra un pasto e l'altro e durante la notte). L'accumulo eccessivo di depositi di glicogeno, sopratutto nel fegato, ma anche nel miocardio e nel tessuto muscolare, è la causa di un gruppo di malattie rare note come **glicogenósi**, causate dal deficit ereditario di uno o più enzimi coinvolti nel metabolismo del glicogeno.

A seconda del tipo di enzima interessato si hanno diversi tipi di glicogenosi. Si distinguono glicogenosi epatiche e muscolari, a seconda che l'accumulo sia prevalentemente nel fegato o nei muscoli.

Le glicogenosi hanno un'incidenza complessiva di 1 ogni 25 000 nati vivi. Ne esistono di molti tipi e la glicogenosi II, in particolare, è la forma infantile grave più comune. È una glicogenosi muscolare ed è meglio nota come **malattia di Pompe**. Questa malattia è causata dal deficit congenito di α-1,4-glucosidasi, un enzima lisosomiale, che causa l'accumulo sia intra- sia extralisosomiale di glicogeno in molti tessuti dell'organismo. I danni della malattia sono legati alla compromissione dell'attività dei lisosomi e comprendono una grave forma di cardiomegalia che può causare la morte per scompenso cardiaco.

La glicogenosi di tipo I, invece, è meglio nota come **malattia di von Gierke** ed è associata al deficit di glucosio 6-fosfatasi. Il deficit dell'enzima responsabile della liberazione in circolo del glucosio epatico causa ipoglicemia a digiuno. Altri sintomi comprendono *acidosi lattica*, dovuta principalmente all'incapacità del fegato di trasformare in glicogeno l'acido lattico circolante; *iperlipidemia*, causata dall'attivazione della lipogenesi, favorita sia dagli aumentati livelli di acido lattico circolante sia dall'azione del glucagone prodotto in conseguenza dell'ipoglicemia; *iperuricemia* conseguente all'aumentato catabolismo epatico delle basi puriniche.

Il deficit di enzima deramificante, che catalizza l'idrolisi dei legami α-1,6-glicosidici che costituiscono le ramificazioni delle molecole di glicogeno è la causa della **malattia di Cori** (o glicogenosi di tipo III). Il deficit causa l'accumulo di glicogeno perché questo può essere degradato dalla fosforilasi soltanto a livello dei segmenti polisaccaridici esterni ai punti di ramificazione, ove l'azione dell'enzima si arresta.

La **malattia di McArdle** (o glicogenosi di tipo V), infine, è causata dal deficit di fosforilasi muscolare e quindi dall'impossibilità di utilizzare i depositi di glicogeno muscolare per il metabolismo del tessuto e dal conseguente mancato rilascio di lattato nel sangue durante l'esercizio fisico. Ne consegue una condizione caratterizzata da un danno muscolare da carenza di energia e da accumulo di glicogeno e dall'insorgenza di forti crampi muscolari in seguito ad attività fisica anche modesta per l'accumulo di acido lattico.

4.3 IL METABOLISMO DEI LIPIDI

Il metabolismo lipidico assume un'importanza fondamentale da un punto di vista energetico. I trigliceridi sono infatti costituenti abbondanti degli alimenti e le loro caratteristiche chimiche ne consentono un facile accumulo nel tessuto adiposo, dove costituiscono la principale riserva energetica dell'organismo umano e della maggior parte degli animali.

FISSA I CONCETTI
Perché le piante accumulano riserve di energia sotto forma di zuccheri (amido) e gli animali sotto forma di lipidi?

Il catabolismo dei trigliceridi implica l'idrolisi di queste molecole e la successiva ossidazione del glicerolo e degli acidi grassi a intermedi da utilizzare nel metabolismo terminale.

Il catabolismo dei lipidi è molto importante: i lipidi alimentari forniscono all'organismo circa il 25% delle calorie necessarie giornalmente. Per molti organi e tessuti, (come cuore, fegato e muscoli) gli acidi grassi rappresentano, di norma, la fonte primaria di energia. Il «percorso» che i lipidi, molecole apolari, devono seguire nel corpo umano prima di essere idrolizzati e ossidati è complesso: in buona parte i trigliceridi derivano dal processo di digestione, ma possono essere anche immagazzinati nelle cellule adipose per essere poi mobilitati in caso di necessità; anche il fegato svolge un ruolo decisivo perché converte parte dei carboidrati in grassi che poi invia agli altri tessuti in caso di necessità (come vedremo più avanti).

FIGURA 4.22 ■ Digestione, assorbimento, distribuzione e utilizzazione dei lipidi alimentari. I trigliceridi, contenuti nei chilomicroni prodotti dalle cellule intestinali e riversati nel circolo linfatico, vengono in parte degradati dalla lipasi lipoproteica, un enzima che promuove l'assorbimento degli acidi grassi da parte delle cellule adipose e muscolari dell'organismo.

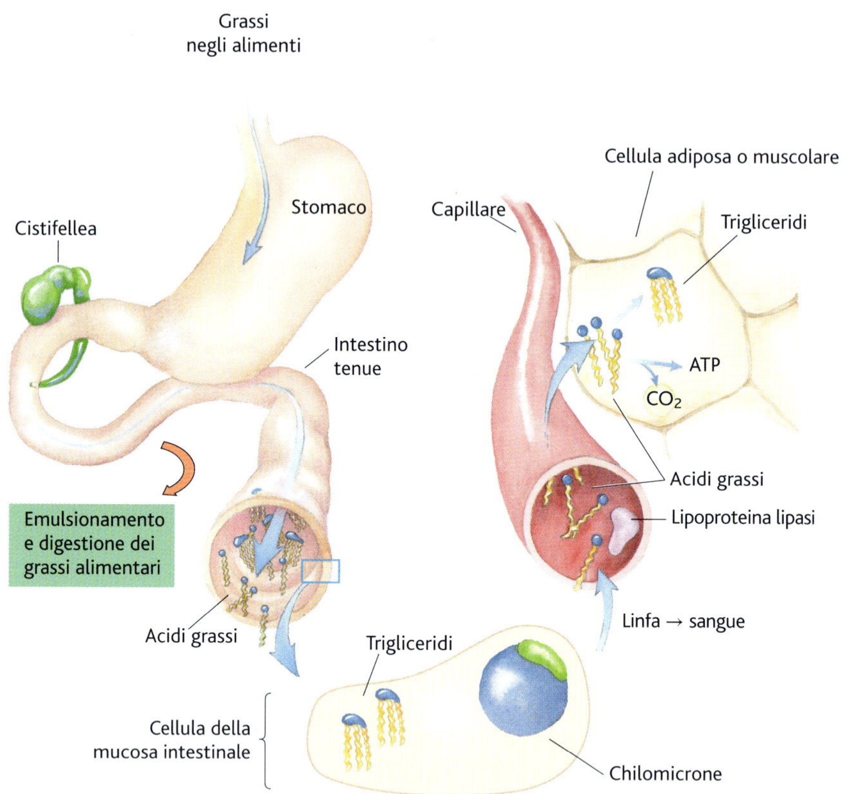

La FIGURA ■ 4.22 riassume il destino dei grassi introdotti con la dieta. I trigliceridi vengono digeriti e assorbiti a livello della mucosa intestinale e successivamente immessi in circolo contenuti nei **chilomicroni**, particelle costituite da lipidi e proteine – note come *lipoproteine* – la cui funzione è proprio quella di veicolare i lipidi nel sangue. I grassi contenuti nei chilomicroni sono distribuiti ai tessuti dell'organismo che possono utilizzarli a scopo energetico (muscolo, cuore) oppure immagazzinarli come riserva energetica (tessuto adiposo).

nota
Il colesterolo-HDL è anche detto «colesterolo buono» perché rappresenta un fattore protettivo nei confronti di malattie come l'ictus e l'infarto del miocardio.

Il fegato è in grado di convertire i carboidrati alimentari in grassi per favorire l'accumulo energetico. In questo caso, tuttavia, i trigliceridi prodotti dal metabolismo epatico sono trasferiti ai tessuti per mezzo di **VLDL** (*Very Low Density Lipoproteins*), un'altra classe di lipoproteine circolanti.

Una volta che hanno ceduto gran parte della loro quota di trigliceridi grazie all'azione della lipoproteina lipasi, le VLDL si trasformano in **LDL** (*Low Density Lipoproteins*) in cui il colesterolo rappresenta una quota lipidica rilevante. Le LDL sono captate dalle cellule mediante un processo di endocitosi e forniscono alle stesse cellule il colesterolo di cui esse hanno bisogno per la produzione dei propri sistemi membranosi.

Le **HDL** (*High Density Lipoproteins*), ricche in colesterolo e fosfolipidi trasferiscono invece lo steroide dai tessuti al fegato per la sua eliminazione con la bile, in gran parte sotto forma di acidi e sali biliari. LDL e HDL sono le lipoproteine implicate nel trasporto del colesterolo, rispettivamente, dal fegato ai tessuti e in senso contrario.

FIGURA 4.23 ■ Regolazione ormonale del catabolismo degli acidi grassi. In condizioni di digiuno, il glucagone favorisce la scissione dei grassi accumulati nel tessuto adiposo. Gli acidi grassi liberati nel processo passano in circolo e sono distribuiti ai diversi tessuti per essere degradati a scopo energetico.

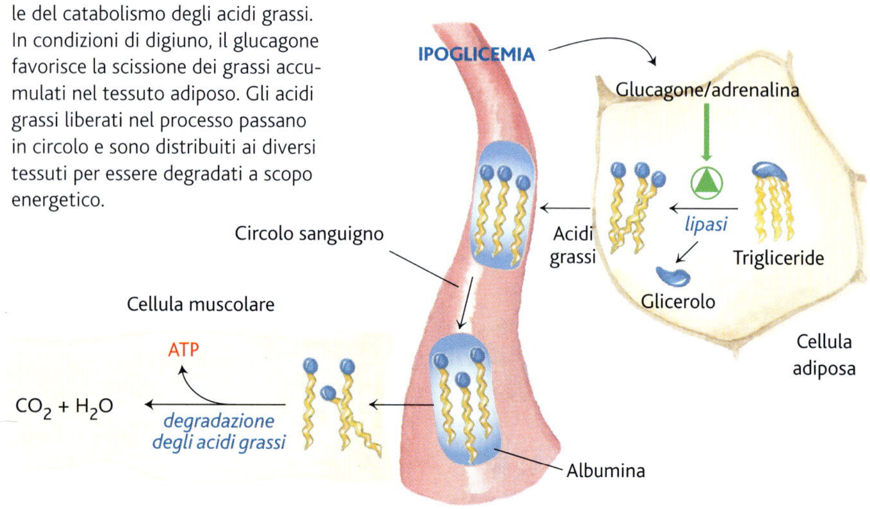

In condizioni di digiuno (FIGURA ■ 4.23), l'organismo mobilizza i lipidi dal tessuto adiposo per rendere disponibile in circolo un combustibile da utilizzare in alternativa al glucosio. In queste condizioni, il catabolismo dei lipidi è stimolato dal *glucagone*, un ormone che viene prodotto dal pancreas lontano dai pasti. Il glucagone svolge importanti azioni sul metabolismo: promuove l'aumento della glicemia (funzione iperglicemizzante) e stimola la lipolisi attivando una lipasi che idrolizza i trigliceridi immagazzinati nel tessuto adiposo. Gli acidi grassi liberati sono immessi in circolo, si legano all'**albumina**, una sieroproteina, che li trasporta ai tessuti periferici dove vengono assorbiti e utilizzati a scopo energetico. Riparleremo più diffusamente dell'azione del glucagone nel paragrafo 7.

▶ LA β-OSSIDAZIONE È LA VIA DI DEGRADAZIONE DEGLI ACIDI GRASSI

L'idrolisi dei trigliceridi produce glicerolo e acidi grassi. Il glicerolo viene fosforilato, ossidato e trasformato in gliceraldeide 3-fosfato, un intermedio della glicolisi. Gli acidi grassi invece entrano nei mitocondri e vanno incontro ad una via ossidativa chiamata **β-ossidazione**.

GLOSSARY
Beta-oxidation: the process by which long chain fatty acids are broken down to generate acetyl-CoA.

Il processo di β-ossidazione spezza gli acidi grassi e li converte in numerose molecole di acetil-CoA.

La β-ossidazione si può svolgere in quasi tutte le cellule del corpo umano: soltanto i globuli rossi, privi di mitocondri, e le cellule del cervello non sono in grado di utilizzare metabolicamente gli acidi grassi. Infatti, gli acidi grassi non possono attraversare la barriera emato-encefalica (una struttura anatomo-funzionale che protegge il sistema nervoso, il cui ruolo è proprio quello di operare una selezione delle sostanze presenti nel sangue) e quindi non possono essere utilizzati dalle cellule del cervello.

Gli acidi grassi, dopo essere stati assorbiti dalle cellule e penetrati nel citosol, vengono legati al coenzima A mediante una reazione che consuma ATP. Solo in questa forma l'acido grasso è disponibile dal punto di vista metabolico.

nota
Il nome β-ossidazione dato a questa via metabolica deriva dal fatto che, a ogni ciclo, l'atomo di carbonio β subisce l'ossidazione da —CH_2— a >C=O.

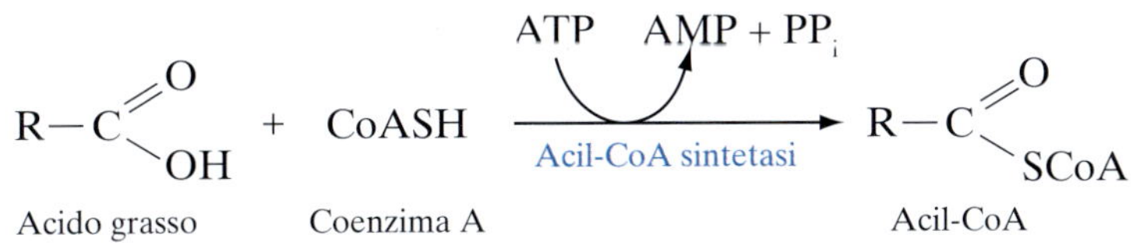

L'acido grasso attivato viene trasferito dal citosol alla matrice mitocondriale grazie all'intervento della *carnitina*, una speciale molecola trasportatrice che favorisce l'attraversamento della membrana mitocondriale interna.

All'interno dei mitocondri, l'acil-CoA subisce una serie di reazioni catalizzate che, ripetute ciclicamente, portano al distacco progressivo di molteplici molecole di **acetil-CoA**. Al termine di ogni ciclo di reazioni si producono una molecola di acetil-CoA, una di NADH + H^+, una di $FADH_2$ e una molecola di acil-CoA con due atomi di carbonio in meno. Il ripetersi del ciclo porta all'accorciamento progressivo della catena fino alla completa demolizione dell'acido grasso di partenza (FIGURA ■ 4.24 a pagina seguente).

nota
Il **coenzima A** (**CoASH**) è un attivatore di acidi carbossilici. Si tratta di una molecola derivata dal pantotenato, una vitamina del gruppo B, che possiede un gruppo —SH in grado di reagire con il gruppo carbossilico della molecola di un acido formando un tioestere metabolicamente attivo.

L'acetil-CoA prodotto nel catabolismo degli acidi grassi è destinato a essere ulteriormente ossidato nel metabolismo terminale.

Nel caso dell'acido palmitico, uno degli acidi grassi più abbondanti nei trigliceridi, costituito da 16 atomi di carbonio in una catena satura, occorrono sette cicli di reazioni, col seguente bilancio finale:

$$\text{palmitoil-CoA} + 7FAD + 7NAD^+ + 7CoA + 7H_2O \rightarrow$$
$$\rightarrow 8\text{Acetil-CoA} + 7FADH_2 + 7NADH + 7H^+$$

La via metabolica produce un gran numero di molecole di coenzimi ridotti che, come nel caso della glicolisi, verranno riossidati nella catena di trasporto degli elettroni (fase finale della respirazione cellulare) che utilizza l'energia liberata dalla loro ossidazione per produrre ATP.

FIGURA 4.24 ■ Il ciclo di quattro reazioni che si ripete nella β-ossidazione. Attraverso sette di questi cicli, l'acido palmitico viene demolito a 8 molecole di acetil-CoA.

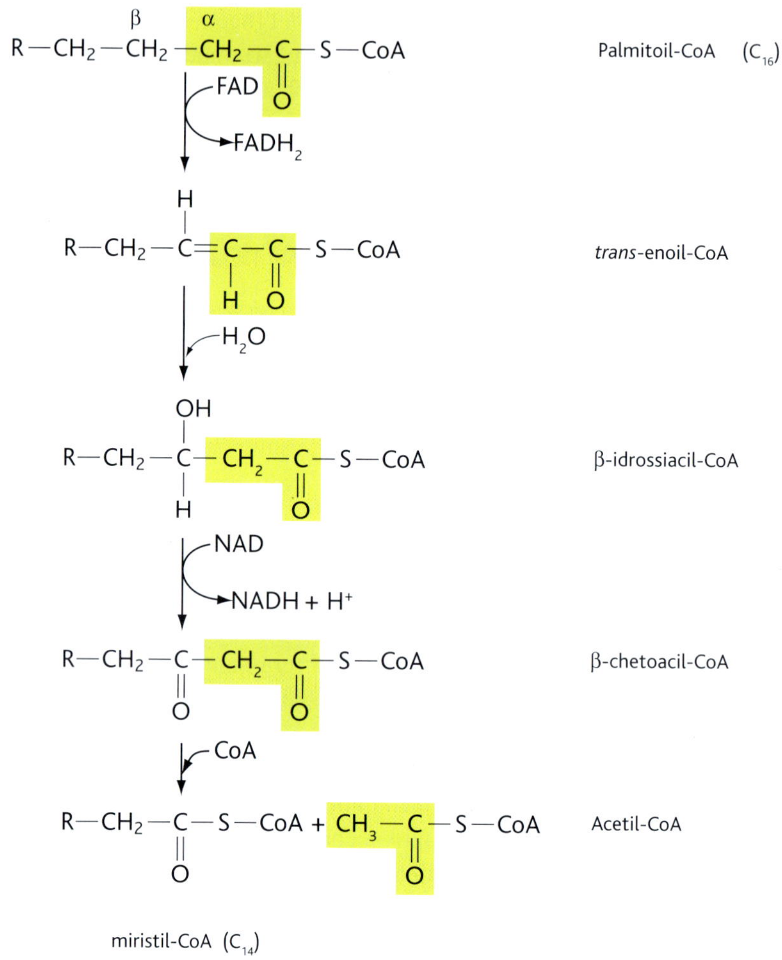

▶ I CORPI CHETONICI SONO UNA FONTE ALTERNATIVA DI ENERGIA

L'acetil-CoA presente nella matrice mitocondriale è destinato principalmente a reagire con l'ossalacetato, entrando così nel metabolismo terminale. Nel fegato, tuttavia, una piccola frazione dell'acetil-CoA mitocondriale è utilizzata per generare alcuni composti, noti come **corpi chetonici**:

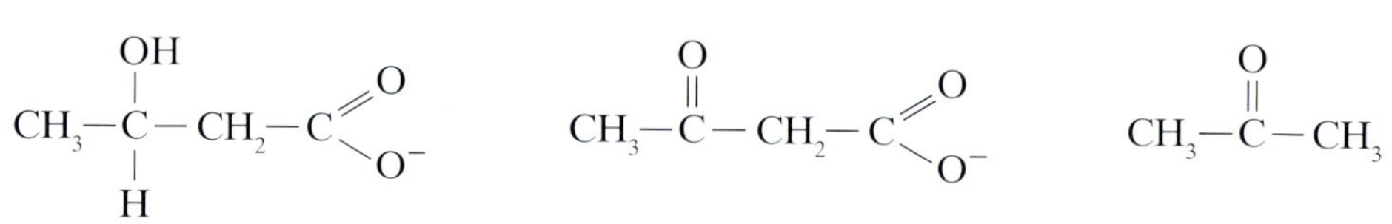

β-idrossibutirrato — Acetoacetato — Acetone

L'acetoacetato è il corpo chetonico principale: può essere trasformato in β-idrossibutirrato per riduzione o in acetone per decarbossilazione.

Le cellule epatiche riversano in circolo i corpi chetonici che vengono successivamente captati dalle cellule dei tessuti periferici, in particolare di miocardio, muscolo scheletrico e cervello, e utilizzati come combustibili, in quanto vengono trasformati in acetil-CoA (FIGURA ■ 4.25).

FIGURA 4.25 ■ Lo sfruttamento energetico dell'acetoacetato richiede la sua attivazione ad acetoacetil-CoA e la successiva scissione in due molecole di acetil-CoA in una reazione identica all'ultima reazione della β-ossidazione degli acidi grassi.

L'importanza dei corpi chetonici diviene evidente nel digiuno protratto quando il cervello, non potendo sfruttare direttamente gli acidi grassi, si adatta a utilizzare queste sostanze a scopo energetico, riducendo le richieste metaboliche di glucosio.

In queste condizioni il fegato modifica il proprio catabolismo e indirizza l'acetil-CoA verso la sintesi di corpi chetonici anziché verso il metabolismo terminale.

La produzione di corpi chetonici aumenta considerevolmente in condizioni di febbre elevata, soprattutto nei bambini, e nel diabete mellito. Ciò può condurre a una situazione di chetoacidosi, potenzialmente pericolosa per la vita dell'individuo, in cui il pH del sangue risulta diminuito per la presenza eccessiva di queste sostanze a carattere acido.

▶ IL FEGATO PRODUCE RISERVE LIPIDICHE E COLESTEROLO

Il fegato è in grado di convertire numerose sostanze – fra cui i carboidrati – in grassi. Ciò avviene grazie a una via metabolica che si svolge nel citosol delle cellule epatiche quando l'organismo è in condizioni di elevata disponibilità energetica, per esempio dopo pasti abbondanti.

La biosintesi degli **acidi grassi** necessita di precursori, sotto forma di molecole di acetil-CoA, e di agenti riducenti, sotto forma di molecole di NADPH + H^+. Come premessa metabolica, l'acetil-CoA citosolico subisce una reazione di carbossilazione che assume un significato di attivazione energetica della molecola e viene trasformato in malonil-CoA:

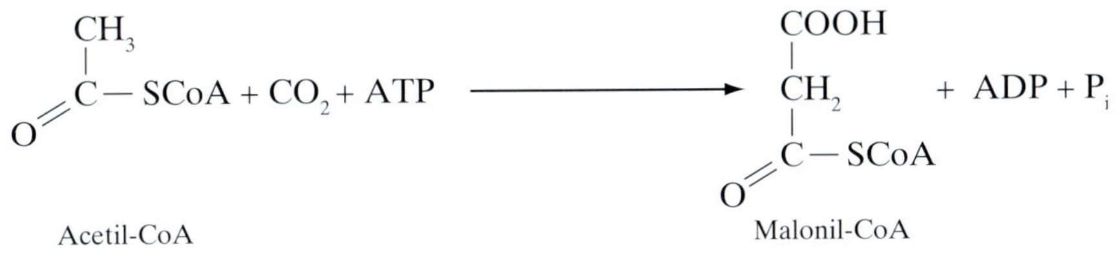

nota
L'acido grasso sintasi è un complesso multienzimatico che catalizza la sintesi degli acidi grassi a partire da malonil-CoA e NADPH + H^+.

Successivamente, il complesso della **acido grasso sintasi** provvede alla costruzione della molecola di acido grasso attraverso il ripetersi ciclico di una serie di quattro reazioni. In pratica, molecole di malonil-CoA si aggiungono progressivamente l'una all'altra e il NADPH + H^+ fornisce il potere riducente necessario per generare la catena idrocarburica satura che caratterizza l'acido palmitico, il prodotto finale della via (FIGURA ■ 4.26).

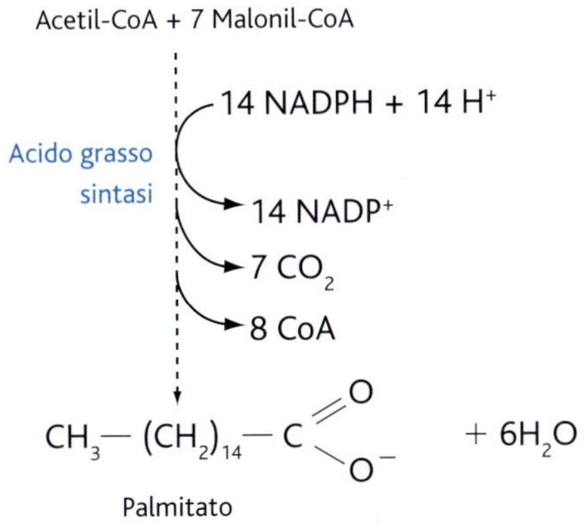

FIGURA 4.26 ■ L'acido palmitico viene prodotto attraverso un processo costituito da sette cicli di allungamento e riduzione della catena idrocarburica a partire da malonil-CoA e NADPH + H^+. Ogni ciclo è costituito da quattro reazioni.

La produzione di altri tipi di acidi grassi saturi a catena più lunga e di acidi grassi insaturi, come il palmitoleato e l'oleato, si svolge a partire dall'acido palmitico grazie all'azione di enzimi localizzati prevalentemente nel reticolo endoplasmatico liscio. Le molecole degli acidi grassi sono successivamente esterificate sul glicerolo e i trigliceridi così prodotti sono inviati al tessuto adiposo attraverso le VLDL.

Le cellule del fegato hanno anche la funzione di sintetizzare il colesterolo: anche in questo caso è necessaria la presenza di acetil-CoA e NADPH + H^+ nel citosol. La sintesi del colesterolo è un processo lungo e complesso che passa attraverso la formazione di intermedi di natura terpenica, il più importante dei quali è lo squalene, una molecola costituita da 30 atomi di carbonio (FIGURA ■ 4.27).

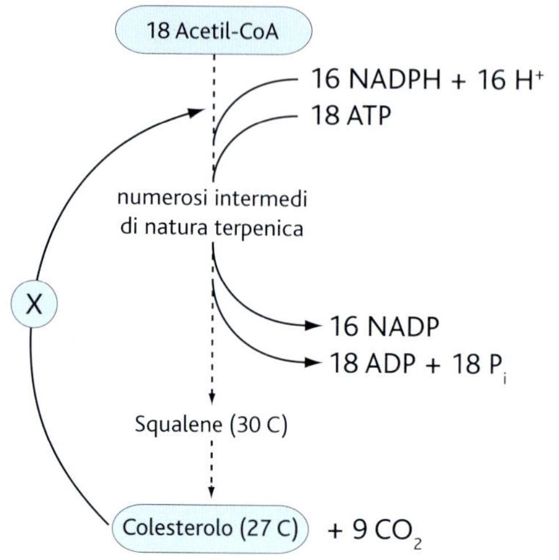

FIGURA 4.27 ■ La biosintesi del colesterolo è un processo metabolico che si svolge nel citosol delle cellule epatiche. Richiede numerosi passaggi e un notevole consumo di NADPH + H^+ e ATP. Il colesterolo prodotto esercita un'azione inibitoria sull'enzima chiave della via (HMG-CoA reduttasi).

Il colesterolo viene assunto anche con l'alimentazione. Se a ciò aggiungiamo il fatto che non esistono vie cataboliche a carico di questa sostanza, che viene eliminata soltanto con le feci attraverso una parziale conversione in sali biliari, risulta evidente che la sintesi del colesterolo debba essere controllata con estrema attenzione. Questo si realizza attraverso il controllo dell'enzima chiave della via, noto come *HMG-CoA reduttasi*, la cui attività è inibita da concentrazioni sufficientemente elevate di colesterolo.

FIGURA 4.28 ■ I farmaci che vengono prescritti dai medici per ridurre i livelli di colesterolemia nei soggetti a rischio di malattie cardiovascolari sono detti statine. La loro azione si esercita attraverso l'inibizione dell'HMG-CoA reduttasi, l'enzima che controlla la biosintesi del colesterolo.

Normalmente i sistemi di regolazione biochimica della sintesi del colesterolo sono sufficienti a mantenere sotto controllo la concentrazione del colesterolo nel sangue (i valori di colesterolemia sono nella norma fino a 220 mg/100 mL). In alcuni casi, tuttavia, la concentrazione della sostanza nel sangue aumenta oltre misura, determinando una condizione nota come **ipercolesterolemia**, uno dei più importanti fattori di rischio per l'aterosclerosi e le malattie cardiovascolari. In questi casi, oltre a una dieta povera di colesterolo, può risultare utile la terapia farmacologica (FIGURA ■ 4.28).

4.4 IL METABOLISMO DEGLI AMMINOACIDI

Nel metabolismo terminale convergono anche gli amminoacidi. A differenza del glucosio e degli acidi grassi, che contengono solo carbonio, idrogeno e ossigeno, questi composti presentano anche azoto e altri elementi (come lo zolfo in cisteina e metionina). Da questo ne deriva che:

> il catabolismo degli amminoacidi produce oltre ad intermedi utilizzabili nel metabolismo terminale, anche composti azotati di scarto che devono essere eliminati.

Nel corpo umano il catabolismo degli amminoacidi fornisce solo il 15% dell'energia necessaria giornalmente all'organismo e si attiva solo in specifiche situazioni:

- per eliminare amminoacidi che non sono necessari in un dato momento nel processo di sintesi delle proteine;
- nei periodi di digiuno prolungato caratterizzati dalla riduzione dei carboidrati e dei lipidi disponibili;
- in presenza di un eccesso di proteine nella dieta.

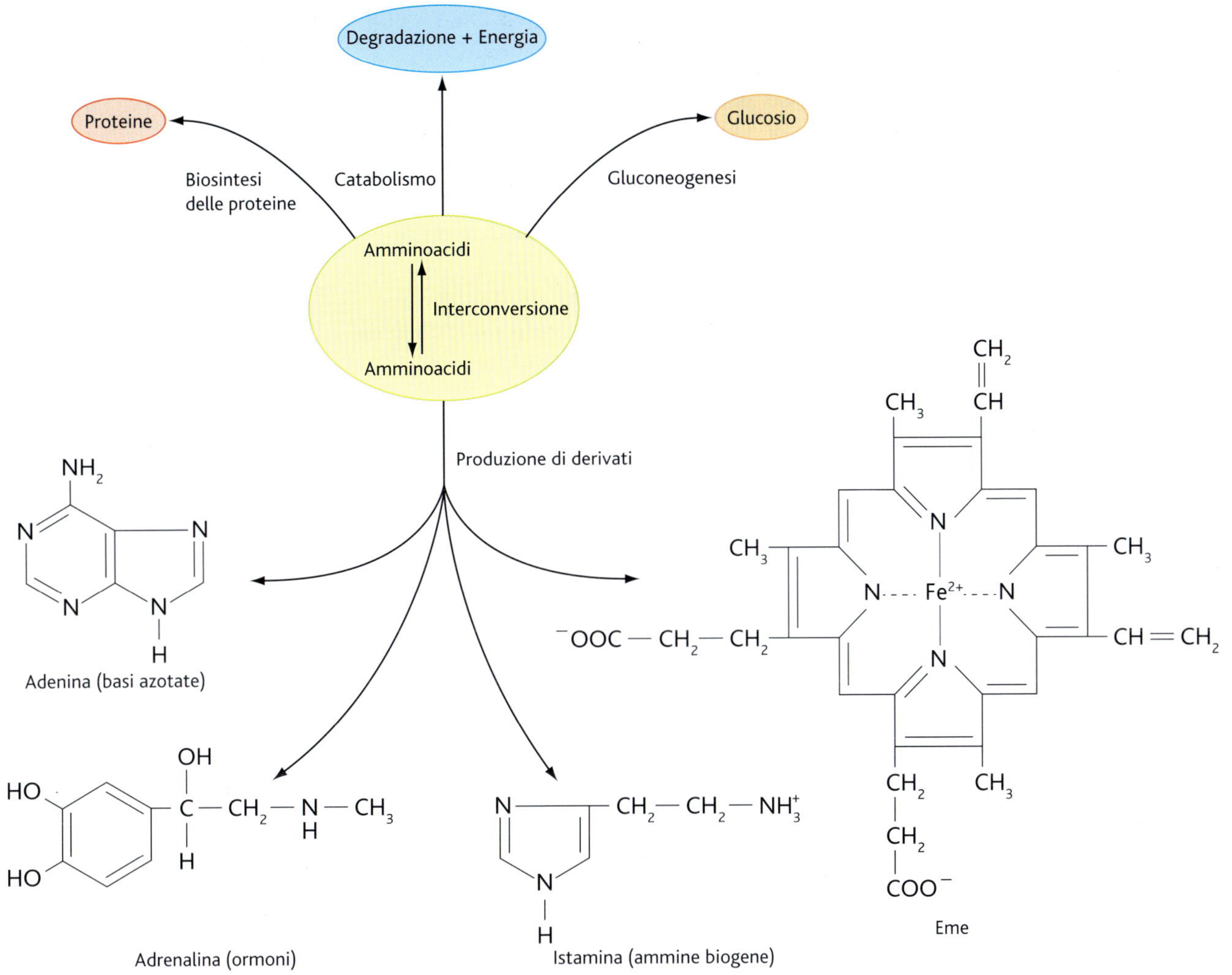

FIGURA 4.29 ■ Destino metabolico degli amminoacidi. Oltre a costituire le proteine e rappresentare una fonte di energia, gli amminoacidi vengono interconvertiti l'uno nell'altro, sono molecole di partenza per la produzione di glucosio nel fegato e sono precursori di numerose molecole di grande rilevanza biologica, fra cui ormoni, basi azotate, ammine biogene ed eme.

Quest'uso ridotto degli amminoacidi come fonte di energia si spiega se si considera che questi composti sono prevalentemente coinvolti in processi plastici di sintesi e degradazione, attraverso cui le proteine sono soggette a continuo ricambio (FIGURA ■ 4.29). L'insieme di questi processi costituisce il cosiddetto **bilancio azotato**: in un uomo adulto sano, esso risulta essere *in pari*, ossia, i livelli intracellulari delle proteine si mantengono pressoché costanti nel tempo. Un bilancio azotato positivo, con prevalenza dei processi anabolici, caratterizza gli organismi in accrescimento; un bilancio azotato negativo, con prevalenza dei processi catabolici, si verifica in corso di gravi malattie (per esempio, tumori in fase terminale) o durante il digiuno prolungato.

Dal punto di vista metabolico, si distinguono **amminoacidi glucogenici**, **chetogenici** e **gluco**- e **chetogenici**, in base al tipo di intermedio prodotto dalla demolizione della catena carboniosa (TABELLA ■ 4.1).

TABELLA 4.1 ■ Classificazione degli amminoacidi in base al loro metabolismo.

Glucogenici	Alanina, arginina, acido aspartico, acido glutammico, asparagina, cisteina, glutammina, glicina, istidina, metionina, prolina, serina, treonina, valina.
Chetogenici	Leucina, lisina.
Glucogenici e chetogenici	Fenilalanina, isoleucina, tirosina, triptofano.

Dal catabolismo di un amminoacido **chetogenico** si ottengono composti che possono essere trasformati in corpi chetonici o acidi grassi; da un amminoacido **glucogenico** si producono composti che possono essere trasformati in glucosio; da un amminoacido **gluco**- e **chetogenico** si producono entrambe le sostanze.

LA PERDITA DEL GRUPPO AMMINICO È LA PRIMA TAPPA NEL CATABOLISMO DEGLI AMMINOACIDI

Il primo passo per l'utilizzo metabolico di un amminoacido volto alla produzione di intermedi di altre vie o al catabolismo a scopo energetico è dato dalla perdita del gruppo amminico legato al carbonio α. Il meccanismo di gran lunga più importante messo in atto dalle cellule per raggiungere questo obiettivo metabolico consiste nella combinazione di due processi: la **transaminazione** e la deaminazione ossidativa del glutammato.

GLOSSARY
Transamination: the transfer of one or more amino groups from one compound to another.

La transaminazione è il trasferimento reversibile del gruppo α-amminico da un amminoacido donatore a un α-chetoacido accettore.

Dal processo si formano un nuovo amminoacido e un nuovo α-chetoacido:

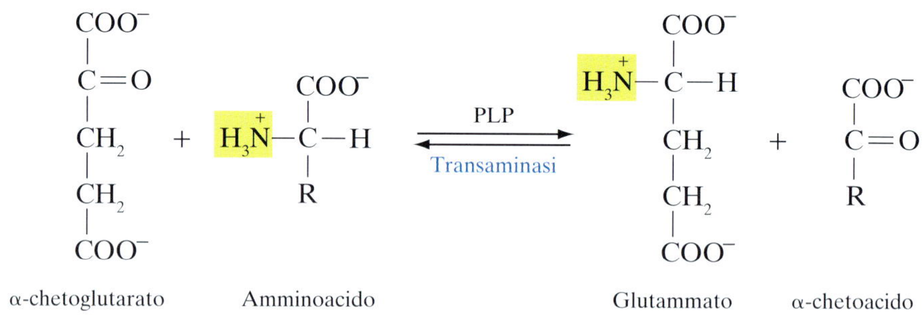

nota
Le transaminasi sono enzimi intracellulari che vengono ricercati nel sangue in alcune condizioni patologiche. Per esempio, è noto che le transaminasi (AST e ALT) aumentano oltre la norma nel corso di malattie del fegato, quali le epatiti.

Si può osservare che il gruppo amminico non viene eliminato ma si sposta da una molecola all'altra. Gli enzimi che catalizzano queste reazioni, le *transaminasi*, utilizzano come coenzima il piridossale-5′-fosfato (PLP), un derivato della vitamina B_6. Il più comune accettore del gruppo amminico nelle reazioni di transaminazione è l'α-chetoglutarato, una molecola che acquista il gruppo amminico e si trasforma in glutammato.

La **deaminazione ossidativa** del glutammato è catalizzata dalla *glutammato deidrogenasi*, un enzima dipendente da NAD^+ o $NADP^+$ localizzato nei mitocondri: determina la produzione di α-chetoglutarato e la liberazione dell'azoto amminico sotto forma di ione ammonio, NH_4^+:

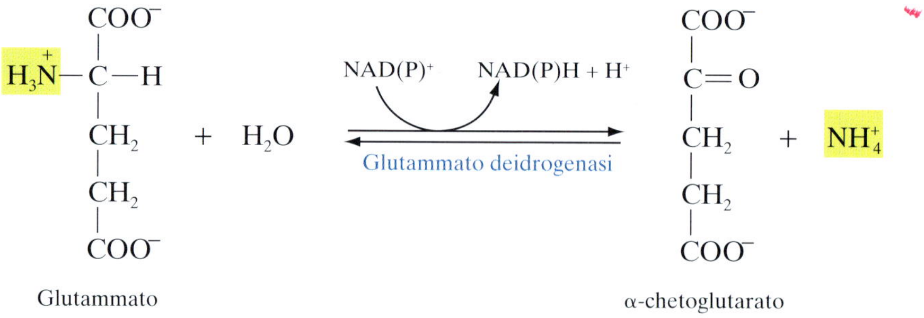

La FIGURA ■ 4.30 mostra come l'accoppiamento dei due processi consenta di eliminare efficientemente il gruppo amminico di quasi tutti gli amminoacidi.

Affinché questo importante processo metabolico possa svolgersi, è necessario che lo ione ammonio prodotto venga continuamente allontanato. Nel caso ciò non avvenisse, l'equilibrio della reazione catalizzata dalla glutammato deidrogenasi si sposterebbe verso sinistra impoverendo i mitocondri di α-chetoglutarato, un importante intermedio del ciclo dell'acido citrico, con ripercussioni assai negative sul bilancio energetico delle cellule degli organi più sensibili, come il cervello. Per questo, l'eliminazione dell'ammonio è una priorità metabolica che ha determinato l'evoluzione, nel fegato degli organismi terrestri, di una via che provvede a eliminare efficientemente questo prodotto di rifiuto del metabolismo.

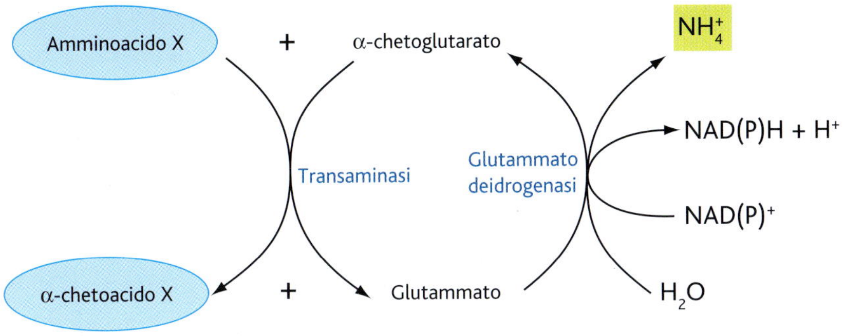

FIGURA 4.30 ■ L'accoppiamento fra le reazioni di transaminazione e deaminazione ossidativa del glutammato consente l'eliminazione del gruppo α-amminico di quasi tutti gli amminoacidi.

▶ LA BIOSINTESI DELL'UREA CONSENTE DI ELIMINARE LO IONE AMMONIO, UNA SPECIE CHIMICA TOSSICA

Negli animali, l'eliminazione dei prodotti azotati del catabolismo degli amminoacidi prevede strategie diverse: in base alla molecola escreta, gli animali vengono classificati come ammoniotelici, uricotelici o ureotelici (FIGURA ■ 4.31).

Gli organismi *ammoniotelici* (pesci e altri animali acquatici) eliminano l'azoto direttamente come ammonio, diluendolo nell'ambiente acquoso in cui vivono. Gli organismi *uricotelici* (uccelli e rettili) trasformano l'ammonio in acido urico che viene eliminato sotto forma di escreto denso e pastoso. Ciò consente ai rettili di risparmiare acqua e agli uccelli di mantenersi leggeri per il volo. Infine, gli animali *ureotelici* (mammiferi e anfibi) eliminano l'ammonio sotto forma di urea, meno tossica dell'ammoniaca, la cui escrezione richiede l'eliminazione di quantità rilevanti di acqua.

Negli animali ureotelici l'ammonio prodotto dal catabolismo degli amminoacidi viene neutralizzato attraverso la sua trasformazione in **urea**, il principale prodotto finale del metabolismo azotato. Il processo, che avviene esclusivamente nel fegato, è assai

GLOSSARY

Urea:
a compound that is the main excreted form of nitrogen by many animals, including mammals.

FIGURA 4.31 ■ L'eliminazione dell'azoto negli animali prevede strade diverse.

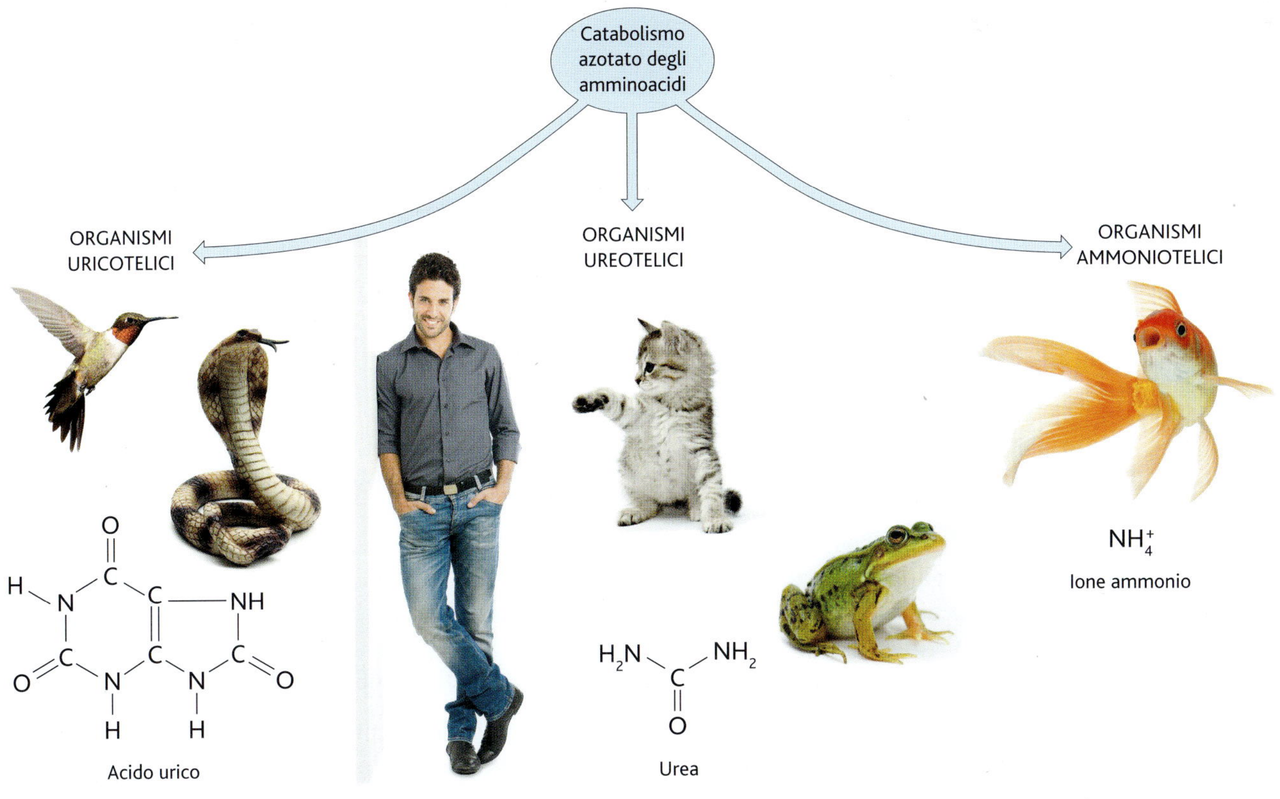

importante a causa della tossicità dell'ammonio ed è anche dispendioso in termini energetici, come si può notare dalla stechiometria della reazione complessiva:

$$CO_2 + NH_4^+ + 3ATP + \text{aspartato} + H_2O \rightarrow$$
$$\rightarrow \text{urea} + 2ADP + AMP + 2P_i + PP_i + \text{fumarato}$$

La trasformazione dell'ammonio in urea avviene attraverso una serie ciclica di reazioni (**ciclo dell'urea**) in cui tutti gli intermedi vengono continuamente rigenerati. Queste reazioni avvengono in parte nei mitocondri e in parte nel citosol delle cellule epatiche.

nota
Da un punto di vista chimico, l'**urea** è la diammide dell'acido carbonico.

Per poter entrare nel ciclo dell'urea, l'ammonio deve essere attivato attraverso la sua trasformazione in un composto ad alta energia di idrolisi: il *carbamilfosfato*.

La produzione del carbamilfosfato avviene nei mitocondri ed è catalizzata dall'enzima carbamilfosfato sintetasi. Questa reazione è resa possibile dall'idrolisi di due molecole di ATP:

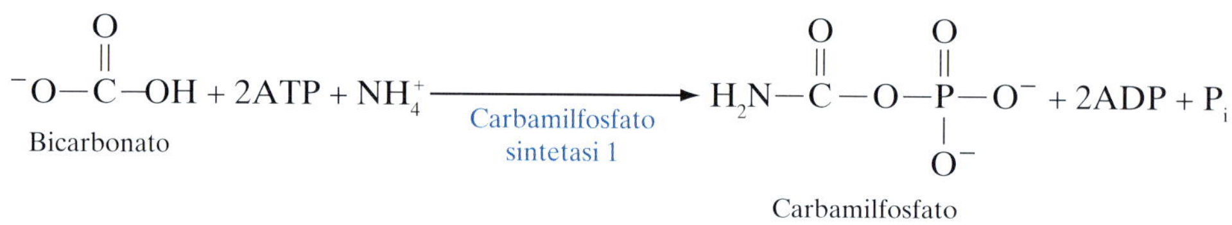

Il carbamilfosfato reagisce dentro i mitocondri con una molecola di *ornitina*, l'accettore che viene rigenerato al termine di ogni ciclo, producendo *citrullina*; un trasportatore presente nella membrana mitocondriale interna trasferisce la citrullina nel citosol dove questa va incontro alle ulteriori trasformazioni del ciclo. La FIGURA ■ 4.32 mostra la sequenza delle reazioni catalizzate che portano alla formazione dell'urea, ottenuta per parziale idrolisi della catena laterale dell'arginina. Si può notare, in particolare, che il secondo dei due atomi di azoto dell'urea è fornito da una molecola di aspartato che si genera attraverso reazioni di transaminazione fra un qualsiasi amminoacido e l'ossalacetato.

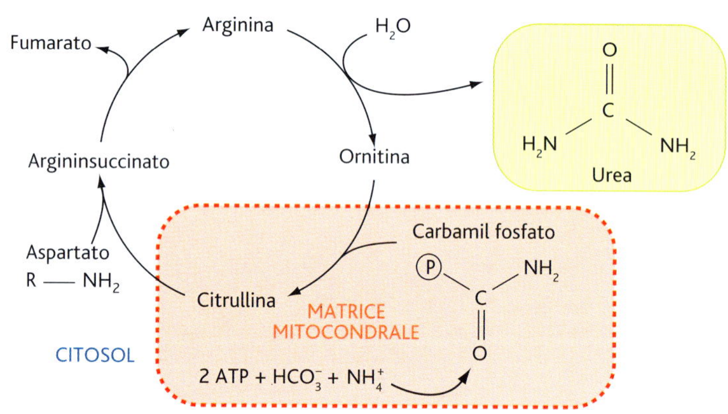

FIGURA 4.32 ■ Rappresentazione schematica della sequenza di reazioni del ciclo dell'urea. Mentre il primo dei due atomi di azoto dell'urea proviene dal carbamilfosfato, e quindi dall'ammonio prodotto dalla deaminazione ossidativa del glutammato, il secondo è fornito da una molecola di aspartato. Sia il glutammato sia l'aspartato ricevono il gruppo α-amminico per transaminazione da altri amminoacidi, rispettivamente su α-chetoglutarato e ossalacetato.

Data l'importanza fisiologica del ciclo, il blocco a livello di una qualsiasi delle sue reazioni è incompatibile con la vita per i gravi danni al sistema nervoso provocati dal conseguente accumulo di ammonio.

L'urea prodotta dal fegato è immessa in circolo ed eliminata per via urinaria. Con le urine, però, l'uomo (e in generale i primati) eliminano anche una certa quantità di acido urico, derivante dai processi catabolici che coinvolgono le basi puriniche. Se il livello di acido urico nel sangue sale a livelli elevati (*iperuricemia*, > 6,5 mg/dL) può manifestarsi la **gotta**, una malatia di natura infiammatoria che colpisce articolazioni e reni a causa del deposito di cristalli insolubili di urato di sodio.

▶ GLI AMMINOACIDI SONO PRECURSORI DI NUMEROSE BIOMOLECOLE

Abbiamo già citato (FIGURA ■ 4.29) alcune delle possibili funzioni degli amminoacidi come precursori di molecole di rilevanza fisiologica. Vediamole più in dettaglio.

Gli amminoacidi possono subire una reazione di decarbossilazione, catalizzata dalla amminoacido decarbossilasi, dipendente da piridossale-5′-fosfato (PLP), che porta alla formazione di un'ammina:

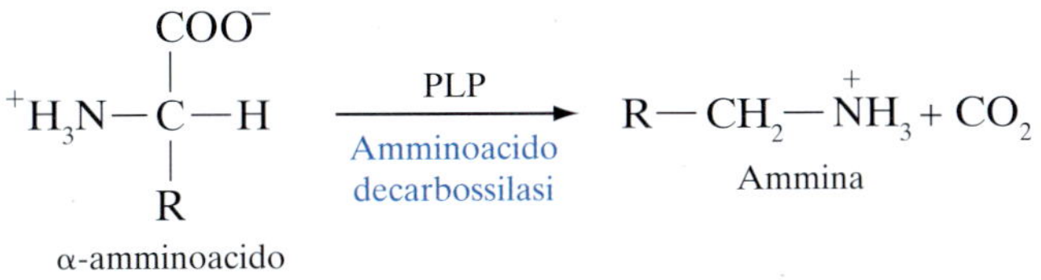

Molte delle ammine prodotte dagli amminoacidi svolgono intense attività fisiologiche: per questo motivo si parla spesso di *ammine biogene*. Fra queste ricordiamo l'istamina, derivata dall'istidina; la serotonina, derivata dal triptofano, e le catecolammine (dopamina, noradrenalina e adrenalina), derivate dalla tirosina, impegnate in processi di segnalazione fra cellule e come veri e propri neurotrasmettitori. Anche gli ormoni tiroidei derivano dall'amminoacido tirosina.

Le basi azotate che costituiscono i nucleotidi degli acidi nucleici vengono sintetizzate con il contributo di amminoacidi, quali aspartato, glutammina e glicina. La fosfocreatina contenuta nelle cellule muscolari, in cui svolge una funzione di riserva energetica, deriva da glicina e arginina. La lista degli impieghi metabolici degli amminoacidi potrebbe proseguire ulteriormente, a testimonianza del ruolo fondamentale svolto da queste molecole nella specie umana.

4.5 IL METABOLISMO TERMINALE

Nel paragrafo 2 abbiamo visto che la glicolisi (via catabolica del glucosio) trasforma una molecola di glucosio in piruvato. La resa energetica della glicolisi è molto bassa, ma il suo prodotto finale, ovvero il piruvato, può innescare una nuova via e fornire ulteriore energia alla cellula. Se è disponibile ossigeno nell'aria, qualsiasi cellula provvista di mitocondri è capace di ossidare completamente questa molecola, così come l'acetil-CoA proveniente dalla degradazione degli acidi grassi e degli amminoacidi.

nota
L'intero processo di ossidazione del glucosio a CO_2 in condizioni aerobie è detto respirazione cellulare e comprende la glicolisi, e le tre vie del metabolismo terminale. Acidi grassi, glicerolo e amminoacidi possono partecipare alla respirazione trasformandosi negli intermedi considerati nei precedenti paragrafi.

L'insieme delle reazioni a carattere ossidativo che si svolgono nei mitocondri e che costituiscono il fondamento per la produzione dell'energia cellulare prende il nome di **metabolismo terminale**. Esso comprende tre vie metaboliche: le prime due avvengono nella matrice mitocondriale e permettono la completa degradazione del piruvato a CO_2 attraverso la sua decarbossilazione ossidativa e il ciclo di Krebs. L'energia liberata in queste due fasi è immagazzinata nelle molecole di NADH e $FADH_2$. Durante la terza fase, che ha luogo sulla membrana interna dei mitocondri e che coinvolge l'ossigeno, l'energia del NADH e del $FADH_2$ è utilizzata per convertire l'ADP e il fosfato inorganico in ATP, con produzione di H_2O.

▶ LA DECARBOSSILAZIONE OSSIDATIVA DELL'ACIDO PIRUVICO PORTA ALLA PRODUZIONE DI ACETIL-COA

Il punto di passaggio fra la glicolisi e le altre reazioni della respirazione cellulare consiste nella decarbossilazione ossidativa del piruvato ad acetile (una molecola a due atomi di carbonio) e nella sua successiva trasformazione in acetil-CoA grazie al legame con il coenzima A. Il coenzima A (CoA) è un composto derivato da una vitamina del gruppo B (pantotenato).

Il processo inizia con l'ingresso della molecola di piruvato nei mitocondri grazie a uno specifico trasportatore di membrana. A questo punto la reazione viene catalizzata dal complesso multienzimatico della **piruvato deidrogenasi**, costituito da tre diverse attività enzimatiche e cinque coenzimi: tiaminapirofosfato, CoA, acido lipoico, FAD e NAD^+ (FIGURA ■ 4.33 a pagina seguente).

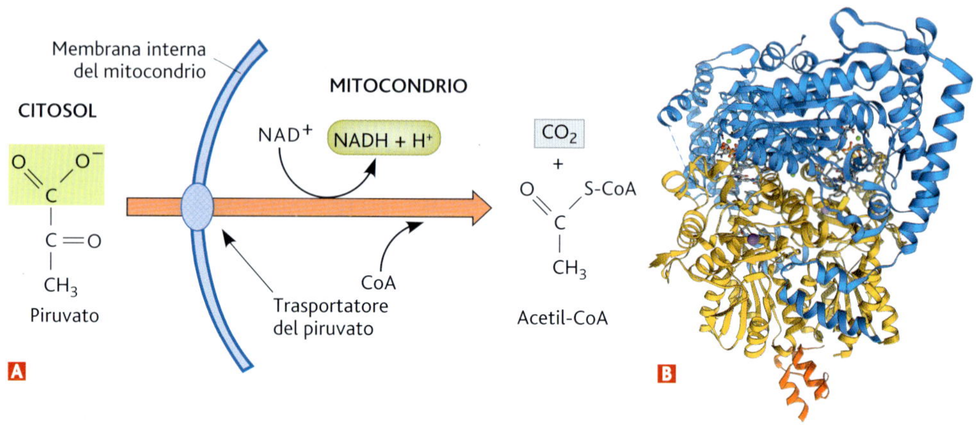

FIGURA 4.33 ■ (A) Schema del meccanismo di reazione della piruvato deidrogenasi. (B) Rappresentazione schematica della struttura del complesso della piruvato deidrogenasi.

nota
Nell'uomo, l'irreversibilità della reazione catalizzata dalla piruvato deidrogenasi fa sì che dai carboidrati possano generarsi lipidi ma non viceversa.

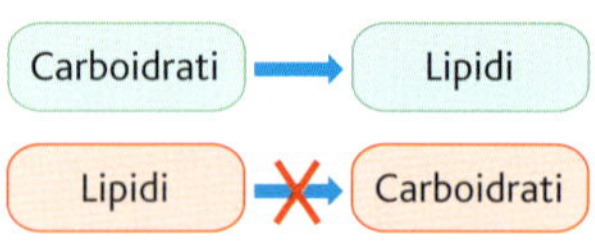

La decarbossilazione ossidativa del piruvato è una reazione irreversibile in cui si ha la produzione di una molecola di acetil-CoA, accoppiata alla formazione di una molecola di NADH + H^+ e alla liberazione di una molecola di CO_2. Il principale destino metabolico dell'acetil-CoA prodotto è quello di entrare nel ciclo dell'acido citrico per essere completamente ossidato. Come abbiamo visto, però, nelle cellule epatiche questa molecola può fungere anche da precursore nella biosintesi dei lipidi. Il fegato è in grado di trasformare i carboidrati assunti con l'alimentazione in lipidi che vengono depositati nel tessuto adiposo come riserva. Il processo opposto, ovvero la sintesi di carboidrati a partire dai lipidi, è invece impossibile. Questo è dovuto all'irreversibilità della reazione catalizzata dalla piruvato deidrogenasi, che impedisce di ricavare piruvato dall'acetil-CoA. Solo gli amminoacidi e non i grassi, dunque, giocano un ruolo chiave come precursori dei carboidrati nei periodi di digiuno per il mantenimento dei corretti valori di glicemia.

▶ IL CICLO DELL'ACIDO CITRICO OSSIDA L'ACETIL-COA A CO_2

Ottenuto per via diretta o tramite una serie di passaggi intermedi, l'acetil-CoA che si genera all'interno dei mitocondri rappresenta il punto di convergenza del catabolismo delle diverse classi di composti fondamentali della cellula (FIGURA ■ 4.34).

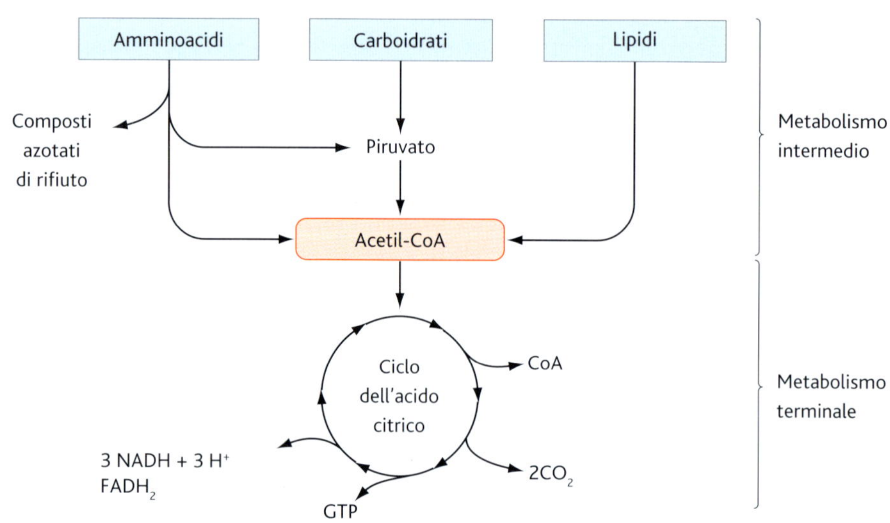

FIGURA 4.34 ■ Schema riassuntivo delle diverse vie metaboliche della cellula.

A questo punto la molecola entra in una serie ciclica di reazioni che va sotto il nome di **ciclo dell'acido citrico**, detto anche *ciclo degli acidi tricarbossilici*, o *ciclo di Krebs* dal nome di uno dei suoi scopritori. Nel ciclo dell'acido citrico, una molecola di acetil-CoA viene completamente ossidata con liberazione del CoA, di due molecole di CO_2, una molecola di GTP, tre molecole di NADH + H^+ e una di $FADH_2$, secondo l'equazione:

$$\text{Acetil-CoA} + 3NAD^+ + FAD + GDP + P_i + 2H_2O \rightarrow$$
$$\rightarrow 2CO_2 + 3NADH + 3H^+ + FADH_2 + GTP + CoA$$

GLOSSARY
Citric acid cycle:
in cellular respiration, a set of chemical reactions whereby acetyl-CoA is oxidized to carbon dioxide and hydrogen atoms are stored as NADH and $FADH_2$.

per saperne di più

4 Anatomia di un enzima: il complesso della piruvato deidrogenasi

La decarbossilazione del piruvato catalizzata dalla piruvato deidrogenasi rappresenta un'ottima opportunità per osservare in dettaglio un enzima in azione. La reazione in realtà comprende sia una decarbossilazione sia un'ossidazione a carico del substrato; essa pertanto richiede l'intervento di un complesso multienzimatico costituito da tre differenti tipi di subunità catalitiche (piruvato deidrogenasi; diidrolipoil transacetilasi e diidrolipoil deidrogenasi) e da cinque diversi coenzimi che catalizzano la seguente reazione complessiva:

$$\text{piruvato} + NAD^+ + \text{CoA-SH} \rightarrow \text{acetil-CoA} + CO_2 + NADH + H^+$$

I cinque cofattori sono NAD^+, FAD, tiaminapirofosfato (TPP, la forma attivata della vitamina B_1, o tiamina), CoA e acido lipoico; quest'ultimo è un acido grasso a otto atomi di carbonio contenente un gruppo S—S (forma ossidata) o due gruppi —SH (forma ridotta).

La FIGURA ■ A illustra in modo dettagliato tutti gli eventi molecolari che si succedono durante lo svolgimento dell'azione del complesso della piruvato deidrogenasi.

1. La reazione catalizzata dalla prima attività enzimatica (E_1, piruvato deidrogenasi) consiste nella decarbossilazione di una molecola di acido piruvico, il cui frammento residuo viene legato al TPP sotto forma di idrossietile. Il gruppo carbossile del piruvato risulta dunque eliminato come CO_2.
2. Il gruppo idrossietile viene quindi trasferito dalla seconda attività enzimatica (E_2, diidrolipoil transacetilasi) su una molecola di lipoil-lisina ossidata (contenente un legame S—S). Nel trasferimento, il legame disolfuro si rompe e l'idrossietile viene ossidato a gruppo acetile (acil lipoil-lisina) per sottrazione di atomi di idrogeno.
3. Lo stesso E_2 trasferisce, successivamente, il gruppo acetile su una molecola di CoA-SH formando acetil CoA. Nella reazione, l'acido lipoico rimane nella forma di lipoil-lisina ridotta (due gruppi —SH). L'acetil-CoA abbandona il complesso e si libera nella matrice mitocondriale.
4. La terza attività enzimatica (E_3, diidrolipoil deidrogenasi) rigenera la lipoil-lisina ossidata trasferendo i due atomi di idrogeno dei gruppi —SH su una molecola di FAD per formare $FADH_2$.
5. Il $FADH_2$ è, a sua volta, riossidato per trasferimento degli equivalenti riducenti su una molecola di NAD^+ che si riduce a $NADH + H^+$. A questo punto, il complesso della piruvato deidrogenasi è pronto per dare inizio ad un nuovo ciclo di decarbossilazione ossidativa dell'acido piruvico.

Durante tutte queste reazioni i vari intermedi e cofattori restano sempre legati al complesso enzimatico e al termine di un ciclo di reazione i cofattori acido lipoico, TPP e FAD vengono rigenerati in modo da poter partecipare a un nuovo ciclo.

Data l'importanza metabolica della piruvato deidrogenasi, qualsiasi alterazione della sua funzionalità comporta gravi danni soprattutto a carico del cervello, in cui questa reazione è essenziale a causa della stretta dipendenza dell'organo dal metabolismo ossidativo del glucosio. Un esempio è fornito dall'avvelenamento da arsenico trivalente (**arsenito**, AsO_3^{3-}), una specie inorganica che agisce complessando irreversibilmente i gruppi —SH, per esempio quelli dell'acido lipoico, impedendone la partecipazione alla reazione catalizzata, che quindi viene a essere bloccata.

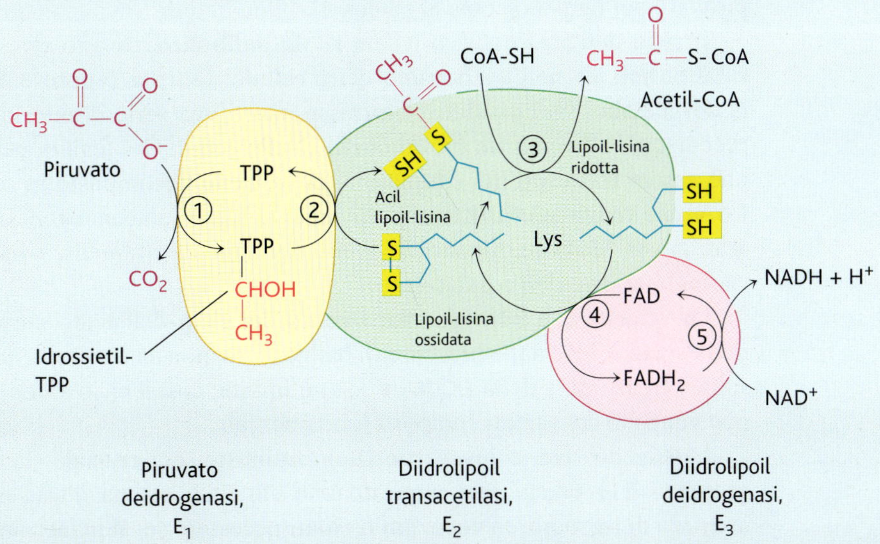

FIGURA A ■ Decarbossilazione ossidativa del piruvato ad acetil-CoA da parte del complesso della piruvato deidrogenasi.

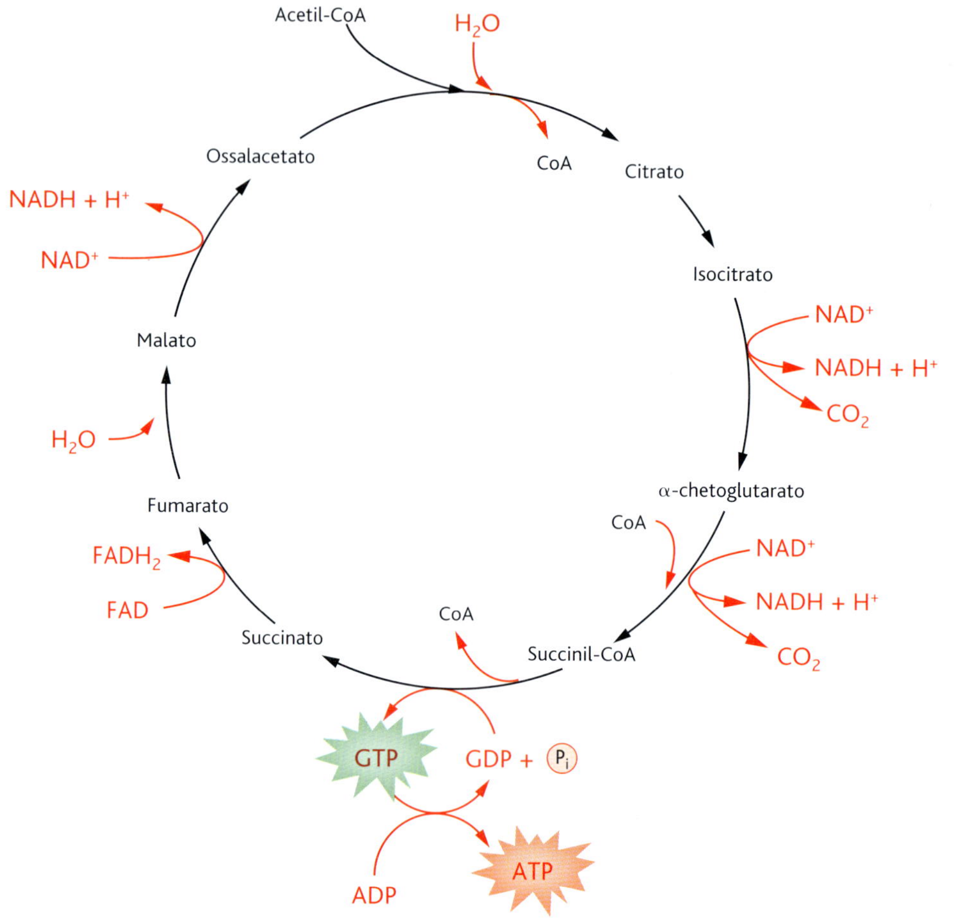

FIGURA 4.35 ■ Schema riassuntivo del ciclo dell'acido citrico.

A sua volta il GTP cede un gruppo fosfato all'ADP, formando una molecola di ATP da sfruttare come fonte di energia diretta. L'intera via metabolica (FIGURA ■ 4.35) si sviluppa in otto tappe, ognuna delle quali viene catalizzata da enzimi specifici. Il ciclo produce una molecola di ATP per ogni gruppo acetile che entra, ma occorre ricordare che per ogni molecola di glucosio che imbocca la glicolisi, il ciclo dell'acido citrico si compie due volte (perché i prodotti finali del catabolismo dei carboidrati sono due molecole di piruvato per ogni molecola di glucosio).

Il ciclo dell'acido citrico ha un ruolo **anfibolico**, ovvero riveste un ruolo sia nel catabolismo sia nell'anabolismo delle cellule. Oltre a rappresentare la via terminale del metabolismo ossidativo, fornisce infatti una serie di intermedi che fungono da precursori in diverse vie biosintetiche. Nelle cellule del fegato, per esempio, il citrato può essere trasferito nel citoplasma, dove viene decomposto in ossalacetato e acetil-CoA, che vengono utilizzati rispettivamente, per la gluconeogenesi e la biosintesi degli acidi grassi. Molti amminoacidi, invece, derivano direttamente o indirettamente dall'α-chetoglutarato e dall'ossalacetato.

La velocità e il buon funzionamento del ciclo dell'acido citrico dipendono dalla richiesta di ATP e dalla presenza di ossigeno. Se non è necessario nuovo ATP, la citrato sintasi (reazione 1 della FIGURA ■ 4.36) è inibita, così il ciclo viene bloccato all'inizio e non vengono consumati composti fondamentali.

L'ossigeno riveste invece un ruolo indiretto, ma cruciale. È infatti necessaria la presenza di O_2 poiché solo in questo caso è attiva la catena di trasferimento elettronico, in grado di rigenerare i coenzimi ossidati necessari per il mantenimento delle reazioni ossidative del ciclo.

Gli enzimi coinvolti nel ciclo dell'acido citrico appartengono alle famiglie **trasferasi** (citrato sintasi), **isomerasi** (aconitasi), **ossidoreduttasi** (isocitrato deidrogenasi, α-chetoglutarato deidrogenasi, succinato deidrogenasi e malato deidrogenasi), **liasi** (fumarasi) e **ligasi** (succinil-CoA sintetasi).

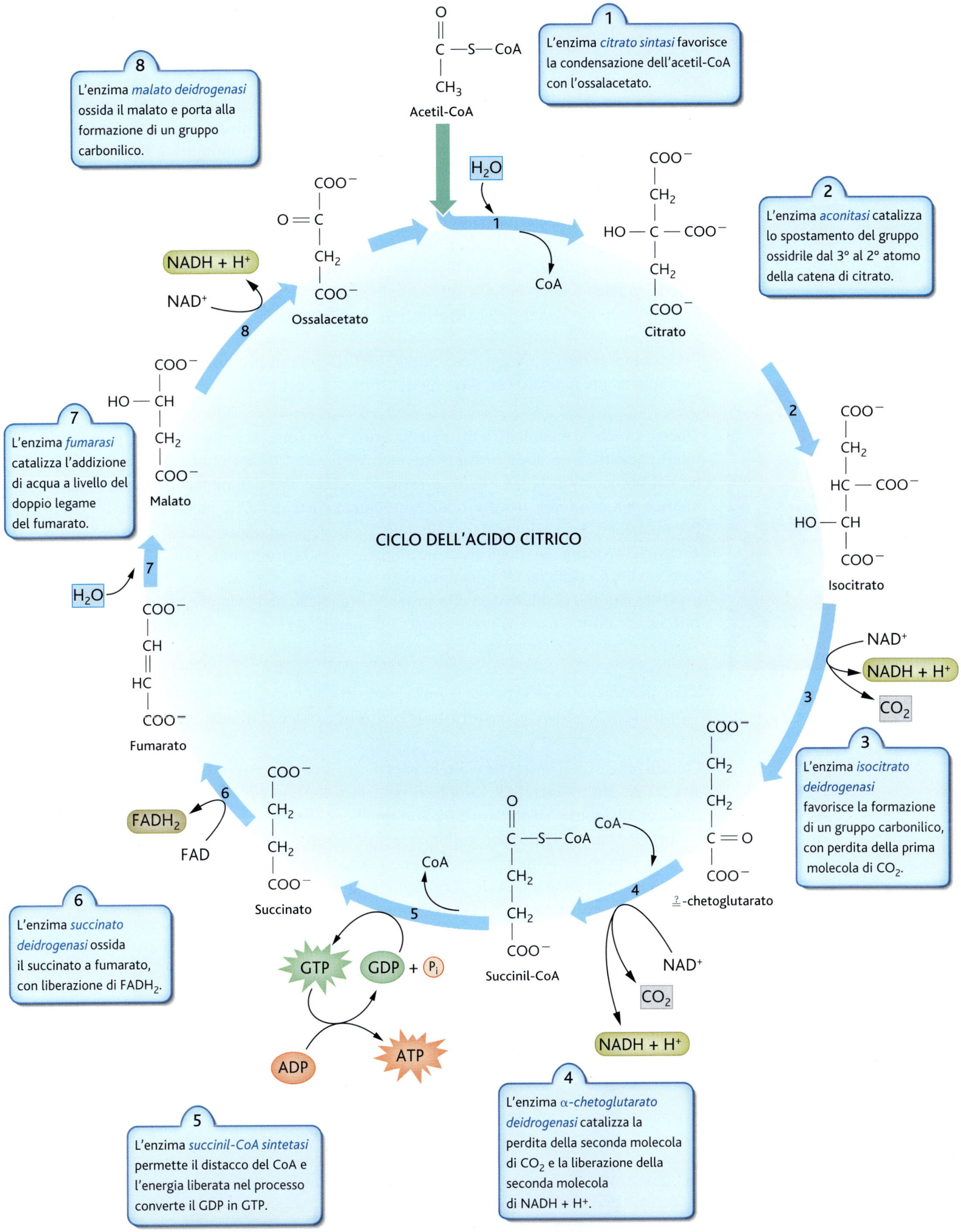

FIGURA 4.36 ■ Dettaglio delle reazioni del ciclo dell'acido citrico: sono evidenziate le molecole di CO_2, ATP e i coenzimi che vengono consumati o liberati nel corso del ciclo.

4.6 LA PRODUZIONE DI ENERGIA NELLE CELLULE

Come abbiamo visto, il catabolismo in presenza di ossigeno porta alla completa ossidazione di carboidrati, lipidi e amminoacidi con liberazione di CO_2. I processi ossidativi sono accompagnati dalla produzione di numerose molecole di NADH + H^+ e $FADH_2$, che contengono gli elettroni acquisiti con l'ossidazione dei diversi metaboliti. Affinché il metabolismo ossidativo possa svolgersi senza soluzione di continuità, è necessario che questi coenzimi tornino a essere disponibili nella loro forma ossidata (NAD^+ e FAD). Per fare questo i coenzimi ridotti trasferiscono gli elettroni all'ossigeno attraverso una serie di reazioni cui partecipano complessi molecolari immersi nella membrana mitocondriale interna (*catena respiratoria*). L'energia che si libera in questi trasferimenti di elettroni viene utilizzata per la biosintesi della maggior parte dell'ATP prodotto dalla cellula, grazie all'intervento di altri complessi proteici, anch'essi localizzati nella membrana mitocondriale interna (*fosforilazione ossidativa*).

L'insieme di tutti i processi ossidativi e del sistema di produzione dell'ATP viene comunemente indicato con il termine respirazione cellulare.

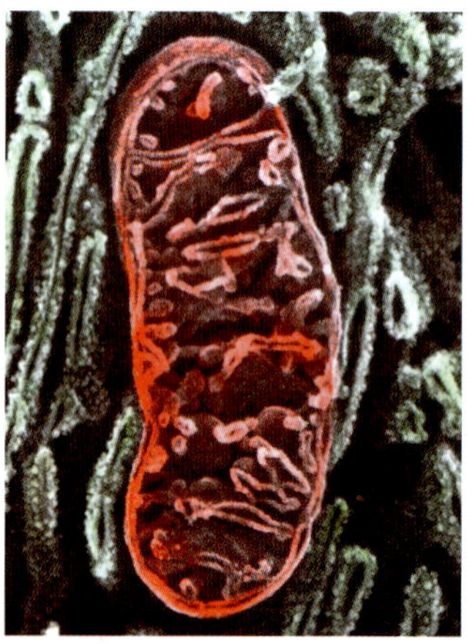

FIGURA 4.37 ■ Immagine di un mitocondrio al microscopio elettronico a scansione (SEM).

Questo processo è comune a tutti gli eucarioti e si svolge nei mitocondri, organuli cellulari rivestiti da un doppio sistema di membrane (FIGURA ■ 4.37). La membrana interna del mitocondrio si introflette a formare pieghe che delimitano uno spazio detto *matrice mitocondriale*, dove si realizzano buona parte delle vie metaboliche, fra cui la β-ossidazione degli acidi grassi, la deaminazione degli amminoacidi e il ciclo dell'acido citrico. Il trasferimento degli elettroni all'ossigeno e la produzione dell'ATP si svolgono invece a livello della membrana mitocondriale interna.

Oltre che sull'ossidazione delle sostanze organiche nelle vie cataboliche presenti in tutti gli organismi, però, la produzione dell'energia necessaria per lo svolgimento delle attività cellulari si basa anche su un secondo meccanismo.

Tra gli eucarioti, solo le piante sono in grado di sfruttare la luce del Sole, attraverso la fotosintesi clorofilliana, trasformandola in ATP e potere riducente (NADPH + H^+).

Questo processo di base, che vedremo nel dettaglio tra poco, si svolge in organuli esclusivi delle cellule vegetali: i cloroplasti (FIGURA ■ 4.38), in cui è presente il macchinario molecolare deputato a captare e trasformare l'energia luminosa.

In generale, respirazione cellulare e fotosintesi sono accomunate dal medesimo meccanismo chimico fondamentale: l'energia necessaria alla sintesi dell'ATP da ADP e P_i si libera attraverso una serie di reazioni in cui si verifica **trasferimento di elettroni** fra specie chimiche diverse.

FIGURA 4.38 ■ Cloroplasti al microscopio elettronico a trasmissione (TEM).

▶ L'OSSIGENO È L'ACCETTORE FINALE DELLA CATENA DI TRASFERIMENTO ELETTRONICO MITOCONDRIALE

Consideriamo un'ipotetica reazione in cui il coenzima NADH + H^+ ceda direttamente i suoi elettroni all'ossigeno.

L'equazione bilanciata che illustra il processo è:

$$NADH + H^+ + \tfrac{1}{2}O_2 \rightarrow NAD^+ + H_2O$$

Dal punto di vista termodinamico, questa reazione mostra $\Delta G^{\circ\prime} = -220{,}6$ kJ/mol, ossia libera un notevole quantitativo di energia utilizzabile per compiere lavoro. Se si pensa che la reazione di idrolisi dell'ATP ha $\Delta G^{\circ\prime} = -30{,}5$ kJ/mol, è facile comprendere come il trasferimento di elettroni dal NADH + H^+ all'ossigeno abbia in sé enormi potenzialità da un punto di vista energetico: ogni trasferimento di due elettroni potrebbe produrre oltre sette molecole di ATP!

Nei mitocondri delle nostre cellule, tuttavia, il processo non si svolge come appena descritto: se l'energia venisse rilasciata attraverso una singola reazione redox, essa sarebbe completamente dispersa come calore e non potrebbe essere utilizzata per produrre ATP. Al contrario, oltre il 40% di tale energia viene immagazzinata sotto forma di energia chimica. Ciò è possibile perché il trasferimento degli elettroni da NADH + H^+ a O_2 avviene in modo graduale, attraverso una serie di reazioni redox che coinvolgono numerosi trasportatori, ovvero molecole in grado di acquistare reversibilmente elettroni. Ogni volta che un trasportatore riceve uno o più elettroni si riduce, per riossidarsi immediatamente dopo, attraverso la cessione degli stessi elettroni a un altro trasportatore con potenziale di riduzione maggiore.

La sequenza delle reazioni redox attraverso cui gli elettroni vengono trasferiti dal NADH + H^+ o dal $FADH_2$, donatori iniziali, all'ossigeno molecolare, accettore finale, prende il nome di **catena respiratoria** (o *catena di trasporto degli elettroni*). Il processo si realizza sulla membrana mitocondriale interna, dove sono localizzati i trasportatori di elettroni, strutturati all'interno di complessi proteici di membrana contenenti specifici coenzimi (FIGURA ■ 4.39) che, per semplicità, possono essere classificati come:

- **complesso I** (*NADH-Q ossidoreduttasi* o *NADH deidrogenasi*);
- **complesso II** (*succinato-Q-ossidoreduttasi o succinato deidrogenasi*);
- **complesso III** (*Q-citocromo* c *ossidoreduttasi o citocromo* c *reduttasi*);
- **complesso IV** (*citocromo* c *ossidasi*).

Animazione
La catena respiratoria

GLOSSARY

Electron transport chain: the components of the final sequence of reactions in biological oxidations.

FIGURA 4.39 ■ I quattro complessi molecolari trasportatori degli elettroni della catena respiratoria.

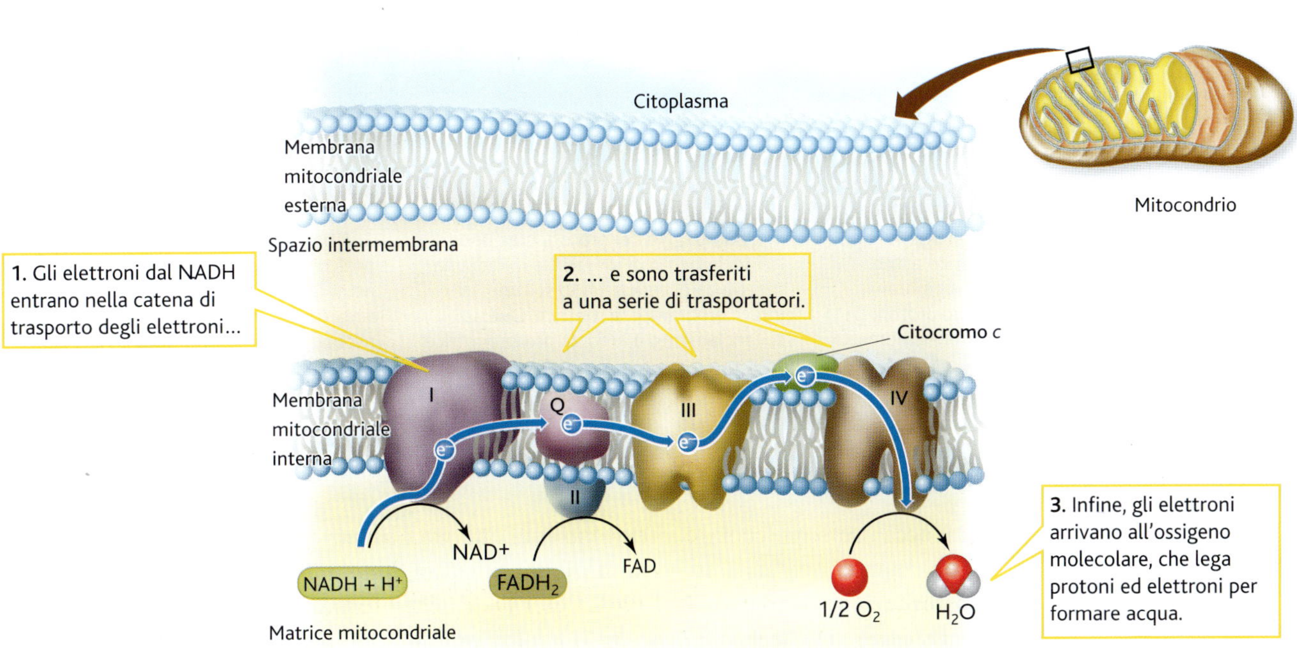

nota
I **gruppi prostetici** sono le porzioni non polipeptidiche delle proteine coniugate. La loro presenza è necessaria affinché la proteina possa svolgere la propria funzione.

Nella catena respiratoria esistono diversi tipi di trasportatori di elettroni:

1. **flavoproteine**, ossia proteine che contengono un gruppo prostetico flavinico (flavinmononucleotide o FMN) in grado di legare reversibilmente due elettroni;
2. **proteine ferro-zolfo**, cioè proteine che possiedono *centri ferro-zolfo* (Fe-S), gruppi prostetici costituiti da ioni ferro complessati con atomi di zolfo;
3. **coenzima Q** (Q), detto anche *ubichinone*, una molecola organica che può legare due elettroni. L'ubichinone non fa parte di alcun complesso proteico;
4. **citocromi** (cyt), proteine contenenti il gruppo *eme* in cui lo ione ferro può ridursi reversibilmente passando dalla forma 3+ a quella 2+ e viceversa.

Gli elettroni ceduti da 2 molecole di NADH + H^+ passano al *complesso I*, da qui al *coenzima Q* e quindi al *complesso III*, per giungere al *complesso IV*. Quest'ultimo, infine, cede simultaneamente 4 elettroni a una molecola di ossigeno che, insieme a 4 ioni idrogeno, forma due molecole di acqua. Il coenzima Q può anche ricevere gli atomi di idrogeno direttamente dal $FADH_2$ attraverso il *complesso II*.

Il processo di trasferimento degli elettroni è accompagnato da un simultaneo trasferimento di ioni H^+ dalla matrice mitocondriale allo spazio intermembrana. Ciò determina un accumulo di ioni H^+ nello spazio intermembrana, la cui entità è proporzionale all'intensità del flusso di elettroni nella catena respiratoria (FIGURA ■ 4.40). Si genera così il gradiente elettrochimico ai due lati della membrana mitocondriale interna che è alla base del processo della fosforilazione ossidativa.

FIGURA 4.40 ■ Il gradiente elettrochimico prodotto dal funzionamento della catena respiratoria.

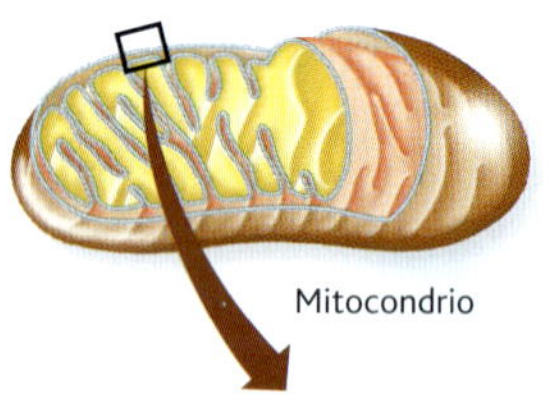

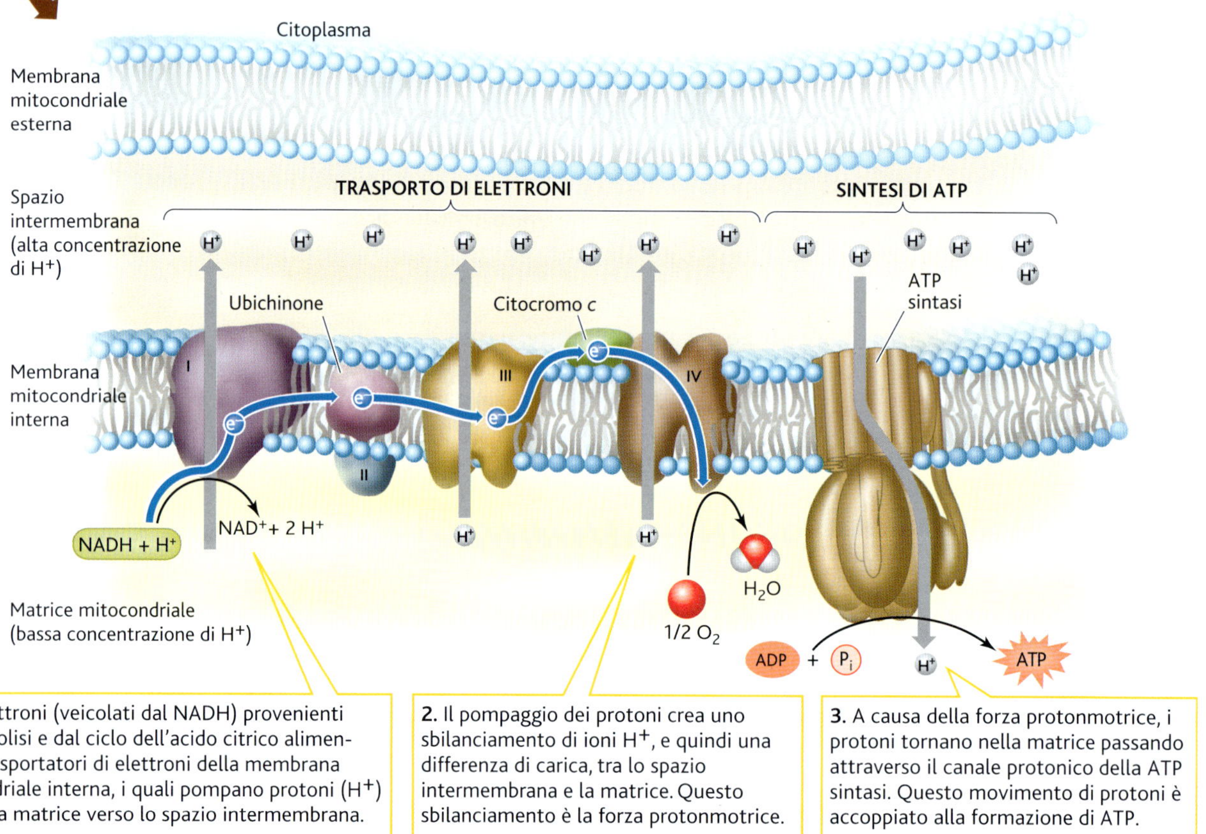

▶ LA FOSFORILAZIONE OSSIDATIVA ACCOPPIA LE OSSIDAZIONI TERMINALI ALLA SINTESI DELL'ATP

Il meccanismo molecolare attraverso cui l'energia liberata nel trasferimento degli elettroni lungo la catena respiratoria viene utilizzata per sintetizzare ATP è noto come **fosforilazione ossidativa**. Nel 1961, Peter D. Mitchell formulò la *teoria chemioosmotica* per spiegare in che modo l'energia liberata durante il trasporto di elettroni nella catena respiratoria potesse essere utilizzata per la sintesi dell'ATP. Questa teoria ha successivamente trovato conferma nei dati sperimentali con la determinazione della struttura del complesso proteico responsabile della sintesi dell'ATP.

L'energia potenziale del gradiente elettrochimico generato ai due lati della membrana mitocondriale interna grazie al trasferimento di ioni H^+ che si realizza durante l'attività della catena respiratoria, viene utilizzata per la sintesi di ATP da un complesso proteico strettamente associato alla membrana stessa, ma chimicamente diverso e fisicamente distinto dai complessi trasportatori degli elettroni, noto come **ATP sintasi**. In questo complesso, si possono identificare due porzioni: una *testa* rotondeggiante (F_1), composta da molte subunità, contenente il sito di formazione dell'ATP e sporgente verso la matrice, e un *rotore* provvisto di stelo (F_0), costituito anch'esso da varie subunità, in contatto con la testa e ancorato alla membrana mitocondriale interna. Quest'ultimo funge da canale per gli ioni H^+ (FIGURA ■ 4.41).

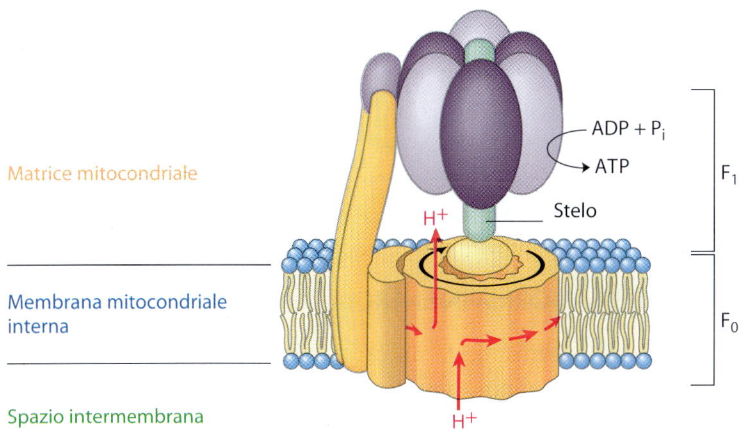

FIGURA 4.41 ■ La struttura della ATP sintasi. Un rotore cilindrico posto nello spessore della membrana ruota in senso orario quando gli ioni H^+ fluiscono attraverso esso seguendo il gradiente di concentrazione. La rotazione coinvolge anche lo stelo che collega il rotore alla subunità F_1, attivando i siti catalitici presenti in quest'ultima.

Il gradiente elettrochimico transmembrana creato dalla catena respiratoria viene dissipato grazie al flusso degli ioni H^+ che dallo spazio intermembrana ritornano verso la matrice attraversando la subunità F_0 della ATP sintasi. Il passaggio degli idrogenioni (H^+) attraverso il canale induce una rotazione di alcune componenti del sistema e determina modificazioni conformazionali della porzione F_1, tali da causare una serie di eventi molecolari che porta al rilascio dell'ATP sintetizzato a partire da ADP e P_i, secondo la reazione:

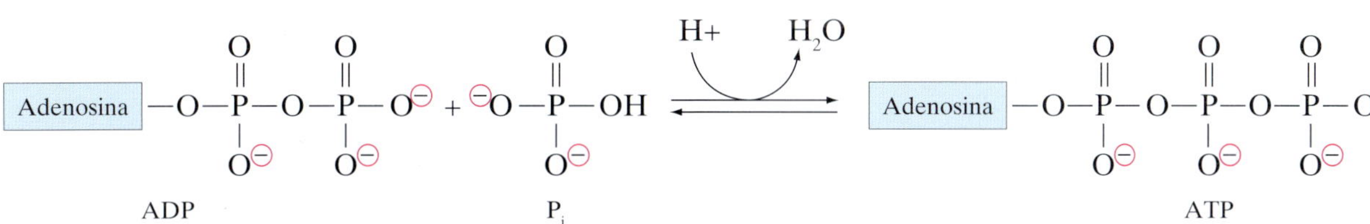

A questo punto è possibile fare un bilancio dell'intero processo. La cessione di due elettroni da parte di una molecola di NADH + H^+ alla catena respiratoria determina la sintesi e il rilascio di 2,5 molecole di ATP; se il donatore iniziale di elettroni è invece una molecola di $FADH_2$, il gradiente elettrochimico generato è di grado minore e si ha quindi la sintesi e il rilascio di sole 1,5 molecole di ATP.

La TABELLA ■ 4.2 (a pagina seguente) illustra il bilancio energetico legato alla completa ossidazione di una molecola di glucosio in condizione aerobie:

$$C_6H_{12}O_6 + 6O_2 \rightarrow 6CO_2 + 6H_2O$$

Oltre alle 2 molecole di ATP e alle 2 molecole di GTP prodotte in modo diretto, rispettivamente, nella glicolisi e nel ciclo dell'acido citrico, si generano 10 ulteriori molecole di NADH + H^+ e 2 di $FADH_2$ che entrano nella catena respiratoria: nel complesso, si producono 32 molecole di ATP per ogni molecola di glucosio ossidata completamente

TABELLA 4.2 ■ Resa energetica della completa ossidazione di una molecola di glucosio.

Processo metabolico	Metabolita	Coenzimi	ATP
	Glucosio		
Glicolisi	↓	2 ATP	2
		2 NADH + 2H$^+$	5
	2 Piruvato		
Piruvato deidrogenasi	2 CO_2	2 NADH + 2H$^+$	5
	2 Acetil-CoA		
		6 NADH + 6H$^+$	15
Ciclo dell'acido citrico	↓	2 $FADH_2$	3
		2 GTP	2
	4 CO_2		
Totale			32

a CO_2 e H_2O. Un bel guadagno di energia, soprattutto se si pensa alla resa della demolizione del glucosio in condizioni anaerobie (soltanto due 2 molecole di ATP).

▶ LA FOTOSINTESI TRASFORMA IN ENERGIA CHIMICA LA LUCE DEL SOLE

Video
Dalla fotosintesi al fotovoltaico

A differenza degli altri organismi, gli autotrofi come le piante sono in grado di convertire parte dell'energia luminosa che le investe in energia chimica, sotto forma di molecole di glucosio. Tale processo, noto come **fotosintesi**, può essere riassunto dalla reazione:

$$6CO_2 + 6H_2O \xrightarrow{h\nu} C_6H_{12}O_6 + 6O_2$$

dove $h\nu$ rappresenta la luce (h è la costante di Planck e ν la frequenza, espressa in hertz).

Questo processo avviene attraverso due diverse serie di reazioni, che si svolgono in parti diverse dei cloroplasti (FIGURA ■ 4.42). Le cosiddette «reazioni alla luce» si svolgono sulla superficie dei sistemi membranosi interni dei cloroplasti grazie alla presenza dei *pigmenti fotosintetici*, ovvero molecole come le clorofille (FIGURA ■ 4.43) e i carotenoidi.

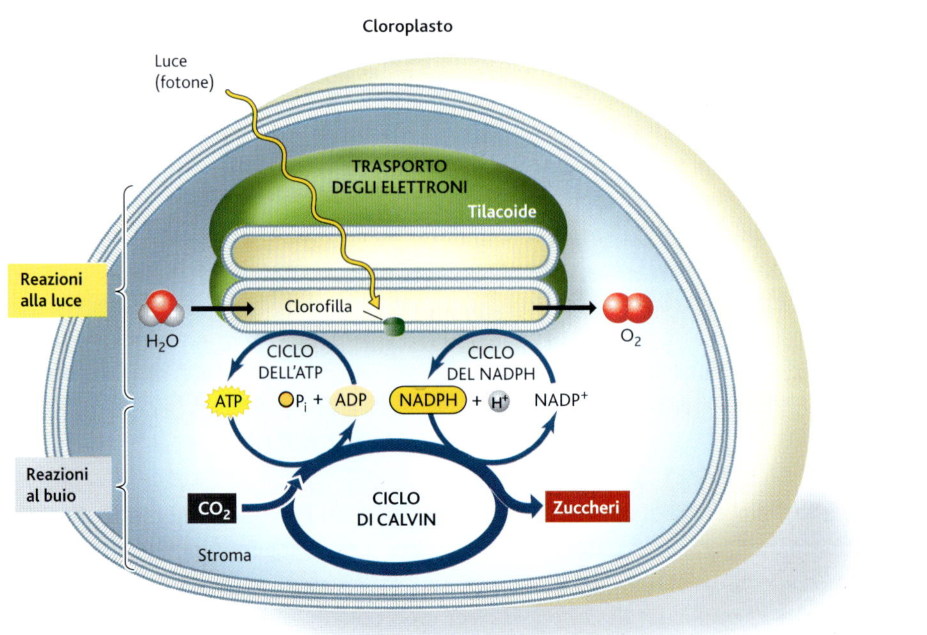

FIGURA 4.42 ■ Schema riassuntivo del processo fotosintetico. In particolare, sono evidenziate le reazioni alla luce (in alto) e le reazioni al buio (in basso).

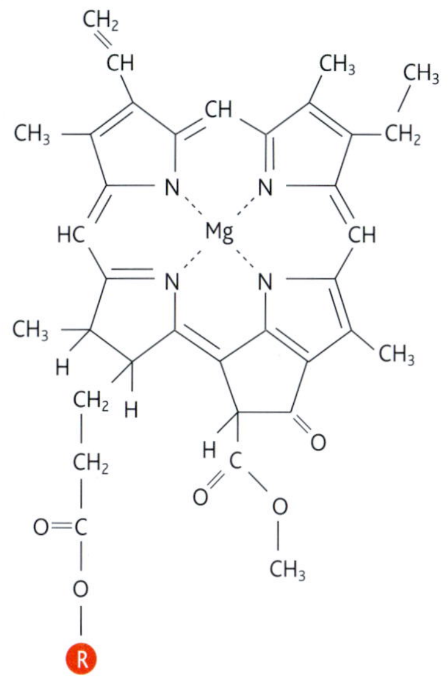

A

B

FIGURA 4.43 ■ (A) Formula di struttura della clorofilla *a*. Il gruppo R indica una catena laterale insatura formata da 16 atomi di carbonio. (B) In autunno la clorofilla si ritira nei rami e fa emergere i colori conferiti dagli altri pigmenti presenti nelle foglie.

In questa fase l'energia luminosa viene in parte spesa per dissociare molecole di acqua in O_2 e atomi di idrogeno, che vengono utilizzati per generare equivalenti riducenti (NADPH + H^+) e ATP. Le «reazioni al buio», invece, si svolgono nello stroma dei cloroplasti e non richiedono la presenza di energia luminosa. Ciò non significa che tali reazioni avvengano solo di notte o in assenza di luce, ma che la luce non è coinvolta nel loro svolgimento. In questa fase avviene la riduzione del CO_2 a glucosio con l'intervento delle molecole di NADPH + H^+ e ATP precedentemente prodotte.

La riduzione del CO_2 a glucosio nelle reazioni al buio avviene attraverso una sequenza di reazioni detta **ciclo di Calvin**, dal nome del suo scopritore. Per poter essere ridotto, il CO_2 atmosferico si combina con uno zucchero a cinque atomi di carbonio (*ribulosio-1,5-bisfosfato*) che viene rigenerato al termine di ogni serie di reazioni (FIGURA ■ 4.44).

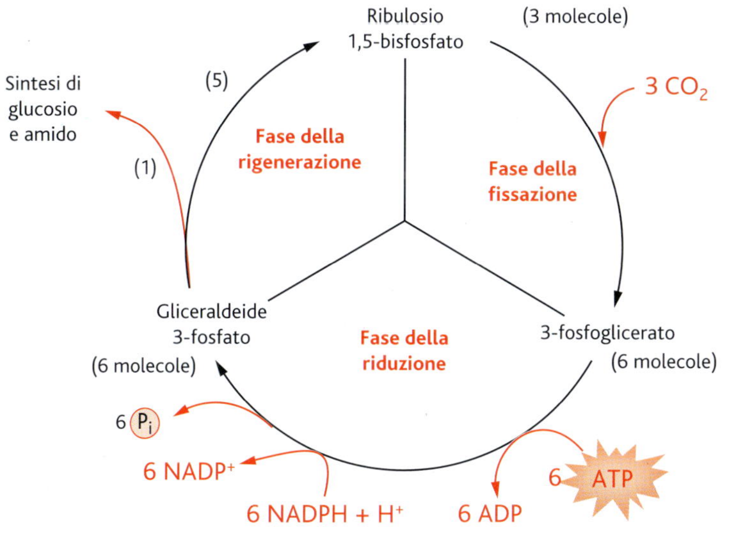

FIGURA 4.44 ■ Schema riassuntivo delle reazioni del ciclo di Calvin.

Il ciclo di Calvin si può dividere in tre fasi: della fissazione, della riduzione e della rigenerazione. Nella **fase della fissazione** le molecole di CO_2 vengono fissate sulle molecole di zucchero a cinque atomi di carbonio. L'enzima che catalizza questa fase, la *ribulosio bisfosfato carbossilasi/ossigenasi* o più semplicemente **rubisco**, è la proteina più abbondante della Terra: rappresenta fino al 50% delle proteine totali presenti nelle foglie delle piante.

Nella **fase della riduzione** le molecole di 3-fosfoglicerato sono ridotte a gliceraldeide-3-fosfato. Nella **fase della rigenerazione**, infine, 5/6 delle molecole di gliceraldeide-3-fosfato rigenerano molecole di zucchero a cinque atomi di carbonio e la piccola parte

GLOSSARY

Calvin cycle:
the stage of photosynthesis in which CO_2 reacts with rubisco to form 3PG, 3PG is reduced to sugar and rubisco is regenerated.

per saperne di più

5 Avvelenamento da cianuro e da arsenico

Due importanti e ben noti veleni, se non altro per il loro frequente utilizzo nella filmografia e nella letteratura gialla, sono il cianuro e l'arsenico. Questi due veleni agiscono su vie metaboliche e con meccanismi d'azione molto diversi, ma entrambi risultano letali per coloro che ne entrano in contatto.

Cianuro

Lo **ione cianuro** è uno dei veleni più potenti e possiede un'azione estremamente rapida. L'inalazione di acido cianidrico gassoso (HCN) o l'ingestione di un suo sale, per esempio cianuro di potassio (KCN), causano una rapida, forte e irreversibile inibizione della catena respiratoria mitocondriale, agendo a livello della *citocromo c ossidasi*.

Nei mammiferi, la citocromo *c* ossidasi è un complesso formato da 13 subunità e contiene due citocromi, a_3 e a, e due centri in cui sono presenti ioni rame (Cu_A e Cu_B). Il complesso è integrato nella membrana mitocondriale interna, dove catalizza la tappa conclusiva della catena di trasporto degli elettroni (complesso IV). Sul lato della membrana esposto verso lo spazio intermembrana, la citocromo *c* ossidasi interagisce con il citocromo *c*, una piccola proteina contenente uno ione ferro che può ossidarsi e ridursi reversibilmente; sul lato della membrana esposto verso la matrice mitocondriale, il complesso IV è invece in grado di legare una molecola di ossigeno (O_2). Nel processo, si trasferiscono quattro elettroni dagli ioni Fe^{2+} di quattro molecole di citocromo *c* agli ioni metallici ossidati (ferro e rame) presenti nel complesso e da qui sulla molecola di ossigeno. Quest'ultima lega anche quattro ioni H^+ presenti nella matrice e si trasforma in due molecole di acqua, il prodotto finale della via. L'intero sistema può essere riassunto dalla seguente equazione:

$$4\ \text{Cyt}\ c_{(\text{ridotto})} + 4\ H^+ + O_2 \rightarrow 4\ \text{Cyt}\ c_{(\text{ossidato})} + 2\ H_2O$$

Il cianuro si lega irreversibilmente allo ione Fe^{3+} del citocromo a_3 impedendo il trasferimento degli elettroni con l'effetto di bloccare l'intera catena respiratoria e, quindi, la respirazione cellulare con l'immediata caduta della produzione di ATP. Ciò determina un danno molto rapido sulle cellule nervose che vanno incontro a morte prima delle altre.

La rapidità d'azione del cianuro richiede un pronto intervento per evitare la morte. Questo consiste nella somministrazione di nitriti, sali dell'acido nitroso che ossidano il ferro dell'emoglobina a Fe^{3+} trasformandola in metemoglobina. Questa forma un complesso metemoglobina-cianuro che impedisce al veleno di legarsi alla citocromo *c* ossidasi e arrestare la catena respiratoria.

Arsenico

L'arsenico è un elemento del V gruppo della tavola periodica, in cui occupa una posizione immediatamente al di sotto del fosforo. Esso quindi è un non metallo con proprietà chimiche analoghe a quelle del fosforo, da cui deriva in parte la sua tossicità. Per gli animali superiori sono tossiche tutte le specie chimiche dell'arsenico, anche se la loro tossicità si esprime con meccanismi differenti. Particolarmente interessante, in questo contesto, è la tossicità dell'arsenico pentavalente (**arseniato**, AsO_4^{3-}).

La tossicità dell'arseniato è dovuta alla capacità di questa specie di competere col fosfato per il legame con gli enzimi che utilizzano lo ione: ogni volta che l'arseniato sostituisce il fosfato inorganico nelle reazioni metaboliche si formano esteri dell'arsenico instabili. Ciò ha per effetto una minor produzione di ATP.

Per esempio, l'arseniato ostacola la produzione di ATP nella glicolisi interferendo con la reazione catalizzata dalla gliceraldeide 3-fosfato deidrogenasi. Esso, infatti, riduce la produzione dell'acido 1,3-bisfosfoglicerico a causa della formazione di un'anidride mista instabile fra l'arseniato e il gruppo carbossile dell'acido 3-fosfoglicerico (1-arseno-3-fosfoglicerato). Tale prodotto si idrolizza spontaneamente generando arseniato e 3-fosfoglicerato, che prosegue nella glicolisi. La mancata produzione di acido 1,3-bisfosfoglicerico impedisce la formazione di ATP nella reazione successiva catalizzata dalla fosfoglicerato chinasi. Pertanto, in presenza di arseniato, la resa netta di ATP della glicolisi diviene pari a zero.

rimanente (1/6) viene trasformata in zuccheri utili alla pianta. In particolare una quota di G3P viene trasformata in *piruvato* per rifornire la respirazione; una parte diventa *amido*, un polisaccaride che viene immagazzinato nel cloroplasto o all'interno di tessuti di riserva, come le radici, i tuberi e i semi; un'altra parte si trasforma in *saccarosio*, un disaccaride che viene poi scisso in glucosio e fruttosio. A ogni «giro» del ciclo viene dunque fissata una molecola di CO_2 e rigenerata una molecola di accettore di carbonio a 5 atomi di C.

Le piante possono compiere contemporaneamente vie metaboliche contrastanti perché avvengono in comparti separati della cellula: la fotosintesi nei cloroplasti, la glicolisi nel citosol, la respirazione nei mitocondri.

Di giorno le piante producono energia e sostanza organica attraverso le reazioni alla luce e quelle al buio. Di notte, invece, il processo fotosintetico si arresta e le cellule vegetali si procurano energia come gli organismi eterotrofi, ossidando il materiale organico prodotto durante il giorno attraverso la glicolisi. In ogni caso la pianta produce una quantità di zuccheri maggiore di quella che utilizza. Pertanto gli organismi fotosintetici non solo sono in grado di autoalimentarsi, ma costituiscono anche la risorsa di cibo fondamentale per quasi tutti gli altri organismi. Gli esseri umani e gli altri animali, incapaci di produrre i propri alimenti, sono del tutto dipendenti dalle biomolecole prodotte dalla fotosintesi.

4.7 LA REGOLAZIONE DELLE ATTIVITÀ METABOLICHE: IL CONTROLLO DELLA GLICEMIA

Il controllo del metabolismo è fondamentale affinché vi sia un continuo adattamento delle attività metaboliche rispetto alle mutevoli esigenze dell'organismo. Il metabolismo cellulare non può essere lo stesso in condizioni di digiuno o dopo un pasto, a riposo o a seguito di attività fisica, in condizioni di salute o in caso di malattia. Le richieste dell'organismo variano più volte nel corso della giornata, spesso perché l'ambiente in cui si vive non è costante. È dunque necessario che le cellule, i tessuti e gli organi siano in grado di adattarsi rapidamente e accuratamente alle variate condizioni, in modo da conservare un funzionamento ottimale che coincida con il mantenimento a valori costanti di certe variabili interne all'organismo (FIGURA ■ 4.45).

nota
Omeostasi deriva dal greco *omoios*, uguale, e *stasis*, arresto. Il termine si riferisce al mantenimento delle caratteristiche chimico-fisiche di un sistema.

FIGURA 4.45 ■ Diversi fattori determinano variazioni delle richieste dell'organismo per il mantenimento dell'omeostasi. Tra questi, (A) il ciclo digiuno-alimentazione, (B) il ciclo riposo-attività e (C) le alterazioni dello stato di salute.

Il termine **omeostasi** fa riferimento al mantenimento costante delle funzioni di un organismo e delle caratteristiche chimico-fisiche del suo ambiente interno. Un organismo può svolgere le proprie funzioni poiché alcune variabili critiche rimangono sostanzialmente costanti nel tempo. Fra queste, possiamo citare per la loro importanza la temperatura corporea, il pH del sangue e la glicemia (la concentrazione di glucosio nel sangue). Molteplici stimoli esterni e interni possono spingere queste variabili a modificarsi: basti pensare, per esempio, a come il nostro organismo si trovi continuamente esposto alle variazioni di temperatura dell'ambiente esterno.

Ciò nonostante, opportuni sistemi presenti all'interno del nostro corpo operano in modo da garantire la costanza di qualsiasi variabile; nell'esempio appena considerato, la temperatura corporea si deve mantenere al valore costante di 37 °C e qualsiasi stimolo che spinga verso l'aumento o la diminuzione di questo valore induce una risposta dell'organismo atta a contrastare la variazione (FIGURA ■ 4.46). I sistemi preposti al mantenimento dell'omeostasi sono fondamentalmente rappresentati dal sistema nervoso e dal sistema endocrino che operano attraverso un meccanismo comune.

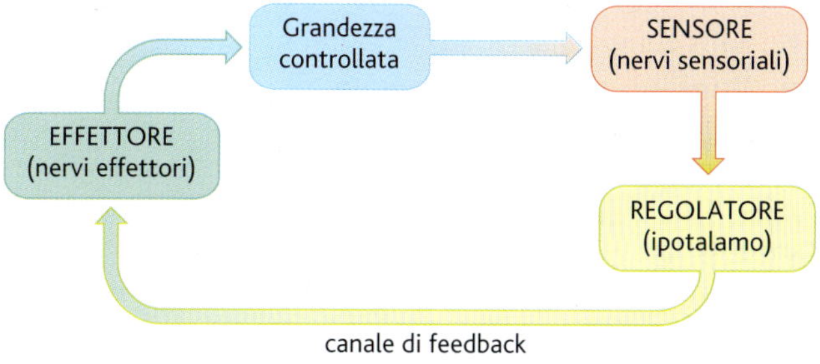

FIGURA 4.46 ■ Circuito a feedback per il mantenimento dell'omeostasi. La variazione di una qualsiasi grandezza (per esempio, la temperatura) è rilevata da un sensore, trasmessa a un regolatore che, dopo averla integrata, invia una risposta a un effettore che riporta la grandezza ai valori normali.

GLOSSARY

Glycemia: the concentration of glucose in the blood.

▶ LA GLICEMIA È IL PIÙ IMPORTANTE PARAMETRO EMATOCHIMICO

La variabile biochimica interna di gran lunga più importante per il nostro organismo è la **glicemia**, ossia la concentrazione di glucosio nel sangue. Le attività metaboliche di qualsiasi cellula, tessuto o organo sono una conseguenza del mantenimento della glicemia a valori costanti. L'intervallo di normalità della glicemia a digiuno è 65-110 mg/dL (FIGURA ■ 4.47A).

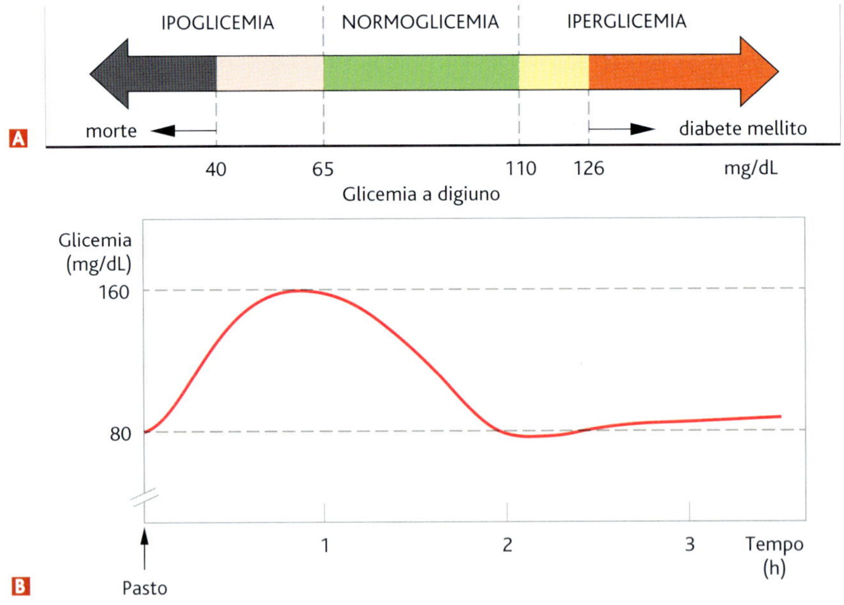

FIGURA 4.47 ■ La glicemia. (A) Intervallo di normalità. (B) Alterazioni della glicemia a seguito di un pasto.

Per valori inferiori a 65 mg/dL si ha *ipoglicemia*. Una persona in condizione di leggera ipoglicemia, per esempio in fase di digiuno protratto, manifesta alcuni sintomi caratteristici come giramento di testa, senso di stordimento e difficoltà nel concentrarsi, che sono una conseguenza dell'insufficiente apporto di glucosio al cervello. Naturalmente esistono importanti meccanismi fisiologici che prevengono l'abbassamento della glicemia anche in corso di digiuno prolungato, ma se la glicemia dovesse scendere sotto 45 mg/dL non sarebbe più garantito alcun apporto di glucosio al cervello e l'organismo andrebbe rapidamente incontro a coma e, successivamente, morte. Ciò può accadere, per esempio, a seguito di somministrazione di quantità troppo elevate di insulina in un paziente diabetico.

Per valori superiori a 110 mg/dL si ha *iperglicemia*. Una condizione di iperglicemia transitoria è normale dopo un pasto (FIGURA ■ 4.47B). Tuttavia, quando si manifesta iperglicemia a digiuno con valori superiori a 126 mg/dL si parla di *diabete mellito*, una malattia comune che ha un importante impatto socio-economico nei paesi industrializzati.

Il diabete, se non adeguatamente trattato, ha gravi conseguenze, fra cui danni renali, oculari, cardiovascolari e coma dovuto a chetoacidosi. Alcune forme di diabete mellito insorgono in età giovanile e possono essere curate con la somministrazione di insulina; altre forme di diabete insorgono in età adulta, non rispondono alla terapia insulinica e devono essere trattate con approcci terapeutici diversi.

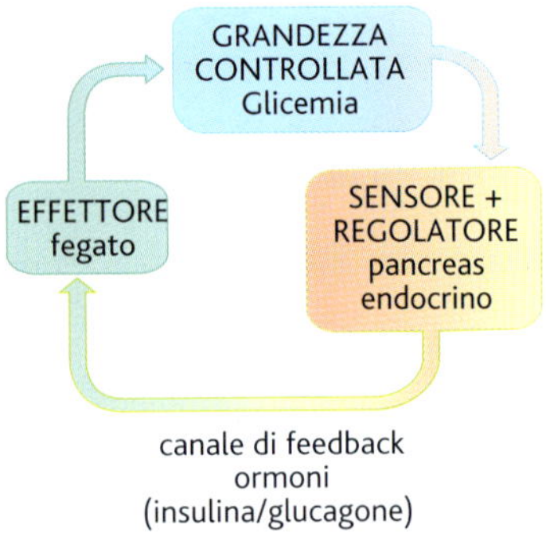

FIGURA 4.48 ■ Circuito a *feedback* per il controllo della glicemia. Le cellule α e β del pancreas endocrino sono i sensori delle variazioni glicemiche. Esse agiscono anche da regolatori liberando, rispettivamente, gli ormoni glucagone e insulina che esercitano la loro azione sull'effettore, il fegato. Quest'ultimo a sua volta risponde variando il proprio metabolismo in modo da ripristinare il corretto valore della glicemia.

La glicemia è soggetta a un controllo omeostatico molto stretto attraverso il meccanismo di feedback illustrato nella FIGURA ■ 4.48. Tale meccanismo coinvolge primariamente il pancreas, un organo a funzione ghiandolare esocrina ed endocrina. La porzione endocrina del pancreas è organizzata in insiemi di cellule, noti come *isole di Langerhans*, dispersi nella parte esocrina.

Le isole di Langerhans comprendono principalmente cellule α, β, e δ che producono, rispettivamente glucagone, insulina e somatostatina.

nota
La **cellula bersaglio** di un ormone è provvista dei recettori specifici per l'ormone. Per estensione del concetto, è possibile definire i tessuti e gli organi bersaglio di uno specifico ormone.

▶ DOPO UN PASTO VIENE PRODOTTA INSULINA

A seguito di un pasto, le cellule β del pancreas endocrino rilevano un aumento della glicemia e rispondono liberando insulina in circolo. L'insulina svolge la propria azione legandosi a specifici recettori di membrana posti sulla superficie della maggior parte

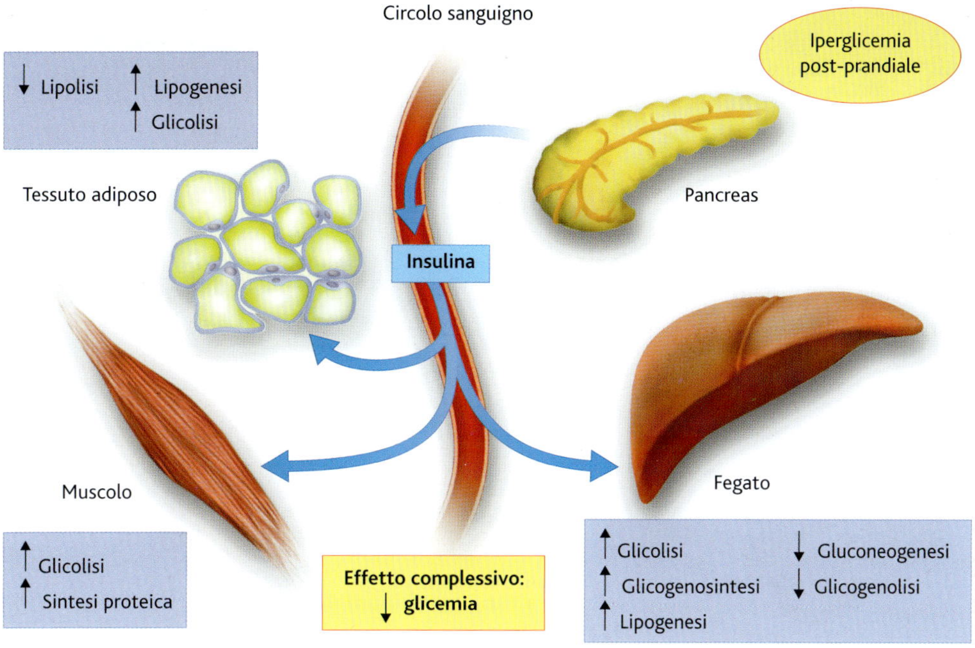

FIGURA 4.49 ■ Azione metabolica dell'insulinica.

delle cellule dell'organismo, ma ha un particolare effetto sul metabolismo del fegato. Nel complesso (FIGURA ■ 4.49), l'**insulina** promuove la captazione del glucosio dal sangue e l'utilizzazione metabolica dello stesso da parte di organi e tessuti, svolgendo un'azione *ipoglicemizzante*; promuove l'accumulo di grassi nel tessuto adiposo (azione *lipogenetica*) e favorisce la sintesi delle proteine muscolari (effetto *anabolizzante*).

nota
L'**insulina** è un ormone ipoglicemizzante. Essa promuove l'utilizzazione metabolica del glucosio da parte delle cellule bersaglio e ha azione lipogenetica e anabolizzante.

Il meccanismo con cui l'insulina determina i suoi effetti all'interno delle cellule bersaglio, ossia delle cellule provviste dello specifico recettore per l'insulina, è assai complesso.

Tuttavia, è possibile sottolineare gli eventi fondamentali che costituiscono l'intero processo (FIGURA ■ 4.50). Il recettore insulinico attivato dal legame con l'ormone è provvisto di attività enzimatica tirosina chinasica e catalizza la fosforilazione di proteine citosoliche su residui di tirosina. Tali eventi portano all'attivazione di altri enzimi citosolici, noti come *fosfoproteina fosfatasi*, in grado di defosforilare proteine fosforilate su residui di serina e treonina.

Fra le proteine defosforilate dalla fosfoproteina fosfatasi vi sono la glicogeno sintasi e la glicogeno fosforilasi che, nella forma defosforilata così ottenuta sono, rispettivamente, attiva e inattiva. Da qui l'attivazione della glicogenosintesi e il simultaneo blocco della glicogenolisi. Viene inoltre attivato l'enzima fosfofruttochinasi II, che catalizza la sintesi di fruttosio-2,6-bisfosfato. Quest'ultimo è un importante effettore allosterico: positivo per la fosfofruttochinasi I, enzima chiave della glicolisi, e negativo per la fruttosio-1,6-bisfosfatasi, enzima chiave della gluconeogenesi. In questo modo, l'insulina attiva la glicolisi e inibisce la gluconeogenesi nel fegato. Nei muscoli e nel tessuto adiposo, l'insulina stimola la glicolisi con meccanismo analogo.

FIGURA 4.50 ■ Effetti molecolari dell'azione insulinica. Le nuvolette rosa rappresentano alcune proteine citosoliche che vengono fosforilate dal recettore.

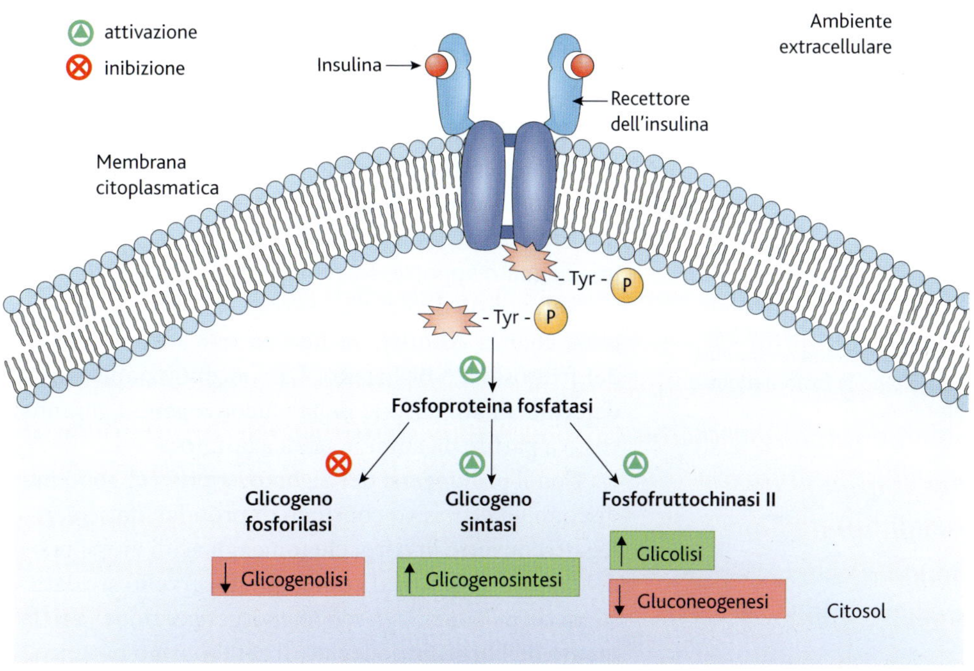

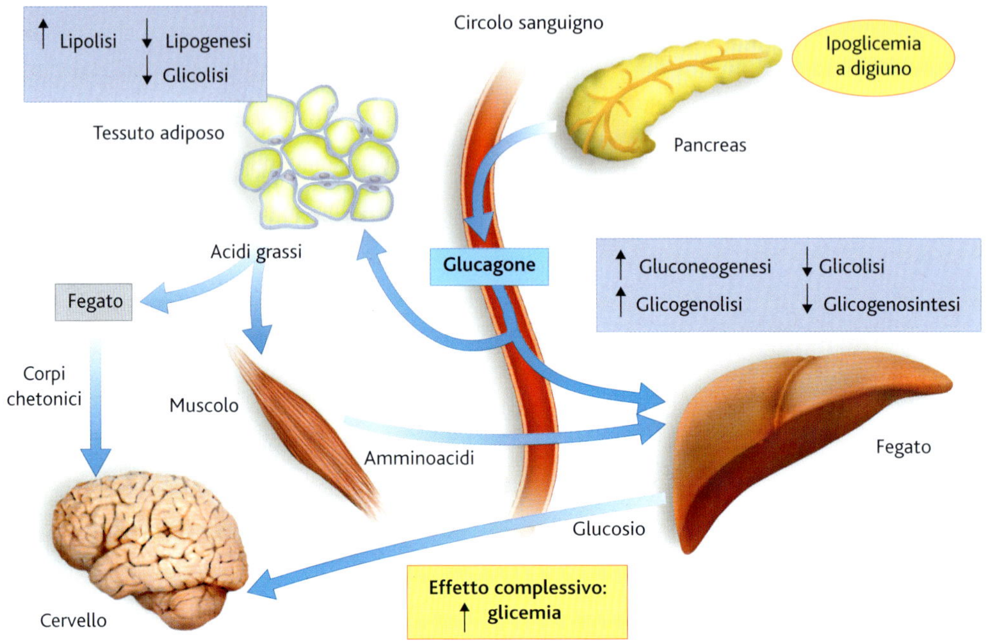

FIGURA 4.51 ■ Azione metabolica del glucagone.

▶ DURANTE IL DIGIUNO VIENE PRODOTTO GLUCAGONE

In una persona normale, la glicemia torna ai valori normali circa due ore dopo il pasto. A questo punto, il tasso glicemico si mantiene più o meno costante fino al pasto successivo, nonostante il glucosio ematico continui a essere utilizzato a scopo energetico da tessuti e organi, con particolare riferimento al cervello. La continua spinta verso le condizioni di ipoglicemia è contrastata dalla liberazione del principale ormone iperglicemizzante, il glucagone, prodotto e immesso in circolo dalle cellule α del pancreas. Il glucagone svolge la propria azione legandosi a specifici recettori di membrana posti sulla superficie delle cellule del fegato e del tessuto adiposo, svolgendo effetti rilevanti sul metabolismo cellulare.

Nel complesso, il **glucagone** promuove l'immissione di glucosio nel sangue da parte del fegato, realizzando un'azione *iperglicemizzante* (FIGURA ■ 4.51). Promuove inoltre la mobilizzazione dei grassi dal tessuto adiposo (azione *lipolitica*).

Anche il meccanismo con cui il glucagone determina i suoi effetti nelle rispettive cellule bersaglio è piuttosto complesso (FIGURA ■ 4.52). Il recettore del glucagone attivato dall'ormone dà inizio a una serie di eventi che portano a un aumento della concentrazione di cAMP (AMP ciclico) nel citosol. La presenza di cAMP attiva la *proteina chinasi A*, un enzima capace di fosforilare su residui di serina e treonina enzimi citosolici, quali la glicogeno fosforilasi e la glicogeno sintasi che nella forma fosforilata sono, rispettivamente, attiva e inattiva. Da qui, l'attivazione della glicogenolisi e il simultaneo blocco della glicogenosintesi. Il glucosio prodotto dalla demolizione del glicogeno epatico viene immesso in circolo allo scopo di sostenere i livelli di glicemia e garantire così un adeguato apporto del monosaccaride al cervello.

nota
Il **cAMP** (AMP ciclico) è un nucleotide ciclico generato a partire da ATP grazie all'enzima di membrana noto come adenilato ciclasi.

Nell'arco di dodici-diciotto ore, le scorte di glicogeno epatico si esauriscono. La proteina chinasi A attiva anche l'enzima fruttosio-2,6-bisfosfatasi, che catalizza l'idrolisi del fruttosio-2,6-bisfosfato. La concentrazione di fruttosio-2,6-bisfosfato diminuisce e determina l'attivazione della gluconeogenesi garantendo la produzione epatica di glucosio a partire da amminoacidi e lattato.

nota
Le **proteina chinasi** sono enzimi implicati nella regolazione dell'attività enzimatica: catalizzano la fosforilazione di proteine.

Con il prolungarsi del digiuno, sopravvengono meccanismi compensatori che impediscono un eccessivo consumo di proteine muscolari allo scopo di produrre glucosio. Il fegato converte in corpi chetonici gli acidi grassi resi disponibili dall'aumentata lipolisi del tessuto adiposo; al contempo, il cervello si adatta progressivamente a utilizzare gli stessi corpi chetonici a scopo energetico, riducendo la richiesta di glucosio e l'indebolimento dell'organismo legato al catabolismo proteico.

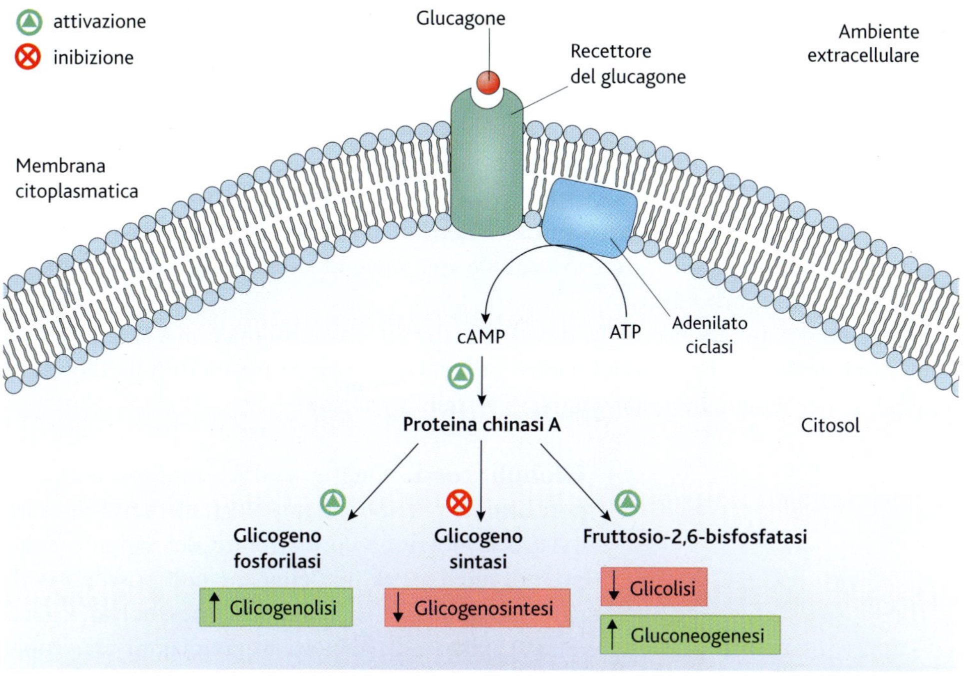

FIGURA 4.52 ■ Effetti molecolari dell'azione del glucagone.

per saperne di più

6 Il ruolo metabolico del fruttosio

Il consumo alimentare di **fruttosio** (FIGURA ■ A) è oggi aumentato, in parte per la ampia diffusione di diete a base di frutta, in parte perché questo monosaccaride è sempre più utilizzato come dolcificante e additivo alimentare. Ciò ha delle conseguenze potenzialmente negative.

Ma come viene metabolizzato il fruttosio? Nel muscolo e nel rene, il fruttosio è metabolizzato come il glucosio, ossia viene fosforilato in posizione 6 dalla **esochinasi** con formazione di fruttosio-6-fosfato che prosegue nella glicolisi. Nel fegato, tuttavia, il fruttosio è fosforilato in posizione 1 da una **fruttochinasi**: si forma così fruttosio-1-fosfato.

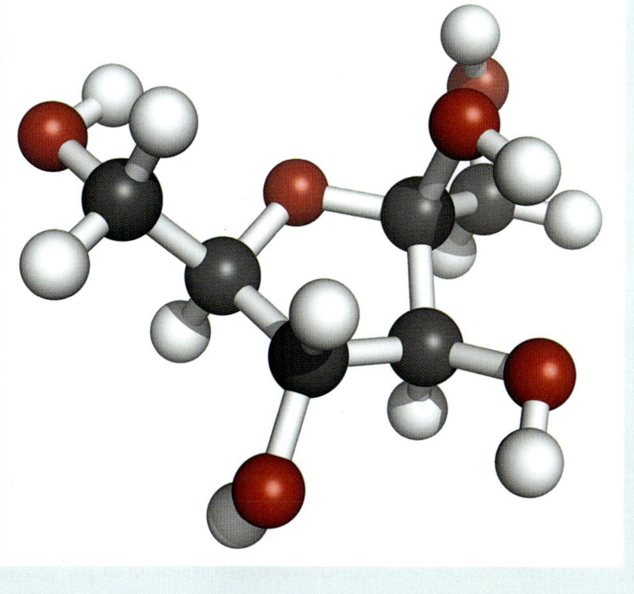

Questo è, successivamente, scisso da una specifica **aldolasi** in diidrossiacetone fosfato e gliceraldeide. Quest'ultima, infine, è fosforilata a gliceraldeide-3-fosfato da una **triosochinasi**. I due zuccheri triosi proseguono il loro percorso metabolico nella glicolisi.

In base a quanto affermato, sembrerebbe che, in definitiva, il fruttosio avesse un destino metabolico analogo a quello del glucosio. In realtà la situazione è più complessa di quanto possa apparire. I metaboliti del fruttosio, infatti, entrano nella glicolisi a valle del punto di regolazione della via rappresentato dalla reazione catalizzata dalla **fosfofruttochinasi**. Ciò comporta una metabolizzazione dello zucchero anche in assenza di effettiva necessità, con produzione di sostanze che vengono facilmente trasformate in grassi, incentivando così la lipogenesi. In queste condizioni aumenterebbe la concentrazione dei grassi nel sangue predisponendo l'individuo a un aumentato rischio di patologie al sistema cardiovascolare.

L'abbondanza del fruttosio nella dieta, con particolare riferimento alla diffusione dei dolciumi, è stata indicata come una delle possibili cause degli elevati livelli di obesità riscontrati negli adolescenti dei Paesi industrializzati.

FIGURA A ■ Struttura molecolare del fruttosio.

▶ IL METABOLISMO DIFFERENZIATO DELLE CELLULE DELL'ORGANISMO

Lo studio sistematico del metabolismo non deve far pensare che le vie metaboliche si svolgano allo stesso modo in tutte le cellule dell'organismo umano. Ogni tessuto e ogni organo presentano specificità metaboliche che forniscono un profilo biochimico caratteristico (FIGURA ■ 4.53). Per spiegare meglio questo concetto si può esaminare il caso del metabolismo glicidico e di come questo si svolga con modalità distinte in casi diversi. Nello specifico, le differenze strutturali e funzionali di globuli rossi, neuroni, cellule muscolari, cellule del tessuto adiposo e cellule epatiche inducono una grande variabilità nel trattamento dei carboidrati.

L'esempio del metabolismo glicidico è uno dei più eclatanti ma non è l'unico. Ogni cellula di un tessuto o organo del nostro organismo possiede peculiarità metaboliche che la rende unica nel panorama complessivo dell'organismo.

FIGURA 4.53 ■ Schema riassuntivo del metabolismo glicidico in eritrocita, neurone, cellula muscolare, adipocita ed epatocita.

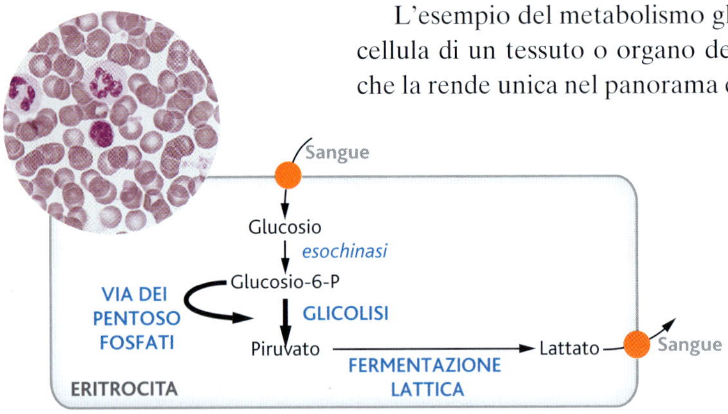

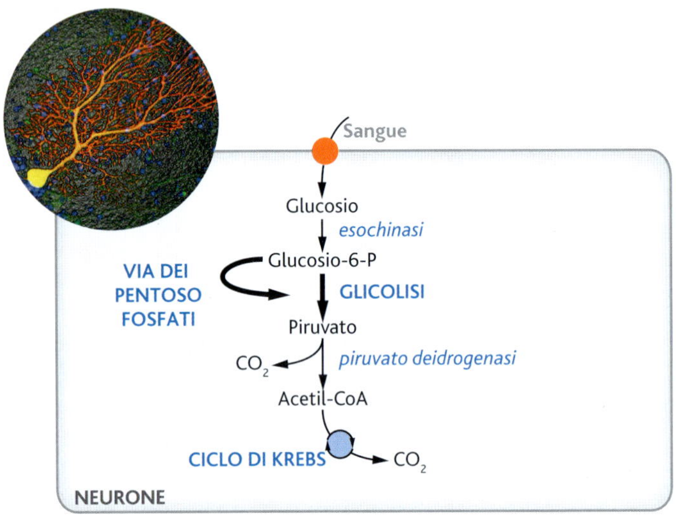

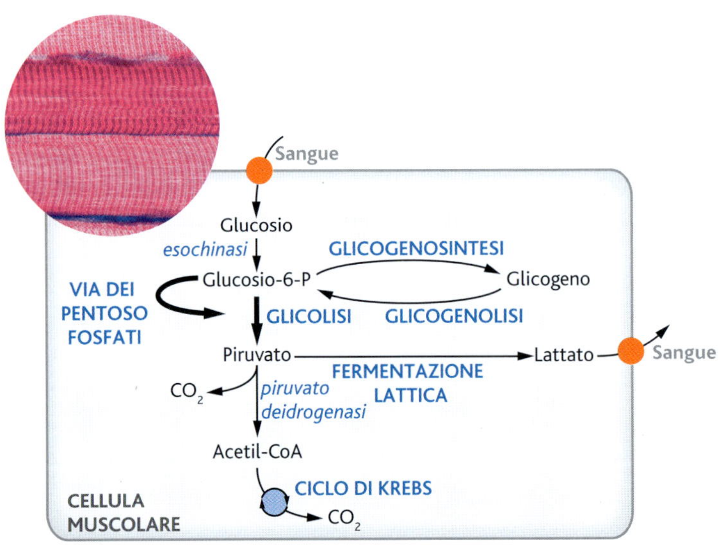

Globuli rossi. Queste cellule rappresentano la percentuale più abbondante degli elementi figurati, ovvero la porzione corpuscolare del sangue. Sono privi di nucleo e di mitocondri e non possono svolgere metabolismo ossidativo. Il metabolismo glicidico si limita alla glicolisi in condizioni anaerobie e alla via del pentoso fosfato, da cui viene tratta l'energia di cui la cellula ha bisogno. Il NADPH + H^+ prodotto dalla via del pentoso fosfato serve da agente riducente per mantenere il ferro dell'emoglobina nello stato Fe^{2+} e impedirne l'ossidazione. Il lattato prodotto dal metabolismo anaerobio viene immesso in circolo ed è captato dal fegato per essere riconvertito in glucosio.

Neuroni. I neuroni sono cellule «eccitabili», capaci di generare impulsi elettrici chiamati potenziali d'azione. Sono formati da un corpo cellulare che contiene il nucleo e la maggior parte degli organuli, da un assone che trasmette il potenziale d'azione e da numerosi dendriti che ricevono segnali. Al contrario dei globuli rossi, i neuroni svolgono solo metabolismo ossidativo in condizioni aerobie. L'energia di cui la cellula ha bisogno è tratta dall'ossidazione completa della molecola di glucosio a CO_2 e H_2O attraverso la glicolisi, la decarbossilazione ossidativa del piruvato, il ciclo dell'acido citrico e la catena respiratoria.
Per questo motivo, la cellula nervosa ha necessità di un apporto continuo di glucosio e O_2 anche se, in condizioni di digiuno, si adatta a utilizzare corpi chetonici.

Cellule muscolari. Queste cellule sono di forma allungata e hanno una spiccata attività contrattile per la presenza delle proteine actina e miosina. Possiedono più di un nucleo e un numero elevato di mitocondri. Il metabolismo glicidico nelle cellule muscolari si può svolgere in condizioni aerobie o anaerobie a seconda dell'intensità e della durata dello sforzo fisico.

Le molecole di glucosio sono ossidate completamente a CO_2 in condizioni aerobie ma vengono trasformate in lattato se l'ossigeno a disposizione è insufficiente, come accade durante uno sforzo intenso.
Il lattato viene immesso in circolo per essere recuperato dal fegato. Le cellule muscolari hanno infine la possibilità di accumulare riserve glicidiche sotto forma di glicogeno.

Cellule adipose. Gli adipociti sono cellule deputate all'immagazzinamento dei trigliceridi. Gran parte del loro citoplasma è occupata da goccia lipidica, mentre il nucleo e gli altri organuli sono confinati ai margini. Anche nelle cellule adipose la glicolisi è attiva. In questo caso tuttavia, lo scopo della via non è tanto di produrre energia quanto quello di mettere a disposizione materiale da utilizzare per la biosintesi degli acidi grassi e, successivamente, dei trigliceridi. A tal fine vengono utilizzati l'acetil-CoA e il glicerolofosfato ottenuti dal catabolismo glicidico. Il NADPH + H^+ ricavato dalla via dei pentoso fosfati è utilizzato come agente riducente nella biosintesi degli acidi grassi.

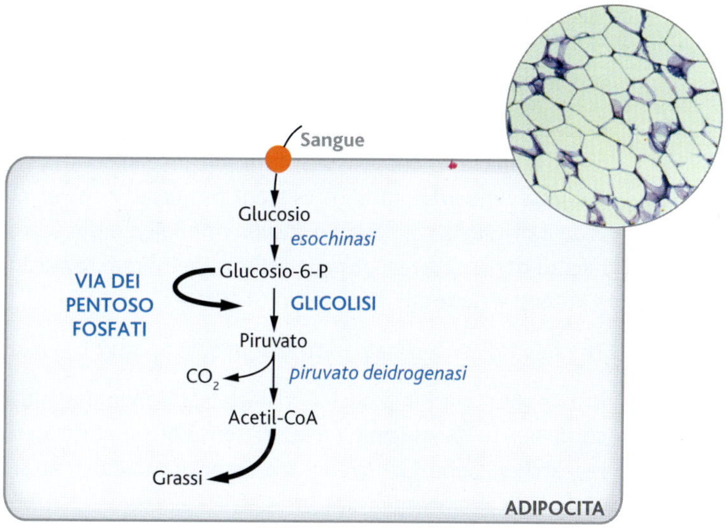

Cellule del fegato. Gli epatociti presentano un nucleo piuttosto voluminoso, molti mitocondri e numerosi granuli di glicogeno sparsi nel citoplasma. Il reticolo endoplasmatico ruvido e l'apparato di Golgi sono molto attivi e sviluppati. Queste cellule mostrano le maggiori potenzialità metaboliche; esse sono in grado di svolgere la glicolisi per produrre energia ma, soprattutto, per generare precursori dell'anabolismo lipidico. A tale scopo utilizzano anche gli equivalenti riducenti ottenuti dalla via del pentoso fosfato. Hanno, inoltre, la capacità di immagazzinare glicogeno da utilizzare come riserva di glucosio per i periodi di digiuno. Recuperano dal sangue il lattato prodotto da eritrociti e cellule muscolari allo scopo di generare glucosio mediante la gluconeogenesi. Infine, sono in grado di produrre il glucuronato utile per le reazioni di detossificazione. Nel complesso, dunque, gli epatociti sono un vero e proprio esempio di cellule capaci di svolgere qualsiasi attività metabolica.

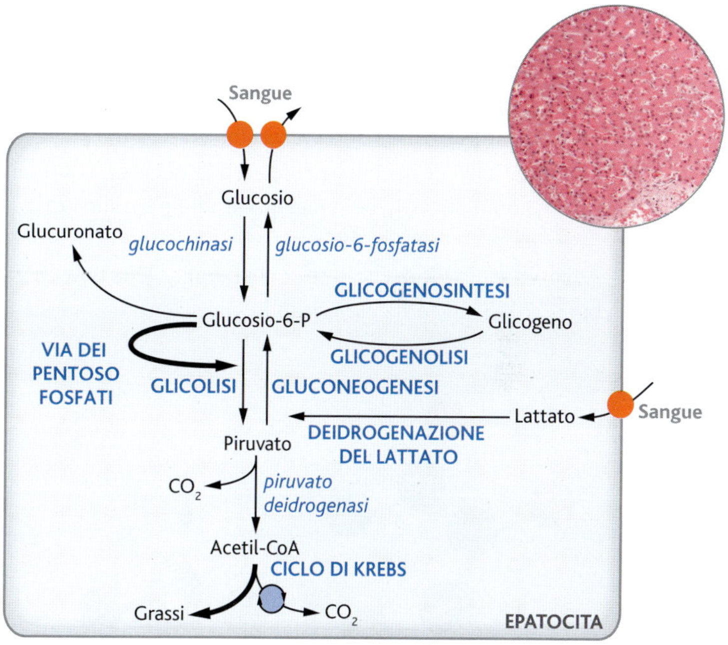

Test your English

LISTEN

Sugar plus dopamine could hasten diabetes and obesity

Too much sugar can lead to weight gain. But for certain people, poor production of the hormone dopamine (FIGURE ■ A) in their brain might also promote overeating, pushing them toward diabetes and obesity. The finding complements the latest understanding of how foods high in sugar and fat can hijack the brain's reward system, motivating people to overeat.

A study published in June 2013 compared individuals whose cells process insulin (FIGURE ■ B) normally with other subjects whose cells resist insulin. Insulin controls how glucose is delivered into cells, giving them energy. Subjects who were insulin resistant produced a lower amount of dopamine after drinking a sugary beverage than individuals who process insulin normally. Brain scans showed that both groups of people had similar numbers of dopamine receptors in cells in their brain reward centers, which ruled out lower uptake of dopamine as a potential factor.

The reward centers help motivate people to seek foods high in sugar and fat.

Insulin resistance in association with less dopamine in those reward centers might cause people to overeat, to compensate for obtaining a lesser sense of satisfaction from eating sugary food, according to the study's lead researcher, Gene-Jack Wang, professor of radiology at Stony Brook University and a researcher at Brookhaven National Laboratory in Upton, N.Y.

Medical complications can arise when cells resist the uptake of insulin; in response, the body produces more insulin while glucose levels are high in the blood stream.

That pairing is a major contributor to metabolic syndrome, a precursor to diabetes that also often accompanies obesity.

Previous studies have shown similar effects in mice, but Wang says his study is the first to reveal them in humans. Only 19 people participated in his trial, but if larger studies confirm the mechanism, Wang says medication could possibly be developed to help insulin-resistant people counteract their low output of dopamine.

Adapted from Mark Fischetti, «High Sugar Plus Low Dopamine Could Hasten Diabetes and Obesity», September 9, 2013, *Scientific American* (www.scientificamerican.com).

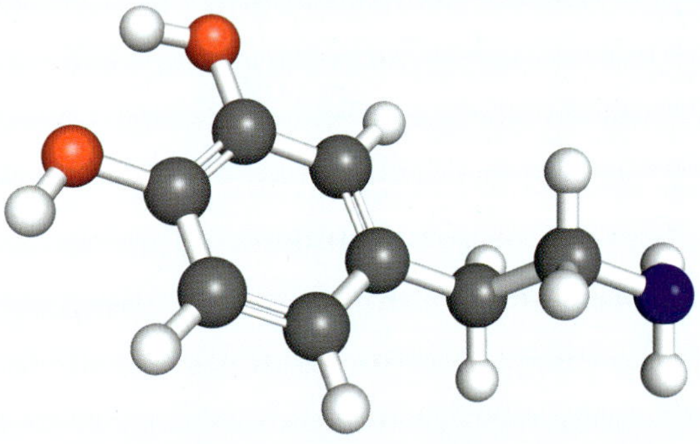

FIGURE A ■ Dopamine is a hormone and neurotransmitter with a variety of functions, most notably reward-driven learning and developing addictive behaviour. (Color coding: hydrogen-white, carbon-grey, oxygen-red, nitrose-blue).

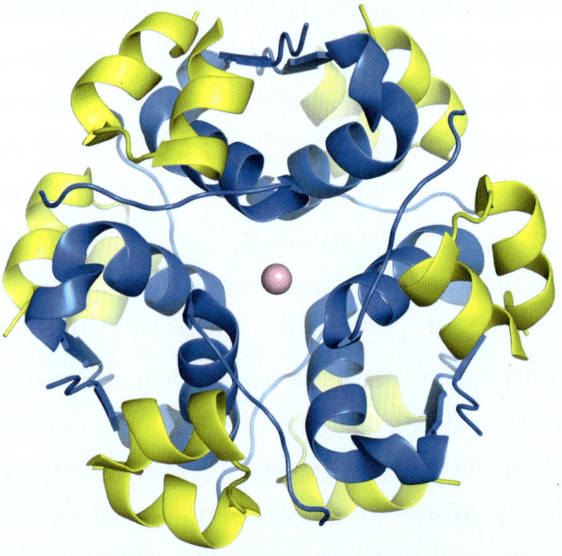

FIGURE B ■ Insulin is a peptide hormone, its molecules are assembled in a hexamer, coordinated around the zinc atom. Insulin is stored in the body as a hexamer, while the active form is monomeric.

SUMMING UP

SINTESI DI CAPITOLO IN MP3

▸ Metabolism, ATP and coenzymes

Metabolism is the sum total of all the biochemical reactions in an organism. Catabolic reactions are associated with the breakdown of complex molecules and the release of energy. Anabolic pathways use intermediate components of the energy-harvesting pathways to synthesize fats, amino acids, and other essential building blocks.

ATP (adenosine triphosphate) serves as the main currency of energy in cells. Hydrolysis of ATP releases a relatively large amount of free energy.

The coenzyme *NAD* (nicotinamide adenine dinucleotide) is a key electron carrier in biological redox reactions. It exists in two forms; oxidized (NAD^+) and reduced ($NADH + H^+$). Other important coenzymes involved in metabolic pathways are *FAD* (flavin adenine dinucleotide) and *NADP* (nicotinamide adenine dinucleotide phospate).

▸ Aerobic and anaerobic oxidation of glucose

Glycolysis is the enzymatic breakdown of glucose to pyruvic acid and it consists of ten enzyme-catalyzed reactions that occur in the cell cytosol. Two pyruvate molecules are produced for each partially oxidized molecule of glucose, providing the starting material for both cellular respiration and fermentation. Under aerobic conditions, cellular respiration continues the process of breaking down glucose; while under anaerobic conditions fermentation occurs.

Pyruvate oxidation follows glycolysis and links glycolysis to the *citric acid cycle*. In this pathway, pyruvate is converted into acetyl-CoA. Acetyl-CoA is the starting point of the citric acid cycle. It reacts with oxaloacetate to produce citrate. A series of eight enzyme-catalyzed reactions oxidize citrate and regenerate oxaloacetate, continuing the cycle. In the absence of O_2, glycolysis is followed by *fermentation*. Together, these pathways partially oxidize glucose and generate end products such as lactic acid or ethanol along with a small amount of ATP.

Oxidation of electron carriers in the presence of O_2 releases energy that can be used to form ATP in a process called *oxidative phosphorylation*.

▸ Other carbohydrate metabolic processes

The formation of glucose from glycolytic and citric acid cycle intermediates is called *gluconeogenesis*. It may be considered the opposite pathway of glycolisis.

The process by which glycogen is broken down into glucose to provide immediate energy and to maintain blood glucose levels during fasting is called *glycogenolysis*. The anabolic pathway contrasting glycogen breakdown is that of *glycogen synthesis*.

The main purpose of the *pentose phosphate pathway* is to regenerate NADPH from $NADP^+$ through an oxidation/reduction reaction. This reaction is coupled to the formation of ribose 5-phosphate from glucose 6-phosphate.

▸ Fatty acids and amino acids metabolism

Fatty acid β-*oxidation* is a multi step process by which fatty acids are broken down by various tissues to produce energy.

Transamination is the process by which a specific enzyme (*transaminase*) catalyzes the transfer of $—NH_2$ groups from amino acids, onto alpha-ketoglutarate. This pathway allows cells to remove toxic nitrogen compounds from the organism.

▸ Photosynthesis

In the process of *photosynthesis*, plants and other organisms take in CO_2, water, and light energy, producing O_2 and carbohydrates. The light reactions of photosynthesis convert light energy into chemical energy; the light indepen dent reactions use ATP and $NADPH + H^+$ to reduce CO_2, forming carbohydrates.

4.1 Le trasformazioni chimiche all'interno di una cellula

1 ■ Con il termine catabolismo si intende
- A l'insieme di processi che portano all'ossidazione del glucosio in piruvato.
- B le reazioni di degradazione di carboidrati, acidi grassi e amminoacidi.
- C le reazioni di fosforilazione delle molecole coinvolte nel ciclo dell'acido citrico.
- D la liberazione di CO_2 da parte delle cellule.

2 ■ Una reazione si definisce «endoergonica» se
- A consente la liberazione di energia per la cellula.
- B è sia anabolica sia catabolica.
- C non consuma energia sotto forma di ATP ed è spontanea.
- D non è spontanea e consuma energia sotto forma di ATP.

3 ■ Una via metabolica è
- A una sequenza di reazioni chimiche catalizzate da enzimi diversi.
- B l'insieme degli intermedi metabolici che si formano per l'azione ripetuta di uno stesso enzima.
- C la fase di recupero energetico della glicolisi.
- D l'insieme delle reazioni che avvengono nei mitocondri di una cellula.

4 ■ I mitocondri di animali, funghi e piante svolgono la medesima attività metabolica. V F

5 ■ L'ATP è l'unico nucleotide trifosfato prodotto e utilizzato dalle cellule. V F

6 ■ Gli enzimi coinvolti nelle vie metaboliche si trovano tutti nella stessa zona della cellula. V F

4.2 Il metabolismo dei carboidrati

7 ■ La fermentazione lattica è
- A l'insieme delle reazioni anaerobie che consentono la conversione del piruvato in lattato.
- B la via catabolica che consente l'ossidazione del glucosio in acido lattico.
- C la principale via metabolica attuata dalle cellule in presenza di ossigeno.
- D un processo industriale utilizzato per produrre pane e birra.

8 ■ Quella dei pentoso fosfati è una via
- A metabolica parallela alla glicogeno sintesi.
- B anabolica che consente la formazione di zuccheri a sei atomi di carbonio.
- C che consente la formazione di ribosio.
- D anabolica che consente la formazione di ATP.

9 ■ La gluconeogenesi è una via
- A anabolica che avviene nel fegato e consente la formazione di glucosio.
- B anabolica che consente di recuperare il lattato muscolare e convertirlo in acetil-CoA.
- C catabolica che consente la conversione del glucosio in glicogeno.
- D catabolica che coinvolge il glicogeno.

10 ■ L'enzima deramificante è un enzima chiave in quale via metabolica?
- A glicogenolisi
- B glicogenosintesi
- C via dei pentoso fosfati
- D glicolisi

11 ■ Per ogni molecola di glucosio catabolizzata si formano due molecole di acido piruvico. V F

12 ■ Durante la glicolisi non viene consumata energia da parte della cellula. V F

13 ■ Condizioni anaerobie si verificano nelle cellule muscolari in caso di attività fisica intensa e prolungata V F

4.3 Il metabolismo dei lipidi

14 ■ La β-ossidazione è
- A la principale via di degradazione degli acidi grassi.
- B una via catabolica alternativa all'α-ossidazione.
- C un'insieme di reazioni caratteristiche dei globuli rossi e dei neuroni.
- D un processo che permette l'idrogenazione degli acidi grassi.

15 ■ Il coenzima A (CoA) è
- A un derivato della vitamina C.
- B un composto dotato di un gruppo tiolico (—SH) in grado di reagire con un gruppo carbossilico dell'acido grasso.
- C un prodotto di scarto della degradazione degli acidi grassi.
- D una proteina utile per il trasporto sanguigno degli acidi grassi.

16 ■ La sintesi di acidi grassi
- A è un processo inutile per l'organismo perché il glicogeno è più semplice da degradare.
- B avviene a livello del tessuto adiposo, mentre nel tessuto muscolare gli acidi grassi vengono convertiti in trigliceridi.
- C avviene a livello del fegato, mentre nei tessuti adiposo e muscolare gli acidi grassi vengono convertiti in trigliceridi.
- D ha come precursori gli amminoacidi.

17 ■ I lipidi vengono utilizzati come fonte energetica soltanto dai muscoli. V F

18 ■ Gli acidi grassi sono lunghe catene di idrocarburi con un gruppo carbonilico a un'estremità. V F

19 ■ I chilomicroni sono proteine che consentono il trasporto dei lipidi nel sangue. V F

20 ■ È possibile soltanto la conversione dei carboidrati in lipidi e non il processo inverso. V F

4.4 Il metabolismo degli amminoacidi

21 ■ A partire dagli amminoacidi, oltre alle proteine, è possibile ottenere
- A acidi grassi e trigliceridi.
- B disaccaridi e polisaccaridi.
- C ormoni e ammine biogene.
- D ribosio e desossiribosio.

22 ■ Con l'espressione «bilancio azotato» si intende
- A un sinonimo di metabolismo degli amminoacidi.
- B la somma degli amminoacidi glucogenici e chetogenici.
- C il numero di reazioni catalizzate dagli enzimi nel corso di una giornata.
- D l'indice giornaliero di ricambio di amminoacidi e proteine nell'organismo.

23 ■ (Scegli la risposta errata) Il glutammato
- A è un amminoacido glucogenico.
- B è convertito in α-chetoglutarato per deaminazione ossidativa.
- C dal punto di vista chimico è un'ammide.
- D è coinvolto nel processo di eliminazione dell'azoto in eccesso.

24 ■ La valina è un amminoacido chetogenico. V F

25 ■ L'azoto è un elemento vitale e l'organismo non lo espelle, ma ne conserva il più possibile all'interno del citosol. V F

26 ■ Urea e urina sono sinonimi. V F

4.5 Il metabolismo terminale

27 ■ Il ciclo dell'acido citrico è considerato «anfibolico» perché
- A svolge sia il ruolo di via anabolica sia quello di via catabolica.
- B avviene soltanto in ambienti privi di acqua.
- C si svolge in condizioni di anaerobiosi.
- D può essere chiamato in tre modi diversi.

28 ■ Il metabolismo terminale
- A avviene nel citosol delle cellule epatiche.
- B consente la degradazione del piruvato a CO_2 e H_2O e la formazione di coenzimi ridotti.
- C è l'espressione con cui si intende la respirazione cellulare.
- D è la via metabolica che segue la glicogenolisi.

29 ■ La piruvato deidrogenasi
- A ha come substrato l'acetil-CoA.
- B catalizza la reazione di idrogenazione della molecola di piruvato.
- C è una proteina costituita da quattro subunità come l'emoglobina.
- D è un complesso multienzimatico dall'elevato peso molecolare.

30 ■ Tutte le vie cataboliche convergono nel ciclo dell'acido citrico attraverso l'acetil-CoA. V F

31 ■ Ciclo degli acidi tricarbossilici e ciclo di Calvin sono sinonimi. V F

32 ■ Alcuni enzimi coinvolti nel ciclo dell'acido citrico appartengono alla classe delle ossidoreduttasi V F

4.6 La produzione di energia nelle cellule

33 ■ La respirazione cellulare è
- A l'insieme dei processi ossidativi e di produzione di ATP della cellula.
- B il meccanismo mediante il quale viene fornito O_2 alle cellule dell'organismo ed eliminata CO_2.
- C la fase della glicolisi che segue la cosiddetta «fase di preparazione».
- D un altro modo di chiamare la fotosintesi.

34 ■ Che cosa si intende per «fosforilazione ossidativa»?
- A Il legame di un gruppo fosfato a una qualunque molecola presente nella cellula.
- B Un processo che si verifica sulla membrana esterna dei mitocondri.
- C Il meccanismo attraverso il quale viene sintetizzata ATP.
- D La riduzione dell' O_2 a H_2O ad opera del complesso IV della catena respiratoria.

35 ■ In autunno le foglie cambiano colore perché
- A la clorofilla viene degradata da specifici enzimi.
- B la clorofilla si ritira nelle parti interne della pianta e abbandona le foglie.
- C la pianta produce una maggior quantità di pigmenti rossi e gialli.
- D i carotenoidi e gli altri pigmenti vengono sintetizzati solo dopo l'estate.

36 ■ Nella catena respiratoria l'ossigeno è l'accettore finale di elettroni e dunque si riduce. V F

37 ■ Le piante non consumano ossigeno, ma si limitano a produrlo. V F

38 ■ La clorofilla è verde perché ha un atomo di rame al centro. V F

39 ■ La rubisco è un enzima tipico soltanto delle felci. V F

4.7 La regolazione delle attività metaboliche: il controllo della glicemia

40 ■ Il termine «omeostasi» fa riferimento a
- A l'insieme delle reazioni di *feedback* che avvengono nel fegato.
- B un insieme di reazioni che connettono il sistema nervoso centrale e le ghiandole endocrine.
- C il meccanismo di accumulo degli zuccheri.
- D il mantenimento delle funzioni fisiologiche di un organismo.

41 ■ Il diabete mellito è
- A una malattia caratterizzata da livelli elevati di glicemia anche a digiuno.

B una malattia che può risultare fatale per carenza di zucchero nel sangue.
C l'espressione che indica il livello fisiologico di zucchero nel sangue.
D una porzione endocrina del pancreas.

42 ■ Che cos'è il cAMP?
A Un nucleotide derivato dall'ATP che agisce per effetto dell'ormone glucagone.
B Un nucleotide derivato dall'ATP che agisce per effetto dell'ormone insulina.
C Un tipo di acido ribonucleico.
D Una proteina che circola libera nel sangue.

43 ■ Il livello glicemico rimane costante durante tutta la giornata. V F

44 ■ Con il termine *feedback* si intende un meccanismo di retroazione che bilancia l'azione di un ormone. V F

45 ■ A stomaco pieno l'ormone che lavora a pieno regime è il glucagone. V F

▸ Trattazione sintetica degli argomenti

Sviluppa i seguenti argomenti cercando di riportare gli aspetti più significativi in un testo di non più di 8-10 righe.

46 ■ Che cos'è il metabolismo e quali sono le funzioni che svolge?

47 ■ Che cosa si intende per *feedback* negativo? A che cosa è riferito?

48 ■ Descrivi la struttura e la funzione biologica dell'ATP.

49 ■ Che cos'è la glicolisi dal punto di vista chimico? Per quale scopo viene attuata?

50 ■ Spiega il ruolo del glicogeno, collegandolo ai relativi processi di degradazione e sintesi.

51 ■ Qual è il bilancio complessivo della degradazione di una molecola di palmitoil-CoA? Ricorda che l'acido palmitico ha 16 atomi di carbonio.

52 ■ Che cosa sono i corpi chetonici e qual è la loro funzione nell'organismo?

53 ■ Spiega il concetto di «transaminazione» e fai almeno un esempio.

54 ■ Che cos'è l'urea dal punto di vista chimico e come viene prodotta?

55 ■ In che modo il ciclo dell'acido citrico può essere considerato parte della fase anabolica?

56 ■ Che cos'è la catena respiratoria e quali ruoli svolge?

57 ■ Descrivi le fasi fondamentali del ciclo di Calvin.

58 ■ La glicemia è un parametro ematochimico molto importante, descrivi i fattori che la fanno variare.

Sviluppa i seguenti argomenti in modo esauriente, usando il lessico specifico e curando l'esposizione; la risposta non deve superare le 15 righe.

59 ■ Ripercorri sinteticamente le tappe principali del catabolismo del glucosio fino alla produzione dell'ATP.

60 ■ Quali vie metaboliche si svolgono nel citosol di una cellula? Descrivi brevemente una di queste.

61 ■ Descrivi l'importanza della fosforilazione dei composti e indica gli enzimi responsabili di questo processo.

62 ■ Descrivi la suddivisione dei vertebrati in base al catabolismo dei composti azotati.

63 ■ Quante molecole di NADH e $FADH_2$ vengono prodotte nel corso del ciclo dell'acido citrico e qual è il loro ruolo?

64 ■ Descrivi le differenze tra mitocondri e cloroplasti in relazione alle funzioni che svolgono.

65 ■ In una cellula in salute i vari metabolismi devono funzionare in modo efficiente: illustra i principali meccanismi regolatori che permettono alla cellula di mantenere il controllo metabolico.

Leggi attentamente la traccia seguente; documentati se necessario e svolgi la prova curando l'esposizione e la terminologia.

66 ■ L'energia della luce solare viene raccolta dagli organismi fotosintetici per essere trasformata in energia chimica e consentire la vita nelle sue più diverse forme. Riepiloga i passaggi biochimici fondamentali che guidano questo straordinario percorso.

20 esercizi interattivi

Capitolo **5**

Che cosa sono le biotecnologie

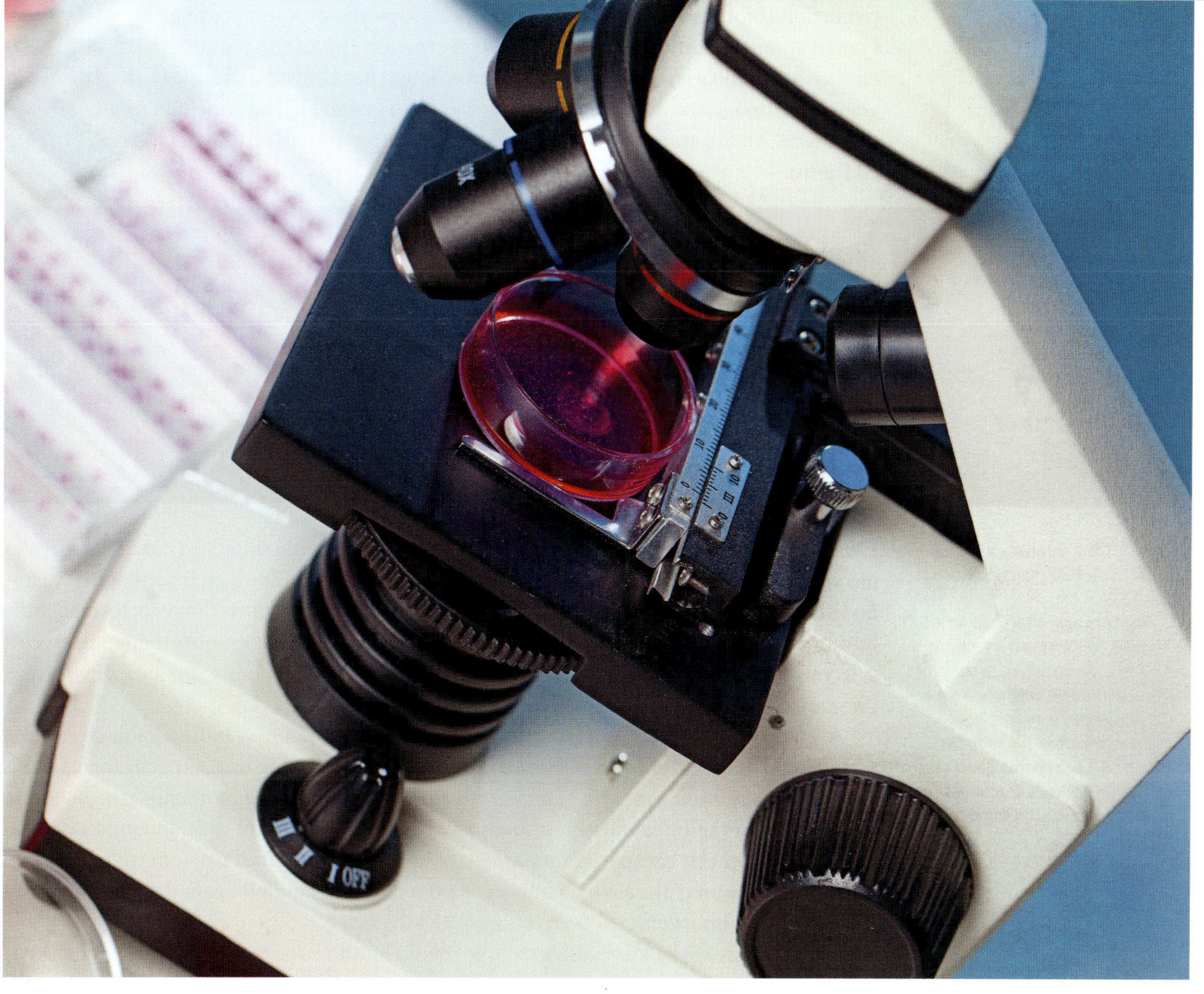

5.1 UNA VISIONE D'INSIEME SULLE BIOTECNOLOGIE

GLOSSARY

Biotechnology:
a collection of technologies that use living cells and/or biological molecules to solve problems and make useful products.

Per biotecnologie si intende l'insieme delle tecniche che utilizzano organismi viventi per lo sviluppo di processi o prodotti utili.

Gli organismi viventi sono da sempre alla base del nostro sostentamento: ci forniscono cibo, protezione, vestiario e combustibili. L'uso che ne facciamo prevede spesso una loro modificazione. Se diamo al termine biotecnologia il significato più generale, sono gli allevatori e gli agricoltori dell'età della pietra che oltre 10 000 anni fa hanno dato inizio alla rivoluzione biotecnologica, cominciando ad addomesticare animali e piante (FIGURA ■ 5.1). I nostri antenati hanno poi esteso l'uso degli organismi viventi ai microrganismi circa 8000 anni fa, iniziando a sfruttare batteri, lieviti e funghi per convertire le uve in vino, il latte in yogurt e formaggio e il frumento in pane lievitato grazie al processo della *fermentazione microbica*. Ad attestare queste invenzioni sono i ritrovamenti effettuati in Medio Oriente ed Egitto.

FIGURA 5.1 ■ L'antenato selvatico del mais, il teosinte, somiglia poco al mais attuale.
(A) Gli antichi agricoltori dell'America centrale convertirono il teosinte, che era una pianta selvatica che produceva pannocchie lunghe soltanto pochi centimetri, in mais usando tecniche di selezione dei semi per modificarne il patrimonio genetico.
(B) Collezione di semi di mais attuale e, ultimo a destra, un seme di teosinte.

L'uso dei microrganismi si è poi esteso ben oltre le fermentazioni. Fin dal diciannovesimo secolo i contadini fanno uso di microrganismi per controllare gli insetti che devastano le coltivazioni e a partire dagli anni Cinquanta del secolo scorso, invece, tutti gli antibiotici e le vitamine aggiunte agli alimenti derivano da microrganismi. Alcuni vaccini si avvalgono addirittura dell'uso di virus o batteri vivi privati della capacità di infettare l'organismo che li ospita.

A questo punto verrebbe da chiedersi: se l'approccio di tipo biotecnologico risale a oltre 10 000 anni, perché si parla in tempi moderni di «rivoluzione biotecnologica»? La conoscenza scientifica attuale ci porta a distinguere la moderna biotecnologia da quella antica per una ragione: i nostri antenati agivano sugli organismi, selezionandoli in base ai cambiamenti che comparivano per caso e procedendo quindi per tentativi ed errori. Nell'antichità non c'era alcuna conoscenza dei meccanismi della genetica e delle ragioni per cui certi interventi avessero successo e altri no.

I progressi realizzati durante lo scorso secolo hanno condotto a una conoscenza progressivamente più chiara e approfondita di tali meccanismi, rendendo possibili interventi mirati, a livello molecolare, che modificano esclusivamente le parti interessate del genoma (vale a dire del complesso delle informazioni genetiche di una cellula o di un organismo). Si tratta di tecniche più potenti, che richiedono quindi una maggiore responsabilità nel loro utilizzo, ma indubbiamente si tratta anche di tecniche più precise e controllate.

▶ BIOTECNOLOGIE CLASSICHE E NUOVE BIOTECNOLOGIE

Le biotecnologie sono di fatto una collezione di tecniche diverse, le cui applicazioni spaziano dall'industria farmaceutica a quella alimentare e agricola; ecco perché sentiamo parlare di «biotecnologie» al plurale.

Alcune di queste tecniche sono consolidate da decenni e considerate ormai tradizionali, come quelle che consentono la **ricombinazione naturale**. Essa non opera attraverso mirate manipolazioni, ma sfrutta processi come il *crossing over*, la *fecondazione* e la *ricombinazione batterica* per ottenere un naturale aumento della variabilità genetica, materia prima per la selezione artificiale (FIGURA ■ 5.2).

L'agricoltura e l'allevamento si basano su tecniche di questo tipo fin dal 8500 a.C. circa, ma il processo di ricombinazione naturale e di incrocio selettivo degli individui scelti per le loro caratteristiche è lento e spesso inefficiente.

Per migliaia di anni i nostri antenati hanno agito sapendo solo che la prole tendenzialmente assomiglia ai genitori e, pur non capendone i meccanismi biologici, l'esperienza era sufficiente per esempio a determinare le alterazioni genetiche nelle piante coltivate rispetto a quelle selvatiche da cui provenivano.

FIGURA 5.2 ■ Le razze di cani (**A**) e le varietà di frutta in commercio (**B**) sono esempi del grande lavoro di incrocio e selezione fatto dall'uomo nel corso dei secoli.

Molti ricercatori vedono l'ingegneria genetica (ovvero la manipolazione mirata a livello molecolare dell'informazione genetica) come una semplice estensione dell'incrocio selettivo: entrambe le tecniche servono infatti a unire materiale genetico proveniente da sorgenti diverse per creare organismi con nuove caratteristiche. In realtà, le due tecniche presentano differenze rilevanti (TABELLA ■ 5.1 e FIGURA ■ 5.3).

TABELLA 5.1 ■ Differenze tra incrocio selettivo e ingegneria genetica.

Parametro	**Incrocio selettivo**	**Ingegneria genetica**
Livello	Organismo intero	Cellula o molecola
Precisione	Gruppo di geni	Gene singolo
Sicurezza	Cambiamenti genetici scarsamente caratterizzati	Gene ben caratterizzato
Limitazioni tassonomiche	Utile solo all'interno di una singola specie, talvolta tra specie diverse, raramente tra generi	Nessuna

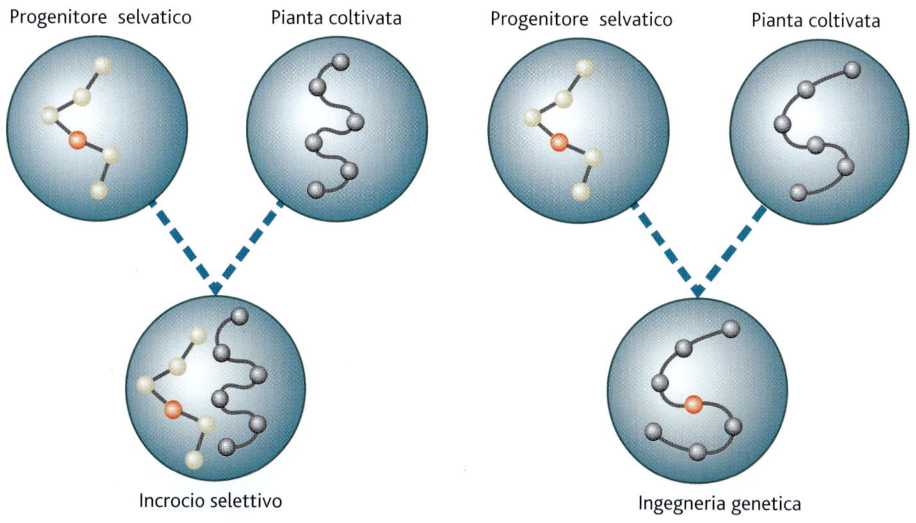

FIGURA 5.3 ■ Rappresentazione schematica dello spostamento di un gene che codifica una caratteristica desiderata (pallino rosso) da un progenitore selvatico a una pianta da raccolto. Sono descritti due metodi di trasferimento genico: incrocio selettivo e ingegneria genetica. Si noti che nell'incrocio selettivo gruppi di geni a funzione ignota vengono trasferiti dal progenitore selvatico alla pianta da raccolto mentre nel caso dell'ingegneria genetica viene trasferito un singolo gene a funzione nota.

Mentre nell'ingegneria genetica gli scienziati spostano da un organismo a un altro singoli geni di cui conoscono la funzione, le tecniche di incrocio selettivo prevedono il trasferimento di interi gruppi di geni dalle funzioni ignote. Il rischio di produrre organismi dalle caratteristiche inattese si è progressivamente ridotto con il perfezionamento delle tecniche di manipolazioni genetica. Oltre a ciò, le nuove tecniche consentono di aggirare l'ostacolo causato dal fatto che organismi di specie diverse generalmente non sono tra loro fecondi (ovvero non possono produrre prole fertile): a un qualunque organismo appartenga il gene interessato, esso può essere trasferito in qualsiasi altro organismo, indipendentemente da quanto le due specie siano geneticamente distanti. Sebbene l'intero processo sia più controllato dell'incrocio selettivo, le sue potenzialità sono tra le ragioni per cui molti guardano con diffidenza all'ingegneria genetica.

5.2 LA TECNOLOGIA DELLE COLTURE CELLULARI

Video
Coltura batterica su piastra di Petri

La possibilità di far crescere in laboratorio le cellule modificate geneticamente e programmate per svolgere specifiche funzioni è uno strumento indispensabile per chi opera nel campo delle biotecnologie. La tecnologia delle colture cellulari consiste nel fare crescere le cellule in specifici contenitori di laboratorio o in grandi **bioreattori**, in presenza dei nutrienti appropriati (FIGURA ■ 5.4). Essa non richiede interventi a livello molecolare ed è quindi una tecnologia più vicina alle biotecnologie tradizionali.

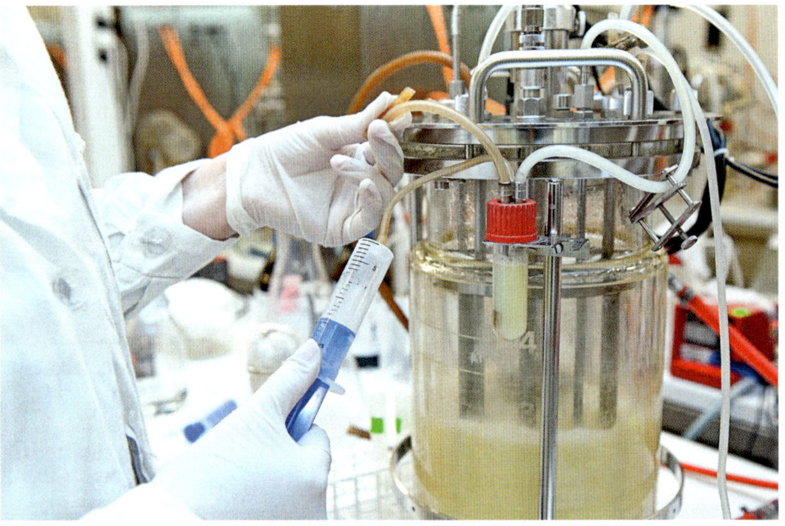

FIGURA 5.4 ■ Le colture su grande scala di cellule di mammifero e la fermentazione di microrganismi effettuate in bioreattori come questo sono processi di produzione basati sulla biologia che fanno uso dei macchinari biochimici delle cellule per generare prodotti utili.

- **Colture di cellule vegetali:** queste tecniche occupano un posto di rilievo nelle biotecnologie dal momento che i vegetali hanno l'eccezionale capacità di generare l'intera pianta pluricellulare a partire da un'unica cellula già differenziata (vedi Scheda 2); tale caratteristica va sotto il nome di **totipotenza** (FIGURA ■ 5.5). Per ingegnerizzare una pianta i ricercatori inseriscono il gene d'interesse all'interno del DNA delle singole cellule ottenendo per ognuna di esse una foglia geneticamente modificata che presenta la caratteristica desiderata, come per esempio la capacità di resistere a un

FIGURA 5.5 ■ Pianta di tabacco in coltura a partire da una cellula.

TABELLA 5.2 ■ Molecole naturali utili prodotte dalle piante.

Industria	Molecola	Origine	Uso
Farmaceutica	Digossina Codeina Vinblastina Atropina	Digitale Papavero da oppio Pervinca Morella	Malattie cardiache Sedativo, antidolorifico Antitumorale Antispasmico
Alimentare	Vaniglia Chiodi di garofano Cannella Alginato Carragenina Pectina Bromelina	Fiore dell'orchidea Gemme dei fiori di mirto Albero della cannella Alghe brune Alghe rosse Buccia degli agrumi Ananas	Aromatizzante Spezia Spezia Emulsionante Strutturante Gelificante per dolci gelatinosi Enzima
Agricoltura	Piretrina Nicotina	Crisantemo Tabacco	Insetticida Insetticida
Tessile	Indaco Amido	Pianta dei fagioli Chicchi di mais	Colorante Appretto
Cura della persona	Papaina Sciconina Gelsomino	Papaya Radice di Lithnospermin Tè al gelsomino	Pulitore per lenti a contatto Colorante cosmetico Profumo

particolare parassita. Ognuna di queste cellule deve poi essere messa in coltura in condizioni adatte a generare un'intera pianta geneticamente modificata. Le colture di cellule vegetali possono essere usate anche per produrre *in vitro* delle molecole che la pianta sintetizza normalmente, come alcuni composti aromatizzanti da aggiungere agli alimenti o altri utili dal punto di vista terapeutico (TABELLA ■ 5.2).

- **Colture di cellule animali:** le colture di cellule animali si usano per produrre molecole con proprietà terapeutiche o anticorpi monoclonali (MAb, di cui parleremo nel prossimo capitolo). La comunità medica fa largo uso delle colture di cellule animali anche nella ricerca di laboratorio per testare la sicurezza e l'efficacia dei composti farmaceutici, il meccanismo molecolare di infezione e replicazione virale, la tossicità di alcuni composti e per studiare le reazioni biochimiche alla base delle funzioni della cellula (FIGURA ■ 5.6). L'uso delle colture di cellule animali è molto diffuso anche in zootecnia.

Video
Le cellule staminali

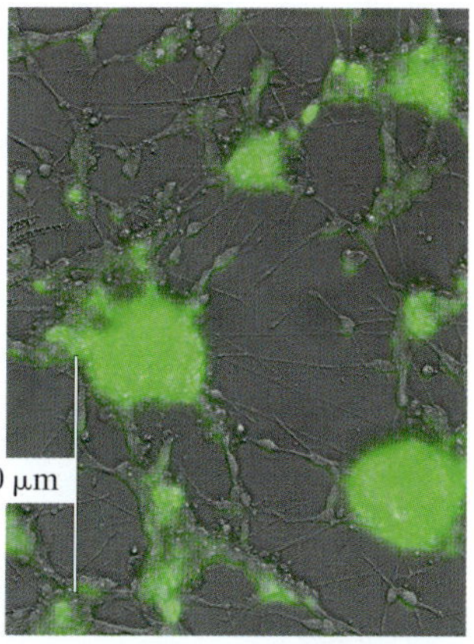

FIGURA 5.6 ■ Coltura *in vitro* di cellule umane di neuroblastoma aggregate in neurosfere. Queste cellule sono state modificate geneticamente per produrre una proteina fluorescente utile alla loro individuazione. Queste cellule differenziate appaiono particolarmente indicate per studiare l'efficacia di farmaci diretti contro cellule del sistema nervoso.

- **Colture di cellule staminali embrionali (ES)**: di recente gli scienziati hanno coltivato con successo un tipo particolare di cellule umane, le cellule staminali embrionali (*ES cells*). Questo successo merita una particolare attenzione per le sue potenzialità biomediche. Sviluppare le tecnologie necessarie a controllare il differenziamento delle cellule ES, significa per esempio riuscire a produrre cellule capaci di sostituire quelle degenerate nel pancreas dei diabetici, nel cervello dei malati di Parkinson e nel tessuto cardiaco dei pazienti affetti da malattie cardiovascolari.

GLOSSARY

Embryonic stem cells: in mammals, cells derived from the inner cell mass of a four to five-day-old blastocyst; they can give rise to any type of differentiated cell but cannot give rise to a complete organism.

temi di bioetica

1 Le cellule staminali

Lo studio delle cellule staminali è uno degli aspetti più interessanti delle ricerche nel campo delle scienze della vita; è un argomento di grande attualità, sia per la ricerca scientifica sia per i temi etici che tocca.

Gli studi in questo settore stanno facendo passi da giganti: nuove ricerche su questo argomento vengono pubblicate quasi ogni giorno. Tra i tanti motivi di tale interesse c'è la possibilità di accedere a nuove frontiere di terapia, grazie alla proprietà intrinseca di queste cellule. Ma lo studio delle cellule staminali è importante anche perché apre una finestra sulla nostra storia biologica: su come diventiamo quello che siamo e quali meccanismi determinano lo sviluppo di un embrione di poche cellule uguali in un organismo complesso.

Alle staminali come strumento «per curare» si affianca la possibilità di impiego delle staminali «per capire».

Gli sviluppi della ricerca sulle cellule staminali e delle sue possibili applicazioni cliniche sono stati seguiti con crescente attenzione da parte del mondo scientifico ma anche della società. La ragione di questo interesse non va ricercata soltanto nella sensazionalità della ricerca e dell'impatto straordinario che tali applicazioni cliniche possono avere nella lotta contro le malattie, ma anche e soprattutto, nella scoperta di un nuovo tipo di cellule staminali che un gruppo di ricercatori nel 1998 aveva isolato e coltivato *in vitro* prelevandole dall'embrione umano. Sono le «famose» cellule staminali embrionali.

La ricerca e l'utilizzo di cellule staminali adulte non solleva particolari questioni etiche e giuridiche a condizione, naturalmente, che il prelievo e il trattamento avvengano con modalità che garantiscono la dignità, i diritti e le libertà della persona. Invece, lo studio delle staminali embrionali, che prevede l'utilizzo di embrioni umani, mette in gioco principi etici per le condizioni cui deve essere soggetta la ricerca.

Mentre per alcuni, la rimozione di alcune cellule equivale alla distruzione dell'embrione e della vita umana di cui sono portatrici; per altri, che vedono nella ricerca delle staminali embrionali una grande speranza per la cura di malattie come Alzheimer e Parkinson, risulta immorale non avanzare in tale ricerca.

Altri due argomenti, indipendenti da ragioni di ordine morale, hanno peso nel dibattito sulle cellule staminali adulte ed embrionali e fanno leva su ragioni di ordine politico e scientifico. Il primo argomento è quello dell'*equivalenza scientifica* e a fini terapeutici tra cellule staminali adulte ed embrionali, il secondo è quello dell'uso politicamente corretto dei fondi pubblici. I risultati della ricerca sulle staminali, peraltro, indicano che ci sono ancora problemi per risolvere i quali è necessaria molta ricerca di base prima di pensare a una applicazione clinica.

Sotto il profilo scientifico tutte queste ricerche sono estremamente interessanti e meritano di essere incoraggiate poiché, in base ai dati circa le differenti proprietà dei vari tipi di staminali, non siamo ancora in grado di decidere quale sia la strada da perseguire. E non è neppure detto che sia necessario privilegiare una sola linea cellulare: per alcune malattie sarà più opportuno utilizzare cellule staminali embrionali, per altre sarà più adatto usare le staminali adulte o quelle del cordone ombelicale.

La scelta dovrà anche valutare la facilità d'uso di questi nuovi trattamenti: è desiderabile (e anzi, è moralmente e socialmente necessario) che chiunque ne abbia bisogno possa usufruirne e non solo coloro che potranno avere accesso agli istituti più avanzati e attrezzati.

Per concludere, è indicativa un'immagine usata dallo scienziato italiano Giulio Cossu: «Immaginate un gruppo di esploratori alla base di una montagna che vogliano raggiungere la vetta ma non sanno quale, o quali, dei sentieri disponibili vi arrivi nel modo più sicuro e rapido possibile.

Il buon senso suggerirebbe di dividersi in due squadre in modo da esplorare tutte le possibilità: se un sentiero finisce in un vicolo cieco, o si rivela pericoloso, potrà essere abbandonato; ma precludersi pregiudizialmente l'esplorazione di uno o più sentieri sarebbe una decisione poco lungimirante».

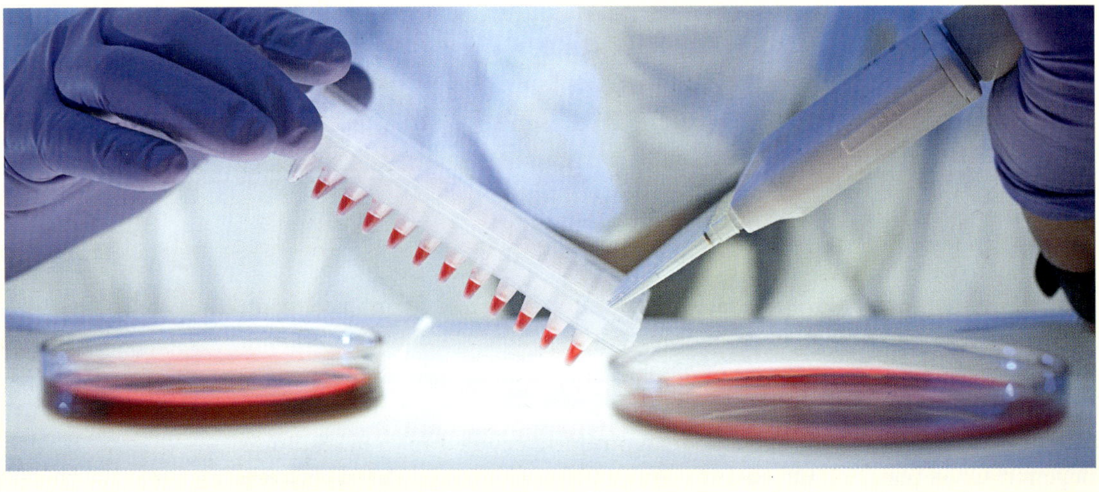

per saperne di più

2 Cellule staminali adulte ed embrionali

Le cellule staminali si dividono in tre grandi categorie, a seconda della loro capacità di dare origine a nuove cellule: totipotenti, pluripotenti e multipotenti.

Sono **totipotenti** le cellule che, se opportunamente stimolate possono dare origine a un individuo completo. È il caso della cellula uovo fecondata o delle cellule vegetali.

Le **cellule staminali embrionali (ES)** che possono differenziare virtualmente in ogni tipo di cellula ma non possono dare origine a un organismo completo, invece, sono definite **pluripotenti**. Oltre alla grande plasticità di sviluppo, le cellule ES posseggono anche la capacità di riprodursi indefinitamente.

Nell'individuo adulto, però, la maggior parte delle cellule si è differenziata in un tipo particolare. Ciò nonostante, il corpo dispone anche di un certo numero di cellule permanentemente «immature» chiamate **cellule staminali adulte (AS)**. Quando un tessuto necessita dell'apporto di nuove cellule specializzate per sostituire quelle morte o danneggiate, le cellule staminali adulte si dividono dando vita a due cellule: una nuova staminale adulta, che rimane immatura, e una che invece si differenzia. Tutte le AS sono **multipotenti**, possono cioè dare origine a diverse tipologie cellulari; il midollo osseo dispone di AS in grado di differenziare in ogni tipologia di cellula del sangue, dai globuli rossi ai globuli bianchi. Anche le cellule AS neurali possono differenziare in tutti i tipi cellulari specifici del sistema nervoso, dai neuroni alle cellule della glia che li supportano. Date le loro caratteristiche, in ambito terapeutico le cellule che offrono maggiori possibilità sono le cellule staminali embrionali.

5.3 LA TECNOLOGIA DEL DNA RICOMBINANTE

Come abbiamo visto, la struttura a doppia elica del DNA fu proposta da Watson e Crick nel 1953 (FIGURA ■ 5.7), solo un anno dopo l'esperimento di Hershey e Chase che aveva convinto la comunità dei biologi molecolari che il DNA era il materiale genetico e ha costituito il fondamento per la comprensione dei meccanismi della trascrizione in RNA e della traduzione in proteine. Il modello a doppia elica può essere visto come le spartiacque della biologia del Novecento: nel corso dei successivi vent'anni, infatti, non solo questi meccanismi sono stati ben compresi, ma i ricercatori hanno elaborato le tecniche necessarie per produrre molecole artificiali di DNA e determinarne l'espressione da parte di microrganismi in laboratorio.

GLOSSARY

Recombinant DNA technology: the laboratory manipulation of DNA in which DNAs or fragments of DNA from different sources are cut and recombined by using enzymes; this rDNA is then inserted into a living organism.

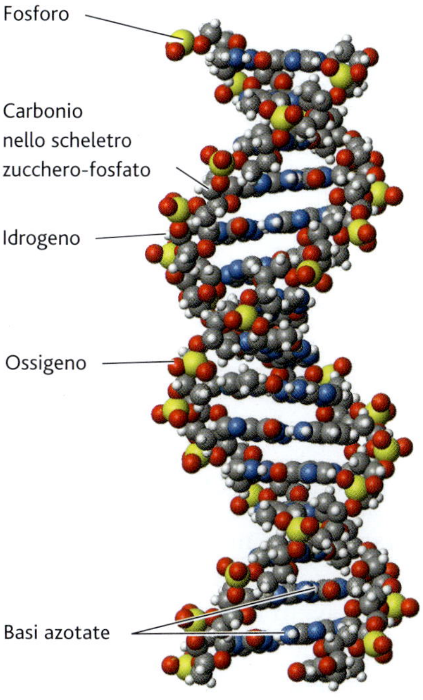

FIGURA 5.7 ■ Immagine storica di Francis Crick e James Watson che illustrano il loro modello della struttura del DNA.

Video
Come si fa il DNA fingerprinting

▶ PRODURRE DNA RICOMBINANTE

In quegli anni i genetisti si trovavano di fronte alla sfida di isolare un segmento di DNA specifico dal resto di un cromosoma di appartenenza per poterlo studiare. La soluzione arrivò nel 1960 quando Werner Arber, Daniel Nathans e Hamilton Smith scoprirono l'esistenza di enzimi capaci di tagliare il DNA in specifiche sequenze di basi e rivoluzionano le scienze biologiche. Tale scoperta valse ai tre ricercatori il premio Nobel per la medicina del 1978 ed è stata poi riconosciuta come il primo passo nello sviluppo delle biotecnologie moderne.

▶ TAGLIARE IL DNA

Gli enzimi specializzati nel «tagliare» e «cucire» il DNA si chiamano **enzimi di restrizione**. Come delle forbici molto precise, questi enzimi agiscono sempre e solo su sequenze specifiche, producendo una serie di frammenti di lunghezza e sequenza variabile, detti **frammenti di restrizione**, che si ripresentano uguali se si opera più volte sullo stesso campione di DNA con lo stesso enzima di restrizione. Questi enzimi sono diffusi in molti procarioti e la loro funzione fisiologica è di ostacolare la riproduzione di eventuali virus, tagliandone il DNA quando esso è iniettato nella cellula ospite. Il termine restrizione deriva proprio dal fatto che tali enzimi causano la limitazione (*restriction* in inglese) delle possibilità di crescita di certi virus. A oggi sono noti oltre cento enzimi di restrizione isolati dai batteri e i loro nomi indicano la specie batterica di appartenenza (EcoRI da *Escherichia coli*, HindIII da *Haemophilus influenzae*, e così via).

FISSA I CONCETTI
Scrivi una sequenza palindroma di 20 paia di basi.

Gli enzimi di restrizione più usati riconoscono sequenze palindromiche di DNA, vale a dire sequenze della lunghezza di 4-8 paia di basi in cui il filamento superiore e inferiore, letti in direzione 5′-3′, sono uguali. Infatti, un palindromo è una parola che si legge allo stesso modo sia da destra sia da sinistra, come radar, ossesso, ingegni (FIGURA ■ 5.8). Poiché le sequenze di riconoscimento non si presentano a intervalli regolari, i frammenti di DNA che si vengono a formare dopo il taglio enzimatico hanno lunghezze diverse ed è proprio grazie a questa variabilità che li possiamo separare e poi riconoscere. Per potere agire in questo modo, l'enzima di restrizione è composto da due subunità identiche che scorrono entrambe lungo l'elica del DNA e quando raggiungono il sito di restrizione si legano alla stessa combinazione di paia di basi presente su ognuno dei due filamenti. Successivamente ogni subunità taglia la sequenza palindromica esattamente nello stesso punto.

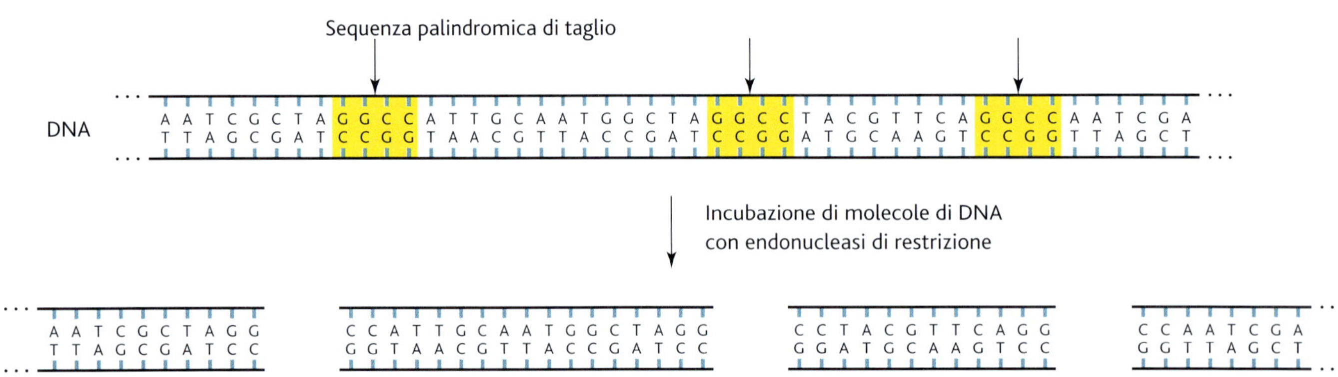

FIGURA 5.8 ■ Le endonucleasi di restrizione riconoscono e tagliano siti specifici in una molecola di DNA. Le frecce indicano il sito di taglio di una di queste endonucleasi.

GLOSSARY
Electrophoresis: a separation technique in which substances are separated from one another on the basis of their electric charges and molecular weights.

▶ SEPARARE MISCELE DI FRAMMENTI DI DNA

Per tagliare una molecola di DNA la dobbiamo mettere in provetta assieme a una soluzione fisiologica a cui andremo ad aggiungere l'enzima di restrizione. Dopo che l'enzima ha avuto il tempo di agire, si procede con la separazione dei singoli frammenti di restrizione. Il metodo più utilizzato è quello dell'**elettroforesi**, ovvero la migrazione delle sequenze di DNA attraverso un gel di agarosio o di poliacrilammide; a determinare tale spostamento è la differenza di potenziale applicata alle estremità della vaschetta in cui viene immerso il gel. Le molecole di acido nucleico hanno infatti una forte carica negativa (a causa dei gruppi fosfato che si dispongono lungo lo scheletro) e, una volta immerse in un campo elettrico, migrano naturalmente in direzione dell'elettrodo positivo.

L'**agarosio** è un polisaccaride che si scioglie in acqua bollente e solidifica man mano che si raffredda. Prima che ciò accada, vengono realizzate delle piccole fessure lungo la sua superficie, i cosiddetti pozzetti, al cui interno andremo a depositare la miscela di frammenti di DNA. Grazie alla rete di pori che lo costituisce, il gel funge da setaccio separando le molecole in base alla loro grandezza: i frammenti di DNA più piccoli migrano verso il polo positivo più velocemente rispetto ai frammenti grandi e, in particolare, il tasso di migrazione lineare dei frammenti di DNA attraverso l'agarosio è inversamente proporzionale al $\log_{10}$ dei loro pesi molecolari (FIGURA ■ 5.9). A partire da tale relazione matematica è possibile calcolare la dimensione esatta di un dato frammento. Terminata la «corsa» su gel, i frammenti di DNA vengono resi visibili mediante apposite colorazioni (FIGURA ■ 5.10). L'elettroforesi su gel di **poliacrilammide** segue gli stessi principi di funzionamento di quella su agarosio, con la differenza che la poliacrilammide genera una maglia più stretta di quella di agarosio, riuscendo a separare con maggior precisione molecole di DNA più piccole o molecole di DNA che differiscono in lunghezza solo per pochi nucleotidi.

FIGURA 5.9 ■ L'elettroforesi su gel separa i frammenti di DNA in base alle dimensioni.

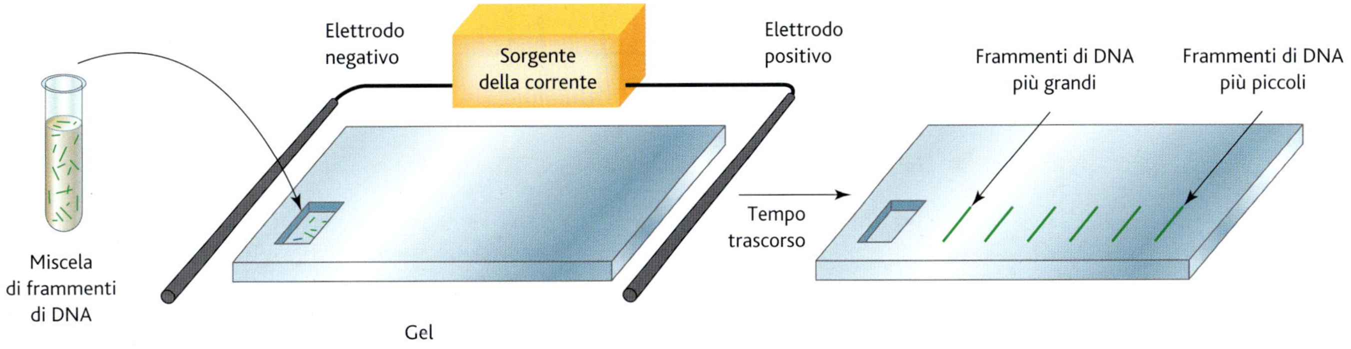

FIGURA 5.10 ■ Un gel di agarosio che mostra frammenti di DNA separati.

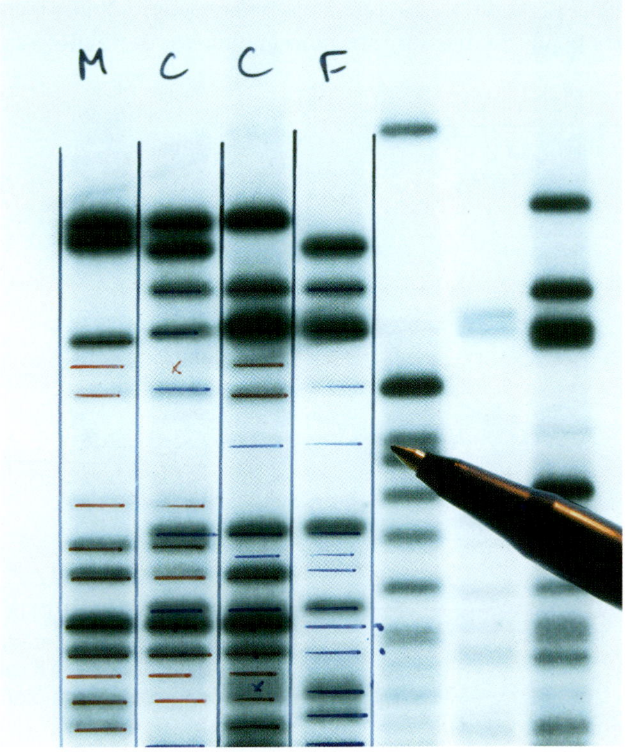

▶ INCOLLARE IL DNA

Quando gli scienziati devono inserire un gene esogeno all'interno di un organismo ospite (microrganismo, pianta o animale) oppure clonare un gene per poi studiarne le caratteristiche, si trovano di fronte alla necessità di unire tra loro frammenti di DNA di diversa origine e creare quindi molecole di DNA ricombinante. Per fare questo ricorrono a un enzima detto **DNA ligasi**.

Esistono diverse DNA ligasi, che possono intervenire durante la duplicazione, la riparazione o la ricombinazione del DNA, ma la funzione fisiologica è sempre quella di legare tra loro frammenti di DNA. Per farlo, esse catalizzano la formazione di legami fosfodiesterici tra i singoli nucleotidi (FIGURA ■ 5.11), utilizzando come cofattore l'ATP.

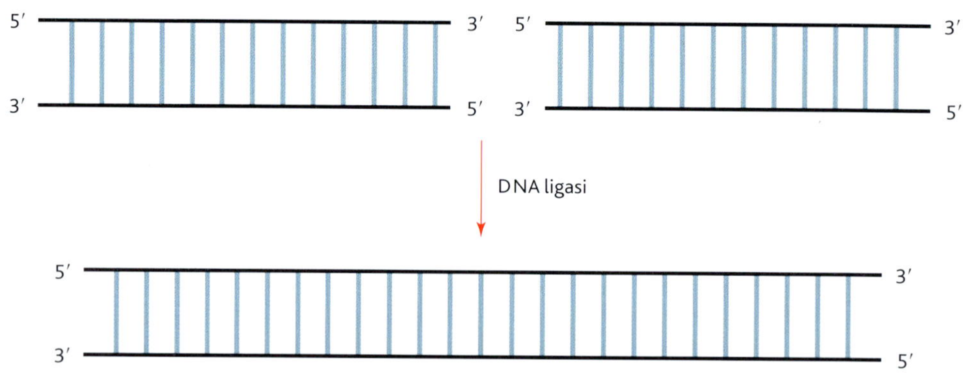

FIGURA 5.11 ■ La DNA ligasi unisce i frammenti di DNA formando legami tra le estremità 3′ e 5′ delle ossature delle due molecole.

▶ INDIVIDUARE SEQUENZE SPECIFICHE DI BASI

In che modo è invece possibile sapere se la sequenza genica che stiamo studiando è presente all'interno del campione di DNA a nostra disposizione? Basta mettere il campione a contatto con frammenti di DNA a singolo filamento la cui sequenza sia complementare a quella che stiamo cercando. I frammenti di DNA con tali caratteristiche si chiamano **sonde** (FIGURA ■ 5.12). Se per esempio la sequenza di nostro interesse è 5′-GGATGCGTCC-3′, quest'ultima si andrà ad appaiare con la sequenza 3′-CCTACGCAGG-5′. Se tale legame avviene, significa che il campione a nostra disposizione merita di essere studiato in maggior dettaglio.

FIGURA 5.12 ■ Analisi di ibridazione. Una sonda a singolo filamento viene aggiunta a un campione di DNA denaturato.

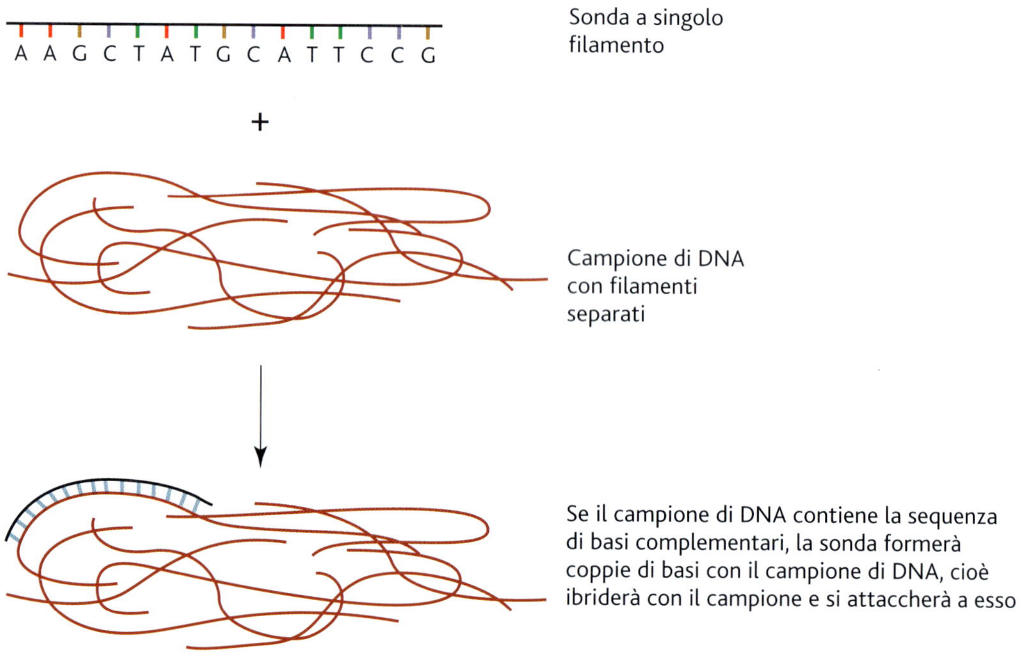

1. **Ibridazione del DNA.** Ibridazione del DNA è il termine usato per descrivere il processo spontaneo attraverso cui due filamenti singoli di DNA dalle sequenze di basi complementari si appaiano formando una molecola a doppio filamento (FIGURA ■ 5.13).

nota
Il termine «ibridazione» ha diverse accezioni, a seconda che venga utilizzato in chimica, genetica o biologia molecolare.

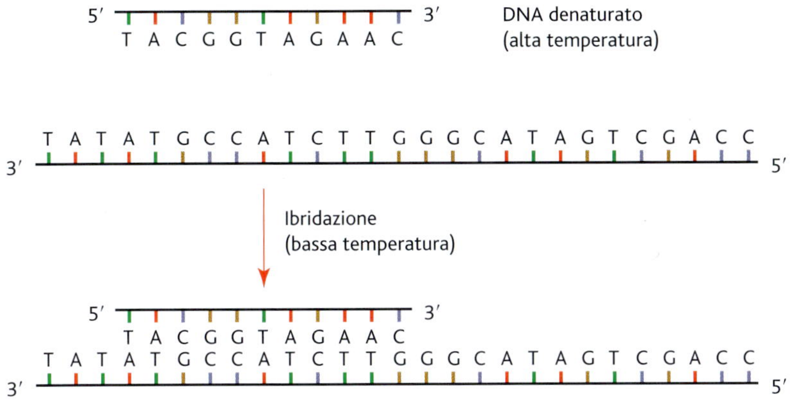

FIGURA 5.13 ■ L'ibridazione è la formazione di coppie di basi tra due molecole complementari di acido nucleico a singolo filamento.

Il tempo necessario perché l'ibridazione si completi è direttamente correlato alla lunghezza delle sequenze di DNA coinvolte; come ci si aspetterebbe, sequenze complementari corte possono allinearsi correttamente e formare appaiamenti di basi molto più velocemente di quanto facciano le sequenze lunghe. Anche due molecole di RNA complementari possono ibridarsi e formare molecole di RNA a doppio filamento; allo stesso modo, un RNA può appaiarsi a un singolo filamento di DNA. Nel caso più comune, quello dell'ibridazione tra due filamenti di DNA, il campione di DNA a doppio filamento deve essere separato nei due filamenti singoli. Tale processo, chiamato **denaturazione**, si attiva scaldando il campione a 95 °C (FIGURA ■ 5.14); in questo modo il calore vince le forze dei legami idrogeno che tengono insieme gli appaiamenti di basi e i due filamenti si separano esponendo le loro basi non appaiate. Una volta aggiunta la sonda, il campione viene raffreddato per consentire l'ibridazione.
Avvenuta l'ibridazione, quindi il campione viene ripulito da tutte le sonde che non hanno reagito e quelle molecole di sonda che invece si sono legate al loro bersaglio complementare (e che sono marcate chimicamente o radioattivamente) rivelano la posizione sulla membrana della catena nucleotidica bersaglio.

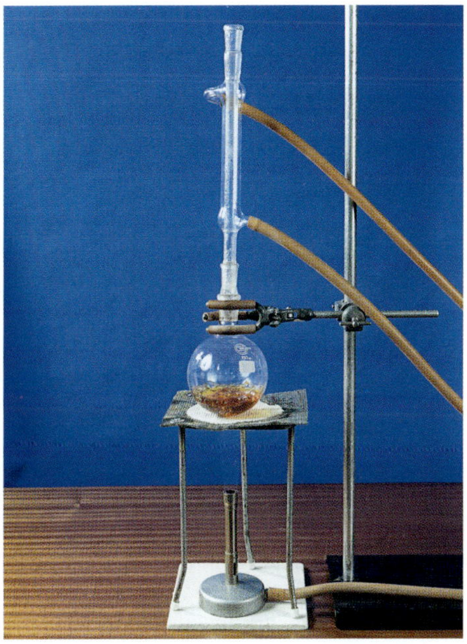

FIGURA 5.14 ■ Scaldando alla fiamma una soluzione contenente DNA o proteine è possibile denaturare la loro struttura.

2. **Sintesi chimica di DNA a singolo filamento.** Come ci si procura una sonda? Esistono due possibilità: si può isolare del DNA naturale, marcarlo e scaldarlo per denaturarlo, oppure ci si può rivolgere a chi è in grado si sintetizzare, e quindi costruire *ex novo*, una particolare sequenza di nucleotidi. Il premio Nobel Har Gobind Khorana fu il primo, nel 1965, a sintetizzare *in vitro* un tratto di DNA. Pochi anni dopo, questo processo è stato automatizzato e le macchine oggi producono molecole di DNA lunghe fino a circa un milione di basi, ma per gli scopi qui trattati sono sufficienti molecole a singola elica di un centinaio di basi (**oligonucleotidi**, dal greco *oligos*, «pochi»). L'espressione «DNA sintetico» pare suggerire che il DNA così prodotto sia qualcosa di diverso da quello naturale. Non è così. «Sintetico» è riferito al fatto che è stato sintetizzato chimicamente *ex novo* ma, una volta inserito nell'organismo, funziona allo stesso modo del DNA endogeno.

3. **Localizzare una specifica sequenza di basi in un frammento di restrizione.** L'ibridazione non funziona bene su frammenti di DNA inclusi in gel di agarosio e dunque, se lo scopo è separare frammenti di restrizione per poi andare alla ricerca del gene d'interesse, è preferibile usare una procedura chiamata assorbimento, *blotting* in inglese o, nello specifico, **Southern Blotting**, dal nome del suo ideatore, il biologo

FISSA I CONCETTI
Il Southern Blotting non è l'unica tecnica di blotting esistente. Come si chiamano le altre?

britannico Edwin Southern. Si tratta di una tecnica molto simile al processo grazie al quale la carta assorbe l'inchiostro da scrittura. Il gel di agarosio su cui sono corsi i frammenti di DNA viene coperto con una membrana di nylon o nitrocellulosa (che lascia passare le molecole d'acqua e i sali ma non gli acidi nucleici) sulla quale vengono ulteriormente stratificati diversi fogli di carta assorbente. Un flusso di liquido salino attivato per capillarità dal richiamo della carta assorbente attraversa il gel e i frammenti che vi sono immersi vengono trascinati fino alla membrana alla quale aderiscono in una posizione che ricalca quella che occupavano nel gel elettroforetico. Il liquido salino invece attraversa la membrana senza lasciare traccia e imbeve la carta assorbente. A questo punto i frammenti di DNA sono pronti per essere riconosciuti e ibridati dalla sonda (FIGURA ■ 5.15). Questa tecnica è spesso utilizzata per le ricerche da effettuare nelle biblioteche di DNA, che vedremo più avanti.

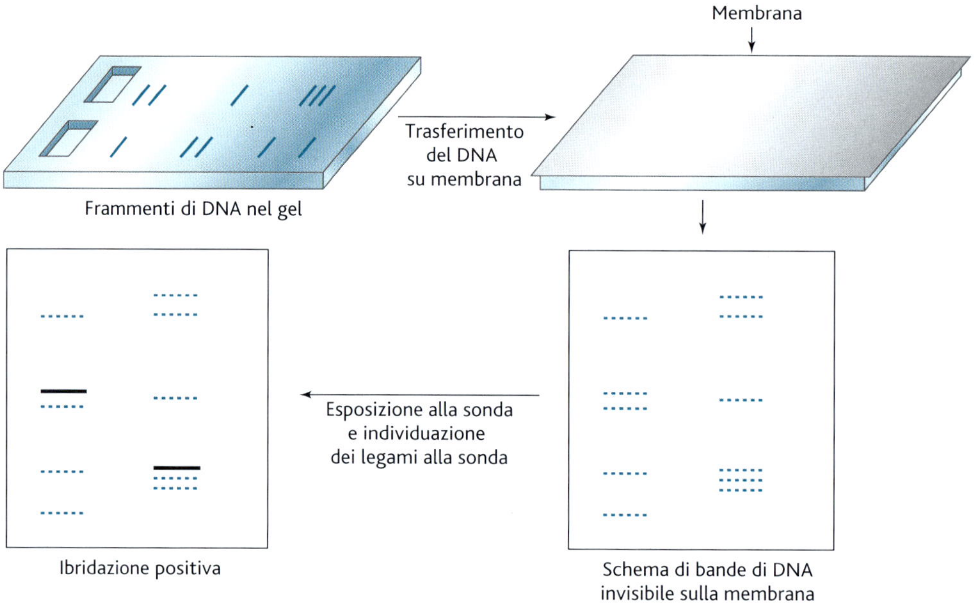

FIGURA 5.15 ■ Una data sequenza di DNA può essere localizzata su uno specifico frammento di restrizione trasferendo i frammenti da un gel di agarosio a una membrana ed eseguendo un'analisi di ibridazione sulla membrana.

per saperne di più

3 L'agarosio e la poliacrilammide

L'**agarosio** è un polisaccaride a struttura lineare formato da un'alternanza regolare di D-galattosio e di un suo particolare derivato. È uno dei materiali più usati in biologia, non solo per eseguire elettroforesi o altre tecniche di separazione di polinucleotidi e proteine, ma anche come supporto per le colture microbiche nelle piastre di Petri. Come addensante, è anche un comune additivo alimentare (E406) e fa parte degli ingredienti tradizionali della cucina giapponese.

La sua diffusione è dovuta al fatto che si prepara facilmente, sciogliendo il prodotto in polvere in acqua bollente, quasi come per una comune gelatina alimentare. La gelificazione avviene durante il raffreddamento, attorno ai 40 °C. L'agarosio usato più di frequente si ricava dalle alghe rosse del genere *Gelidum*.

Come suggerisce il nome, invece, la **poliacrilammide** è l'omopolimero dell'acrilammide, una sostanza diffusa nei laboratori di biologia molecolare fin dagli anni Cinquanta del secolo scorso come supporto per l'elettroforesi di molecole cariche, come polinucleotidi, polipeptidi o singoli amminoacidi. La sua struttura tridimensionale è formata da fibre che si intrecciano più strettamente di quelle dell'agarosio e la rende idonea anche alla separazione di molecole più piccole.

Per sintetizzare la poliacrilammide si attua di solito una reazione di polimerizzazione radicalica, miscelando l'acrilammide con opportuni catalizzatori chimici, che si verifica in soluzione acquosa a temperatura ambiente.

Se l'agarosio è anche un alimento, l'acrilammide è invece una sostanza pericolosa, nota per causare gravi danni se inalata o ingerita o assorbita attraverso la pelle. L'acrilammide è infatti un potente agente neurotossico ed è anche sospettata di essere cancerogena.

La poliacrilammide non dà questi problemi, ma la cautela nell'utilizzarla è d'obbligo, poiché è sempre possibile che essa contenga piccole quantità residue del monomero.

Per queste ragioni, la sua eliminazione richiede una particolare attenzione, poiché è un potenziale inquinante, anche se, sorprendentemente, è utilizzato anche nelle tecniche di depurazione delle acque.

▶ COPIARE IL DNA

Un'altra sfida per gli scienziati che lavorano con il DNA è quella di riuscire ad analizzare anche i campioni biologici che contengono piccolissime quantità di DNA. Ma come si fa ad aumentare la quantità di DNA presente in un campione biologico? Ancora una volta è la natura a fornire la soluzione: poiché a ogni divisione cellulare le cellule duplicano il proprio genoma, è possibile inserire un frammento di DNA all'interno del genoma di una cellula ospite e usare la cellula per generare a ogni divisione una copia in più del frammento di DNA in questione.

1. **Le DNA polimerasi.** Le DNA polimerasi sono gli enzimi cellulari che copiano il DNA: usano il filamento di una molecola di DNA genitore come stampo per poi sintetizzare un filamento di DNA complementare aggiungendo nucleotidi all'estremità 3′ del filamento in crescita (FIGURA ■ 5.16). Le DNA polimerasi possono essere purificate e usate in provetta per copiare molecole di DNA preesistenti. Se all'interno della cellula la duplicazione del DNA ha origine con la separazione dei due filamenti di DNA, in provetta le DNA polimerasi richiedono uno stampo di DNA già pronto, ovvero un frammento di DNA a singolo filamento. Le DNA polimerasi non sono

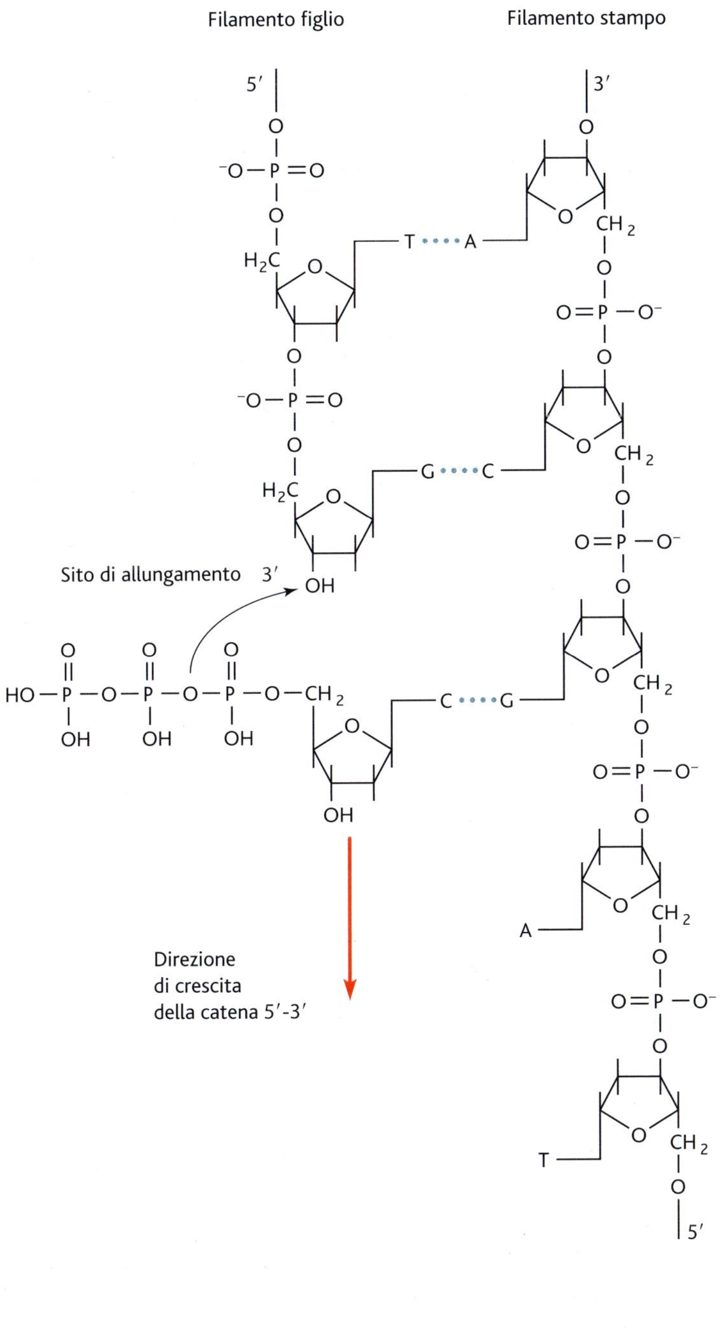

FIGURA 5.16 ■ Duplicazione del DNA. L'appaiamento di basi tra un nucleotide in entrata e il filamento stampo del DNA guida la formazione di un nuovo filamento figlio con una sequenza di basi complementare.

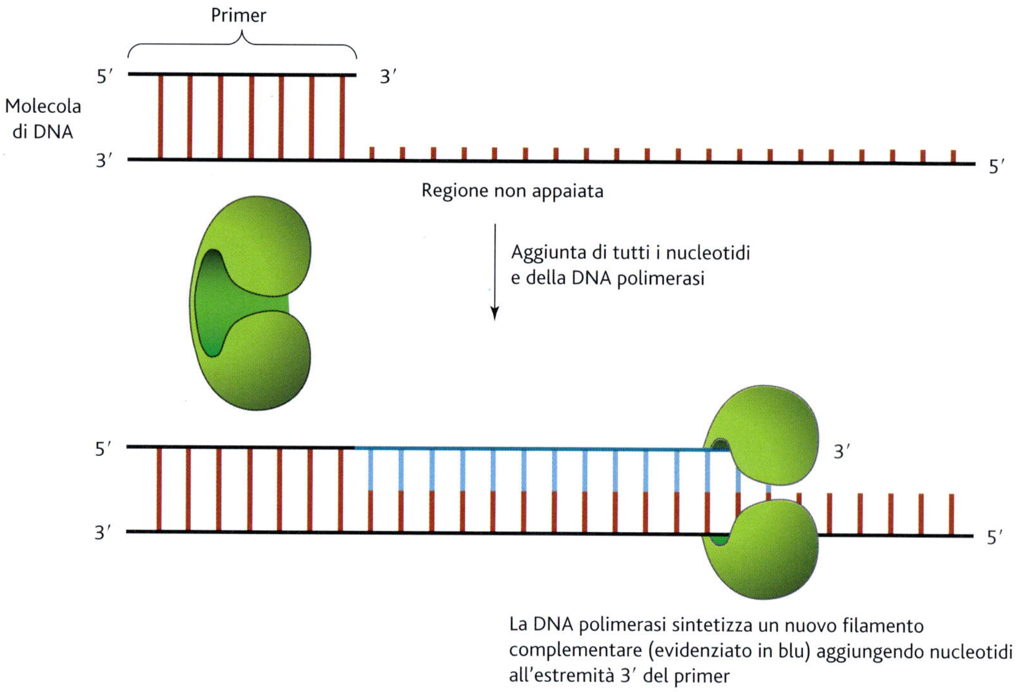

FIGURA 5.17 ■ La DNA polimerasi produce copie di una molecola di DNA esistente (nota come stampo). La reazione di sintesi del DNA richiede un primer ibridato con un singolo filamento di DNA stampo, l'enzima e tutti e quattro i nucleotidi. Il primer diventa parte della nuova molecola di DNA.

però in grado di produrre un filamento polinucleotidico *ex novo*: la loro funzione è quella di allungare un filamento già esistente. Alla miscela di reazione in provetta si aggiunge quindi una breve molecola di DNA sintetico a singolo filamento la cui sequenza è complementare a quella dello stampo (FIGURA ■ 5.17). Gli oligonucleotidi sintetici vengono comunemente usati come molecole di innesco (o *primers*) per le reazioni della DNA polimerasi.

2. **Sintetizzare DNA da uno stampo di RNA.** Le trascrittasi inverse leggono una sequenza di RNA e sintetizzano la sequenza di DNA complementare (spesso abbreviato in cDNA; FIGURA ■ 5.18). Questi enzimi sono esclusivi dei retrovirus come HIV, che hanno bisogno di convertire il proprio RNA genomico in DNA nel momento in cui infettano un ospite. Le trascrittasi inverse permettono agli scienziati di sintetizzare il DNA di un gene a partire da una molecola di RNA messaggero (mRNA). Se stiamo lavorando su un organismo eucariotico, l'mRNA è stato sottoposto a splicing per cui sono stati eliminati gli introni e rimane soltanto la sequenza codificante. Quando può essere utile studiare un gene già sottoposto a splicing? Quando abbiamo bisogno che una cellula batterica, non equipaggiata per lo splicing, produca una proteina a partire da un gene eucariotico. Ricavare il cDNA dall'mRNA è la procedura che, per esempio, ha reso possibile far produrre ai batteri grandi quantità di insulina umana. Molti diabetici usano tuttora l'insulina umana sintetizzata in cellule batteriche e non animali.

GLOSSARY

Complementary DNA (cDNA): DNA formed by reverse trascriptase acting with an RNA template.

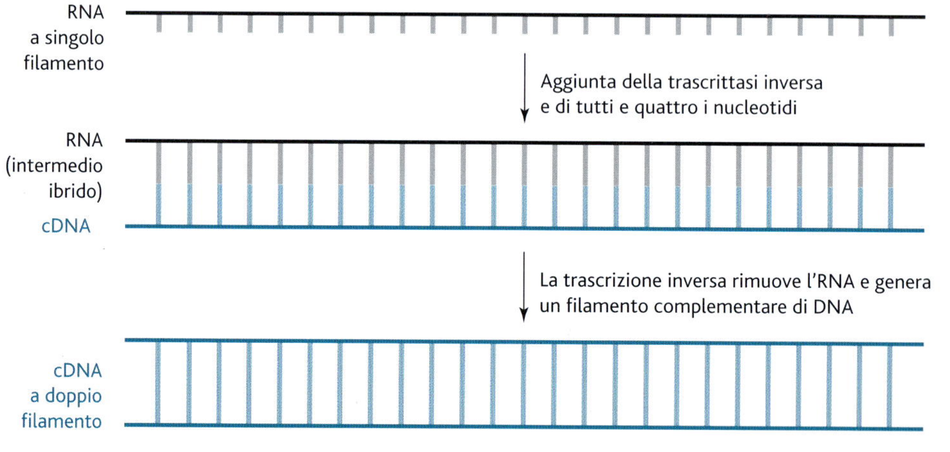

FIGURA 5.18 ■ La trascrittasi inversa utilizza RNA come stampo e sintetizza una copia di cDNA. Mediante reazioni ripetute, l'RNA può essere rimosso e sostituito con un secondo filamento di DNA.

▶ AMPLIFICARE IL DNA: LA PCR

FIGURA 5.19 ■ I ricercatori stanno sviluppando nuove tecniche di datazione delle mummie basate sull'analisi del DNA.

Negli anni Ottanta del secolo scorso, il chimico statunitense Kary Mullis intuì in che modo avrebbe potuto usare la DNA polimerasi e delle molecole di innesco per riuscire ad alimentare ripetuti processi di sintesi del DNA e ottenere in poco tempo milioni di copie di una stessa sequenza bersaglio. La sua invenzione, la **reazione a catena della polimerasi** (PCR), viene ora usata in moltissime applicazioni, dalla diagnosi di malattie alla tipizzazione del DNA fino allo studio del DNA ricavato da fossili (FIGURA ■ 5.19).

La PCR richiede che due molecole di innesco si ibridino alle estremità dei due filamenti opposti della molecola di DNA stampo. Per eseguire una PCR è necessario denaturare lo stampo di DNA e lasciare ai due inneschi, ai nucleotidi e alla DNA polimerasi il tempo di interagire e dare avvio alla reazione di sintesi. La miscela di reazione viene messa in una macchina che la sottopone a più cicli di una specifica sequenza di temperature. Per cominciare, la miscela di reazione viene scaldata a 95 °C in modo da separare i filamenti di DNA prodotto dallo stampo. Non appena la temperatura scende, gli inneschi si ibridano e danno avvio a una prima fase di sintesi della sequenza stampo. Questo ciclo viene ripetuto molte volte per arrivare alla sintesi finale di milioni se non addirittura miliardi di copie del segmento di DNA di partenza (FIGURA ■ 5.20). Tale processo è anche chiamato **amplificazione del DNA**.

Alla temperatura di 95 °C, tuttavia, molti enzimi vengono denaturati e non funzionano più. Per questa ragione nella PCR si sfrutta la DNA polimerasi di batteri come *Thermus aquaticus*, definiti termofili perché in natura vivono in ambienti con temperature molto alte, quali i geyser e le bocche termali nei fondali dell'oceano. Enzimi come la Taq polimerasi (la DNA polimerasi di *T. aquaticus*) riescono a fronteggiare ripetuti cicli di riscaldamento e consentono l'automatizzazione del processo della PCR.

GLOSSARY

Polymerase Chain Reaction (PCR):
an enzymatic technique for the rapid production of millions of copies of a particular stretch of DNA.

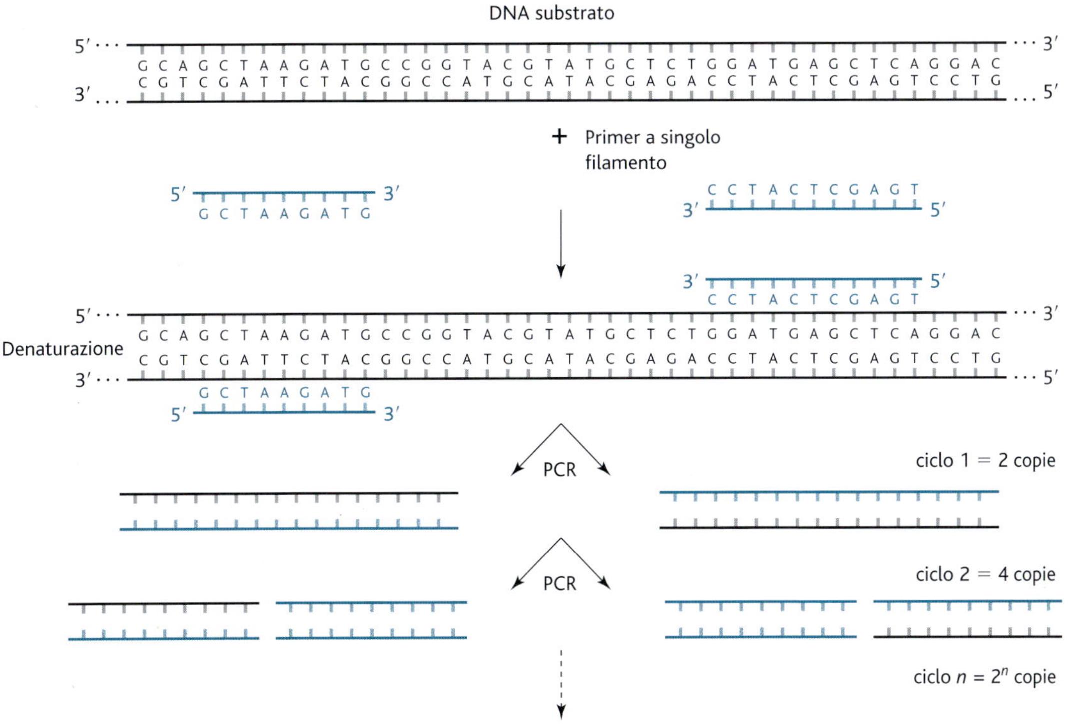

FIGURA 5.20 ■ La PCR produce molte copie di un segmento di DNA che sta all'interno delle sequenze a livello delle quali due primer a singolo filamento ibridano con la molecola di DNA stampo. I primer sono solitamente oligonucleotidi sintetici.

▶ SEQUENZIARE IL DNA

La sequenza di basi in un gene determina la sequenza di amminoacidi in una proteina. Leggere il DNA quindi consente di conoscere la composizione della proteina codificata da quel gene. Inizialmente i metodi per sequenziare il DNA erano approcci completamente chimici che necessitavano di lunghi e complessi lavori in laboratorio. L'allestimento di procedimenti *in vitro* ha permesso di accelerare e poi di automatizzare le metodiche di sequenziamento.

Il sequenziamento enzimatico del DNA utilizza nucleotidi modificati, chiamati **terminatori** i quali, come suggerito dal loro nome, arrestano la sintesi del DNA sostituendo i normali nucleotidi in posizione 3′. Esistono quattro diverse tipologie di terminatori, ognuna in grado di bloccare la reazione di sintesi all'altezza di ciascuno dei quattro diversi nucleotidi. Ciascuno dei quattro terminatori viene marcato con un gruppo fluorescente che emette un colore diverso se illuminato da un laser. Dopo una serie di cicli di sintesi del DNA in presenza dei quattro terminatori diversi in altrettante provette differenti gli scienziati separano su gel di poliacrilammide i frammenti di DNA ottenuti che sono ora marcati e di lunghezza diversa. A questo punto combinando la lunghezza di ogni frammento separato nel gel con la natura del nucleotide terminatore (A, C, T oppure G riconoscibile dal colore della fluorescenza) ricostruiscono l'ordine con cui le basi sono state aggiunte al filamento in crescita (FIGURA ■ 5.21).

Oggi molte aziende di biotecnologie e laboratori di ricerca universitari si occupano di risalire alla sequenza nucleotidica di specifici frammenti di DNA amplificando, mediante PCR, una piccola quantità di DNA stampo a doppio filamento. I risultati vengono registrati da uno strumento che individua i prodotti di reazione marcati e la sequenza nucleotidica del frammento viene inserita direttamente in un file per essere poi analizzata tramite programmi bioinformatica alla ricerca, di solito, di un particolare gene.

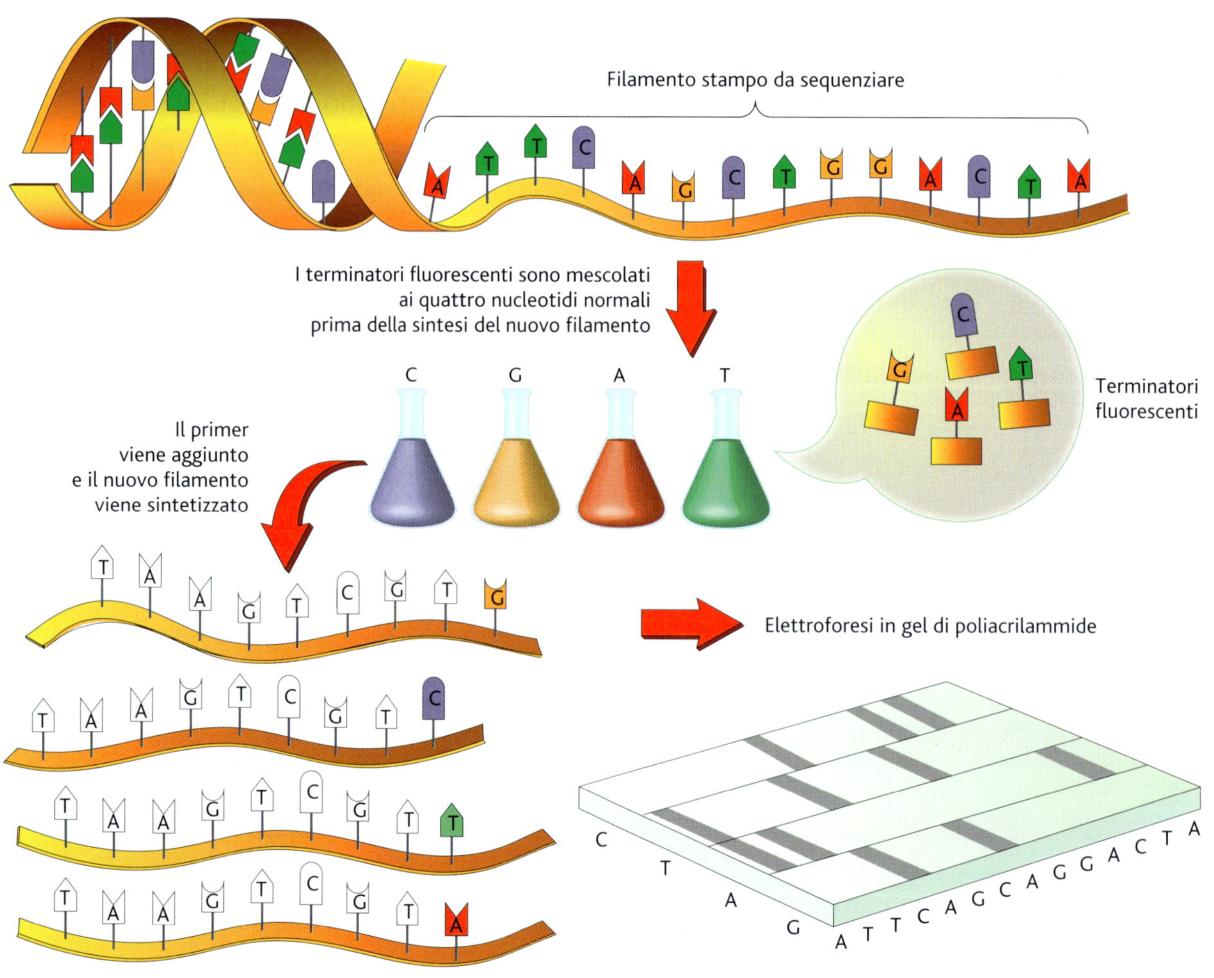

FIGURA 5.21 ■ Schema che riassume il sequenziamento del DNA.

5.4 IL CLONAGGIO E LA CLONAZIONE

Per **clonaggio** (o *clonazione molecolare*) si intende la produzione di copie multiple di una data molecola.

nota
In inglese il termine «clonaggio» si dice *molecular cloning*, mentre il termine «clonazione» si dice *cloning*.

In questo caso il termine «**clone**» può essere riferito a un gene, a una sequenza di nucleotidi o anche a una popolazione di cellule identiche (come una colonia di batteri) che contiene il frammento di DNA clonato. Il clonaggio di molecole di DNA costituisce uno strumento essenziale nell'ambito delle biotecnologie in generale e delle tecnologie del DNA ricombinante in particolare.

Tutte le applicazioni delle tecnologie del DNA ricombinante, dal Progetto Genoma Umano (che ha mappato l'intero patrimonio genetico umano) alla sintesi di nuovi farmaci, alla produzione di piante transgeniche a uso alimentare, sono possibili grazie alle tecniche di clonaggio.

Questo processo non va confuso con la **clonazione**, che è la produzione di organismi geneticamente identici a quello di partenza.

▶ CLONAGGIO DEL DNA

Il clonaggio di un frammento di DNA indica in genere il suo trasferimento all'interno di una cellula in modo da utilizzare il normale processo di replicazione di quest'ultima per ottenere più copie identiche dello stesso frammento. L'introduzione del DNA nella cellula ospite e il mantenimento al suo interno è reso possibile grazie a una molecola di trasporto chiamata **vettore**. Il primo clonaggio è stato realizzato nel 1972 da Paul Berg che ha poi condiviso il premio Nobel della chimica del 1980 con Walter Gilbert e Frederick Sanger.

Vediamo ora i punti più rilevanti della tecnica.

1. **Vettori di clonaggio.** Sono molti i modelli di vettori disponibili, ognuno specifico per il tipo di cellula ospite e per le diverse applicazioni. La tipologia più usata per il clonaggio del DNA in cellule batteriche è il plasmide, una piccola molecola circolare di DNA che contiene un'origine di replicazione, vale a dire la sequenza che fa da segnale di avvio della duplicazione del DNA (FIGURA ■ 5.22). In natura i plasmidi si trovano all'interno del citoplasma delle cellule batteriche e vengono duplicati dall'enzima DNA polimerasi del batterio. Con questa tecnica è possibile inserire DNA esogeno nei batteri; ci sono però anche vettori batterici usati per introdurre DNA negli organismi più complessi. Un plasmide naturale particolarmente utilizzato per il clonaggio proviene dal batterio chiamato *Agrobacterium tumefaciens* (più correttamente *Rhizobium radiobacter*), che è in grado di infettare organismi vegetali, causando la formazione di tumori benigni, detti *galle del colletto*. Dopo che quest'ultimo infetta la pianta ospite, il plasmide si trasferisce dalla cellula batterica alla specie vegetale e inserisce parte di sé, il cosiddetto T-DNA, nel DNA dell'ospite. Sfortunatamente solo alcune piante sono suscettibili all'infezione di *A. tumefaciens*. Anche i virus vengono comunemente usati come vettori, in particolare nelle cellule eucariotiche. In questi casi viene sfruttata la loro naturale capacità di infettare una cellula e di introdurvi l'acido nucleico, con la differenza che al posto del DNA virale viene inserito del DNA estraneo. C'è poi la possibilità di fare ricorso persino a cromosomi artificiali, costruiti inserendo le porzioni di DNA esogeno in un plasmide del batterio *Escherichia coli* (BAC, *Bacterial Artificial Chromosome*) o anche nel lievito *Saccharomyces cerevisiae* (YAC, *Yeast Artificial Chromosome*); quest'ultimo offre il vantaggio di riconoscere i meccanismi di regolazione tipici degli eucarioti. Così come ci sono diversi modelli di vettori per il clonaggio, esistono diverse modalità per introdurre del DNA in una cellula ospite. Il DNA può infatti essere iniettato direttamente nelle cellule animali mediante un

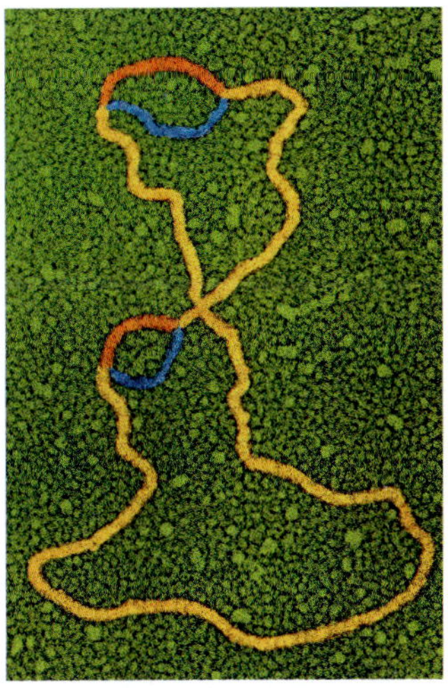

FIGURA 5.22 ■ Un plasmide batterico fotografato al microscopio elettronico a trasmissione (TEM), con evidenziati in blu due geni.

FIGURA 5.23 ■ Una «pistola per geni», o *gene gun*, viene utilizzata in laboratorio per inserire materiale genetico all'interno delle cellule.

sottile ago di vetro (*microiniezione*) o sparato su speciali pallottole di tungsteno, mediante un'apparecchiatura chiamata colloquialmente *pistola per geni* (FIGURA ■ 5.23). Le cellule vegetali, date le loro maggiori dimensioni, costituiscono bersagli più adeguati, ma la tecnica è stata applicata con successo anche a cellule animali. Tuttavia, la tecnica più usata per cellule batteriche e animali si basa sulla loro capacità di inglobare il DNA esogeno, se stimolate in modo opportuno (per esempio, tramite calore o campi elettrici).

2. **Geni marcatori.** Indipendentemente dal vettore o dal metodo di trasferimento usato, una volta che il DNA ricombinante è stato introdotto in un gruppo di cellule ospiti il compito successivo è quello di identificare quali cellule lo hanno incorporato, le cosiddette **cellule trasformate**. Le procedure di trasferimento del DNA sono relativamente inefficienti cosicché il trasferimento della sequenza nucleotidica può avvenire in una porzione talvolta molto piccola di cellule esposte al DNA ricombinante. I biologi molecolari usano spesso geni marcatori per individuare le cellule ospiti trasformate. Un **gene marcatore** fa parte del vettore e può essere qualunque gene che, quando espresso, conferisce un fenotipo riconoscibile alla cellula ospite. I geni marcatori più comuni codificano per la resistenza agli antibiotici: solo le cellule che incorporano il DNA ricombinante possono crescere in presenza dell'antibiotico e tutte le altre muoiono. Altri tipi di geni marcatori codificano per enzimi che fanno cambiare colore alla cellula se il terreno contiene particolari sostanze, forniscono alla cellula un enzima mancante, oppure rendono le cellule ospiti luminose al buio. Per determinare se il frammento di interesse è davvero presente nel vettore di DNA, vengono fatte ulteriori analisi quali l'ibridazione con una sonda che corrisponde alla sequenza di interesse, la PCR con i primer appropriati (complementari al frammento di interesse) o la purificazione e il sequenziamento del plasmide ricombinante.

FIGURA 5.24 ■ Clonaggio di DNA in plasmidi batterici ricombinanti.

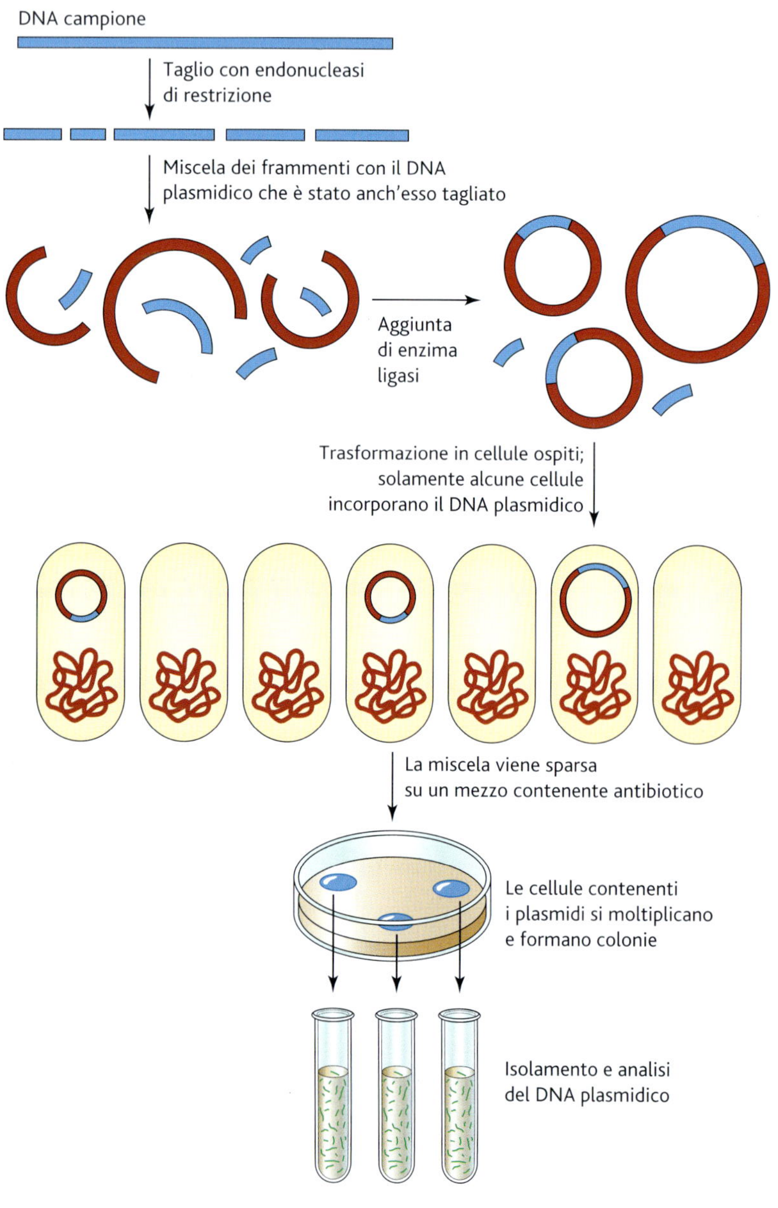

3. **Il clonaggio propriamente detto.** La FIGURA ■ 5.24 illustra il clonaggio di frammenti di DNA in plasmidi batterici. Il DNA a doppio filamento viene isolato dall'organismo donatore e tagliato in segmenti grazie a un enzima di restrizione (o una combinazione di enzimi). Il vettore plasmidico selezionato, che porta il gene per la resistenza a uno specifico antibiotico, viene tagliato con lo stesso enzima di restrizione. Per produrre grandi quantità del frammento da clonare si ricorre a una PCR in cui si usa la sorgente di DNA come stampo. Il prodotto dell'amplificazione viene poi purificato e mescolato insieme al vettore e alla DNA ligasi, l'enzima che, come dicevamo, catalizza la formazione di legami fosfodiesterici tra i frammenti e il vettore. Dopo che è stato concesso alla ligasi il tempo necessario per unire tra loro i singoli frammenti di DNA, la miscela viene introdotta in una cellula ospite mediante trasformazione. Successivamente, per individuare le cellule trasformate, le

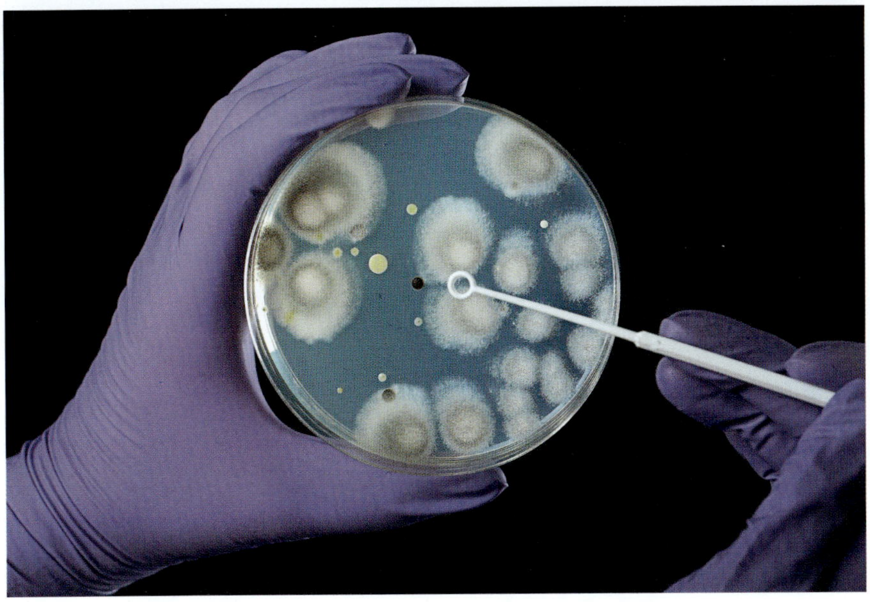

FIGURA 5.25 ■ Colonie di batteri differenziate su una piastra di Petri.

si dispone su un terreno di crescita che contiene l'antibiotico a cui l'ospite diventa resistente grazie al plasmide. Solo le cellule trasformate sono in grado di moltiplicarsi e generare una popolazione clonale. Se il mezzo di crescita è solido, la popolazione assume la forma di un piccolo ammasso di cellule, chiamata *colonia* (FIGURA ■ 5.25). Le colonie appaiono come dei puntini sparsi nel mezzo di coltura, ognuno dei quali è una popolazione geneticamente identica che contiene un solo tipo di plasmide. Il passo finale nel processo di clonazione del DNA è quello di isolare il DNA plasmidico da molte colonie, analizzarlo con enzimi di restrizione o con sequenziamento e determinare se i plasmidi di queste colonie contengono il plasmide ricombinante con all'interno il frammento desiderato. Può anche succedere, infatti, che un vettore plasmidico messo a contatto con i frammenti di restrizione e la DNA ligasi si ricomponga perfettamente senza introdurre alcun tratto di DNA esterno.

▶ BIBLIOTECHE DI DNA

Un'applicazione comune della clonazione di DNA è la produzione di quella che viene chiamata **biblioteca di DNA**, o biblioteca genica o, ancora, genoteca. Per fare una genoteca, l'intero genoma di un organismo viene digerito con enzimi di restrizione e i frammenti vengono inseriti all'interno di più vettori. Si ottiene così una miscela di plasmidi ricombinanti da introdurre nelle cellule di un organismo ospite. L'insieme delle cellule così trasformate costituisce la biblioteca di DNA dell'organismo di partenza (FIGURA ■ 5.26A nella pagina seguente) dal momento che, seppur divisa in frammenti, contiene l'intera sequenza del suo genoma.

GLOSSARY

DNA library: a collection of cloned DNA fragments that collectively represents the genome of an organism.

Una biblioteca di DNA può essere usata come sorgente d'informazioni anche se non è possibile sapere in partenza all'interno di quale plasmide, e quindi di quale cellula, si trovi il gene di nostro interesse. Per avere tale informazione è necessario passare al vaglio l'intera biblioteca.

Una biblioteca genomica dovrebbe comprendere i cloni di tutto il DNA di un organismo, che si tratti di DNA codificante e non, di geni espressi e non. Se però ciò che interessa è studiare solo i geni espressi in un particolare tessuto è più indicato realizzare quella che viene chiamata **biblioteca di cDNA**. Tali biblioteche sono basate sugli mRNA del tessuto di partenza e quindi racchiudono le sequenze codificanti di tutte le proteine che l'organismo sta producendo nel momento in cui viene isolato l'mRNA. Dopo aver recuperato tutto l'mRNA dall'organismo o dal tessuto di interesse, il passo successivo consiste nel generare, grazie a una trascrittasi inversa, una copia di cDNA per ogni molecola di mRNA estratta dal campione. I cDNA così ottenuti vengono inseriti in appositi vettori e introdotti nelle cellule ospiti (FIGURA ■ 5.26B nella pagina seguente).

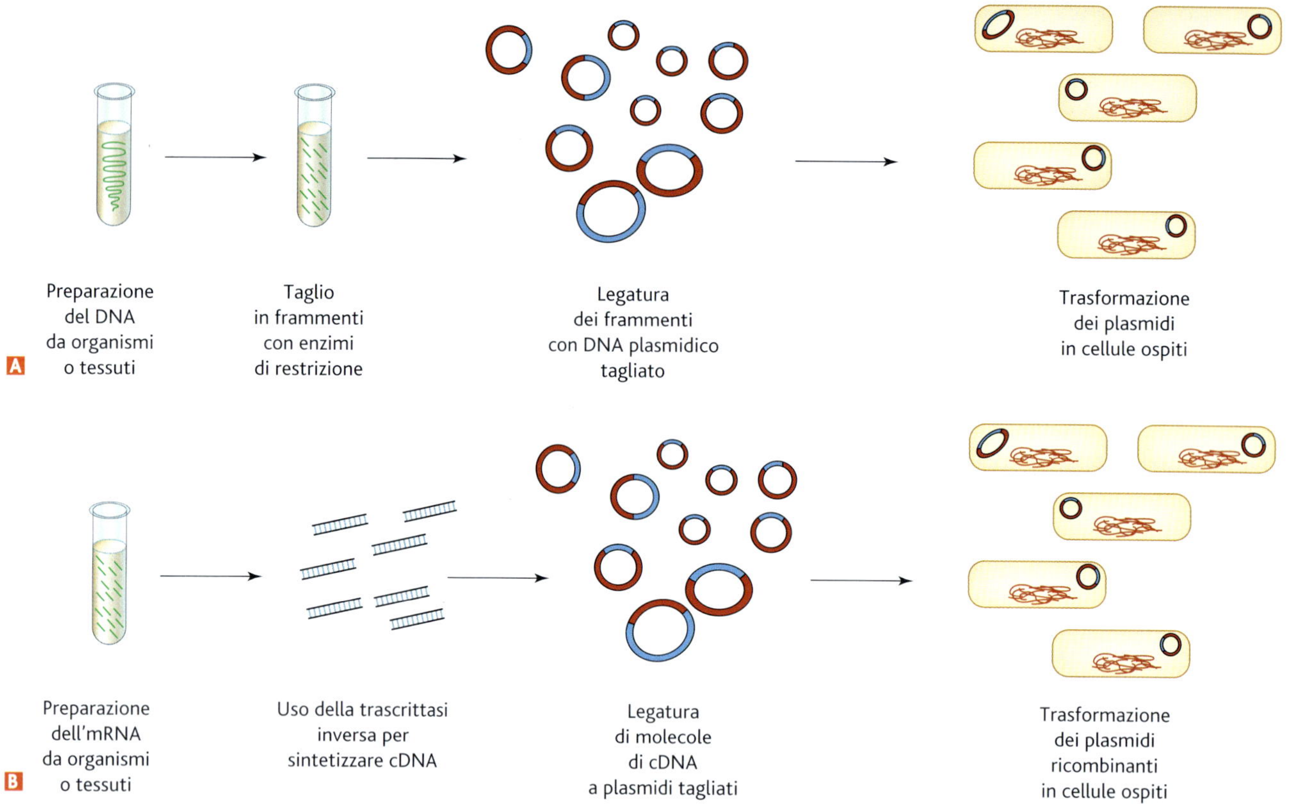

FIGURA 5.26 ■ Biblioteche di DNA (o genoteche).

FIGURA 5.27 ■ Per stabilire se dei gemelli sono monozigotici o dizigotici vengono utilizzati marcatori polimorfi del DNA analoghi a quelli che si utilizzano negli accertamenti di paternità.

▶ CLONARE ORGANISMI COMPLESSI

Come abbiamo già detto, la clonazione è la produzione di una o più copie identiche non già di una molecola, ma di un intero organismo vivente. Il termine si applica sia ai complessi organismi pluricellulari, sia a quelli unicellulari. La mitosi, per esempio, è un processo di divisione cellulare durante la quale il numero dei cromosomi rimane inalterato; essa produce pertanto un insieme di cellule uguali che chiamiamo appunto **clone cellulare**. Tale processo è cruciale per l'accrescimento e il mantenimento degli organismi pluricellulari: nel nostro corpo, infatti, le cellule si dividono per mitosi quando è necessario riparare dei tessuti danneggiati e sostituire le cellule ormai vecchie.

Anche la fase iniziale di sviluppo dell'embrione, dopo che una cellula uovo è stata fecondata da uno spermatozoo, dà origine a cloni. Da quell'unica cellula si generano infatti due cellule figlie identiche e il processo si ripete almeno per le prime tre divisioni, cioè fino a quando le cellule mantengono la loro totipotenza.

L'unico caso di identità genetica umana naturale fra individui distinti è quello dei gemelli monozigotici o identici, che originano dalla precoce separazione dell'unica massa di cellule totipotenti derivate dallo zigote (FIGURA ■ 5.27).

La clonazione esiste dunque in natura e fin dall'alba della storia gli esseri umani la praticano con successo sui vegetali, che sono particolarmente facili da clonare. La clonazione artificiale sugli animali è stata ipotizzata per primo dall'embriologo tedesco

Hans Spemann, nel 1928, e i primi tentativi sperimentali sono stati condotti sui rospi della specie *Xenopus laevis* da John Gurdon, negli anni Sessanta.

Sebbene recentemente (2012) Gurdon e Yamanaka abbiano ottenuto il premio Nobel per le loro ricerche, i più ritengono che il primo clone della storia sia la pecora Dolly, nata il 5 luglio 1996 al Roslin Institute di Edimburgo, in Scozia, grazie al lavoro dell'embriologo inglese Ian Wilmut e del suo gruppo. Dolly è il primo clone «puro» derivante da un mammifero adulto. Essa è infatti il primo organismo clonato partendo da una cellula differenziata della sua madre genetica. A ciò è dovuta l'importanza che la comunità scientifica le attribuisce, non al fatto di essere il primo clone generato. Fino alla pubblicazione del lavoro di Wilmut, la maggior parte dei ricercatori era incline a ritenere che le cellule differenziate non potessero in alcun modo tornare a essere totipotenti e non potessero quindi fornire il materiale genetico adatto a produrre un clone. Wilmut partì da una cellula somatica della pecora adulta scelta per generare una nuova pecora geneticamente identica. Egli estrasse il nucleo, e quindi il DNA, di una cellula prelevata dalla mammella di una pecora adulta e lo mise al posto del nucleo di una cellula uovo non fecondata appartenente a una pecora adulta di razza diversa, così da evitare confusioni. Questo embrione, geneticamente identico alla prima pecora, fu trasferito nell'utero di una terza pecora, di razza ancora diversa, che portò a termine la gravidanza, dando alla luce Dolly.

I ricercatori chiamano questa tecnica **trasferimento nucleare di cellula somatica in un uovo** e l'eccezionalità del metodo consiste nel fatto che riesce a far regredire una cellula adulta già specializzata, come una cellula mammaria, allo stadio di cellula embrionale totipotente.

A differenza di quanto accade nei libri e nei film di fantascienza però, la «clonazione» non genera la copia identica, e quindi già adulta dell'individuo di partenza, ma un neonato geneticamente identico allo «stampo» ma con esperienze, ricordi e condizionamenti propri, dovuti alla sua personale esperienza d'interazione con l'ambiente esterno (FIGURA ■ 5.28).

Questa nozione tende purtroppo a sfuggire all'opinione pubblica e anche ai mezzi di comunicazione di massa, il che contribuisce a incrementare la diffidenza e il timore verso questa tecnica. Tra l'altro, nonostante alcuni annunci fatti in passato, non c'è alcun indizio che la clonazione sia mai stata applicata alla nostra specie (vedi Scheda 4). Differenza di età a parte, comunque, quanto possono assomigliarsi un animale adulto e il suo clone? Un'indicazione deriva dall'osservazione dei gemelli monozigoti che, pur essendo geneticamente identici e sviluppandosi nello stesso ambiente uterino, manifestano con il tempo delle differenze.

Inoltre, studi recenti stanno dando prove sempre più consistenti che il DNA stesso può modificarsi nel corso della vita, attraverso meccanismi detti epigenetici. Anche l'epigenetica può contribuire ad accrescere le differenze tra organismi che in origine erano identici.

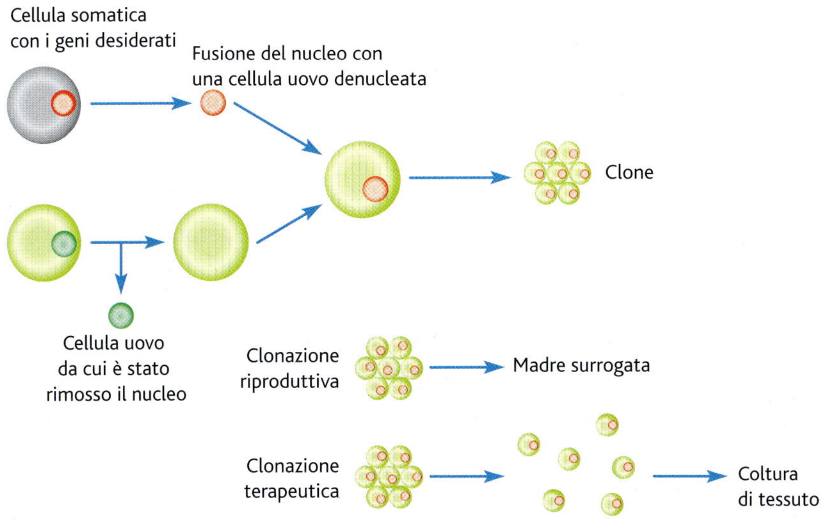

FIGURA 5.28 ■ Una visione schematica della metodica di clonazione per trasferimento nucleare utile sia a fini di clonazione riproduttiva sia di clonazione terapeutica.

Ma non è tutto. Una piccola porzione del DNA eucariotico si trova infatti nei mitocondri e quindi fuori dal nucleo; per tale ragione quando si genera un clone animale mediante la tecnica del trasferimento nucleare di cellula somatica non è semplice stabilire da quali elementi è composto il DNA mitocondriale della prole clonata. Tenendo conto di queste differenze ci si aspetta che un clone generato con questa metodica sia meno simile al genitore che dona il nucleo di quanto lo siano fra loro i gemelli monozigotici.

5.5 L'ANALISI DEL DNA

▶ LA TECNOLOGIA MICROARRAY

La tecnologia **microarray** sta trasformando le pratiche di laboratorio perché permette agli scienziati di analizzare decine di migliaia di campioni simultaneamente. In un'epoca in cui è oramai prassi comune studiare l'intero genoma di una cellula e, di conseguenza, si lavora contemporaneamente con una quantità enorme di frammenti di restrizione, questa possibilità diviene assai preziosa.

temi di bioetica

4 La clonazione

In relazione alla sua applicazione, la clonazione (ovvero la tecnica sviluppata dall'ingegneria genetica per la produzione di organismi geneticamente identici) può avere due finalità: quella terapeutica e quella riproduttiva.

La clonazione terapeutica è difesa dai sostenitori della cultura scientifica perché gli studi sugli embrioni, la moltiplicazione delle cellule staminali e la riproduzione dei tessuti e degli organi, nei quali viene applicata, consentirebbe la cura delle patologie degenerative e incurabili come la malattia di Parkinson e quella di Alzheimer, la sclerosi multipla, l'infarto al miocardio, il diabete, la cirrosi epatica, la leucemia, eccetera.

La clonazione riproduttiva (utilizzata per la prima volta nel 1996 per clonare la pecora Dolly; FIGURA ■ A) è stata da subito accompagnata da polemiche e dal timore che questa tecnica potesse essere applicata anche in campo umano per far nascere un individuo avente lo stesso corredo genetico del donatore.

■ Prospettive di sperimentazione e applicazione sugli animali e sull'uomo

La sperimentazione animale sulla clonazione non presenta problemi sostanzialmente diversi da quelli che si pongono per la produzione di animali geneticamente modificati. Le modificazioni che riguardano l'espressione dei geni possono causare nell'animale clonato anomalie di vario tipo con conseguenti stati di sofferenza, la cui regolamentazione deve essere seguita da appositi organismi tecnico-scientifici. Passando a livello della popolazione, è da sottolineare da una parte il pericolo di interventi che possono avere conseguenze negative per il mantenimento della variabilità genetica, dall'altra le potenzialità positive degli stessi interventi quando si tratti di conservare specie animali in via di estinzione.

Da un punto di vista scientifico, le possibilità di trasferimento della clonazione all'uomo, la valutazione del rischio biologico e dei benefici che ne derivano costituiscono ovviamente la materia di dibattito di maggior impatto sull'opinione pubblica e sugli organi istituzionali ai quali è demandata la regolamentazione della materia. Allo stato attuale delle conoscenze la clonazione dell'uomo appare improponibile sia dal punto di vista biologico sia per i riflessi che potrebbe avere sulla nostra evoluzione.

■ Aspetti morali della clonazione di viventi non umani

Come dice anche un «Documento del Comitato Nazionale di Bioetica», il problema morale più importante nei confronti della clonazione è che esso viola in qualche modo l'identità individuale dell'essere vivente.

Per rafforzare la tesi della liceità di clonare viventi non umani, si possono considerare i fini ulteriori per cui la clonazione viene praticata o progettata: sono noti quelli di tipo agroalimentare e gli usi medici di sostanze, tessuti, organi nonché di possibilità offerte alle indagini sperimentali in campo medico. Quindi, considerando che accettiamo la macellazione di milioni di capi di bestiame per fornirci la carne o la loro pelliccia, non può essere altrettanto lecito allevare animali clonati in laboratorio, oppure prelevare da essi organi o tessuti da utilizzare nella medicina umana?

La scelta di attuare la clonazione animale dovrà essere subordinata, comunque, alla reale necessità della sperimentazione, tenendo presente la sofferenza che si può procurare all'animale nonché il pericolo di alterare l'equilibrio dell'ecosistema.

■ Aspetti morali sulla clonazione di individui umani

Diverso è il caso dell'uomo, la cui identità individuale è oggetto del massimo rispetto. A questa concezione si riferiscono non solo molte religioni, ma anche la coscienza laica del

La tecnica consiste nell'immobilizzare differenti tratti di DNA, RNA o proteine su sottili supporti in vetro o in materiale plastico su cui si trovano molte migliaia di pozzetti, ciascuno dei quali può contenere i pochi picogrammi (1 pg = 10^{-12} g) che corrispondono a una singola sonda di DNA a singola elica, di RNA o di un polipeptide (FIGURA ■ 5.29).

FIGURA 5.29 ■ Disegno e foto di un vetrino microarray ibridato con due diversi campioni di tessuti.

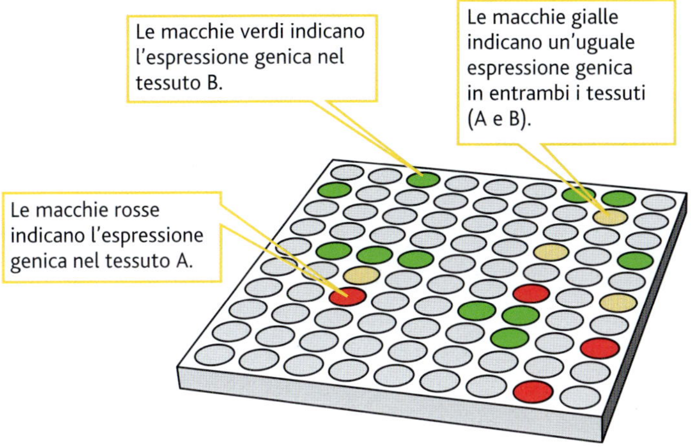

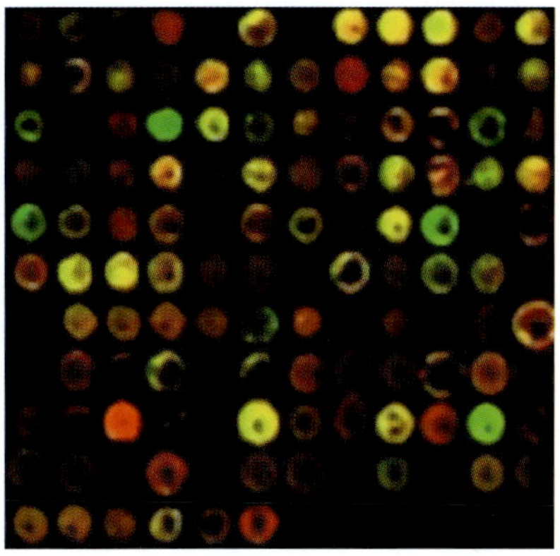

nostro tempo, che l'ha espressa nella nozione della fondamentale di autonomia e autodeterminazione del singolo individuo umano.

Il rispetto dell'identità individuale implica che nessuno abbia il diritto di decidere ciò che un altro individuo debba essere. A tale scopo nell'età moderna e contemporanea sono stati esplicitati «diritti umani» che, in sostanza, indicano una vasta gamma di non interferenze nella libera scelta del modo di essere e operare di ogni individuo, oltre che una serie di condizioni per consentirgli di realizzare concretamente questa sua autonoma crescita.

Come dimostrato dalla pratica sperimentale, il patrimonio genetico non esaurisce chiaramente tutta l'individualità umana, che è frutto anche delle influenze dell'ambiente, delle esperienze personali e delle scelte che liberamente si compiono lungo la storia personale; ciò nonostante ne è certamente la base, ed è lesivo della dignità umana che qualcuno possa decidere della costituzione genetica altrui.

Più in generale, un individuo che venisse al mondo come «copia» intenzionalmente realizzata di un altro essere umano si troverebbe caricato di attese non legate all'espressione della sua singola personalità, ma alla rappresentazione delle qualità che erano proprie di un altro individuo; con un conseguente indebolimento del valore dell'identità individuale. È dunque ampiamente condiviso il principio morale della indisponibilità di ogni individuo umano, nel senso che non può essere «messo a disposizione» di nessuno: non può cioè essere trattato esclusivamente come mezzo.

Dal punto di vista morale risulta comunque più serio il rischio di tipo «eugenistico», ovvero il rischio di pianificare a livello genetico le future generazioni in modo che corrispondano a un modello plasmato ad arbitrio di qualcuno, individuo o classe dirigente, che si arroga il diritto di disporre dei suoi simili.

Esiste infine un ultimo tipo di argomentazione morale sostenuta da coloro che vedono un nesso estremamente rilevante fra procreazione e sessualità. Nella clonazione la generazione di una persona verrebbe delegata a un intervento tecnico, in forma totalmente asessuale, portando all'estremo quella scissione fra sessualità e riproduzione che è già presente in alcune pratiche di riproduzione assistita.

Il timore che si faccia un uso improprio delle ricerche scientifiche e delle loro applicazioni all'uomo ha da tempo spinto la comunità internazionale a vigilare sulle pratiche che possono ledere il rispetto dell'essere umano, della sua integrità e singolarità, tutti elementi essenziali della dignità della persona. La condanna della clonazione umana è stata oggetto di normativa specifica da parte della comunità internazionale mediante l'elaborazione di numerosi pronunciamenti e documenti.

FIGURA A ■ La pecora Dolly nacque, clonata, nel 1996 e visse per sette anni, durante i quali diede alla luce diversi cuccioli; ora è conservata in un museo a Edimburgo.

FISSA I CONCETTI
Quanto tempo è necessario, oggi, per avere un sequenziamento completo del DNA di una persona? Giorni, mesi o anni?

In tal modo si crea una matrice (*array* in inglese) di molecole che costituisce quello che si definisce un **chip** (di DNA, RNA o proteine).

Grazie al gran numero di pozzetti, i ricercatori possono effettuare in un unico test di laboratorio la ricerca contemporanea di moltissimi geni. In questo modo, poche ore di lavoro consentono di raccogliere dati che un tempo avrebbero richiesto mesi, se non anni di impegno.

- **Microarray di DNA:** i ricercatori usano attualmente la tecnologia del microarray per studiare la struttura e la funzione dei geni. I microarray per le analisi genetiche sono noti anche come **chip di geni**. Ogni pozzetto, in un dato tipo di chip, contiene un identico segmento di DNA, che sarà in grado di appaiarsi a molecole complementari di DNA o RNA opportunamente marcate con una molecola fluorescente. Usando un lettore laser, un computer e un potente microscopio i ricercatori sono in grado di determinare i punti in cui la molecola di DNA o RNA marcata con fluorescenza riconosce una molecola complementare immobilizzata sul chip e vi si lega. Oltre al ruolo importante che i chip di DNA rivestono nella ricerca, le loro applicazioni in clinica, dove vengono principalmente utilizzati per identificare mutazioni geniche causa di malattie, sono altrettanto preziose. Questo perché il confronto di un chip in esame con uno di riferimento permette di evidenziare immediatamente le differenze genetiche, indirizzando la ricerca successiva verso le possibili cause della patologia studiata. L'uso di biblioteche di cDNA, tra l'altro, consente di studiare in modo diretto i geni che sono effettivamente espressi in una data cellula.
- **Microarray di proteine:** anche applicata alle proteine, la tecnologia dei microarray risulta un potente metodo analitico. Non solo consente di studiare l'attività di una singola proteina o di più proteine contemporaneamente, ma permette anche di individuare le relazioni più ricorrenti tra proteine diverse, analizzando gli eventuali schemi di attività e gli effetti delle loro deviazioni. Il primo uso di questi **chip di proteine** fu fatto studiando gli anticorpi, ma attualmente la loro diffusione è legata al grande successo della proteomica, di cui parleremo nel paragrafo 6. Anche in questo caso, l'uso di marcatori fluorescenti è il più usato per rilevare l'attività legata a una singola sonda.
- **Microarray di RNA:** i **chip a RNA** hanno per alcuni versi caratteristiche intermedie tra i due visti sopra. Come procedura richiamano i chip a DNA, ma poiché consentono di studiare soltanto i geni espressi, possono essere utilizzati in alternativa ai microarray di proteine. C'è tuttavia un caso in cui i chip a RNA sono gli unici utilizzabili: quando si stanno studiando i meccanismi di regolazione dell'espressione genica legati ai microRNA. Si tratta di un campo di indagine che vedremo più avanti in questo capitolo.

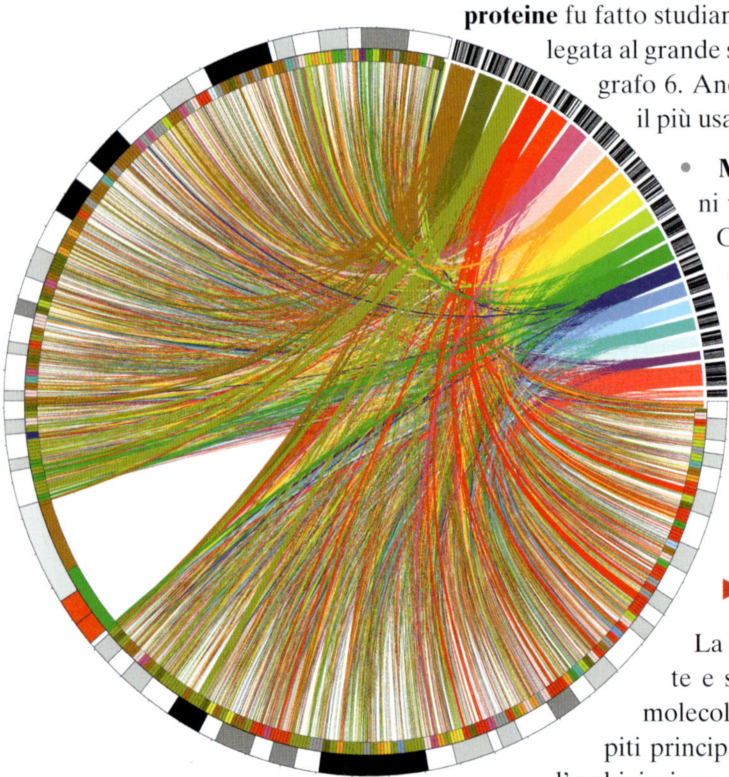

FIGURA 5.30 ■ Mappa circolare che compara il genoma del cromosoma 1 umano con l'intero genoma del topo: le linee colorate collegano i geni ortologhi, ovvero geni simili per struttura tra le due specie.

▶ LA BIOINFORMATICA

La **bioinformatica** è una disciplina relativamente recente e si colloca all'intersezione tra i campi della biologia molecolare, della matematica e dell'informatica. I suoi compiti principali sono relativi a elaborare strumenti per facilitare l'archiviazione, il recupero e l'analisi dei dati derivanti dalle analisi genetiche e genomiche (FIGURA ■ 5.30).

Nella bioinformatica convivono due approcci complementari: uno più spiccatamente tecnico e applicativo, l'altro più teorico. La bioinformatica, infatti, contribuisce anche all'elaborazione di modelli biologici interpretativi e anche per quando riguarda gli strumenti matematici e informatici esiste una ricerca più teorica, indispensabile per scovare nuove strade di sviluppo che consentano ai bioinformatici di rispondere con successo alle impegnative sfide che la gestione dei dati relativi ai sistemi biologici pone loro.

Una gran parte del lavoro degli esperti bioinformatici è comunque di natura pratica: elaborazione di software per riconoscere strutture di organizzazione, per comparare sequenze di polinucleotidi o di polipeptidi, ricerca di geni, annotazione di geni (vale a dire la loro marcatura per poterli poi individuare), visualizzazione e condivisione dei risultati ottenuti, rappresentazione spaziale di proteine e di interazioni proteina-ligando e così via.

L'interazione tra questi due approcci e il grande successo ottenuto dagli strumenti bioinformatici stanno alla base della crescita esplosiva di questo ambito della ricerca negli ultimi decenni. I campi di applicazione degli strumenti bioinformatici sono estremamente vari: si va dalla diagnostica precoce alla progettazione di nuovi farmaci mirati, dalla medicina forense alla biologia evolutiva. In quest'ultimo caso, i ricercatori si sono trovati davanti ad alcune delle sfide più complicate, come, per esempio, elaborare software che siano in grado di trattare e comparare dati che provengano da fonti e che abbiano natura del tutto differente, come le analisi molecolari e lo studio dei fossili.

Forse l'applicazione che più ha contribuito a rendere nota la bioinformatica è però il Progetto Genoma Umano, che, proprio grazie alla crescita degli strumenti informatici, è stato completato con quasi dieci anni di anticipo sulle previsioni (FIGURA ■ 5.31).

Se in nessun campo la moderna ricerca può fare a meno di internet e delle potenzialità della rete, per sua stessa natura, la bioinformatica è una delle discipline più intimamente legata a questo nuovo strumento e i siti che consentono di scaricare programmi dedicati o di lavorare online con altri ricercatori, condividendo e confrontando i propri dati sono sempre più numerosi.

FIGURA 5.31 ■ Il Progetto Genoma Umano è stata l'iniziativa parallela del *National Istitute of Health* e della società *Celera Corporation* di Craig Venter (nell'immagine) che ha portato, nel 2003, alla mappatura completa del DNA umano.

5.6 L'ANALISI DELLE PROTEINE

Le proteine sono le molecole attraverso cui si esprime l'informazione genetica. Spesso per capire quale sia la funzione di un gene all'interno di un processo biologico è necessario conoscere il ruolo della proteina codificata dal gene stesso. Per la stessa ragione, la manipolazione di un gene si ripercuote su alcuni aspetti dell'espressione proteica dell'organismo a cui il gene appartiene.

Ecco perché l'analisi dell'espressione proteica di una cellula è un'importante applicazione biotecnologica.

Le proteine possono essere facilmente estratte da un campione di cellule o tessuti grazie a semplici trattamenti chimici. Come per le miscele di molecole di DNA, anche le miscele di proteine possono essere separate mediante elettroforesi su gel (solitamente attraverso gel di poliacrilammide). Al termine dell'elettroforesi, si può allestire un chip di proteine, come abbiamo visto, oppure l'intero gel viene impregnato con appositi coloranti, oppure le proteine stesse possono essere trasferite su una membrana e vagliate alla ricerca di quelle di interesse.

▶ PROTEINE SPECIFICHE POSSONO ESSERE INDIVIDUATE CON ANTICORPI

Per capire se una proteina specifica è presente nel campione che stiamo analizzando, possiamo utilizzare degli anticorpi specifici che sono in grado di individuarla con

nota
Il nome Western Blotting venne dato per analogia con quello della tecnica chiamata Southern Blotting.

grande precisione. La tecnica da usare è quella degli anticorpi monoclonali (MAb), che vedremo nel prossimo capitolo. Dopo aver lasciato agli anticorpi il tempo di agire, si lava il campione e lo si analizza, attraverso un processo molto simile all'analisi di ibridazione fatta per identificare una sequenza di DNA. Gli anticorpi, proprio come le sonde di DNA, infatti, vengono marcati con molecole chimiche (sostanze colorate, coloranti fluorescenti o elementi radioattivi). Sono molte le procedure sperimentali che servono a individuare proteine specifiche in determinati tessuti o tipi cellulari: la separazione di miscele di proteine tramite elettroforesi grazie a una tecnica chiamata **Western Blotting** (FIGURA ■ 5.32A) oppure l'individuazione delle proteine in sezioni di tessuto o singole cellule tramite *immunoistochimica* (FIGURA ■ 5.32B) o *immunofluorescenza* (FIGURA ■ 5.32C).

Video
Identificare proteine con Western Blotting

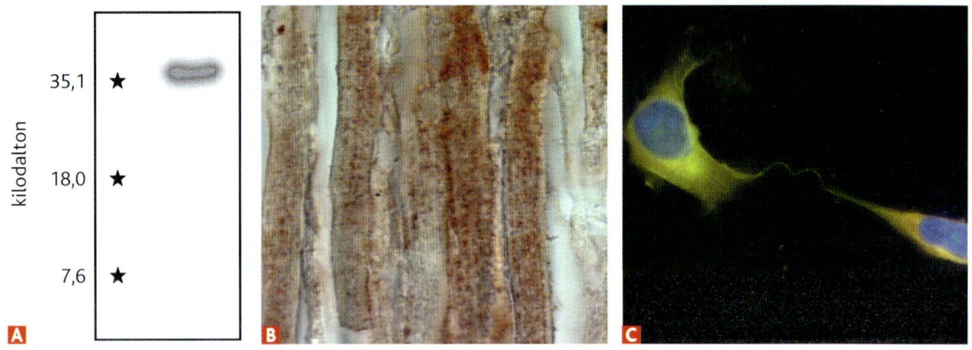

FIGURA 5.32 ■ Utilizzo di anticorpi per l'identificazione di proteine in campioni biologici.
(A) *Western Blotting* che riporta una identificazione specifica di una proteina con peso molecolare apparente di circa 35 kilodalton.
(B) Identificazione di una specifica proteina in fibre muscolari lisce di topo tramite tecniche di immunoistochimica.
(C) Cellule tumorali trattate con anticorpo contro la tubulina coniugato con molecole fluorescenti.

▶ LA PROTEOMICA

Da quando la conoscenza del genoma da parte degli scienziati è migliorata, anche l'interesse per la caratterizzazione di tutte le proteine espresse in un organismo, in un tessuto o in cellula è cresciuto fino a creare un nuovo settore di studio nell'ambito delle biotecnologie: la **proteomica**. Determinare l'identità di tutte le proteine espresse in un campione è una sfida sostanziale. Il genoma fornisce un punto di partenza: anche se i geni presenti in una data cellula indicano quali proteine *possono essere espresse*, noi sappiamo che tutte le cellule di un organismo pluricellulare condividono lo stesso genoma ma esprimono caratteristiche molto diverse. Il proteoma mira a caratterizzare quali proteine *siano effettivamente espresse* in una data cellula.

GLOSSARY
Proteomics: the branch of molecular biology concerned with determining the proteome.

Il primo passo verso questo ambizioso obiettivo è di identificare le singole proteine presenti nel campione in esame e, poiché la caratterizzazione delle proteine è spesso legata alla misura della loro massa molecolare, occorre avere in primo luogo questo valore. Per stabile la massa di una singola proteina è necessario isolarla, frammentarla con digestione enzimatica e infine determinare la massa precisa di tali frammenti mediante strumenti (come lo spettrometro di massa). Conoscere la massa di un frammento permette di risalire agli amminoacidi di cui è composto. La comparazione computerizzata fra masse generate e masse previste di tutte le possibili proteine codificate dal genoma permette di identificare le proteine di interesse; tale approccio funziona, ma richiede troppo tempo di lavoro per poter dare un contributo utile in un'analisi proteomica su larga scala.

Un approccio più pratico è quello che fa riferimento al supporto dato dalle banche-dati accessibili online e da software dedicati all'analisi dei dati. Partendo da pochi dati sperimentali relativamente semplici e confrontandoli con le banche-dati disponibili, programmi di analisi specifici conducono una «digestione virtuale», dalla quale si ottengono previsioni di quali frammenti ci si potrebbe attendere. Tali risultati sono a loro volta confrontati con le banche-dati per completare l'operazione di riconoscimento. Il tutto può sembrare astratto e inaffidabile, ma la quantità dei dati disponibili per i confronti e la qualità dei software usati sono tali che, alla prova pratica, questa procedura risulta funzionare bene.

5.7 L'INGEGNERIA GENETICA E GLI OGM

L'**ingegneria genetica** è la manipolazione del genoma di un organismo per mezzo degli strumenti biotecnologici. Può consistere nell'inserzione di un gene o nella sua rimozione oppure nella sua inattivazione.

L'obiettivo dell'ingegneria genetica è agire a livello del DNA di un organismo per fare in modo che quest'ultimo modifichi l'espressione di specifiche proteine: per produrne di più o di meno, per produrne di nuove, per bloccare la produzione di quelle vecchie.

Un organismo che si trova ad avere nel proprio genoma un gene proveniente da una fonte diversa viene spesso chiamato **organismo transgenico**, mentre il gene esterno è detto **transgene** per distinguerlo dai geni nativi dell'organismo che lo riceve. Più in generale:

qualunque organismo il cui genoma sia stato modificato per mezzo dell'ingegneria genetica, non necessariamente per l'aggiunta di un gene estraneo, è detto OGM (Organismo Geneticamente Modificato).

GLOSSARY

Genetically Modified Organisms (GMOs): organisms in which the genetic material (DNA) has been altered in a way that does not occur naturally.

I motivi per cui gli scienziati ricorrono all'ingegneria genetica sono molteplici. Il fine più comune è capire quale sia la funzione di un determinato gene. Per esempio, dopo aver scoperto che il genoma dei topi contiene gli omologhi dei geni omeotici scoperti per la prima volta in *Drosophila melanogaster,* gli scienziati hanno generato dei topi in cui i geni omeotici non erano funzionanti per verificare se quei geni svolgevano un ruolo cruciale anche nello sviluppo dei topi.

Un secondo motivo è quello di fare produrre all'organismo transgenico la proteina codificata dal transgene. Questo tipo di approccio viene usato per fare in modo che i microrganismi producano proteine terapeutiche (FIGURA ■ 5.33). Anche la rimozione o l'inibizione dell'attività di un gene possono essere molto utili, per eliminare una funzione non richiesta, oppure semplicemente per comprendere quale funzione svolga un gene appena scoperto.

FIGURA 5.33 ■ Il *Golden Rice* (a destra) è una varietà di riso transgenico che, a differenza del riso tradizionale, presenta maggiori quantità di beta-carotene, precursore della vitamina A.

Indipendentemente da quale sia lo scopo dell'ingegnerizzazione, il gene in questione deve essere per prima cosa identificato e inserito in un plasmide o in un altro vettore opportuno per poterlo poi clonare, così da poterne disporre in un gran numero di copie. Una volta clonato, poi, il gene va manipolato in laboratorio fino a quando è pronto per essere inserito nell'organismo ricevente. Nello specifico vengono aggiunti dei segnali regolativi specifici per l'organismo ricevente, come un promotore, in modo che il gene possa essere trascritto nelle cellule del suo nuovo ospite. E ancora, se si ha la necessità di decidere quando il transgene deve essere espresso, uno degli strumenti più semplici

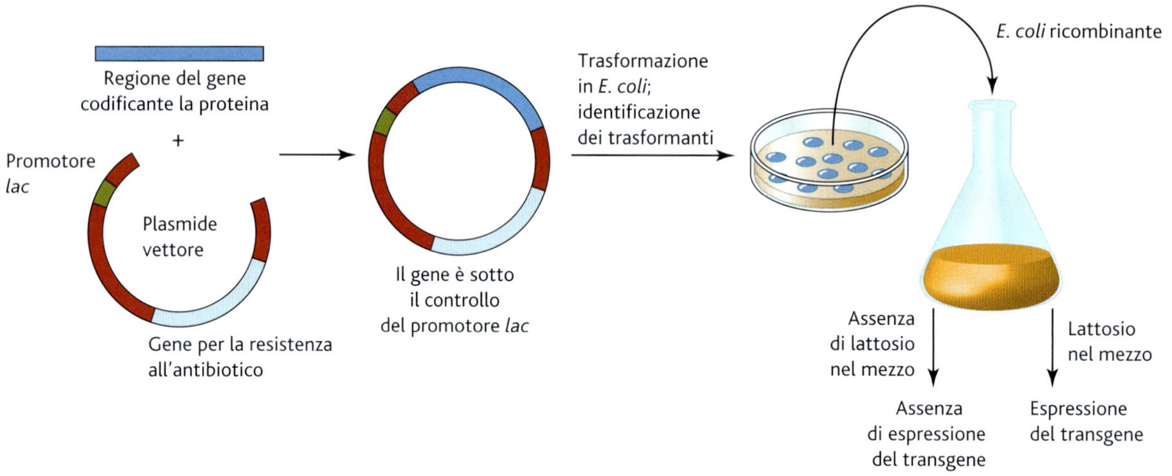

FIGURA 5.34 ■ I geni vengono spesso clonati in modo che la loro espressione possa essere controllata. Per esempio, un gene clonato con il promotore lac sarà espresso solo se è presente il lattosio nel mezzo di crescita.

per ottenere un simile risultato è ricorrere all'operone *lac*. I geni dell'operone *lac* in *Escherichia coli* vengono espressi solo in presenza di molecole di lattosio, che vanno a legarsi alla proteina che fa da repressore dell'operone, impedendogli di bloccare la trascrizione. Clonare quindi un transgene sotto il controllo del promotore *lac* e delle sue regioni regolative significa che quel gene verrà espresso solo quando aggiungeremo al mezzo di coltura del lattosio (FIGURA ■ 5.34).

Una volta che il vettore con il transgene è pronto si procede con il suo inserimento nell'organismo ricevente. Le tecniche di trasferimento più semplici, come per esempio la **trasformazione**, spostano tutto il DNA transgenico all'interno di una singola cellula e sono quindi ottimali se l'organismo ricevente è unicellulare, come un batterio. Per organismi pluricellulare è senz'altro più complicato fare in modo che il transgene venga espresso da molte cellule dell'organismo ricevente o addirittura da tutte.

nota
Il termine operone indica un gruppo di geni strutturali adiacenti, che sono trascritti nel medesimo mRNA e sono soggetti a una regolazione coordinata.

▶ L'INGEGNERIA GENETICA APPLICATA AGLI ANIMALI

L'ingegneria genetica sulle piante è più agevole e più diffusa nella pratica, pertanto ne parleremo nel prossimo capitolo, dedicato alle applicazioni delle biotecnologie.

Produrre un animale transgenico è più complicato che produrre una pianta transgenica. Se infatti riusciamo a rigenerare una pianta intera a partire da un pezzo di una sua foglia, non è possibile rigenerare un animale adulto a partire da un pezzetto del suo corpo. Un simile processo può verificarsi solo se di quell'animale disponiamo di una cellula uovo fecondata o delle sue cellule embrionali ai primi stadi di divisione dello zigote.

Vediamo qui di seguito alcuni interventi di ingegneria genetica che si attuano tipicamente su cellule animali.

1. **Microiniezione di uova fecondate.** Per creare un animale che esprima un gene estraneo al suo genoma, si inietta un frammento di DNA contenente il gene desiderato in un uovo appena fecondato (o zigote). Per portare a termine questa delicata operazione ci si avvale di una micropipetta, motivo per cui si parla di *microiniezione di uova fecondate*. Non sempre la procedura va a buon fine: in alcuni casi le uova microiniettate non sopravvivono al processo di iniezione e di quelle che sopravvivono solo una frazione incorpora e poi esprime il transgene. Così la procedura viene ripetuta più volte per aumentare le probabilità di successo.
Una volta che il trasferimento del transgene è andato a buon fine, lo zigote ingegnerizzato viene impiantato in una madre sostitutiva che porterà a termine la gestazione. Dopo la nascita il neonato viene esaminato per determinare se il suo genoma contiene il gene di interesse e la proteina che ne deriva. Scienziati dell'Istituto Politecnico e dell'Università Statale della Virginia hanno usato la tecnica della microiniezione per creare maiali transgenici che contengono all'interno del loro DNA il gene umano per il fattore VIII, il fattore della coagulazione che manca ai pazienti affetti da emofilia A. Proprio a causa di tale carenza, il sangue dei pazienti

nota
L'emofilia è una malattia genetica che si manifesta solo nei maschi perché si eredita attraverso il cromosoma X. Le donne, pertanto, possono essere portatrici sane.

emofilici non coagula appropriatamente e anche una piccola ferita può essere mortale. Prima della diffusione delle tecniche di ingegneria genetica, era molto difficile ottenere grandi quantitativi di questa proteina a scopo terapeutico.
Questa tecnica è stata usata anche da Phillip Leder e Timothy Stewart per produrre e poi brevettare il cosiddetto *oncotopo*, un ceppo di topi nei quali è stato inserito un gene umano coinvolto nell'insorgenza del tumore al seno. L'utilizzo di questi oncotopi ha fornito un innegabile contributo nello studio dell'origine e dello sviluppo delle patologie tumorali. Oggi nei laboratori di tutto il mondo vengono generati topi transgenici per molti geni coinvolti nei tumori; questi modelli sono preziosi per studiare come combattere il cancro.

2. **Sostituzione di geni nelle cellule staminali embrionali (ES).** Nella procedura di microiniezione appena vista (FIGURA ■ 5.35), il nuovo materiale genetico può inserirsi ovunque nel genoma dell'organismo ricevente. Talvolta però i ricercatori hanno l'esigenza di controllare con precisione il punto in cui inserire il transgene, e in particolare nei casi in cui l'obiettivo è rimpiazzare l'allele di un gene specifico con un nuovo allele. In questi casi gli scienziati non utilizzano lo zigote, ma le cellule ES derivate dalle prime divisioni di quest'ultimo.
Le cellule ES vengono poi isolate e fatte crescere in coltura. Per quanto riguarda il transgene, invece, viene prima manipolato (per esempio inattivato rimuovendo un segmento o introducendo codoni di stop) e poi inserito in un vettore che contiene anche i geni per la resistenza a un antibiotico specifico (per riuscire a identificare, a fine procedura, le cellule trasformate). Il vettore con il gene d'interesse viene quindi introdotto nelle cellule ES che, lasciate libere di moltiplicarsi, danno origine a una popolazione clonale. L'inserimento nel DNA dell'ospite avviene per ricombinazione tra sequenze omologhe dal momento che il gene manipolato e il genoma della cellula ospite hanno delle sequenze di DNA in comune. Il risultato finale consiste nella sostituzione del gene intatto con una sua forma inattiva. Le cellule trasformate vengono selezionate in base alla loro capacità di crescere in presenza di uno specifico antibiotico e poi analizzate per assicurarsi che il nuovo allele sia presente nel posto giusto nel genoma. L'ultima fase consiste nell'iniettare alcune di queste cellule ES ingegnerizzate in embrioni precoci di topo che, a loro volta, vengono impiantati in madri sostitutive (FIGURA ■ 5.36). Per facilitare l'identificazione dei topi che hanno incorporato le cellule ES, gli scienziati usano solitamente cellule staminali ES prelevate da embrioni di topi marroni e le impiantano in embrioni di topi bianchi. I neonati che hanno incorporato le cellule ES avranno il pelo a chiazze bianche e marroni e vengono chiamati **chimere** perché discendono da due diversi gruppi genitoriali: i topi bianchi e quelli marroni. Le parti del topo con pelo marrone sono discendenti delle cellule ES ingegnerizzate e contengono il transgene ingegnerizzato, le parti del topo con pelo bianco derivano dall'embrione originale. Per avere un topo che porti il nuovo allele in tutte le sue cellule vengono fatti incrociare tra loro i topi i cui tessuti riproduttivi sono discendenti delle cellule ingegnerizzate.

3. **Topi knockout.** L'applicazione appena descritta della tecnologia della sostituzione genica consente di ottenere i cosiddetti **topi knockout**. Quando gli scienziati identifi-

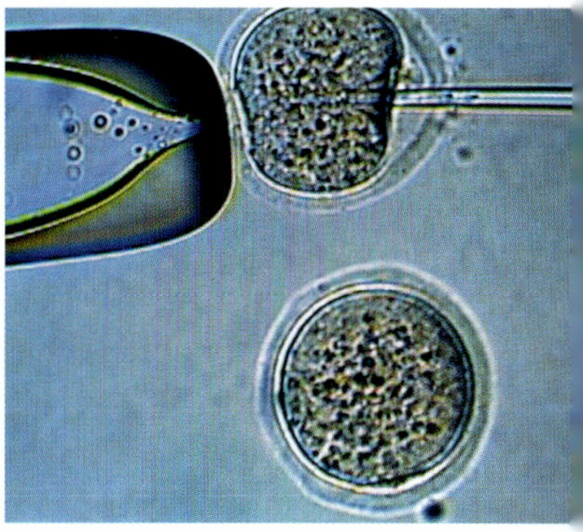

FIGURA 5.35 ■ Con la tecnica della microiniezione i biotecnologi non possono controllare in quale punto del DNA finirà il gene inserito e non sempre questa tecnica è efficace.

GLOSSARY

Chimera: an organism or tissue that contains at least two different sets of DNA.

FIGURA 5.36 ■ Produzione di un topo transgenico con cellule ES.

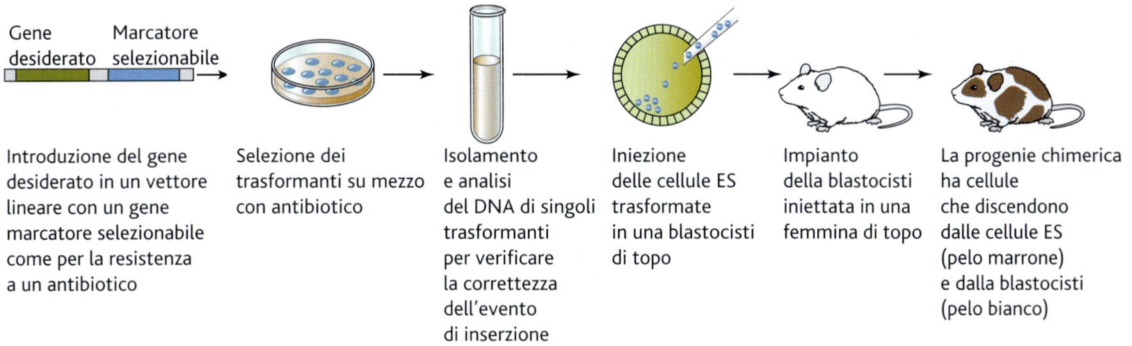

cano un gene che pensano sia coinvolto in un particolare processo fisiologico, hanno bisogno di verificare la loro ipotesi. Il modo migliore per farlo è mettere fuori combattimento tale gene in un animale da esperimento, in genere il topo, e vedere quali possono essere le conseguenze che questo tipo di manipolazione comporta. I topi knockout possono essere usati come modelli per malattie umane dal momento che i genomi di topo e uomo sono per oltre l'80% simili. Così hanno fatto alcuni scienziati dell'Università di Harvard per identificare un gene che sembrava essere coinvolto nelle forme di arresto cardiaco precoce ereditario. Gli scienziati volevano capire se la mutazione di questo gene fosse l'unica causa di malattia. Hanno quindi realizzato un topo knockout in cui il gene d'interesse era stato messo fuori combattimento o, in termini tecnici, «silenziato», e hanno visto che i topi knockout sviluppavano l'arresto cardiaco precoce dimostrando il ruolo cruciale di quel gene nell'insorgere della malattia.

5.8 IL RUOLO DELL'RNA

▶ LA TECNOLOGIA ANTISENSO

La tecnologia **antisenso** si basa sull'uso di oligonucleotidi a singolo filamento che impediscono la traduzione dell'informazione codificata nel DNA in una proteina (FIGURA ■ 5.37). Essa è usata per il **silenziamento** dell'espressione di alcuni geni. Gli oligonucleotidi possono essere di DNA o RNA, il funzionamento è basato sullo stesso principio: queste molecole hanno una sequenza complementare a quella dell'mRNA trascritto a partire dal gene bersaglio, si legano a tale molecola e ne prevengono la traduzione.

L'ibrido a doppia elica così formato è alla fine degradato da specifici enzimi. In luogo di oligonucleotidi naturali, si può anche fare ricorso ad analoghi sintetici con risultati simili.

Attualmente i ricercatori stanno usando questo approccio nella terapia di diverse patologie, dai tumori all'AIDS, dalle malattie di natura infiammatoria ad alcuni disordini genetici, come la talassemia.

FISSA I CONCETTI
Qual è la caratteristica essenziale di HIV, responsabile della sindrome da immunodeficienza acquisita (AIDS)?

▶ LA RNAi

Il meccanismo visto per la tecnologia antisenso è di fatto lo stesso alla base del processo naturale chiamato **interferenza dell'RNA** (**RNAi** nella sigla in inglese).

Il primo indizio dell'esistenza di questo fenomeno fu scoperto nel 1990 da due ricercatori, Carolyn Napoli e Richard Jorgensen, che studiavano alcune anomalie fenotipiche in piante di petunia. Dobbiamo però ai biologi statunitensi Andrew Fire e Craig C. Mello la spiegazione di come funzioni la RNAi. Per il loro lavoro, Fire e Mello hanno vinto il premio Nobel per la medicina nel 2006. La differenza fondamentale tra la RNAi e le altre

FIGURA 5.37 ■ Rappresentazione schematica della tecnologia antisenso. In questo esempio l'oligonucleotide antisenso è una molecola di RNA che blocca sia la produzione di proteina impedendo il legame dell'RNA messaggero (mRNA) sia la codifica al ribosoma.

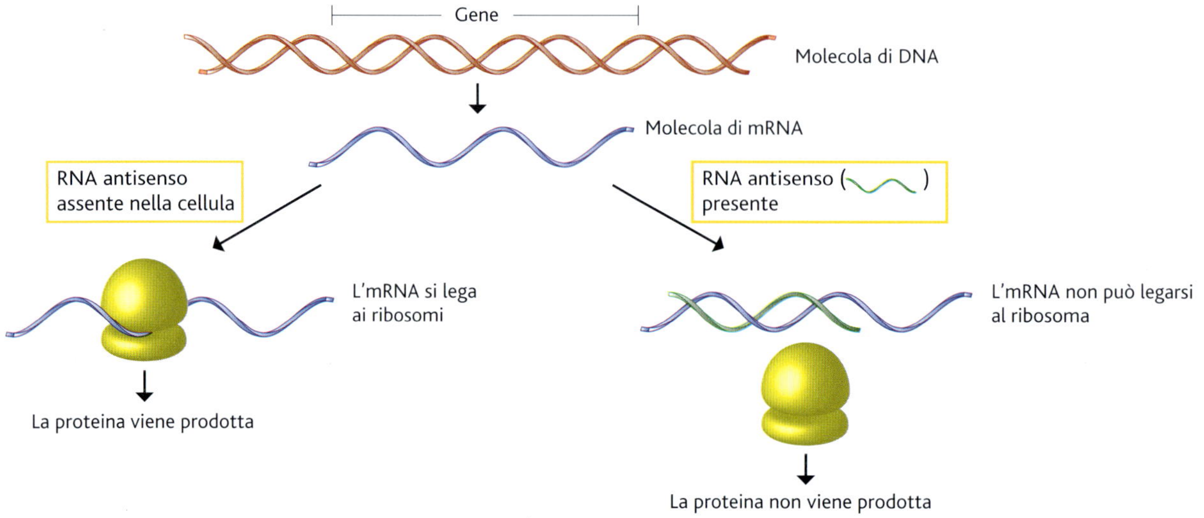

tecnologie antisenso è che la RNAi è un processo naturale, attuato dalle cellule come strumento di regolazione post-trascrizionale e anche come difesa da infezioni virali.

Il processo comincia con un riconoscimento antisenso, che porta a formare una molecola a doppia elica di RNA; essa è tagliata da un enzima detto *Dicer*. Gli oligonucleotidi così ottenuti sono detti **siRNA** (*small interfering RNA*, «piccoli RNA interferenti») e attivano la formazione di un complesso di silenziamento indotto dall'RNA (*RISC* in inglese) che contiene la proteina *Argonauta*. In molti casi, ma non in tutti, il processo si conclude con la degradazione dell'mRNA bersaglio (FIGURA ■ 5.38).

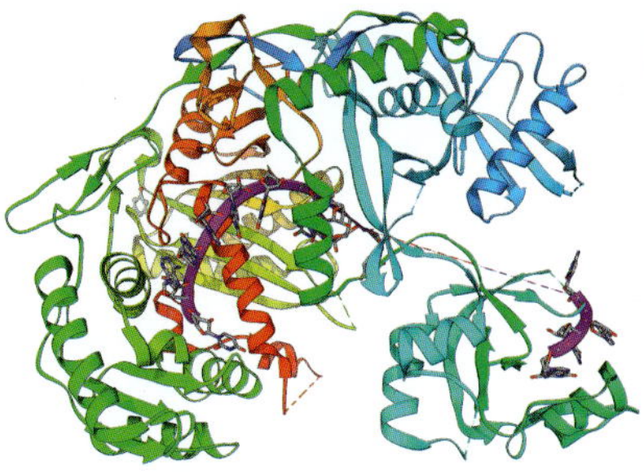

FIGURA 5.38 ■ Struttura della proteina *Argonauta*, responsabile del processo di silenziamento dell'espressione genica.

Come abbiamo già detto, la RNAi svolge un importante ruolo nella risposta all'ingresso nelle cellule di materiale genetico estraneo e può portare alla soppressione di un'infezione virale. Questo meccanismo è ben noto nelle piante, mentre poco si sa del suo funzionamento nei mammiferi, nei quali è comunque sicuro che esista. Sia per questa funzione, sia come strumento di regolazione dell'espressione genica, la RNAi ha attratto l'attenzione dei ricercatori, fin dalla fine degli anni Novanta, quando si è cominciato a comprenderne il funzionamento.

Gli usi della RNAi sono molteplici. In primo luogo offre un metodo per il knockout genico e per gli studi teorici nel campo della genomica. Inoltre svariate sono le possibili applicazioni in campo terapeutico, anche se in nessun caso ancora entrate nella pratica: silenziamento di geni collegati all'insorgenza di tumori, di vari tipi di epatite e anche a disturbi degenerativi come la malattia di Huntington.

Nel campo delle biotecnologie agricole, la RNAi si è rivelata una tecnica promettente per limitare la produzione di tossine da parte di piante commestibili. In altri casi l'mRNA è inibito senza essere effettivamente degradato. Talvolta il processo non si basa sugli siRNA, ma su un'altra classe di RNA con funzione di regolazione, i microRNA.

▶ I microRNA

I **microRNA** devono il loro nome alle loro ridotte dimensioni (FIGURA ■ 5.39). Gli RNA più noti sono quelli coinvolti nella traduzione del messaggio genetico, vale a dire la sintesi delle proteine e sono di tre tipi: RNA messaggero (mRNA), RNA ribosomale (rRNA) e RNA di trasporto (tRNA). Le dimensioni di questi RNA di solito vanno dalle diverse decine di basi nei tRNA e nei più piccoli mRNA, fino ad alcune migliaia di basi negli rRNA più grossi. Per contro i miRNA hanno una lunghezza di circa una ventina di nucleotidi.

FIGURA 5.39 ■ Modello creato al computer di un microRNA.

Come gli siRNA che abbiamo appena visto, i miRNA svolgono funzioni di regolazione dell'espressione genica e si trovano come norma negli organismi eucariotici. Essi funzionano come RNA antisenso, riconoscendo perfettamente o solo in parte il loro bersaglio molecolare, l'mRNA dello specifico gene che deve essere silenziato.

Da quando sono stati scoperti, negli anni Novanta, i miRNA sono stati collegati a un crescente numero di patologie e sono diventati sempre più interessanti per la ricerca applicata alla medicina e anche ad altri campi. Essi sono prodotti da un meccanismo molto simile a quello attivo nella prima parte della RNAi, ma il loro funzionamento si discosta successivamente da quel percorso.

Le modalità di silenziamento possono essere varie (ne sono state descritte una decina), ma alla fine si presentano due alternative: se l'appaiamento è completo, di solito porta alla degradazione dell'mRNA, se invece l'appaiamento è solo parziale, il complesso mRNA-miRNA che si forma impedisce la trascrizione dell'mRNA, che resta però potenzialmente attivo nel citoplasma. In entrambi i casi il meccanismo può modificarsi molto rapidamente, portando allo spegnimento o all'accensione dell'espressione di un gene in tempi molto più rapidi di quanto sarebbe possibile con altre forme di regolazione.

Come già la trascrittasi inversa, i miRNA hanno scardinato la consolidata idea del cosiddetto «dogma centrale» della biologia molecolare, che vedeva l'mRNA come unico intermediario tra il DNA e le proteine.

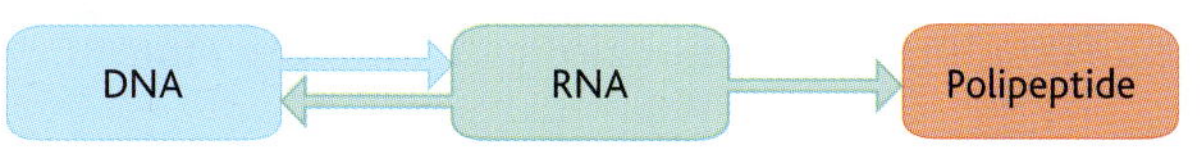

FISSA I CONCETTI

Disegna uno schema che riassuma le varie tipologie di RNA e le loro funzioni essenziali.

Dal versante teorico, inoltre, queste scoperte hanno contribuito a rivedere radicalmente le tappe della primissima evoluzione biologica e dell'origine stessa della vita, portando all'ipotesi che le prime forme viventi fossero basate proprio sull'RNA (ipotesi del mondo a RNA). In questa prospettiva, ancora più interessanti sono i ribozimi, di cui parleremo tra poco.

Per quanto riguarda le applicazioni pratiche, i miRNA sono al centro di ricerche molto varie, che vanno dalle possibili terapie antitumorali, alla cura delle patologie cardiache, fino a interventi sull'obesità e su disturbi genetici.

I RIBOZIMI E I RIBOSWITCH

Il termine ribozima deriva dalla denominazione inglese *ribonucleic acid enzyme*, vale a dire «enzima di natura ribonucleica».

Un ribozima è una molecola di RNA che possiede attività catalitica.

GLOSSARY

Ribozyme:
an antisense RNA molecule that has a catalytic activity.

I comuni enzimi sono chimicamente proteine e, fino agli anni Ottanta del secolo scorso, nessuno aveva mai trovato un'eccezione a questo fatto, sebbene alcuni biologi avessero ipotizzato una possibile attività catalitica da parte dell'RNA. Quel che di fatto si è scoperto è che esistono decine di ribozimi diversi nelle cellule e, se da un canto va rilevato che essi sono molto meno efficienti dei normali enzimi proteici, dall'altro sono coinvolti in processi di grande importanza. Contrariamente a quanto si credeva in passato, la parte più attiva dei ribosomi, ovvero le «fabbriche» di montaggio delle proteine, è data dai loro RNA e non dalle proteine che vi si trovano legate.

Come i siRNA e i miRNA, la maggior parte dei ribozimi conosciuti in natura è coinvolta in processi che hanno a che fare con la regolazione dell'espressione genica, ma i ricercatori hanno cominciato a produrre in laboratorio ribozimi progettati per compiti specifici. Attualmente questi studi sono in fase ancora arretrata e l'unica applicazione pratica finora trovata è stata una possibile terapia contro l'HIV.

L'HIV e gli altri virus a RNA sono tra i bersagli più immediati di una possibile terapia basata sui ribozimi, poiché spesso i ribozimi mostrano un comportamento **autocatalitico**, agiscono cioè su se stessi o su altre molecole di RNA. Oltre a ciò, i ribozimi sono in genere molecole più semplici degli enzimi proteici e di conseguenza più agevoli da trattare in laboratorio e con un comportamento che si può ipotizzare più facilmente prevedibile.

nota
Secondo alcuni studi, i riboswitch sarebbero la prova dell'esistenza in un «mondo a RNA», una fase storica in cui, sulla Terra, non erano presenti molecole di DNA ma solo RNA.

Il termine **riboswitch** (traducibile come «interruttore a RNA») si riferisce a una breve sequenza oligonucleotidica presente in una molecola di mRNA, che sia in grado di legarsi selettivamente a una specifica molecola effettrice (solitamente ioni o piccoli metaboliti), in modo tale che il legame modifichi l'attività dell'mRNA di cui fa parte (FIGURA ■ 5.40). Gli oligonucleotidi e gli oligopeptidi che sono in grado di riconoscere selettivamente un dato ligando sono genericamente chiamati **attameri** e quindi un riboswitch può essere considerato come un attamero in grado di regolare l'espressione di un dato mRNA.

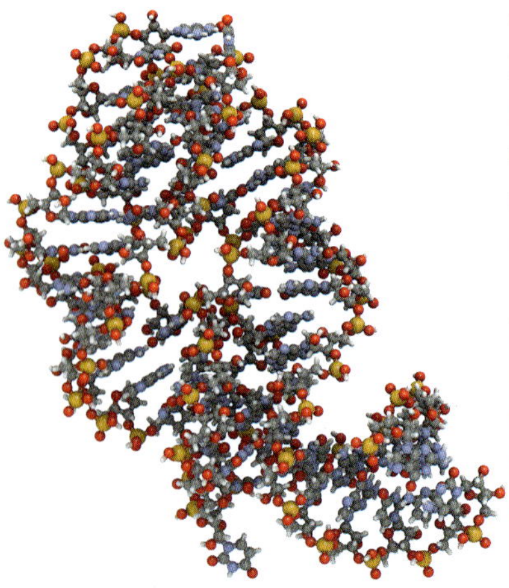

FIGURA 5.40 ■ Struttura del riboswitch che si lega alla guanina per regolare l'espressione del mRNA batterico.

Vi sono due possibilità opposte: o la molecola effettrice aumenta l'attività dell'mRNA, incrementando la quantità di proteina da esso codificata che viene prodotta o, al contrario, il legame riduce l'attività dell'mRNA e la quantità di proteina sintetizzata. In ambedue i casi si tratta di un'attività di regolazione post-trascrizionale che, proprio per questo può agire con grande rapidità. In natura sono note circa una ventina di diverse classi di riboswitch, sensibili a differenti molecole effettrici.

Nella pratica del laboratorio biotecnologico, questi elementi regolativi sono spesso aggiunti a molecole di mRNA attraverso interventi di ingegneria genetica, così da generare messaggeri che siano sensibili a un elemento regolativo opportunamente scelto. Un altro utilizzo pratico è legato al fatto che individuare i riboswitch presenti in un dato gruppo di batteri può condurre alla produzione di antibiotici mirati.

Test your English

LISTEN

DNA forensics: an archaeological case

Archaeologists study the remains of ancient humans and their artifacts to learn about early human culture. DNA analysis gives archaeologists an entirely new way to analyze remains from ancient burials and an entirely new kind of data to consider. In one case, published in 2004, a team of scientists studying the mysterious Etruscan culture found four skeletons in a tomb in the Monterozzi necropolis near Viterbo, Italy (FIGURE ■ A).

FIGURE A ■ Etruscan tomb in Tarquinia, Italy: via a narrow corridor leading downstair one has access to the rectangular burial room with a sloping ceiling.

The skeletons were those of a child, a man estimated to be in his 30s, and two people estimated to be 40- to 45-year-old. Because of the state of preservation of the skeletons, the gender of the child could not be determined. One of the two 40- to 45-year-olds was identified tentatively as a woman, but the skeleton of the other 40- to 45-year-old was too fragmentary for gender assignment. Near the skull of that individual lay bronze earrings, commonly considered a female ornament. When skeletons are too incomplete for definite gender assignment, archaeologists often rely on artifacts associated with burials to draw conclusions about who is buried there, and the earrings suggested the poorly preserved skeleton belonged to a woman. No information was available as to who the buried individuals might have been or whether they might have been related to each other.

To apply DNA analysis to the remains, the team of Italian scientists extracted DNA from bones and teeth. They used PCR with primers complementary to the SRY gene to determine the genders of the individuals. Males have the SRY gene on the Y chromosome; females lack it. Their results showed that the child, whose gender was previously unknown, was female and confirmed that the 30-something-year-old was indeed male. Surprisingly, the 40- to 45-year-old individual, tentatively identified as female because the body was buried with earrings, tested positive for SRY, showing that the skeleton was that of a man. The other older individual was indeed a woman.

To determine whether any of the individuals were related through the maternal line, the scientists determined the base sequence of portions of the hypervariable region of mitochondrial DNA from each skeleton. The mitochondrial DNA sequences of the woman, the 30-something man, and the child matched, supporting the conclusion that these individuals were related through the maternal line. The scientists hypothesized that the four individuals were a family group, with the older man and the woman being the parents of the younger man and the child. They noted that there was no way to tell whether the individuals had been buried together at the same or different times.

The DNA evidence gave the researchers an entirely different picture of the tomb than they would have had based on physical evidence alone. Before the DNA testing, the skeletons appeared to be a pair of middle-aged women, a young man, and a child, a grouping with no clear family structure. DNA evidence changed the picture to that of a likely set of parents and two children. The DNA-informed interpretation of the identities of the skeletons in the tomb painted a different picture of Etruscan culture than the tentative identifications based on the fragmentary skeletons. The authors concluded their study by stating that adding molecular data to traditional archaeological data could lead to a better understanding of Etruscan culture.

Adapted from *Molecular Biology and Biotechnology – Third Edition,* Helen Kreuzer, Adrianne Massey, ASM Press, 2008.

SUMMING UP

SINTESI DI CAPITOLO IN MP3

▸ Biotechnology and cell cultures

Biotechnology is the use of living organisms to solve problems or make useful products. *"New" biotechnology* is the use of cells and biological molecules to solve problems or make useful products.

Stem cells are undifferentiated cells that can differentiate into specialized cells and can divide (through mitosis) to produce more stem cells. They are found in multicellular organisms. In mammals, there are two broad types of stem cells: *embryonic stem cells*, which are isolated from the inner cell mass of blastocysts, and *adult stem cells*, which are found in various tissues.

▸ Recombinant DNA and cloning

Recombinant DNA technology is a set of techniques used to manipulate DNA. One of the main techniques is DNA cloning (because it produces an unlimited number of copies of a particular DNA segment), and the result is called a DNA clone or gene clone (if the segment is a gene), or simply a *clone*.

Electrophoresis is a technique that separates charged molecules such as DNA, RNA or proteins on the basis of relative migration in an appropriate matrix (e.g. agarose or polyacrylamide gel) under an electric field.

Southern blotting is a technique for transferring denatured DNA molecules that have been separated electrophoretically, from gel to a matrix a hybridization assay can be performed on.

Polymerase chain reaction (*PCR*) is a procedure that amplifies a particular DNA sequence. It involves multiple cycles of *denaturation*, *annealing* to oligonucleotide primers, and *extension* (polynucleotide synthesis), using a thermostable DNA polymerase, deoxyribonucleotides, and primer sequences in multiple cycles of denaturation-renaturation-DNA synthesis.

DNA sequencing is a procedure for determining the nucleotide sequence of a DNA fragment. The Sanger technique uses DNA polymerase to make new DNA chains, with dideoxy nucleotides (chain terminators) to stop the chain randomly as it grows.

A *cloning vector* is a small, self-replicating DNA molecule (usually a plasmid or viral DNA chromosome) which foreign DNA is inserted into in the process of cloning genes or other DNA sequences of interest. It can carry inserted DNA and be perpetuated in a host cell.

▸ DNA and protein analysis

A *DNA microarray* (also known as DNA chip or biochip) is a collection of microscopic DNA spots attached to a solid surface. Scientists use DNA microarrays to measure the expression levels of large numbers of genes simultaneously or to genotype multiple regions of a genome. A *protein microarray* (or protein chip) is a high-throughput method used to track the interactions and activities of proteins, and to determine their function on a large scale.

Western blotting is a technique in which protein is transferred from an electrophoretic gel to a cellulose or nylon support membrane following electrophoresis. A particular protein molecule can then be identified by probing the blot with a radiolabeled antibody which binds only to the specific protein the antibody was prepared against. This technique is useful, for example, for measuring levels of production of a specific protein in a particular tissue or at a particular developmental stage.

▸ Genetically modified organisms and RNA world

An organism which has been manipulated using recombinant DNA techniques is called a *genetically modified organism* (*GMO*).

Knockout animals ensue from an embryonic stem cell in which a normal functional gene has been replaced by a non-functional form of the gene.

RNA interference (*RNAi*) is a biological process in which RNA molecules inhibit gene expression, typically by causing the destruction of specific mRNA molecules.

A *microRNA* (*miRNA*) is a small non-coding RNA molecule found in plants, animals, and some viruses, which functions in transcriptional and post-transcriptional regulation of gene expression.

5.1 Una visione d'insieme sulle biotecnologie

1 ■ Le biotecnologie sono:
A un settore scientifico nato nel Novecento e riservato a laboratori altamente attrezzati.
B una pratica millenaria che si è affinata nel corso dei secoli a partire dai contadini mesopotamici ed egizi.
C un insieme di tecniche utili per produrre cibi più gustosi.
D un settore scientifico di rilevanza limitata.

2 ■ L'ingegneria genetica, rispetto alle tecniche tradizionali di incrocio selettivo, è:
A più precisa.
B più rischiosa.
C meno efficace.
D meno rapida.

3 ■ Grazie alle biotecnologie si possono inserire in una specie geni provenienti da specie diverse. V F

5.2 La tecnologia delle colture cellulari

4 ■ Le cellule staminali:
A sono una risorsa che si può applicare in ambito diagnostico.
B sono cellule in grado di differenziare in qualunque tipologia di cellula.
C sono presenti solo nei vegetali.
D sono state create dagli scienziati in laboratorio.

5 ■ A livello industriale le colture cellulari vengono fatte crescere all'interno di apparecchi chiamati biodegradatori. V F

6 ■ La totipotenza delle cellule staminali è una caratteristica che garantisce l'immortalità alle piante V F

5.3 La tecnologia del DNA ricombinante

7 ■ L'elettroforesi viene utilizzata:
A *in vivo*, attraverso uno screening delle cellule di un paziente.
B per verificare la presenza di un frammento di DNA o di una proteina in un campione.
C per stimare il tempo di mutazione di un tratto di DNA.
D per amplificare un frammento di genoma a scopi forensi.

8 ■ Attraverso la PCR è possibile:
A produrre milioni di copie di RNA a partire da un frammento di DNA.
B ricavare informazioni sulle mutazioni presenti nel genoma.
C salvare cellule che hanno perso la capacità di duplicare il proprio DNA.
D amplificare un frammento di DNA all'infinto.

9 ■ Gli enzimi di restrizione riconoscono sequenze palindromiche. V F

10 ■ La Taq polimerasi è un enzima sintetico, creato in laboratorio per sopportare le alte temperature. V F

5.4 Il clonaggio e la clonazione

11 ■ *Agrobacterium tumefaciens*:
A è un fungo parassita che provoca la formazione di tumori benigni nelle piante.
B è un batterio simbionte che vive nelle radici delle piante.
C viene utilizzato per introdurre geni desiderati all'interno di altre cellule.
D contiene nel proprio genoma i geni che l'uomo vuole inserire in altre cellule.

12 ■ Le biblioteche di DNA sono:
A una rassegna di tutti i geni presenti all'interno del genoma di un organismo.
B il termine con cui in gergo i biologi chiamano i cromosomi.
C un database con elencate le funzioni dei geni.
D la collezione dei geni espressi in un particolare tessuto di un organismo.

13 ■ I termini «clonaggio» e «clonazione» sono sinonimi. V F

5.5 L'analisi del DNA

14 ■ I chip di geni sono:
A dispositivi elettronici utili per memorizzare le informazioni contenute nel genoma.
B supporti in vetro o plastica utili per studiare struttura e funzione dei geni.
C memorie digitali impiegate per la sintesi di proteine in laboratorio.
D strumenti applicati in ambito clinico-diagnostico.

15 ■ La bioinformatica è una disciplina che ha avuto grande seguito dopo la conclusione del Progetto Genoma Umano. V F

5.6 L'analisi delle proteine

16 ■ È falso affermare che la proteomica:
A sarebbe stata possibile senza l'avvento delle banche dati.
B è la disciplina che studia i geni che codificano per proteine.
C è uguale nelle cellule di tessuti molto diversi, come quello nervoso e quello connettivo.
D sfrutta le tecniche di riconoscimento come il Western Blotting.

17 ■ Il Western Blotting è una tecnica basata sull'impiego dell'elettroforesi su gel. V F

5.7 L'ingegneria genetica e gli OGM

18 Un OGM è:
- [A] un batterio, una pianta o un animale che è stato clonato.
- [B] un batterio in cui è stato immesso l'intero genoma di un'altra specie.
- [C] un organismo vivente da cui si estraggono sostanze utili all'uomo.
- [D] un organismo che presenta geni diversi da quelli che avrebbe comunemente.

19 La microiniezione è la migliore tra le tecniche di ingegneria genetica sviluppate dall'uomo. [V] [F]

20 «Oncotopo» e «topo knockout» sono espressioni sinonime. [V] [F]

5.8 Il ruolo dell'RNA

21 Con il termine ribozima si intende:
- [A] un enzima che catalizza le attività del ribosio.
- [B] un RNA dotato di attività catalitica.
- [C] una proteina dedicata alla sintesi di RNA.
- [D] l'insieme di tutti gli RNA presenti nella cellula.

22 La tecnologia antisenso è utilizzata per bloccare la sintesi di proteine. [V] [F]

23 È stato dimostrato sperimentalmente che l'RNA è coinvolto soltanto nella sintesi proteica. [V] [F]

▶ Trattazione sintetica degli argomenti

Sviluppa i seguenti argomenti cercando di riportare gli aspetti più significativi in un testo di non più di 8-10 righe.

24 Che cosa sono le biotecnologie e che differenza esiste tra questo concetto e quello di OGM?

25 Che cosa si intende per «coltura cellulare»?

26 Quali enzimi giocano un ruolo chiave nella tecnologia del DNA ricombinante?

27 Che differenza c'è tra una biblioteca di DNA e una di cDNA? Dovendo confrontare due individui, uno sano e uno malato per la mancanza di una proteina, quale delle due biblioteche sarebbe più utile?

28 Come avviene il processo di trasformazione batterica e perché viene effettuato?

Sviluppa i seguenti argomenti in modo esauriente, usando il lessico specifico e curando l'esposizione; la risposta non deve superare le 15 righe.

29 Quali sono le tappe fondamentali della tecnologia del DNA ricombinante?

30 Descrivi le diverse tipologie di cellule staminali indicando almeno un esempio per ognuna di esse.

Leggi attentamente la traccia seguente; documentati se necessario e svolgi la prova curando l'esposizione e la terminologia.

31 Cellule staminali e clonazione sono due degli argomenti che maggiormente infiammano il dibattito etico e scientifico nel settore biotecnologico. A partire da una ricerca in Rete, scegli un argomento e approfondisci i nodi salienti della questione, con particolare attenzione ai toni e alla proprietà di linguaggio utilizzati dai media.

20 esercizi interattivi

Capitolo **6**

Le applicazioni delle biotecnologie

6.1 LE BIOTECNOLOGIE MEDICHE

Video
Analisi genetica per l'anemia falciforme

A partire dagli ultimi anni del secolo scorso, la commercializzazione dei prodotti biotecnologici è in continua e rapida espansione. Ciò nonostante, diversi Paesi del mondo, Unione Europea compresa, hanno leggi che ne regolano la diffusione o vietano espressamente che siano messi sul mercato. La maggior parte delle applicazioni rientra in tre settori principali: la cura della salute umana, l'agricoltura, la gestione dell'ambiente (FIGURA ■ 6.1). A tutt'oggi, le biotecnologie hanno incontrato il consenso più generalizzato nella produzione di farmaci e di vaccini, mentre la resistenza è massima nel campo dell'agricoltura.

Alcune di queste biotecnologie le abbiamo già viste, altre le vedremo nel corso di questo capitolo.

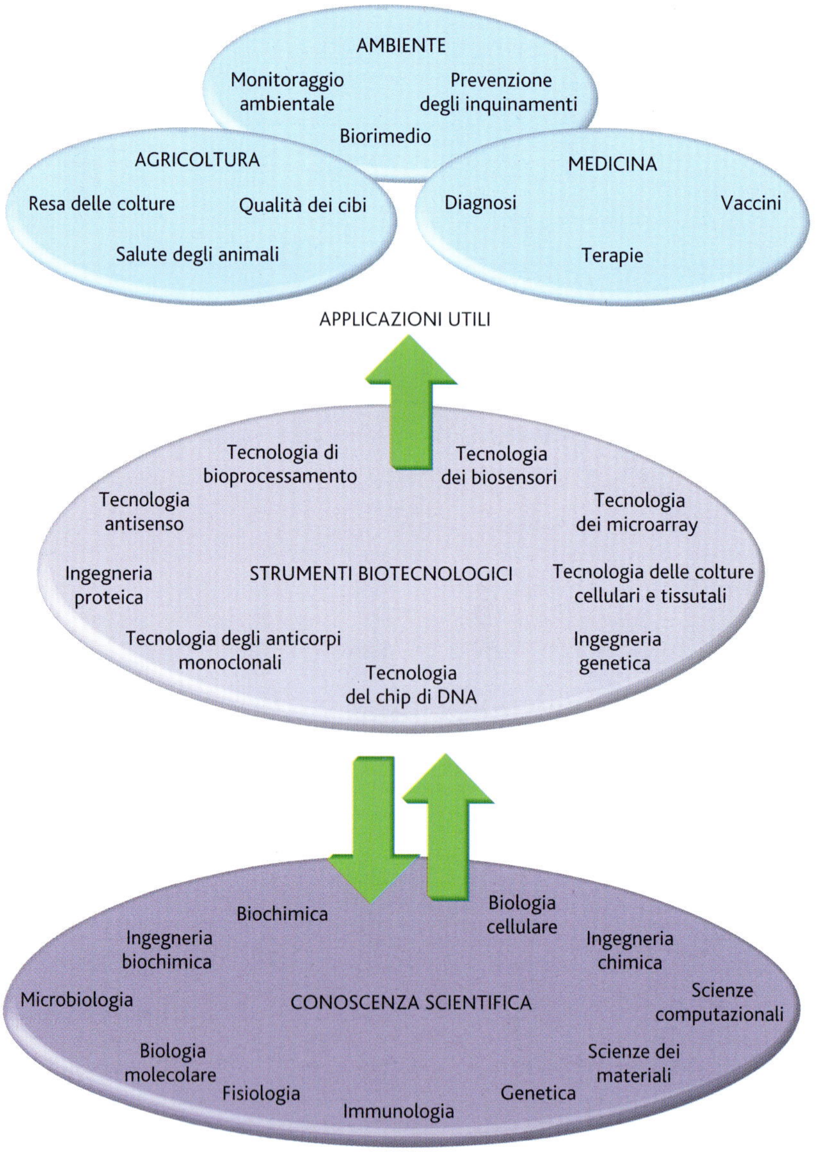

FIGURA 6.1 ■ La sintesi delle conoscenze tecniche e scientifiche di molte discipline accademiche ha prodotto l'insieme di tecnologie utili che vanno oggi sotto il nome di biotecnologie. Ogni singola tecnologia verrà utilizzata da un gran numero di industrie per produrre una quantità di prodotti ancora maggiore.

▶ LA DIAGNOSTICA

Approfondimento
Temi di bioetica: i test genetici

La probabilità per un medico di avere successo nella cura di una malattia dipende molto dal poterla diagnosticare in anticipo. Grazie ai progressi della ricerca in questo campo, spesso sostenuti dagli strumenti delle biotecnologie, oggi sono disponibili nuove tecniche diagnostiche che rendono possibile individuare più velocemente e con maggior accuratezza numerose le malattie.

Uno dei vantaggi delle applicazioni biotecnologiche riguarda i tempi di diagnosi: molti dei nuovi metodi di analisi sono basati sull'utilizzo di kit portatili, che consentono di effettuare le opportune valutazioni direttamente al letto del paziente. In questo modo i medici possono decidere immediatamente come intervenire, senza attendere i risultati delle analisi effettuate in un laboratorio ospedaliero centralizzato. Infine va notato che, siccome molti dei nuovi dispositivi analitici sono basati su reazioni rivelabili con variazioni di colore simili al test di gravidanza usato comunemente in casa, i risultati possono essere interpretati senza l'ausilio di costose apparecchiature di laboratorio o personale altamente qualificato, rendendo quindi l'intero sistema di analisi disponibile anche alle comunità più povere e alle nazioni in via di sviluppo.

Va considerato che la diagnosi e l'intervento precoce nei confronti delle malattie non solo diminuisce gli effetti dannosi della patologia sul paziente, ma ha anche importanti ripercussioni sulla gestione della salute pubblica.

Alcune forme di tumore sono ora diagnosticabili grazie al semplice prelievo di un campione di sangue, eliminando quindi la necessità di interventi chirurgici esplorativi, che sono costosi e invasivi. In molti casi la molecola che viene identificata dal sistema diagnostico è secreta da cellule pre-cancerose e si può dunque intervenire prima che queste si trasformino e generino metastasi.

È vero che l'uso di questi marker tumorali non è sempre soddisfacente come si desidererebbe e può dare sia falsi positivi sia falsi negativi, ma con l'esperienza e il progredire delle ricerche è auspicabile che l'attendibilità di questi marker migliori.

GLOSSARY

Tumor marker:
a substance that is produced by cancer or by other cells of the body in response to cancer or certain benign (non cancerous) conditions.

▶ I TRATTAMENTI TERAPEUTICI

La ricerca di base è spesso il punto di partenza per i miglioramenti delle tecniche applicative. I progressi seguiti al completamento del Progetto Genoma Umano, per esempio, promettono ulteriori miglioramenti in campo medico. In particolare, molte speranze si concentrano sul possibile utilizzo di cellule staminali o terapie geniche per trattare malattie degenerative, quali la malattia di Alzheimer e quella di Parkinson, che attualmente non sono in alcun modo curabili.

Le biotecnologie possono contribuire a fornire sia versioni migliorate dei trattamenti terapeutici attuali sia nuove cure. Vediamo alcuni dei campi della ricerca in campo medico nei quali le biotecnologie stanno offrendo un significativo contributo.

- **Prodotti naturali a uso farmaceutico.** Svariate biotecnologie sono necessarie per poter sfruttare appieno le potenzialità di molte sostanze preziose per la medicina che si trovano in natura. Si va da piante come la digitale purpurea (*Digitalis purpurea*; FIGURA ■ 6.2A), da cui si ricava una sostanza utilizzata per la cura delle cardiopatie, o il tasso (*Taxus baccata*), che contiene principi attivi contro il tumore dell'ovaia e il tumore del seno, ad animali come la rana freccia (*Dendrobates reticulatus*; FIGURA ■ 6.2B), da cui si ottengono alcuni antidolorifici. Per potere utilizzare industrialmen-

FIGURA 6.2 ■ (A) *Digitalis purpurea* in dosi troppo elevate risulta tossica e 10 g di foglie secche possono uccidere un uomo. (B) La «rana freccia», *Dendrobates reticulatus*, è la più piccola specie di anfibio vivente.

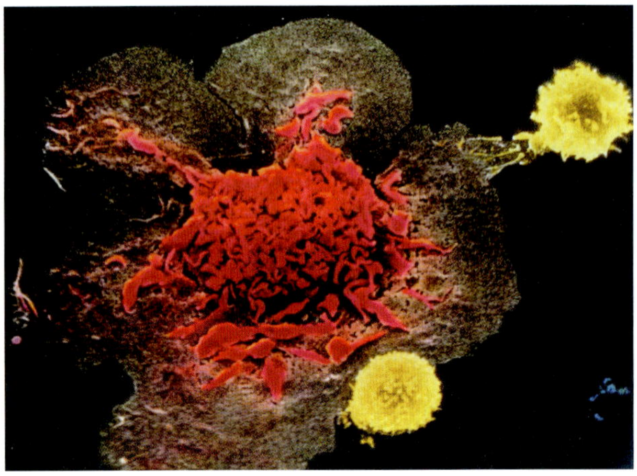

FIGURA 6.3 ■ Immagine in falsi colori di due linfociti T (in giallo) che aggrediscono una cellula tumorale (in rosso) dopo la somministrazione di interleuchina 2.

nota
Lo ialuronato viene utilizzato anche come cosmetico all'interno di creme idratanti per la pelle.

te questi farmaci di origine naturale, però, è necessario fare ricorso a tecniche come le colture cellulari e le fermentazioni batteriche.

- **Agenti terapeutici endogeni.** La tecnologia del DNA ricombinante e il clonaggio molecolare sono necessari per sfruttare le possibilità terapeutiche di diverse molecole che il corpo umano produce naturalmente. È infatti possibile ottenere colture batteriche che producano composti come gli interferoni, che stimolano la risposta alle infezioni, l'interleuchina 2, che attiva la risposta delle cellule T (FIGURA ■ 6.3), l'eritropoietina, che regola la produzione di globuli rossi, e l'attivatore del plasminogeno tissutale, che dissolve i coaguli sanguigni.
- **Biopolimeri come dispositivi medici.** Le colture cellulari batteriche e animali sono indispensabili per produrre e per valutare l'efficacia di alcune sostanze presenti in natura che, in quanto materiali biologici, sono più compatibili con i tessuti umani e, una volta terminata la loro azione, non sono dannosi per l'ambiente. Per esempio, lo ialuronato è un polisaccaride formato da un monomero derivato da molecole di zucchero, che si trova soprattutto nella matrice del tessuto connettivo. Esso ha elasticità e viscosità simili a quelle delle materie plastiche e inoltre è solubile in acqua; grazie a queste sue proprietà viene usato per trattare le artriti, prevenire cicatrizzazioni post-intervento nella cataratta e veicolare i farmaci.

- **Terapie di sostituzione.** Molte malattie derivano da geni difettosi che portano alla mancanza totale o alla produzione inadeguata di alcune delle sostanze, solitamente proteiche, prodotte dalle nostre cellule. In passato, una volta identificata l'espressione difettosa o mancante di alcune proteine, si interveniva fornendo al paziente quella stessa proteina, ricavandola da specie microbiche o animali, come nel caso dell'insulina (FIGURA ■ 6.4). Queste tecniche salvavita non erano prive di difetti, a partire dal fatto che una proteina animale solitamente non è identica a quella prodotta dal corpo umano, cosicché, in alcuni casi, tali proteine potevano indurre una risposta immunitaria una volta iniettate. Esisteva poi il rischio che le molecole ottenute da sorgenti estranee fossero contaminate da patogeni o sostanze nocive. Oggi, grazie all'utilizzo in laboratorio delle colture cellulari di mammifero e di colonie di batteri geneticamente modificati con l'inserzione del gene interessato, la sintesi delle proteine umane avviene in condizioni ben controllate. La TABELLA ■ 6.1 riporta alcune delle malattie oggi trattate con proteine sintetizzate in batteri o in cellule di mammifero.

FIGURA 6.4 ■ Prima di essere prodotta per via biotecnologica, l'insulina era estratta dal pancreas di bovini e maiali.

Video
Trasformazione batterica con il gene dell'insulina

FISSA I CONCETTI
Da quali termini inglesi deriva la parola «pharming» e che cosa significa?

- **Produrre farmaci mediante piante e animali transgenici.** Abbiamo già descritto alcuni dei metodi utilizzati per produrre grandi quantitativi di proteine. Benché queste procedure abbiano permesso alle aziende farmaceutiche di ottenere quantità sufficienti di proteine ad azione terapeutica, i costi di costruzione e mantenimento degli impianti sono molto alti. Con le tecniche di ingegneria genetica si pensa che le piante transgeniche o il latte di animali transgenici possano diventare delle sorgenti di farmaci (si parla in questi casi di **pharming**). Gli scienziati hanno inserito i geni che codificano per alcune di queste proteine in diverse piante coltivate comunemente come il tabacco, il granoturco e la soia. Le proteine così prodotte mantengono per oltre due anni la loro stabilità nei semi essiccati. Malgrado ciò, non mancano i dubbi riguardo a questo tipo di approccio terapeutico, senza contare che alcune delle proteine umane purificate dalle piante non svolgono l'azione terapeutica attesa.
- **Terapia genica.** Oltre alla semplice sostituzione di proteine mancanti o non funzionanti, con la terapia genica si può agire direttamente sui geni inserendo nel pazien-

TABELLA 6.1 ■ Patologie trattabili con proteine sintetizzate in batteri o cellule di mammifero.

Malattia	Terapia
Emofilia	Gli emofiliaci mancano di alcune proteine della cascata che termina nella formazione del coagulo sanguigno. La proteina mancante nell'emofilia A, il *fattore VIII*, è ora sintetizzato in cellule di mammifero mentre la proteina mancante nella emofilia B, il *fattore IX*, viene sintetizzata in un microrganismo ricombinante. L'uso di forme pure di proteine mancanti per trattare l'emofilia sopperisce al bisogno di trasfusioni sanguigne che potrebbero trasmettere virus non noti al paziente.
Diabete di tipo I	Questa patologia è il risultato di una inadeguata sintesi di insulina, un ormone proteico che regola i livelli di glucosio nel sangue influenzando il suo reperimento da parte delle cellule. È stata il primo prodotto farmaceutico delle biotecnologie ed è usata ancora oggi per regolare i livelli ematici di glucosio della maggioranza dei diabetici di tipo I. Viene prodotta da cloni batterici ingegnerizzati con l'inserimento del gene umano per questo ormone.
Enfisema	L'enfisema panacinoso è una rara forma di enfisema, che non ha alcuna correlazione con il fumo. È causato dal deficit di alfa1 antitripsina, una proteina il cui compito è proteggere il rivestimento dei polmoni dall'elastasi, un enzima proteolitico prodotto dai globuli bianchi.
Malattia di Gaucher	La malattia di Gaucher è causata da un deficit dell'enzima che demolisce un particolare tipo di lipide di membrana delle cellule del sangue. I sintomi comprendono l'ingrossamento di fegato e milza, numerose lesioni ossee dolorose e, in alcuni casi, danni al sistema nervoso.

te geni funzionali al posto di quelli difettosi. Solo alcune delle malattie ereditarie possono essere corrette mediante **terapia genica di sostituzione** (FIGURA ■ 6.5), come per esempio il deficit di *adenosina deaminasi* (ADA): quando la ADA non viene prodotta, alcune tossine endogene portano alla distruzione del sistema immunitario. Le malattie ereditarie possono anche essere associate alla produzione di una proteina difettosa, come nella **corea di Huntington**. In questo caso il miglior trattamento sembra provenire dalla tecnologia antisenso che porta allo spegnimento dell'attività della proteina in questione. Purtroppo gli entusiasmi dei primi tempi per le straordinarie promesse della terapia genica sostitutiva sono stati ridimensionati dal procedere delle ricerche. Esistono infatti enormi barriere tecniche da superare per ottenere una sostituzione genica effettiva: innanzitutto è molto difficile fare in modo che un gene sano si integri correttamente all'interno del genoma ripristinando le funzioni del gene difettoso.

GLOSSARY

Gene therapy: the addition of genetic material to an individual so that a defect or disease can be corrected.

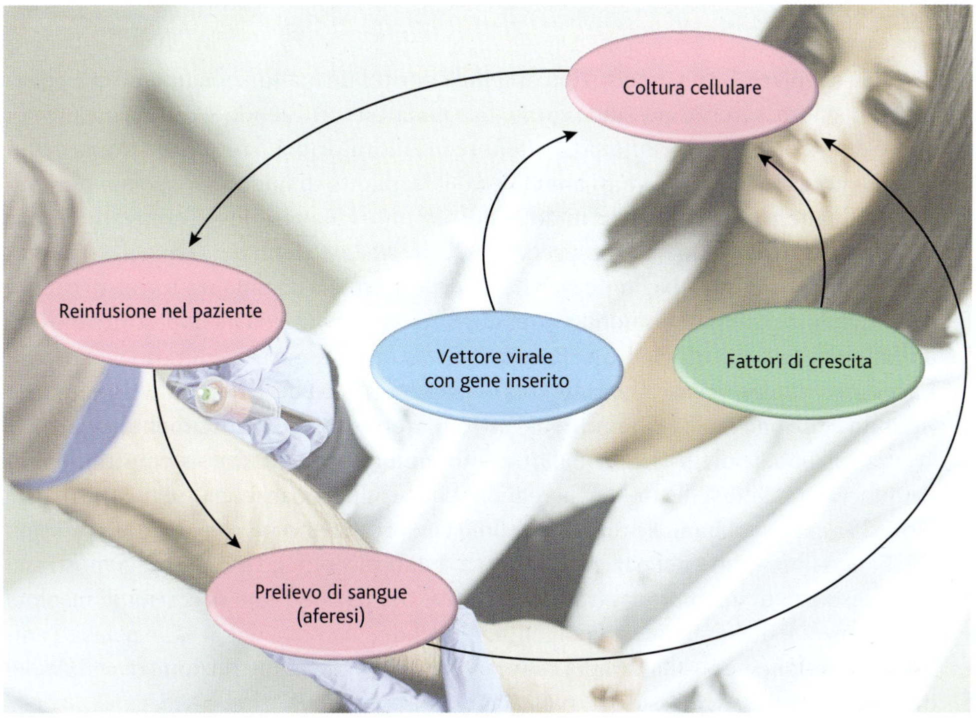

FIGURA 6.5 ■ Terapia genica di sostituzione: schema semplificato dei diversi passaggi sperimentali.

temi di bioetica

1 La terapia genica

L'ampliamento della tecnologia diagnostica ha consentito l'intervento di correzione della struttura genetica al fine di una possibile eliminazione dei fattori patogeni presenti nel DNA. La tecnica consiste nell'introduzione in organismi o cellule umane di un gene per prevenire e/o curare una condizione patologica.

Esistono in teoria due possibili tipi di terapia genica: il primo mira a correggere difetti genetici in cellule della linea germinale con effetto sulla discendenza, il secondo si propone di eliminare o ridurre difetti molecolari a livello delle cellule somatiche con effetti limitati sull'individuo.

Come si evince anche da un «Documento del Comitato Nazionale di Bioetica», la terapia genica sulla *linea somatica* non è concettualmente diversa da ogni altro trattamento terapeutico e può venire considerata sullo stesso piano di un trapianto di un organo o di un tessuto. La praticabilità della terapia genica somatica trova una piena giustificazione nel fatto che essa, non discostandosi per aspetti essenziali da altre forme di intervento terapeutico, può essere ricondotta al medesimo ordine di principi, il diritto alla salute, che legittimano il complesso di tali attività sanitarie.

La situazione per la terapia sulla *linea germinale* è molto diversa. L'intervento in questo caso è, infatti, diretto sul pre-embrione ovvero su un organismo nelle fasi iniziali della sua formazione. Un principio etico fondamentale che può essere chiamato in causa nella terapia genica è quello della intangibilità del patrimonio ereditario di un soggetto, che, sul piano scientifico, trova sostegno nel principio della conservazione dell'identità genetica.

Eccetto pochissime eccezioni (come l'inserimento di un gene proveniente dallo stesso embrione o proveniente da uno dei genitori) tutti gli altri interventi correttivi eseguiti sulla linea germinale con materiale estraneo, della stessa specie o di specie diversa, portano a una modificazione della struttura del genoma con conseguenze non prevedibili nello sviluppo dello stesso individuo e della sua discendenza. Il problema si estende anche alla collettività, in quanto un intervento sistematico sul genoma di singoli individui può avere riflessi sulla struttura genetica della popolazione. Un'azione sull'insieme delle mutazioni deleterie che passano da una generazione all'altra potrebbe essere giustificato, mentre non sarebbe accettabile un intervento mirato al potenziamento di determinate qualità o all'induzione di nuovi caratteri. Modificazioni indotte nel genoma con queste finalità si associano spesso al ricordo di pratiche eugenetiche già tragicamente sperimentate in passato.

In assenza di un'attenta sorveglianza, la terapia genica germinale potrebbe portare ad abusi e condotte aberranti che si risolverebbero nella negazione della libertà individuale e nella discriminazione tra soggetti. Su questo tema bioetico si sono create posizioni contrapposte: da una parte c'è chi sostiene l'imperativo categorico di lasciar fare alla natura o di limitarsi a controllare il processo naturale; dall'altra invece c'è chi giudica lecito e doveroso intervenire nel processo vitale per evitare risultati patologici non desiderati nella funzione riproduttiva ed esige la scelta consapevole delle singole persone per avere risultati migliori di quelli derivanti dall'evoluzione naturale, soprattutto in caso di malattie genetiche.

FISSA I CONCETTI
Quali tipi di cellule possono essere utilizzate per la terapia genica?

- **Terapia cellulare.** Se un preciso tipo di cellule mostra un malfunzionamento che genera una malattia, sarebbe possibile curare tale malattia sostituendo le cellule malate nel corpo del paziente con cellule sane ottenute in laboratorio. La forma di terapia cellulare più nota risale a oltre venti anni fa ed è il trapianto di midollo osseo nei pazienti malati di cancro. In alcuni casi il midollo del paziente è stato rimosso, coltivato *in vitro* e reimpiantato in modo da proteggerlo dagli effetti devastanti dei farmaci chemioterapici. Nel caso in cui il paziente sia affetto da leucemia o da un'altra forma di cancro delle cellule del sangue, il midollo trapiantato deve derivare da un donatore sano con un'affinità genetica sufficiente a eludere le difese del sistema immunitario dell'ospite. La terapia cellulare, così come la terapia genica, ha effetti curativi simili alla continua e ripetuta iniezione delle proteine mancanti e potrebbe essere il trattamento ideale per la cura del diabete di tipo I, una malattia autoimmune nella quale il sistema immunitario attacca le cellule delle isole pancreatiche che producono insulina. Seguendo questa ipotesi i ricercatori hanno prelevato cellule che producono insulina da donatori sani e le hanno impiantate nei pazienti diabetici. I dati raccolti dai monitoraggi mostrano che a distanza di un anno dal trapianto, l'80% dei pazienti non necessita di insulina e a distanza di due anni questa percentuale scende, ma resta del 71%. Anche gli animali rispondono bene alla terapia cellulare, che prevede la sostituzione di cellule del muscolo cardiaco, del tessuto nervoso o del muscolo scheletrico.

- **Terapie immunosoppressive.** Senza un sistema immunitario efficiente, sarebbe impossibile sopravvivere in un ambiente affollato di potenziali patogeni, eppure talvolta può accadere che il nostro sistema immunitario lavori contro di noi provocando il rigetto di organi trapiantati (FIGURA ■ 6.6) o l'insorgere di una malattia autoimmune. In casi come questi la soppressione del nostro sistema immunitario diventa un sistema di salvataggio e la medicina attuale sta valutando la possibilità di usare i MAb (gli anticorpi monoclonali, di cui parleremo diffusamente in seguito). Nell'ambito dei trapianti questo tipo di terapia funziona così: i linfociti T del sistema immunitario, una volta a contatto con un tessuto di un organo trapiantato, lo aggrediscono, riconoscendolo come estraneo (*non-self*). Se si inetta nel paziente trapiantato un MAb che lega una proteina della superficie dei linfociti T, queste sono selettivamente inattivate. I pazienti così trattati mostrano una significativa attenuazione del rigetto al trapianto rispetto a quelli a cui viene somministrato un classico farmaco immunosoppressivo, come la ciclosporina (FIGURA ■ 6.7). La ricerca di alternative efficaci ai farmaci immunosoppressivi è importante dal momento che questi ultimi attaccano tutti il sistema immunitario lasciando il paziente indebolito e vulnerabile alle infezioni. L'azione mirata di un MAb specifico riesce invece ad attenuare i soli linfociti T, lasciando intatte le altre funzioni. I MAb sembrano essere una terapia promettente anche per le malattie autoimmuni, come l'artrite reumatoide e la sclerosi multipla, in cui il sistema immunitario reagisce contro i tessuti del proprio corpo e ne causa la progressiva degenerazione.

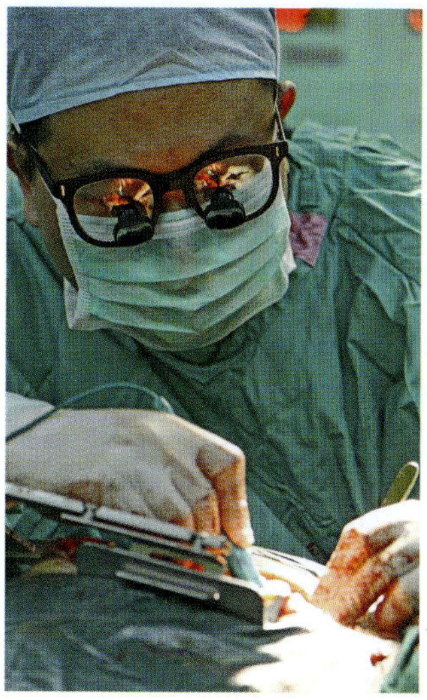

FIGURA 6.6 ■ In Italia i trapianti più frequenti sono quelli di rene (1589 nel 2012), seguiti dai trapianti di fegato (986) e cuore (231); i dati sono stati diffusi dall'AIDO.

FIGURA 6.7 ■ La ciclosporina (indicata dalla freccia) è un principio attivo che viene oggi impiegato per i trapianti di cuore, fegato, rene e pancreas. Nell'immagine è visibile anche la proteina bersaglio della ciclosporina (la ciclofillina), in azzurro, e il suo sito di legame, in grigio.

- **Terapie anticancro.** Il miglioramento nei trattamenti di diverse forme di cancro è associato alle nuove conoscenze che le biotecnologie hanno fornito riguardo alle basi genetiche della crescita e del differenziamento cellulare. Quando i geni che promuovono e regolano tali processi mutano, possono diventare **oncogeni**, vale a dire geni che favoriscono la formazione di un tumore (FIGURA ■ 6.8). Per cercare di inattivare le proteine prodotte dagli oncogeni sono stati usati sia i MAb sia diversi tipi di RNA con funzione regolativa. Oltre agli oncogeni, il nostro DNA contiene anche dei geni chiamati **oncosoppressori** che quando esercitano correttamente la propria funzione impediscono la crescita tumorale (vedi Scheda 2). Nei casi in cui entrambe le copie di un gene oncosoppressore vengono inattivate, è molto probabile assistere alla trasformazione di una cellula sana in cancerosa. Si può allora pensare di ricorrere alla manipolazione

nota
La parola «oncogene» può avere due diverse pronunce: se si parla di *oncogène* si intende un gene che, se mal funzionante, può causare un tumore; se si parla di *oncógene* si intende un fattore cancerogeno.

FIGURA 6.8 ■ Nel moscerino della frutta, *Drosophila melanogaster*, così come nei vertebrati, sono stati trovati dei protooncogeni, geni con funzioni di controllo che possono indurre tumori se subiscono alterazioni.

per saperne di più

2 Oncogeni e oncosoppressori

Il fatto di avere nel nostro genoma degli **oncogeni**, vale a dire geni che possono determinare la formazione di un tumore, può essere sorprendente, oltre che preoccupante, ma in realtà non c'è niente di cui stupirsi. La preoccupazione resta, ma in una certa misura può essere attenuata.

Quelli che chiamiamo oncogeni sono geni che hanno subito una mutazione e non funzionano più come dovrebbero. Quando funzionano a dovere, essi sono geni collegati alla regolazione del ciclo cellulare.

Quasi tutte le cellule del nostro corpo tendono a dividersi, con un ritmo più o meno elevato, a secondo del tipo di cellule e delle condizioni dell'organismo. Le cellule dell'epidermide e quelle dell'epitelio che riveste il tubo digerente sono tra quelle che si riproducono alla più alta velocità, mentre le cellule nervose non si riproducono praticamente mai.

Quale che sia la velocità, una sua variazione non regolata è sempre pericolosa. Cellule che si riproducono troppo lentamente impediscono un corretto ricambio e la rigenerazione delle parti che siano danneggiate, ma anche cellule che si riproducano troppo rapidamente e in modo incontrollato generano un problema serio: innanzitutto possono causare una crescita eccessiva dell'organo che formano (ipertrofia) e possono finire per invadere regioni del corpo in cui non dovrebbero stare; in secondo luogo, maggiore è la velocità di riproduzione e maggiore è la possibilità di incorrere in errori nello svolgersi del processo.

Per evitare queste alterazioni abbiamo nel nostro genoma due tipi di geni che potremmo paragonare ad acceleratori e freni. Gli oncogeni sono i geni che fanno da acceleratore e stimolano la divisione cellulare, mentre i geni che chiamiamo oncosoppressori, «tirano il freno» per inibirla.

■ Gli oncogeni

Fin dall'inizio del secolo scorso i ricercatori hanno cominciato a rendersi conto che molti agenti che causavano l'insorgenza di tumori agivano danneggiando i geni: radiazioni ionizzanti, molte sostanze chimiche e perfino alcuni tipi di virus.

Per cercare di capire il meccanismo e trovare eventualmente un modo per bloccarlo, la ricerca si incentrò sui geni danneggiati e attorno agli anni Settanta l'idea di un coinvolgimento dei geni nella formazione dei tumori era data per assodata. Nel 1982 fu isolato e clonato il primo oncogene e in un tempo relativamente breve ne furono individuati diverse decine. Molti di questi geni stimolano il metabolismo, altri controllano l'*apoptosi*, o morte cellulare programmata. In seguito a una mutazione, questi ultimi impediscono l'apoptosi, permettendo di sopravvivere e di dividersi a cellule che sarebbero destinate a morire.

■ Gli oncosoppressori

Se un oncogene può causare la formazione di un tumore perché accelera in modo patologico il ciclo cellulare, un oncosoppressore può avere lo stesso effetto se smette di frenare.

I ricercatori hanno scoperto che la mutazione a carico di un oncosoppressore genera un allele «malato» recessivo, quindi occorrono due mutazioni affinché quel gene esprima il fenotipo anomalo. La probabilità che questo accada nel corso della vita di un singolo individuo è bassa, ma se una persona nasce già con un allele anomalo, ereditato da uno dei genitori, l'insorgenza del tumore diventa più probabile, poiché basta una sola altra mutazione per attivare la degenerazione delle cellule.

Questa ipotesi ha trovato conferma grazie alla ricerca delle correlazioni tra certi genotipi e la probabilità di frequenza di specifici tipi di tumori. Il caso più studiato è quello della sindrome ereditaria del carcinoma ovarico-mammario (*Hereditary breast-ovarian cancer syndromes*, HBOC). Il 9% delle donne che ereditano un allele mutante del gene BRCA1 ha il 60% di probabilità di sviluppare un tumore al seno entro i 50 anni d'età, percentuale che sale all'82% entro i 70 anni. Le percentuali di rischio nelle donne che hanno ereditato due alleli normali sono rispettivamente del 2% e del 7% (FIGURA ■ A).

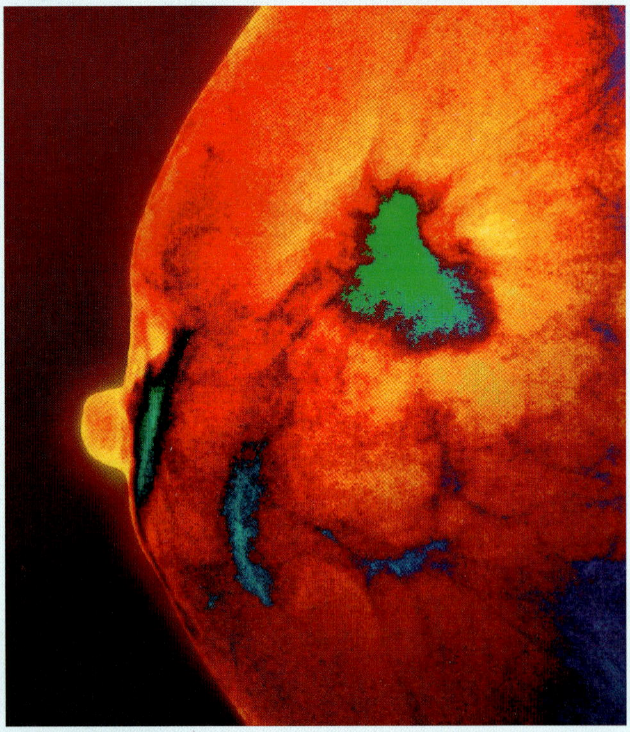

FIGURA A ■ Il cancro al seno è il tumore più frequente nel genere femminile e colpisce una donna su otto (dati AIRC).

genica per fare in modo che la cellula malata torni a esprimere le due copie normali di oncosoppressori oppure per renderla più sensibile ai farmaci. Un altro fronte su cui combattere il cancro consiste nello stimolare e attivare il sistema immunitario dei pazienti per mezzo dei **vaccini anticancro,** che in genere aumentano la capacità degli antigeni tumorali di stimolare il sistema immunitario dell'ospite oppure insegnano a quest'ultimo a trattare come estraneo (*non-self*) il tumore. Altre terapie ancora si avvalgono di piccole proteine endogene, come per esempio le interleuchine, una delle quali (interleuchina 2) abbiamo già incontrato tra gli agenti terapeutici endogeni, o il fattore di necrosi tumorale (TNF), per stimolare la risposta immune dell'ospite oppure prevedono l'utilizzo di composti naturali, come l'endostatina**,** per privare le cellule dei nutrimenti provenienti dal sangue.

- **Medicina rigenerativa.** Il corpo umano ha a sua disposizione molti strumenti per porre rimedio a eventuali danni, semplici o gravi che possa subire: il fegato, per esempio, può rigenerare fino al 50% della propria massa a seguito di incidenti o malattie degenerative. Tra gli strumenti che il corpo ha a disposizione per autoripararsi abbiamo già studiato le cellule staminali, ma ve ne sono anche altri, come i **fattori di crescita**, molecole proteiche che promuovono la crescita e la divisione cellulare e, in alcuni casi, guidano il percorso di specializzazione delle singole cellule. L'iniezione di fattori di crescita endogeni può portare alla chiusura di ferite e alla rigenerazione di tessuti danneggiati. La loro natura proteica li rende inoltre ottimi candidati per la produzione su grande scala all'interno di cellule e microrganismi ricombinanti e per un loro impiego a fini terapeutici.
- **Ingegneria dei tessuti.** L'ingegneria dei tessuti è costituita dal connubio tra la biologia cellulare e le scienze dei materiali; questa sinergia consente agli scienziati di creare tessuti semisintetici in laboratorio. Tali tessuti sono composti da supporti in materiale biodegradabile sui quali vengono fatte crescere le cellule viventi. La forma più elementare di tessuto ingegnerizzato si ottiene utilizzando come struttura di supporto dei materiali biologici naturali, come il collageno. Uno dei primi prodotti sviluppati con questa tecnologia è stata una pelle a due strati ottenuta infiltrando un gel di collagene con fibroblasti, le cellule del tessuto connettivo che producono la sua matrice extracellulare; crescendo e moltiplicandosi questi ultimi vanno a costituire lo strato di derma sul quale viene poi fatto crescere uno strato di cheratinociti che formano l'epidermide (FIGURA ■ 6.9). Il metodo più sofisticato di ingegneria tissutale utilizza invece dei supporti in polimeri sintetici sui quali caricare le cellule coltivate in laboratorio, conformati in modo da guidare lo sviluppo corretto del nuovo tessuto. Le cellule adiacenti a tale impianto, stimolate a loro

GLOSSARY

Tumor Necrosis Factor (TNF):
it is a cytokine mainly released by macrophages during the acute phase of inflammation that regulates the immune cells and performs varieties of functions as pyrogen (causing fever).

FISSA I CONCETTI
Il fenomeno della rigenerazione è tipico solo del fegato umano? Fai esempi di animali e piante che sfruttano questa capacità.

FIGURA 6.9 ■ (A) Lembi di pelle vengono rigenerati *in vitro* a partire da cellule multiprogenitrici prelevate dalla pelle del paziente. (B) La pelle viene innestata sulla superficie ustionata; è visibile il risultato dopo alcuni giorni dall'impianto. (C) Il paziente dopo oltre un mese dal trattamento.

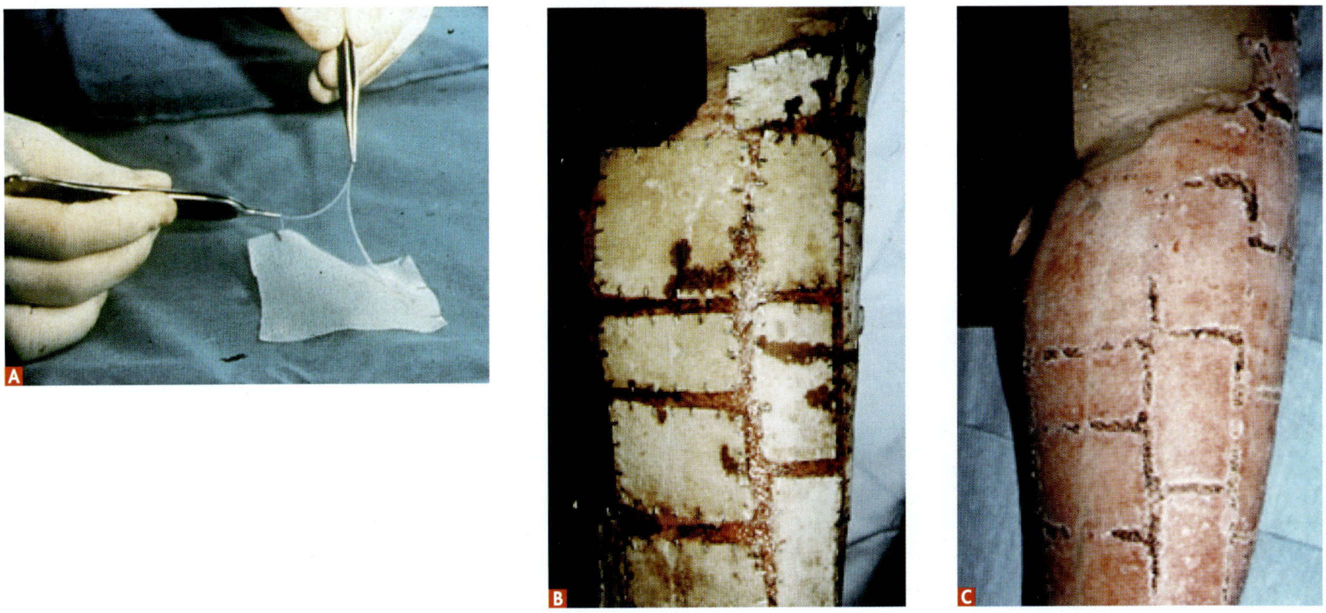

volta da opportuni fattori di crescita, invadono la struttura di supporto che lentamente si degrada e viene riassorbita.

- **Produzione di vaccini**. Il miglior modo di combattere una malattia non è sviluppare nuove terapie per curarne i sintomi, ma prevenirla. Con le biotecnologie i ricercatori stanno sviluppando nuovi sistemi di prevenzione perfezionando una tecnica che è di nostro utilizzo sin dall'Ottocento. I vaccini che prevengono malattie come vaiolo, poliomelite, difterite, tetano e morbillo, si basano sull'uso di microrganismi morti oppure vivi, ma dalla virulenza attenuata, per esempio portando l'agente patogeno a temperature elevate. Una volta che siamo stati vaccinati, il nostro corpo possiede una quantità sufficiente di anticorpi per difendersi in caso di una successiva esposizione allo stesso microrganismo e non contrarre la malattia. Tale immunità può durare per sempre o per un periodo di tempo limitato, nel qual caso la vaccinazione va rifatta periodicamente. Il limite di questo strumento di prevenzione sono gli effetti collaterali: reazioni allergiche, dolore e febbre. Solo in casi molto rari i vaccini hanno scatenato la malattia che avrebbero dovuto prevenire, ma può essere particolarmente rischioso sviluppare questo tipo di vaccini per malattie potenzialmente letali. In questi casi si può fare ricorso all'ingegneria genetica (vedi Scheda 3). Le modalità tradizionali per produrre vaccini, inoltre, hanno elevati costi di produzione e quasi sempre richiedono un'iniezione, il che comporta alcune precauzioni igieniche. Attraverso le biotecnologie si possono ottenere piante e animali geneticamente modificati in modo tale da produrre al loro interno le sostanze che ci interessano. In un futuro non lontano i vaccini commestibili potrebbero diventare una realtà e farsi vaccinare potrebbe voler dire bere un bicchiere di latte o mangiare un frutto. Non avendo la necessità di essere conservati a basse temperature, di richiedere l'ausilio di attrezzature per la sterilizzazione o aghi, questi nuovi vaccini potrebbero risultare particolarmente adatti alle vaccinazioni su larga scala nei Paesi in via di sviluppo.

FISSA I CONCETTI
Perché è necessario fare dei richiami per i vaccini e perché questi vengono fatti in lassi di tempo sempre maggiori?

GLI ANTICORPI MONOCLONALI

Abbiamo più volte fatto cenno alla tecnologia degli anticorpi monoclonali (MAb), sia in questo capitolo sia nel precedente. La cosa non deve stupire: quella dei MAb è infatti una tecnica potente, sia come strumento di base sia applicata in campo medico. Essa utilizza le cellule del sistema immunitario che producono gli **anticorpi**.

GLOSSARY
Antibody:
a protein produced in response to the presence of specific antigen.

Il sistema immunitario è infatti composto da diverse popolazioni cellulari che lavorano insieme per identificare ed eliminare le sostanze e i patogeni che invadono il nostro organismo. I **linfociti B** sono le cellule che rispondono agli invasori producendo anticorpi, molecole proteiche che riconoscono in modo molto specifico le sostanze estranee. Disporre di tali anticorpi in laboratorio è una risorsa preziosa, tuttavia, per riuscire a riconoscere un antigene è necessario disporre di una grande quantità dell'anticorpo specifico; purtroppo i linfociti B coltivati *in vitro* muoiono rapidamente e non consentono di raggiungere tale obiettivo. La soluzione al problema, ovvero la sintesi in laboratorio di anticorpi che hanno la peculiarità di riconoscere un solo antigene, i MAb per l'appunto, risale alla metà degli anni Settanta del secolo scorso.

I MAb sono sintetizzati grazie alla tecnica dell'**ibridoma** che consiste nel fondere *in vitro* le cellule B con le cellule di mieloma, un tumore che colpisce le **plasmacellule**, particolari cellule derivate dai linfociti B e specializzate nel produrre grandi quantità di anticorpi. Alcune delle cellule ibride così ottenute acquisiscono sia la capacità di riprodursi indefinitamente, tipica delle cellule tumorali, sia quella di produrre una gran quantità di una specifica molecola di anticorpo, tipica dei linfociti B. Rispetto agli anticorpi naturali, quelli monoclonali sono uno strumento assai potente per identificare, quantificare e localizzare la molecola d'interesse in modo veloce, accurato e sensibile (FIGURA ■ 6.10).

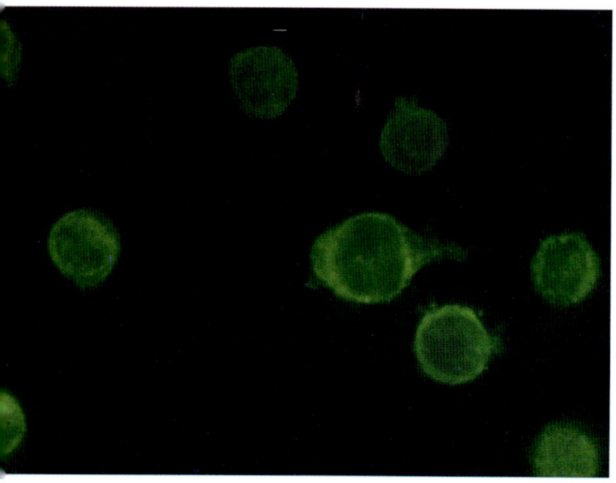

FIGURA 6.10 ■ I MAb sono marcati con molecole fluorescenti e poi utilizzati per visualizzare cellule cancerose presenti nell'organismo, come quelle del glioma. La fluorescenza è visibile illuminando le cellule con luce ultravioletta.

per saperne di più

3 Nuovi tipi di vaccini

Tra gli anni Cinquanta e Sessanta il mondo medico fu percorso da una polemica tra i sostenitori di due diverse modalità di vaccinazione contro la poliomielite: quella di Jonas Salk e quella di Albert Sabin. La prima era più sicura, ma richiedeva un'inoculazione, il che la rendeva meno praticabile in molte zone del mondo, la seconda avveniva per via orale, ma era meno sicura perché utilizzava *virus attenuati*, che teoricamente avrebbero potuto tornare a essere attivi. Il dibattito fu lungo e caratterizzato da toni accesi, poiché aveva ripercussioni pratiche di grande portata, che coinvolgevano la possibilità di realizzare una campagna di vaccinazione di massa con lo scopo di eliminare la poliomielite.

Oggigiorno, quel dibattito appare superato, perché le biotecnologie ci permettono di produrre vaccini più sicuri per la preparazione e più agevoli per la somministrazione. Per questo scopo si possono seguire diverse strade, a seconda delle necessità e delle caratteristiche del patogeno.

Tra i tipi di vaccini in uso o in studio vi sono:

- vaccini ricombinanti;
- vaccini di subunità;
- vaccini a proteine sintetiche;
- vaccini vivi attenuati con delezioni.

In alcuni casi vi sono batteri, come *Streptococcus pneumoniae* che sono in grado di aggirare il nostro sistema immunitario grazie a un particolare rivestimento che ne maschera gli antigeni. Grazie all'ingegneria genetica, ci è ora possibile inserire in un batterio o virus innocuo i geni interessati all'espressione di proteine antigeniche, così da stimolare la nostra risposta immunitaria senza che ciò comporti alcun rischio. È questo il caso dei **vaccini ricombinanti**. Questa strategia è stata utilizzata per contrastare la diffusione di *Haemophilus influenzae*, un batterio che causa una grave forma di meningite (FIGURA ■ A).

Un'altra possibilità dei vaccini ricombinanti, che non passa attraverso un vettore vivo, è quella di associare le proteine interessate a particolari antigeni, conosciuti perché scatenano una risposta particolarmente intensa da parte del nostro sistema immunitario. In questo modo si può ottenere un'azione di rinforzo del vaccino.

I **vaccini di subunità**, invece, sfruttano la possibilità di studiare sperimentalmente la risposta immunitaria scatenata da singole parti di un virus o di una proteina batterica. Se una singola parte, che non ha alcuna capacità infettiva, si mostra di interesse immunologico, se ne può ricavare il cDNA, inserirlo in un clone batterico attraverso un vettore plasmidico e ottenere il principio attivo di un vaccino che non contiene alcun agente patogeno, nemmeno inattivato o morto. Tra i vettori più usati vi sono il batterio *E. coli*, uno degli organismi più usati nei laboratori di tutto il mondo, e ancora di più un tipo particolare di virus degli insetti, i baculovirus, che si sono rivelati particolarmente adatti a questo uso. Questa è la tecnica più vecchia di produzione di vaccini attraverso le biotecnologie. Il primo vaccino di subunità, infatti, è quello contro l'afta epizootica, una grave patologia infettiva del bestiame, che fu sintetizzato nel giugno del 1981.

Studiare le caratteristiche di una proteina completa e collegarle correttamente alla sua struttura è un compito assai complesso. Laddove si riesca, è possibile individuare con precisione il determinante antigenico e passare poi alla sintesi *in vitro* di quel tratto di proteina, costruendo quindi un vaccino che non ha nulla a che fare direttamente con alcun organismo patogeno (**vaccini a proteine sintetiche**). Esistono esempi di questa strategia di produzione, ma per svariati motivi a tutt'oggi i risultati non sono del tutto soddisfacenti.

Un'ultima possibilità è quella offerta dai **vaccini vivi attenuati per delezione**. L'uso di vaccini attenuati è ben noto da lungo tempo, ma la progettazione in laboratorio di vaccini geneticamente modificati tramite l'eliminazione di alcune specifiche parti del genoma rende questa prospettiva interessante, perché elimina nella pratica la possibilità di ricomparsa della virulenza che non si poteva escludere con i vaccini attenuati in altri modi.

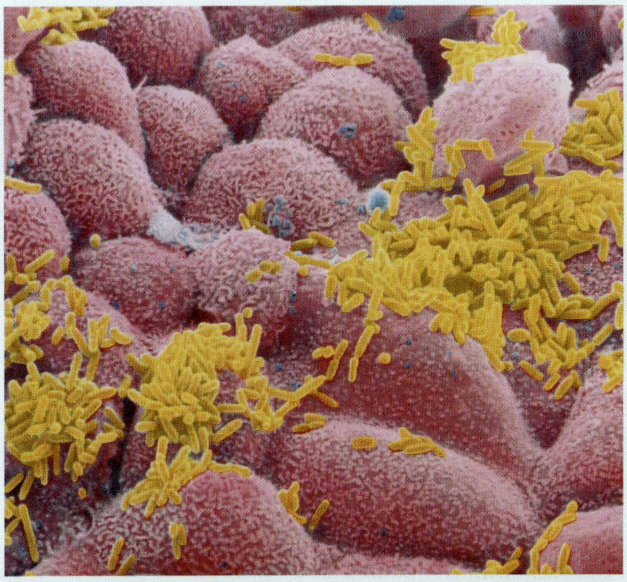

FIGURA A ■ Immagine al microscopio elettronico a scansione (SEM) di batteri *Haemophilus influenzae* (in giallo) sulla parete delle cavità nasali (in rosso).

In ambito diagnostico l'impiego dei MAb va dai test di gravidanza di uso domestico, che rivela la presenza nelle urine di un ormone specifico prodotto dalla placenta (la gonadotropina corionica umana, hCG), a quelli per identificare le infezioni alla gola da streptococco o gonorrea, ai test che rivelano la presenza di contaminanti nei cibi o inquinanti nell'ambiente.

In ambito terapeutico è possibile usare gli anticorpi monoclonali per eliminare in modo selettivo le cellule tumorali: ciò è possibile perché sulla superficie delle cellule tumorali sono presenti degli antigeni che non compaiono sulle cellule sane (FIGURA ■ 6.11). In queste terapie l'anticorpo monoclonale specifico per l'antigene tumorale viene associato a delle molecole killer, come un radioisotopo o una tossina, che dopo il riconoscimento della cellula cancerosa entrano al suo interno provocandone la morte, senza danneggiare le cellule sane circostanti.

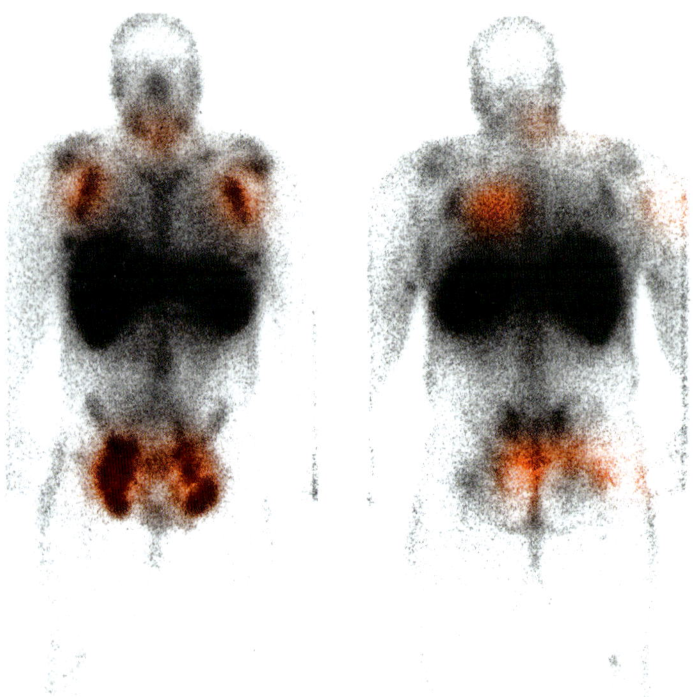

FIGURA 6.11 ■ L'uso di anticorpi marcati radioattivamente a scopo diagnostico conferma che il cancro nel paziente si è esteso ai linfonodi. Il segnale radioattivo, visibile come area rossa, viene infatti evidenziato nei linfonodi delle ascelle, del collo e dell'inguine.

GLOSSARY

Biocatalyst: a substance, such as an enzyme or hormone, that initiates or increases the rate of a chemical reaction.

6.2 LE BIOTECNOLOGIE AGRARIE

Le pratiche agrarie e l'allevamento costituiscono i campi in cui le biotecnologie tradizionali hanno trovato impiego fin dagli albori della storia umana. Si tratta di tecniche che ricorrono all'uso di cellule viventi come macchinari biochimici per sintetizzare, degradare o modificare molecole, ricavandone energia o nuovi materiali. Le cellule viventi più utilizzate a tale scopo appartengono a organismi unicellulari, come batteri e lieviti, che agiscono da **biocatalizzatori**.

Nel corso della storia si è assistito a una graduale diversificazione delle fermentazioni condotte da batteri o lieviti, che consentono di ottenere numerose sostanze di grande utilità dal punto di vista industriale: il diossido di carbonio che usiamo per far lievitare il pane, l'etanolo usato per produrre il vino e la birra, l'acido lattico per fare lo yogurt e l'acido acetico necessario per la conservazione dei cibi sottaceto, l'acido citrico usato per produrre cosmetici, farmaci e detergenti e l'acetone, un importante solvente industriale (FIGURA ■ 6.12 e TABELLA ■ 6.2).

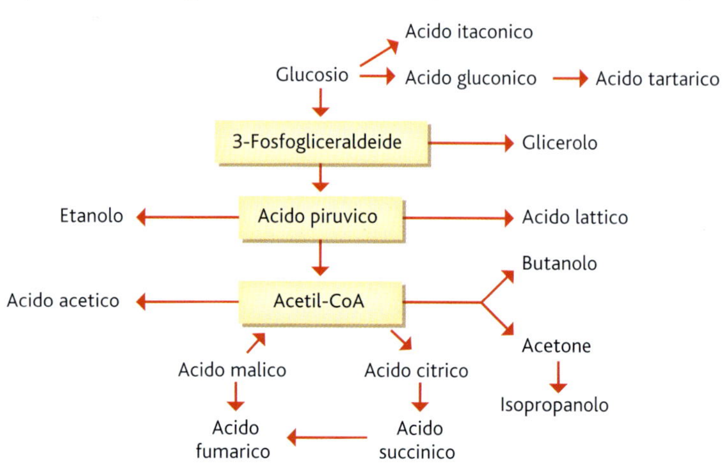

FIGURA 6.12 ■ Prodotti metabolici utili della demolizione del glucosio da parte di vari microrganismi.

TABELLA 6.2 ■ Composti chimici attualmente prodotti dalle fermentazioni microbiche del glucosio e loro applicazioni industriali.

Molecola organica	Organismo di origine	Uso industriale
Etanolo	*Saccharomyces*	Solvente industriale, carburante, bevanda
Acido acetico	*Acetobacter*	Solvente industriale, gomma, plastiche, acidificante alimentare (aceto)
Acido citrico	*Aspergillus*	Alimenti, farmaci, cosmetici, detergenti
Acido gluconico	*Aspergillus*	Farmaci, alimenti, detergenti
Glicerolo	*Saccharomyces*	Solvente, dolcificante, stampa, cosmetici, saponi, anticongelanti
Isopropanolo	*Clostridium*	Solventi industriali, preparazioni cosmetiche, anticongelanti, inchiostri
Acetone	*Clostridium*	Solventi industriali, intermedi di molte sintesi organiche
Acido lattico	*Lactobacillus* *Streptococcus*	Acidificante per alimenti, succhi di frutta, bevande, coloranti, trattamenti del cuoio, farmaci, plastiche
Butanolo	*Clostridium*	Solvente industriale, intermedio per molte sintesi organiche
Acido fumarico	*Rhizopus*	Intermedio della sintesi di resine, colorante, acidificante, antiossidante
Acido succinico	*Rhizopus*	Preparazione di lacche, coloranti, esteri per profumi
Acido malico	*Aspergillus*	Acidificante
Acido tartarico	*Acetobacter*	Acidificante, tannino, esteri commerciali per lacche, stampa
Acido itaconico	*Aspergillus*	Tessuti, industria della carta, colori

▶ L'INGEGNERIA GENETICA NELLE PIANTE

Le tecniche di incrocio delle piante, come l'ibridazione forzata, ci hanno permesso per secoli di trasferire un gran numero di geni da una specie all'altra. La mutagenesi dei semi ha introdotto cambiamenti casuali nei genomi delle piante con l'intento di ottenere caratteristiche nuove e più desiderabili rispetto a quella della pianta originaria. In tempi moderni l'ingegneria genetica ha permesso per la prima volta di agire in modo mirato e consapevole, consentendo il trasferimento di un gene o di un numero molto piccolo di geni noti in una pianta per introdurvi caratteristiche specifiche.

nota
Tra le colture GM più note c'è il mais Bt, che contiene i geni del *Bacillus thuringiensis*, capaci di fornire resistenza agli insetti patogeni.

Le informazioni che i ricercatori introducono oggi nelle colture cellulari vegetali grazie alle tecniche di ingegneria genetica sono le stesse su cui hanno lavorato per anni con gli incroci selettivi: miglioramento del potere nutritivo, resistenza alle malattie causate da batteri, funghi, virus, miglioramenti del gusto, capacità di crescere e vivere in condizioni ambientali avverse (gelo e siccità), maturazione ritardata e resistenza agli attacchi di insetti, erbe e nematodi nocivi.

Attualmente esistono diversi tipi di piante GM:

- piante da coltivazione resistenti agli insetti parassiti;
- piante da coltivazione resistenti alle malattie virali;
- piante che producono proteine medicinali di origine non vegetale;
- piante resistenti alle basse temperature.

FIGURA 6.13 ■ *Agrobacterium tumefaciens* è un patogeno che nelle piante causa una malattia nota come «galla del colletto».

Abbiamo incontrato il capitolo precedente uno dei vettori più usati per trasformare le cellule vegetali, il batterio noto come *Agrobacterium tumefaciens*, il cui plasmide Ti è il reale vettore di trasferimento genico (FIGURA ■ 6.13). I ricercatori possono clonare i geni desiderati nel plasmide Ti e usare *A. tumefaciens* per trasferire il plasmide in alcune delle cellule di una pianta. Per produrre una pianta che sia davvero un OGM si ricorre a una serie di tecnologie chiamate **colture di tessuto vegetale**, che permettono la rigenerazione di un'intera pianta a partire

FIGURA 6.14 ■ Piante di *Drosera rotundifolia* in coltura in una capsula sterile.

da un frammento di tessuto o da singole cellule. Il tessuto vegetale viene sterilizzato in superficie e posto in una capsula sterile che contiene il mezzo di coltura ricco di nutrienti e fattori di crescita vegetali. In tali condizioni il frammento di tessuto produce le cellule del callo, un tipo di cellule indifferenziate che crescono nei punti in cui le piante riportano delle lesioni. Manipolando le concentrazioni degli ormoni presenti nel mezzo di coltura si fa in modo che il callo produca germogli, radici, ed eventualmente una minuscola pianta geneticamente identica al tessuto del callo (FIGURA ■ 6.14). La pianta così generata può crescere fino a raggiungere le dimensioni della pianta originaria e riprodursi.

Per quanto riguarda invece la tecnica che conferisce alle piante la **resistenza alle malattie virali**, dobbiamo fare un salto indietro, negli anni Ottanta del secolo scorso. Fino ad allora i coltivatori di piante sapevano che l'infezione da parte di un virus mediamente virulento spesso protegge le piante da infezioni di virus più pericolosi. Nel 1986 però, alcuni ricercatori dell'Università di Washington a St. Louis pubblicarono un articolo in cui mostravano che le piante transgeniche per il gene della proteina del rivestimento di un virus del tabacco manifestavano una maggiore resistenza al virus stesso e sviluppavano più lentamente i tipici sintomi dell'infezione. Tale scoperta, poi confermata da altri gruppi di ricerca anche per altre specie virali, ha aperto la strada per ingegnerizzare la resistenza a virus in molte importanti piante da coltivazione.

Dal 1996, anno in cui hanno preso avvio le prime colture di piante GM, la superficie dedicata alla loro coltivazione è aumentata con grande rapidità, a dimostrazione del successo incontrato da queste nuove tecnologie. Va detto che al pari del successo sono cresciute anche perplessità di varia natura e anche una netta opposizione, come vedremo più avanti (FIGURA ■ 6.15).

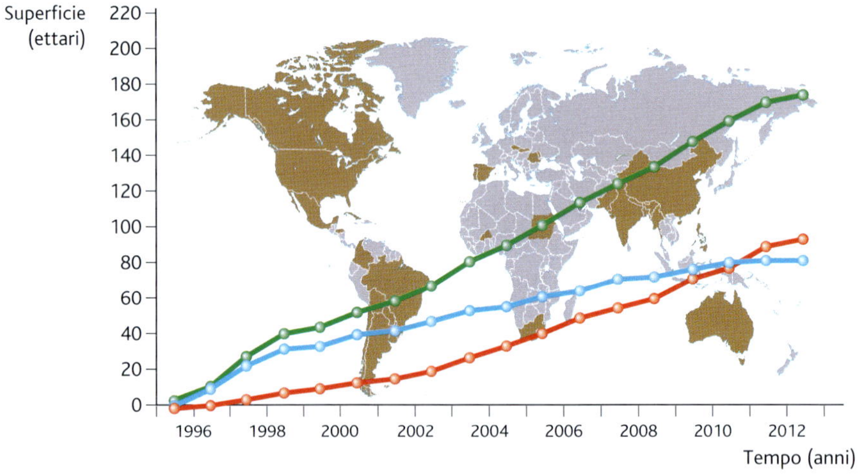

FIGURA 6.15 ■ Superficie globale (in ettari) coltivata con piante transgeniche (dati ISAAA). Sullo sfondo sono evidenziati in marrone gli Stati con le maggiori estensioni di colture GM, mentre le linee dei grafici indicano: in verde il totale, in blu i Paesi industrializzati, in rosso i Paesi in via di sviluppo.

▶ L'USO DELLE RELAZIONI COOPERATIVE NATURALI

Per controllare gli attacchi da insetti nocivi, oltre che a far affidamento sulle interazioni naturali negative, quali predazione e parassitismo, gli agricoltori potrebbero anche usare le interazioni positive, quali il **mutualismo**, il tipo di simbiosi caratterizzato dal fatto che ambedue le specie che vi partecipano ne sono avvantaggiate. Un esempio è rappresentato dalla simbiosi tra alcune piante leguminose e certi **batteri azoto-fissatori**, appartenenti al genere *Rhizobium* (FIGURA ■ 6.16).

Questi batteri vivono all'interno delle radici delle piante, che forniscono loro un ambiente protetto dall'ossigeno, elemento che bloccherebbe il loro metabolismo; da tale interazione le piante ricavano azoto in una forma utilizzabile, riuscendo a crescere

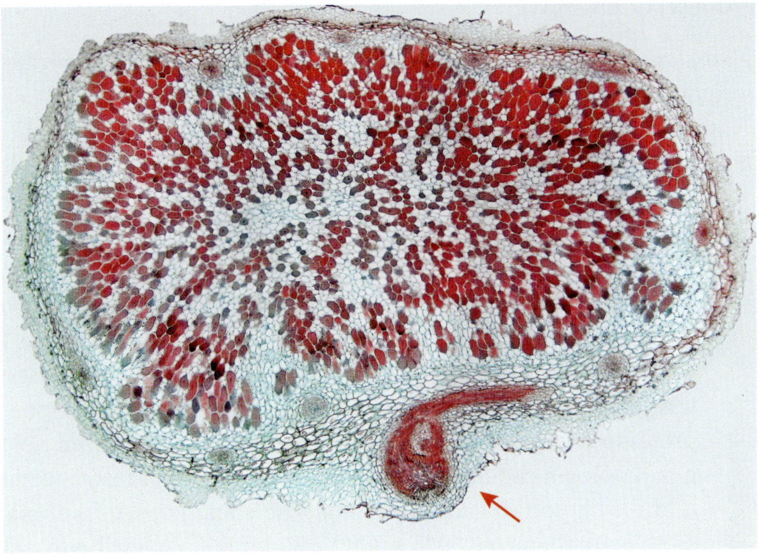

FIGURA 6.16 ■ Sezione di radice di una pianta di fagioli al microscopio ottico: indicato dalla freccia, è visibile un nodulo micorrizico che contiene i batteri azoto-fissatori.

anche su terreni che ne siano poveri. Simile è la relazione mutualistica che si stabilisce tra funghi e radici delle piante, nota come **micorriza**, in cui i funghi estraggono i nutrienti dal terreno e li rendono disponibili per le piante, le quali, a loro volta, rendono disponibile sostanza organica per la crescita dei funghi.

Attualmente gli scienziati si limitano allo studio di quelle caratteristiche delle piante vegetali che sono controllate da uno o due geni, molti caratteri di valore agronomico hanno invece una natura multigenica, sono cioè regolati da diversi geni contemporaneamente; la fissazione dell'azoto, per esempio, è controllata da almeno 15 geni diversi. Nonostante la prospettiva di avere coltivazioni che fissano l'azoto dell'aria portandolo nel terreno attraverso un batterio che vive nelle radici delle piante sia piuttosto attraente, non sarà quindi realizzabile in tempi brevi.

▶ IL VALORE NUTRIZIONALE DELLE COLTURE

Secondo i sostenitori delle biotecnologie, gli OGM di seconda generazione potrebbero avere una qualità superiore rispetto alla prima. Oli più salutari perché meno ricchi di acidi grassi saturi; cereali più completi come alimenti perché arricchiti di proteine; patate con un contenuto solido maggiore, in modo da assorbire meno olio durante la frittura e così via. Va detto, tuttavia, che una buona parte dell'opinione pubblica conserva una grande diffidenza rispetto a questi prodotti, ritenendoli meno naturali, meno sicuri e anche meno gustosi di quelli tradizionali. A seguito di questo atteggiamento e dell'azione di gruppi anti-OGM, in molti paesi si discute di vietare o almeno limitare e controllare la diffusione dei prodotti OGM e di stabilire con certezza che essi non comportano alcun rischio, prima di liberalizzarne la commercializzazione.

La comunità scientifica è per la sua grande maggioranza convinta che gli OGM siano innocui, ma una totale assicurazione di assenza di rischio è difficile da fornire. Le maggiori perplessità si accentrano attorno alle possibili intolleranze e allergie che cibi derivanti dagli OGM potrebbero causare. A ciò si sommano ragioni anti-OGM di ordine politico-economico e anche di ordine filosofico, che vanno oltre gli intenti di questo volume.

FISSA I CONCETTI
Esistono cibi in commercio in Italia che contengono OGM almeno in tracce? Verifica a partire dalle etichette dei prodotti.

Dal punto di vista alimentare, lo scontro pare incentrato sulla scelta tra i cosiddetti *cibi funzionali*, vale a dire ricchi di componenti che contribuiscono alla salute dell'organismo, e i cosiddetti *cibi naturali*, coltivati e trattati seguendo tecniche il più possibile tradizionali, che evitino il ricorso a pesticidi, fertilizzanti e a OGM, per garantire un prodotto «biologico» (o in breve, «bio»). Dal punto di vista nutrizionale, i cibi funzionali sono spesso superiori a quelli naturali, che presentano rese inferiori e costi di produzione maggiori. Tuttavia il dibattito è molto acceso perché i cibi naturali sono considerati più rispettosi dell'ambiente e più salutari dei cibi funzionali.

▶ L'ALLEVAMENTO ANIMALE

Come per gli esseri umani, anche la salute degli animali è legata al progredire dei sistemi di diagnosi, all'efficacia dei farmaci e dei nuovi vaccini.

Gli allevatori usano gli anticorpi monoclonali per diagnosticare precocemente alcune malattie del bestiame: brucellosi, dissenteria e trichinosi. Dal punto di vista terapeutico, invece, l'ingegneria genetica è stata usata per produrre in quantità adeguata alle richieste due proteine già incontrate parlando di agenti terapeutici, l'interferone e l'interleuchina 2. Il bestiame produce naturalmente queste sostanze, ma la loro somministrazione rafforza l'azione del sistema immunitario. I geni che codificano per queste due proteine sono stati clonati e inseriti in batteri per ottenerne una produzione su larga scala. L'iniezione di queste proteine è in grado di abbassare l'incidenza della febbre nel bestiame, una patologia che ha forti costi economici per l'industria delle carni.

Lo sviluppo di vaccini per malattie come la pseudorabbia, la coccidiosi del pollame (FIGURA ■ 6.17) e la tenia ha contribuito al progresso nella prevenzione delle malattie animali.

FIGURA 6.17 ■ La coccidiosi è una malattia intestinale indotta da un protozoo che colpisce polli giovani e adulti.

▶ L'IGIENE DEI CIBI

Nei luoghi di coltivazione è importante prevenire la contaminazione degli alimenti da parte di organismi che potrebbero contaminarli con tossine o allergeni: altri vegetali, muffe e funghi, microrganismi. Con l'ingegneria genetica, l'interferenza a RNA e la tecnologia antisenso, gli scienziati hanno a disposizione strumenti che in futuro potranno diminuire la quantità di tossine naturali presenti nelle piante e di allergeni nei cibi. Inoltre i MAb, i biosensori e le sonde di DNA potranno essere usati per identificare la presenza di batteri nocivi come *Salmonella*, *Clostridium botulinum* e O157:H7, un ceppo di *Escherichia coli* responsabile di molti decessi negli ultimi anni. Questi nuovi sistemi di identificazione sono molto più veloci e sensibili di quelli tradizionali per cui riescono a individuare rapidamente concentrazioni anche molto basse di contaminanti. I sistemi diagnostici basati sulle biotecnologie permetteranno anche una migliore identificazione delle tossine prodotte dai funghi che contaminano le coltivazioni (FIGURA ■ 6.18). Inoltre con le stesse tecniche si potrà sapere con certezza se alcuni prodotti sono stati inavvertitamente contaminati con le arachidi, un potente allergene per l'1% della popolazione adulta. Oltre a ciò, sarà anche più facile individuare e prevenire le frodi alimentari, come l'aggiunta di prodotti meno pregiati a un dato alimento, o l'uso di sostanze da fonti differenti da quelle dichiarate.

nota
Il termine **ceppo** indica un gruppo di batteri appartenenti a una sola specie che si differenziano dagli altri microrganismi di quella specie per una serie di differenze piccole ma identificabili.

FIGURA 6.18 ■ *Aspergillus flavus* è un fungo responsabile della produzione di aflatossine, sostanze cancerogene che si depositano sui cereali e la frutta secca durante l'immagazzinamento.

temi di bioetica

4 Gli Organismi Geneticamente Modificati

Dagli ultimi dati diffusi da ISAAA (*International Service for the Acquisition of Agri-biotech Applications*) sulla situazione attuale delle colture geneticamente modificate, emerge che a livello globale l'uso di OGM è in crescita, ma in Europa non decollano e sono anzi in crisi. Dal punto di vista delle coltivazioni GM, i Paesi europei sono ai margini della classifica in base alle dimensioni delle coltivazioni, dove troviamo in testa USA, Brasile e Argentina. Tra i Paesi che avversano con più accanimento queste colture GM troviamo alcuni rappresentanti dell'Unione Europea e, tra questi, l'Italia ha la posizione più intransigente nei confronti dei semi e dei prodotti GM.

Quando, agli inizi degli anni Settanta del secolo scorso, venne creato il primo organismo geneticamente modificato, la comunità scientifica si rese subito conto della portata della scoperta, ma anche dei possibili rischi insiti in questo tipo di ricerca.

Parlando di OGM sono stati evocati scenari molto diversi: c'è chi sostiene che, proprio grazie all'impiego degli OGM in agricoltura, si potrà sconfiggere la fame nel mondo, chi teme che siano pericolosi per l'umanità e problematici per la biodiversità. Esistono anche, tra gli oppositori, coloro che contestano le multinazionali, che negli anni hanno ottenuto il controllo economico sull'agricoltura transgenica tramite i brevetti. Nonostante i moniti e gli allarmi lanciati, a distanza di qualche decennio non è accaduto nulla di quanto era stato ipotizzato, ma rimangono ancora in sospeso alcuni problemi.

Il dibattito su questo tema sembra essere orientato su impostazioni ideologiche o su personali rappresentazioni mentali. La causa di questi atteggiamenti è in parte dovuta a una scarsa comunicazione da parte della comunità scientifica che non ha saputo informare adeguatamente riguardo la metodologia e le tappe di queste scoperte, così che i risultati scientifici sono rimasti oggetto di simpatia o antipatia o comunque elaborati secondo processi mentali che nulla hanno a che vedere con la scienza.

La responsabilità di una adeguata informazione è da attribuire, in parte, anche ai *mass media* e alle logiche di mercato che li guidano, perché spesso si punta sulla spettacolarizzazione della notizia più che sul rigore dell'informazione scientifica. Come afferma anche l'Osservatorio di Pavia, centro di ricerca indipendente per la tutela del pluralismo nei mezzi di comunicazione, l'informazione si riduce spesso a mera portavoce dello scontro ideologico tra opposte «fazioni» pro o contro le agro-biotecnologie; non informando sul tema, ma solo sulle opinioni intorno al tema, senza peraltro che queste vengano adeguatamente motivate. In questo modo il pubblico è sempre più disorientato e sempre meno capace di formarsi una propria opinione.

Un altro elemento che condiziona la comprensione della ricerca sugli OGM è dato dalla paura, quella che spesso si prova di fronte a esperienze nuove che, proprio per questo motivo, sono potenzialmente pericolose. L'aspetto della paura nel contesto degli organismi geneticamente modificati è proprio in rapporto al rischio che si lega a tutto ciò che è nuovo.

Cambierà l'atteggiamento dell'opinione pubblica italiana? Secondo il chimico e divulgatore scientifico Dario Bressanini: «L'esperienza del passato, per esempio nel caso delle vaccinazioni o della pastorizzazione del latte, indica che quando i benefici superano i rischi (...) la maggior parte delle persone finisce per accettare senza timore i benefici di una nuova tecnologia». E forse lo sarà anche per gli Organismi Geneticamente Modificati.

6.3 LE BIOTECNOLOGIE AMBIENTALI

Nonostante gli sforzi di molte nazioni, sempre più attente nel regolare l'impatto ambientale delle nostre attività, l'umanità continua a impoverire il pianeta delle sue risorse non rinnovabili, a inquinare l'aria, il suolo e l'acqua e a generare enormi quantità di rifiuti non degradabili. I problemi ambientali causati dalle attività umane sono tutti correlati e interdipendenti e ognuno di essi è in grado di amplificare la portata di un altro. Il risultato è che l'unica soluzione reale per molti problemi ambientali deve tener conto dell'intero sistema ed essere sostenibile nel lungo periodo.

I sistemi e i processi naturali impiegano modelli di sostenibilità che possono essere presi a modello per questa nostra azione. Per esempio, i materiali da costruzione naturali o le molecole biologiche sono sia degradabili sia riciclabili e vengono utilizzati e riutilizzati più volte cosicché il concetto di rifiuto perde il suo significato. Gli stessi processi biologici naturali sono efficienti al punto che materiali ed energia non vanno mai sprecati. Un tale livello di sostenibilità è garantito da una serie di meccanismi che compiono un monitoraggio del sistema in tempo reale, apportando gli aggiustamenti necessari in tempi ridotti.

GLOSSARY

Bioremedation:
the use of wild-type and engineered microorganisms to remove pollutants from the environment.

Se la società usasse i principi che regolano i processi naturali come guida per lo sviluppo di nuovi materiali e processi di lavorazione, la società otterrebbe diversi vantaggi:

- proteggerebbe le risorse naturali attraverso un uso efficiente dei materiali e dell'energia;
- minimizzerebbe il degrado ambientale riducendo la quantità di rifiuti ed eliminando l'uso e la produzione di sostanze tossiche rischiose.

▶ LA DEPURAZIONE DEGLI INQUINAMENTI: IL BIORIMEDIO

L'uso di batteri per decontaminare l'ambiente dai prodotti inquinanti va sotto il nome di **biorimedio** (FIGURA ■ 6.19); gli esempi più noti riguardano l'uso di microrganismi per purificare le acque marine dal petrolio rilasciato in occasione di disastri ambientali come quello della *Exxon Valdez* nel 1989, o di quelli avvenuti a seguito della Guerra del Golfo del 1991.

FIGURA 6.19 ■ Batteri e altri microrganismi vengono impiegati per ripulire ambienti marittimi e suoli. Qui un terreno in Hampshire, Gran Bretagna.

In particolare, quando l'intervento consiste nel degradare le sostanze indesiderate si parla di **biodegradazione**. L'uso delle biotecnologie per combattere l'inquinamento non è un'idea nuova. Per esempio, da almeno un secolo la nostra società dipende dall'uso di microrganismi naturali per lo smaltimento dei liquami. I microbi, infatti, aiutano a purificare l'acqua demolendo i rifiuti organici prima che questa venga riciclata. Con l'intenzione di ottimizzare tale processo, i ricercatori hanno iniziato a modificare il patrimonio genetico dei batteri.

Perché usare i microrganismi? Perché sono il gruppo di organismi viventi più versatile e più adattabile che esista. È infatti sorprendente notare che, per quanto inospitale possa essere un habitat, esistono batteri che hanno sicuramente trovato il modo per renderlo compatibile con la propria sopravvivenza. Esistono microrganismi che abitano le sorgenti calde dei geyser del parco di Yellowstone, così come le sorgenti idrotermali a centinaia di metri di profondità, i mari e i laghi più salati, come il Mar Morto o le miniere ricche di minerali potenzialmente tossici. I microrganismi capaci di vivere in questi ambienti estremi sono detti **estremofili**, e i loro enzimi specifici sono chiamati **estremozimi** (FIGURA ■ 6.20). Un importante estremozima è stato utilizzato per fini di laboratorio e ne abbiamo parlato nel capitolo precedente: è la Taq polimerasi, impiegata nella PCR.

FIGURA 6.20 ■ Nelle fonti termali, come i geyser del parco di Yellowstone, sono stati trovati batteri con enzimi molto resistenti alle alte temperature.

La vita in ambienti particolari porta allo sviluppo di macchinari biochimici unici, accrescendo in modo significativo la gamma dei composti che i microrganismi riescono a degradare. La ricerca scientifica sta lavorando per cogliere i vantaggi di questa diversità biochimica. Le aziende produttrici di legname e carta, per esempio, usano un particolare fungo per depurare le acque da una sostanza dannosa rilasciata durante le loro lavorazione.

FISSA I CONCETTI
Quali sono i limiti estremi di temperatura e pressione a cui possono resistere i batteri estremofili?

Fare affidamento soltanto ai microrganismi naturali ha i suoi limiti, poiché ci forniscono soltanto le soluzioni che la selezione naturale ha favorito in determinati ambienti. Anche in questo caso le biotecnologie sono impegnate ad aumentare la capacità di adattamento e flessibilità di questi batteri.

A oggi possiamo affermare che la grande potenzialità biochimica dei batteri è ancora inesplorata dato che conosciamo meno dell'1% delle specie che popolano il pianeta. Informazioni recenti che derivano dal studio del genoma dei microrganismi già noti, permettono un migliore utilizzo della diversità genetica delle popolazioni batteriche. Conoscendo parte della sequenza di un gene che gli scienziati desiderano isolare, infatti, è possibile costruire delle sonde di DNA per «pescare» a livello molecolare i batteri che posseggono quello stesso gene e quindi quella caratteristica. Una volta catturato, tale organismo può essere identificato e coltivato per la sua capacità di portare a termine una certa reazione.

▶ MATERIALI ED ENERGIA

Le economie del mondo industrializzato si basano sull'uso di combustibili fossili come il petrolio, il gas naturale e il carbone, tutti essenzialmente costituiti da lunghe catene di atomi di carbonio. I combustibili fossili forniscono non solo l'energia che alimenta i motori a scoppio e i macchinari di molte industrie, ma anche le materie prime chimiche per una grande varietà di prodotti di consumo. I combustibili fossili sono risorse non rinnovabili e relativamente limitate, sempre meno in grado di fare fronte alle richieste crescenti del mercato. Al contempo sono i maggiori responsabili del rilascio di gas serra nell'ambiente. Inoltre i processi basati sui combustibili fossili generano prodotti di reazione secondari, alcuni dei quali sono inquinanti e anche pericolosi per la salute.

Infine, la distribuzione geografica dei giacimenti di petrolio fa sì che questo prodotto sia al centro di spinose questioni di politica ed economia internazionali.

Anche la vita, come i combustibili fossili, è basata sulla chimica del carbonio. Miliardi di anni fa, i microrganismi fotosintetici iniziarono a catturare energia solare e a utilizzarla per produrre in glucosio e altre molecole biologiche, unendo in catene di composti organici gli atomi di carbonio del diossido di carbonio. Sia le piante verdi sia altri organismi fotosintetici attuali fissano il carbonio nello stesso modo in cui facevano questi organismi ancestrali. L'uso della biomassa vivente come sorgente di energia e materia prima è quindi un'idea che abbiamo preso dalla natura. La biomassa è da sempre una fonte di energia per le collettività umane, tuttavia, soprattutto a partire dagli anni Duemila, è diventata sempre più interessante la possibilità di utilizzare la biomassa per creare **biocombustibili.** Con i biocombustibili l'energia contenuta nella biomassa non viene rilasciata immediatamente, ma immagazzinata in altre molecole organiche. Il bioetanolo, il biogas, il biodiesel e il bioidrogeno sono alcuni esempi di biocarburanti (FIGURA ■ 6.21 e TABELLA ■ 6.3 a pagina seguente).

FIGURA 6.21 ■ Lo sviluppo di biocombustibili è già alla seconda generazione di veicoli: nell'immagine un camion per la raccolta dei rifiuti nella città di Salonicco, in Grecia.

La conversione all'uso della biomassa ha però incontrato un grande problema di mercato, poiché per contrastare le fonti alterna-

TABELLA 6.3 ■ I principali biocombustibili attualmente utilizzati.

Biocombustibile	Come e da dove viene prodotto	Applicazioni
Bioetanolo	Prodotto attraverso la fermentazione di piante a elevato contenuto di carboidrati (amido) e zuccheri, come la barbabietola o la canna da zucchero, ma anche il mais, il sorgo, il frumento e l'orzo.	Usato come additivo nella benzina senza piombo; esistono anche autovetture con motore modificato che possono essere alimentate da bioetanolo.
Biodiesel	Prodotto mediante una reazione di trans esterificazione dei trigliceridi a partire da oli estratti, per esempio, da soia, palma e colza.	Utilizzato puro o miscelato per l'alimentazione di autovetture con motore diesel. Viene utilizzato anche per alimentare gli impianti di riscaldamento (calore) e per la produzione di energia.
Biometano (biogas)	Prodotto mediante digestione e fermentazione anaerobica a partire da materiale organico.	Utilizzato per la produzione di energia elettrica, per il riscaldamento e come carburante in veicoli dotati di impianto a metano.
Bioidrogeno	Prodotto tramite reazioni di fermentazione, fissazione di azoto o fotosintesi da parte di batteri e microalghe.	Usato per l'alimentazione di veicoli e la produzione di energia.

FIGURA 6.22 ■ In Brasile ogni anno vengono abbattuti milioni di ettari di foresta pluviale per far spazio a coltivazioni di soia da utilizzare come biocombustibile.

tive di energia i produttori di petrolio hanno tenuto bassi i prezzi così da renderlo economicamente più vantaggioso. Alcuni governi hanno tuttavia investito nella ricerca sui biocombustibili come scommessa per il futuro. Sono ancora molte le barriere tecniche da superare prima che la biomassa possa dare un contributo significativo alla domanda di energia e materie prime. Per risolvere alcuni di questi problemi sono state destinate risorse significative a progetti di ricerca che utilizzano le biotecnologie per portare l'energia derivata da biomassa a livelli economicamente competitivi.

Oltre a ciò, è da sottolineare che anche i biocombustibili devono affrontare problemi ecologici, legati alla gestione del processo, e problemi politico-economici, derivanti da quale sia la fonte delle biomasse utilizzate (FIGURA ■ 6.22). L'etanolo derivante dalle colture di mais, per esempio, ripropone problemi già noti legati all'utilizzo delle monocolture nei Paesi in via di sviluppo.

▶ LE APPLICAZIONI DELLE BIOTECNOLOGIE AI PROCESSI INDUSTRIALI

La versatilità delle biotecnologie come strumento della sostenibilità industriale è molto importante nei processi di produzione. L'industria chimica, tessile, farmaceutica, del legno, della carta, degli alimenti, dei metalli, dei minerali così come l'industria dell'energia hanno tutte interesse a far uso dei benefici di una produzione più efficiente e pulita. Questi miglioramenti sono possibili con l'uso di biocatalizzatori costituiti da organismi viventi o dai loro enzimi. Essendo i biocatalizzatori più specifici dei catalizzatori chimici, riescono a produrre meno sottoprodotti; inoltre, l'ambiente trae un beneficio dal loro utilizzo perché sono solubili in acqua e, rispetto ai catalizzatori non biologici, catalizzano reazioni più efficienti a basse temperature.

Molti di questi vantaggi possono diventare limitazioni in alcuni processi industriali, come nel caso della produzione della carta e nel settore del tessile che richiedono solventi organici, alte o basse temperature o altre condizioni chimiche estreme. I biocatalizzatori infatti funzionano a una gamma di temperature limitata e la maggioranza di essi non funziona a temperature prossime ai 38 °C. Tuttavia, dati i grandi vantaggi ambientali offerti dai biocatalizzatori, i ricercatori stanno usando le biotecnologie per tentare di superare le limitazioni che ne restringono le applicazioni industriali.

Test your English

LISTEN

The spread of antibiotic resistance

The genes for antibiotic resistance work in many different ways to protect bacteria from drugs. Some encode proteins that act like tiny pumps that actively pump a particular drug out of the bacterial cell. Others encode proteins that chemically modify the antibiotic, turning it into a different chemical that does not harm the bacteria. Still others alter the antibiotic's target within the bacteria so that they are no longer affected by the drug.

Where did all of these different antibiotic resistance genes come from? To understand the answer to this question, you need to know that antibiotics themselves have been around for eons. Most families of antibiotics were not invented by humans but discovered from natural sources, such as soil bacteria. The soil bacteria themselves evolved the ability to produce an antibiotic, presumably to kill other nearby bacteria and thereby gain an advantage in their local environment.

These soil bacteria would be killed by the very antibiotic they produce unless they also evolved some means of protecting themselves. Indeed, this is precisely where at least some antibiotic resistance genes come from—they are the self-protective genes of the organisms that produce the antibiotic. A major group of antibiotic-producing soil organisms, the streptomycetes, are known to exchange genetic material with other types of bacteria via conjugation. In this way, the streptomycetes' resistance genes could be introduced into a wider population of bacteria. Over evolutionary time, the resistance genes must have been picked up by plasmids in the creation of our modern-day multiple-drug resistance plasmids. Our widespread use of antibiotics has simply applied intense selective pressure favoring the increase in frequency of these genes (FIGURE ■ A).

Antibiotics are now chemically synthesized, and researchers have created chemically modified versions of the naturally produced antibiotics to in-crease their effectiveness and overcome bacterial resistance. The beta-lactam antibiotics, penicillins and cephalosporins, are a good example. Resistance to these antibiotics is conferred by beta-lactamase, an enzyme that hydrolyzes (splits by inserting a water molecule) the beta-lactam portion of the antibiotic molecule.

Many different penicillins and cephalosporins have been developed and introduced over the years, and each time, resistance has arisen. When the beta-lactamase enzymes and genes from organisms resistant to the new drugs are compared to the «old» resistance enzymes and genes, it appears that the «new» enzymes are slightly different versions of the «old» resistance enzymes. The base differences in the «new» versions of the gene result in amino acid differences in the beta lactamase protein. The amino acid differences in the protein give the enzyme a different specificity, allowing it to work on the new form of the antibiotic. We put «old» and «new» in quotation marks because the so-called «new» gene may not be any newer than the so-called «old» gene. The use of the new antibiotic (which really is new) may simply have favored the spread of a different («new») version of the resistance gene that was in the microbial population all along.

Adapted from *Molecular Biology and Biotechnology – Third Edition,* Helen Kreuzer, Adrianne Massey, ASM Press, 2008.

FIGURE A ■ Bacteria growing in a blood agar plate: species resistant to multiple antibiotics are considered multi-drug resistant bacteria commonly known as «Superbugs».

SUMMING UP

SINTESI DI CAPITOLO IN MP3

▶ Medical biotechnology

Genetic testing allows the genetic diagnosis of susceptibility to inherited diseases, and can also be used to determine a child's parentage or in general a person's ancestry.

Pharming refers to the use of genetic engineering to insert genes that code for useful pharmaceuticals into host animals or plants that would otherwise not express those genes, thus creating a GMO.

Gene therapy is the use of DNA as a drug to treat disease by delivering therapeutic DNA into a patient's cells. The most common form involves using DNA that encodes a functional, therapeutic gene to replace a mutated one. Other forms involve directly correcting a mutation, or using DNA that encodes a therapeutic protein drug to provide treatment.

Monoclonal antibody (MAb) is a single type of antibody that is directed against a specific epitope (antigen, antigenic determinant) and is produced by a single clone of B cells or a single hybridoma cell line, which is formed by the fusion of a lymphocyte cell with a myeloma cell.

An *oncogene* is a gene that has the potential to cause cancer; they are often mutated or expressed at high levels in tumor cells. *Onco-mouse* is an animal that has been genetically modified to incorporate an oncogene.

Vaccines are preparations of dead or weakened pathogens, or of derived antigenic determinants, that are used to induce formation of antibodies or immunity against the pathogen.

A growth factor is any of various chemicals, particularly polypeptides, that have a variety of important roles in the stimulation of new cell growth and cell maintenance. They bind to the cell surface on receptors. Specific growth factors can cause new cell proliferation.

Tissue engineering, a marriage of cell biology and materials science, allows researchers to create semisynthetic tissues in the laboratory. These tissues consist of biodegradable scaffolding material plus living cells grown using cell culture techniques.

▶ Agricultural biotechnology

Genetically modified crops are plants used in agriculture, the DNA of which has been modified using genetic engineering techniques. In most cases the aim is to introduce a new trait to the plant which does not occur naturally in the species. Examples in food crops include resistance to certain pests, diseases, stressful environmental conditions, resistance to chemical treatments, reduction of spoilage, or improving the nutrient profile of the crop.

Biotransformation is the conversion of one chemical or material into another using a biological catalyst: a synonym is *biocatalysis*, and hence the catalyst used is called a biocatalyst. Usually the catalyst is an enzyme, or a whole, dead micro-organism containing one or several enzymes.

▶ Environmental and industrial biotechnology

Bioremediation is a process using living organisms to remove contaminants, pollutants or unwanted substances from soil or water. *Biodegradation* is the breakdown by living organisms of a compound to its chemical constituents.

Microbes that are able to live in extreme environmental conditions are called *extremophiles*, and their enzymes are called *extremozymes*.

With *biofuels*, the energy in biomass is not released immediately through burning but is stored in other organic molecules that do not rot. Ethanol fuel, or bioethanol, biogas, and biodiesel are examples of biofuels.

Industrial biotechnology is the application of biotechnology for industrial purposes (including industrial fermentation).

6.1 Le biotecnologie mediche

1 ■ L'uso di biotecnologie in campo terapeutico:
A non ha permesso di sostituire animali e piante come produttori di sostanze utili.
B non ha permesso di creare nuovi tipi di vaccini.
C ha permesso di diminuire il numero di casi di tumore in Italia.
D ha permesso di sviluppare tessuti da impiantare in pazienti ustionati.

2 ■ Gli anticorpi monoclonali:
A sono utilizzati in tutti i settori della ricerca biotecnologica, dalla medicina all'agricoltura.
B si basano su piccoli robot che vengono iniettati endovena nei pazienti.
C sono sintetizzati grazie alla tecnica dell'ibridoma.
D sono utilizzati nella tecnica di separazione elettroforetica Western Blotting.

3 ■ In ambito medico, le biotecnologie sono utilizzate solo per produrre vaccini. V F

4 ■ Grazie alle biotecnologie sono state curate malattie molto diffuse come la malattia di Alzheimer e quella di Parkinson. V F

5 ■ L'insulina animale è migliore di quella transgenica e viene utilizzata ancora oggi per i pazienti diabetici. V F

6 ■ Il pharming è la produzione di farmaci da parte di animali e piante transgenici. V F

7 ■ Basta la mutazione di un singolo gene per indurre l'insorgenza di un tumore. V F

8 ■ Il termine «ibridoma» è sinonimo di «proteoma». V F

6.2 Le biotecnologie agrarie

9 ■ Un biocatalizzatore è:
A un batterio che viene impiegato a livello industriale per produrre alimenti.
B un microrganismo di particolare interesse industriale.
C un generico enzima coinvolto nei processi metabolici della cellula.
D un'apparecchiatura utilizzata per far crescere le colture batteriche.

10 ■ I cibi funzionali:
A sono alimenti «bio» che non utilizzano fertilizzanti di alcun genere.
B sono prodotti sintetici creati a partire da biopolimeri.
C sono cibi modificati geneticamente per migliorarne l'aspetto.
D sono frutti e ortaggi con proprietà organolettiche maggiori di altri.

11 ■ Esistono piante geneticamente modificate per produrre alimenti di tipo animale. V F

12 ■ Le micorrize sono il risultato della simbiosi tra funghi e piante. V F

13 ■ Tra pochi anni saranno sul mercato piante GM in grado di fissare l'azoto atmosferico senza l'aiuto di batteri simbionti. V F

14 ■ L'ingegneria genetica è stata utilizzata per migliorare specie vegetali che risultavano carenti dal punto di vista nutrizionale. V F

15 ■ Alcune biotecnologie potrebbero risultare utili per verificare la salubrità degli alimenti che consumiamo. V F

16 ■ I contrasti sul tema degli OGM sono di natura puramente scientifica. V F

6.3 Le biotecnologie ambientali

17 ■ Il biorimedio:
A è una tecnica che consente di impiegare i batteri per decontaminare ambienti inquinati.
B è per ora un'ipotesi irrealizzabile.
C può essere utilizzata in ambienti acquatici, ma non nel suolo.
D è nocivo e a sua volta crea inquinamento.

18 ■ Lo sviluppo di biocombustibili:
A si è interrotto dopo un primo periodo di grandi successi.
B è sostenuto dalle associazioni ambientaliste.
C non viene ostacolato perché produce sostanze non inquinanti.
D si basa sull'impiego di materiale organico non fossile.

19 ■ L'impiego delle biotecnologie in ambito ambientale ridurrà l'impatto dell'inquinamento sul pianeta. V F

20 ■ L'uso di batteri estremofili è sconsigliato in laboratorio. V F

21 ■ Le potenzialità dei batteri sono state interamente esplorate dall'uomo. V F

verifiche

▸ Trattazione sintetica degli argomenti

Sviluppa i seguenti argomenti cercando di riportare gli aspetti più significativi in un testo di non più di 8-10 righe.

22 ▪ Come viene prodotto un anticorpo monoclonale e per che cosa viene utilizzato?

23 ▪ Che cosa si intende per «terapia genica» e perché è un tema particolarmente dibattuto?

24 ▪ Descrivi le capacità dell'*Agrobacterium tumefaciens* in natura e il suo impiego in laboratorio.

25 ▪ Che cosa si intende per «biorimedio»?

26 ▪ Quali sono i principali biocombustibili oggi in uso?

Sviluppa i seguenti argomenti in modo esauriente, usando il lessico specifico e curando l'esposizione; la risposta non deve superare le 15 righe.

27 ▪ A partire dalla figura 6.1, fai un esempio di applicazione delle conoscenze scientifiche al settore della ricerca biotecnologica.

28 ▪ Quali applicazioni terapeutiche possono riservare le tecniche di ingegneria genetica? Indicane almeno tre e spiega le loro caratteristiche.

29 ▪ Come sono state impiegate le tecniche di ingegneria genetica all'agricoltura?

30 ▪ Attraverso una ricerca in Rete, riporta il nome cinque specie vegetali GM oggi in uso nel mondo e le loro caratteristiche peculiari.

31 ▪ Attraverso una ricerca in Rete descrivi l'atteggiamento degli stati membri dell'Unione Europea in materia di OGM.

Leggi attentamente la traccia seguente; documentati se necessario e svolgi la prova curando l'esposizione e la terminologia.

32 ▪ Attorno al tema degli Organismi Geneticamente Modificati il dibattito è polarizzato e le posizioni delle opposte fazioni non tendono ad avvicinarsi. Attraverso una ricerca in Rete, cerca di spiegare i motivi storici e ideologici di questo distacco, facendo soprattutto riferimento alle associazioni ambientaliste di maggior richiamo.

20 esercizi interattivi

Verso l'università

In questa sezione sono raccolti
alcuni esempi di prove di ammissione all'università.

Vuoi prepararti alle prove di ammissione?
Vai sul sito
online.zanichelli.it/unitutor

1 **Quanti isomeri strutturali della molecola C_4H_9Br esistono?**
A 4
B 2
C 3
D 5
E 6
[*Prova di ammissione a Medicina e Chirurgia 2013*]

2 **Un estere può essere direttamente prodotto dalla reazione dell'acido propanoico con l'1-butanolo. Qual è la formula dell'estere?**
A $CH_3COOC_4H_9$
B $C_4H_9COOC_3H_7$
C $C_2H_5COOC_4H_9$
D $C_3H_7COOC_4H_9$
E $C_2H_5COOC_2H_5$
[*Prova di ammissione a Medicina e Chirurgia 2013*]

3 **La celiachia è una grave intolleranza a:**
A lattosio
B caseina
C uovo
D glutine
E amido
[*Prova di ammissione a Medicina e Chirurgia 2013*]

4 **La seguente struttura organica $CH_3COOCH_2CH_3$ corrisponde a:**
A un etere
B un estere
C un acido carbossilico
D un chetone
E un fenolo
[*Prova di ammissione a Medicina e Chirurgia 2012*]

5 **Il cicloesanone è:**
A una aldeide
B un chetone
C un idrocarburo aromatico
D un alcol
E un alchene
[*Prova di ammissione a Medicina e Chirurgia 2012*]

6 **Qual è il numero minimo di atomi di idrogeno necessario per costituire una molecola di fosfato d'ammonio?**
A 4
B 6
C 8
D 9
E 12
[*Prova di ammissione a Medicina Veterinaria 2013*]

7 **Qual è la formula dell'etilene?**
A C_2H_4
B C_2H_6
C C_2H_2
D C_3H_6
E C_3H_8
[*Prova di ammissione a Medicina Veterinaria 2012*]

8 **Gli amminoacidi naturali che costituiscono le proteine:**
A hanno tutti un solo gruppo amminico
B hanno tutti almeno due gruppi amminici
C hanno tutti un gruppo amminico sul C-2
D hanno tutti un solo gruppo amminico ed un solo gruppo carbossilico
E sono tutti amminoacidi essenziali
[*Prova di ammissione a Medicina Veterinaria 2012*]

9 **Il glucosio presente nei nostri alimenti e nelle nostre cellule è l'enantiomero D-glucosio. Tuttavia in laboratorio possiamo sintetizzare l'enantiomero L-glucosio che però non può essere utilizzato dal nostro organismo perché:**
A Gli enzimi destinati ad utilizzare il glucosio non riconoscono la forma L
B La forma L non è solubile in acqua
C Gli enzimi destinati a utilizzare il glucosio, reagendo con la forma L, producono sostanze non utilizzabili
D La forma L è instabile
E La forma L del glucosio è meno ricca di energia della forma D
[*Prova di ammissione a Medicina e Chirurgia 2010*]

10 **Il glucosio differisce dal saccarosio perché:**
A ha dimensioni maggiori
B è un disaccaride
C è formato esclusivamente da carbonio, idrogeno e ossigeno
D è un monosaccaride
E ha maggiore peso molecolare
[*Prova di ammissione a Medicina Veterinaria 2010*]

11 **Un ormone agisce unicamente sulle sue cellule bersaglio perché tali cellule**
A contengono i geni che stimolano l'ormone
B ricevono il sangue contenente l'ormone
C sono sempre situate in prossimità della ghiandola che ha prodotto l'ormone
D non sono permeabili all'ormone
E posseggono i recettori specifici per l'ormone
[*Prova di ammissione a Professioni sanitarie 2010*]

12 **Quale delle seguenti proposizioni NON è valida per le proteine?**
A Sono sostanze azotate
B Hanno sempre una struttura quaternaria
C Hanno sempre una struttura primaria
D Sono macromolecole
E Sono biopolimeri
[*Prova di ammissione a Odontoiatria e Protesi dentaria 2010*]

13 **I legami a idrogeno in una proteina possono influenzare la struttura**
A primaria e terziaria
B primaria e secondaria
C secondaria, terziaria e quaternaria
D primaria, secondaria e terziaria
E soltanto terziaria
[*Prova di ammissione a Medicina e Chirurgia 2010*]

14 ■ **Quale affermazione relativa alla mioglobina non è corretta?**

A È formata da una singola catena polipeptidica
B È associata a una struttura ad anello contenente ferro
C Facilita la diffusione dell'O_2 nei muscoli
D Trattiene O_2 anche a valori di pressione parziale di tale gas inferiori a quelli di rilascio relativi all'emoglobina
E Ha una minore affinità per l'O_2 rispetto all'emoglobina

[*Prova di ammissione a Medicina e Chirurgia 2012*]

15 ■ **Gli enzimi che catalizzano reazioni di sintesi di molecole complesse appartengono alla classe delle**

A ligasi
B isomerasi
C idrolasi
D trasferasi
E ossido reduttasi

[*Prova di ammissione a Odontoiatria e Protesi dentaria 2009*]

16 ■ **In seguito alla somministrazione di un farmaco antagonista la cui molecola è complementare al sito attivo di un enzima, la quantità di prodotto della reazione enzimatica sarà probabilmente**

A diminuita perché il farmaco si lega al substrato
B aumentata perché il farmaco favorisce il legame tra enzima e substrato
C aumentata perché il farmaco funziona come un cofattore
D invariata perché i farmaci non attraversano mai la membrana cellulare
E diminuita perché il farmaco compete con il substrato

[*Prova di ammissione a Medicina Veterinaria 2012*]

17 ■ **Quale delle seguenti affermazioni relativa alla molecola di ATP è corretta?**

A Contiene la base azotata adenosina
B Non è utilizzata dai batteri
C Il distacco dei gruppi fosfato è un processo altamente endoergonico
D Contiene lo zucchero ribosio
E La base azotata lega direttamente i tre gruppi fosfato

[*Prova di ammissione a Medicina e Chirurgia 2013*]

18 ■ **Una bottiglia è riempita per metà di acqua, alla quale viene aggiunto un cucchiaio di zucchero e un cucchiaio di lievito di birra. Sull'apertura della bottiglia viene applicato un palloncino sgonfio. Dopo alcune ore il palloncino si gonfia per produzione di**

A metanolo
B diossido di carbonio
C azoto
D idrogeno
E ossigeno

[*Prova di ammissione a scienze e tecniche psicologiche 2012*]

19 ■ **Nella fermentazione lattica la trasformazione di acido piruvico in acido lattico ha lo scopo di**

A produrre ATP
B riossidare il NADH
C produrre diossido di carbonio
D produrre ADP
E produrre alcol etilico

[*Prova di ammissione a Odontoiatria e Protesi dentaria 2010*]

20 ■ **Nell'apparato digerente umano la maggior parte degli enzimi attivi nella digestione agisce**

A nello stomaco
B nel digiuno
C nell'ileo
D nel duodeno
E nell'intestino crasso

[*Prova di ammissione a Medicina Veterinaria 2012*]

21 ■ **Quale dei seguenti processi NON avviene durante il ciclo di Krebs?**

A La riduzione di FAD a $FADH_2$
B La formazione di citrato
C L'ossidazione di NADH a NAD^+
D La liberazione di CO_2
E La produzione di ATP

[*Prova di ammissione a Odontoiatria e Protesi dentaria 2010*]

22 ■ **Quale delle seguenti affermazioni è corretta?**

A Solo gli eterotrofi devono assumere composti chimici dall'ambiente
B Gli autotrofi possono nutrirsi a partire da CO_2 e altre sostanze inorganiche
C La respirazione cellulare è presente soltanto negli eterotrofi
D Soltanto gli autotrofi contengono mitocondri
E Soltanto gli eterotrofi richiedono la presenza di ossigeno

[*Prova di ammissione a Medicina Veterinaria 2010*]

23 ■ **Il termine omeostasi indica**

A l'arresto della perdita di sangue attraverso una lesione di un vaso sanguigno
B il fenomeno nel corso del quale i soluti cessano di attraversare una membrana semipermeabile che separa due soluzioni, quando la concentrazione dei soluti diviene uguale nelle due soluzioni
C la capacità di alcuni organismi di assumere una colorazione simile a quella dell'ambiente nel quale si trovano in un dato momento
D una forma di terapia che mira a curare una patologia con un farmaco che ha lo stesso effetto dell'agente responsabile della patologia
E il meccanismo mediante cui i parametri chimico-fisici dei liquidi dell'organismo vengono mantenuti entro precisi limiti che consentono la sopravvivenza, la corretta funzionalità e la moltiplicazione delle cellule

[*Prova di ammissione a Medicina Veterinaria 2012*]

Indice analitico

F

G

H

I